山东半岛沙质海岸防护林

沙滩黑松防护林

沙滩黑松紫穗槐混交林

沙滩火炬松防护林

海滨水杉风景林

沙质海岸灌草植被

沙滩肾叶打碗花群落

沙滩筛草群落

沙滩单叶蔓荆群落

海滩由柽柳固持的沙堤

沙质海岸黑松麻栎混交林

山东半岛沿海丘陵防护林

沿海山地针阔混交林

梯田地边栽植楸树

梯田地边栽植金银花

山地水源涵养林

海岛防护林

渤海泥质海岸柽柳防护林

绒毛白蜡盐碱地改良林

刺槐盐碱地改良林

河边柳树林带

渤海平原盐碱地路边植树

平原农田防护林带

滨海盐碱地白刺群落

滨海盐碱地芦苇群落

盐碱地枣粮间作

黄河三角洲湿地簸箕柳和芦苇群落

泥质海岸盐地碱蓬群落

大果沙棘

尼帕盐草

山东沿海防护林体系营建技术

许景伟　王　彦　编著

中国林业出版社

图书在版编目(CIP)数据

山东沿海防护林体系营建技术/许景伟，王彦 编著．－北京：中国林业出版社，2012.5

ISBN 978-7-5038-6545-9

Ⅰ．①山…　Ⅱ．①许…②王…　Ⅲ．①海岸防护林－建设－山东省　Ⅳ．①S727.26

中国版本图书馆 CIP 数据核字（2012）第 074384 号

中国林业出版社

责任编辑：李　顺

电话、传真：83223051

出版　中国林业出版社（100009　北京西城区刘海胡同 7 号）
电话　(010)83224477
发行　新华书店北京发行所
印刷　北京卡乐富印刷有限公司
版次　2012 年 6 月第 1 版
印次　2012 年 6 月第 1 次
开本　787mm×1092mm　1/16
印张　23
字数　500 千字
定价　80.00 元

《山东沿海防护林体系营建技术》编写人员

编著：许景伟　王　彦

编委：李传荣　王月海　胡丁猛　夏江宝

　　　王卫东　乔勇进　王晓磊　詹　伟

　　　董治良　李道光

前　　言

　　沿海防护林体系是沿海地区以防御自然灾害、维护生态安全、改善生态环境为主要功能；由海岸基干林带和纵深防护林为主体，多林种、多层次、多功能的综合防护林系统。沿海防护林体系建设是我国生态建设的重要内容，是我国防灾减灾体系的重要组成部分。自1989年起，沿海防护林体系建设工程就列入了国家林业重点工程。2006年以来，沿海防护林体系建设工程进一步加快建设步伐，扩大建设规模，提高标准质量，增强防灾减灾能力，更充分地发挥生态、经济、社会效益。

　　山东省海岸线长3575km，占全国海岸线总长度的1/6，山东是我国的沿海大省之一。山东的沿海地区经济发达、城市集中，在全省的经济建设和社会发展中占有重要地位，"黄河三角洲高效生态经济区"和"山东半岛蓝色经济区"已列入国家发展战略。而山东沿海地区又是受台风、风暴潮等重大自然灾害威胁，旱涝、风沙、盐碱、水土流失等灾害发生较频繁的地区。建设沿海防护林体系，形成绿色生态屏障，不仅是山东沿海地区防灾减灾和生态建设的需要，对于改善居民的生活环境，改善投资环境，促进经济、社会可持续发展都有重要意义。

　　山东沿海地区自20世纪50年代就开始营造沿海防护林，60~70年代扩大了沿海地带造林绿化的纵深范围，1988年以来实施了沿海防护林体系工程建设。经过多年的造林绿化，山东沿海防护林体系逐渐形成，发挥了较高的生态、经济和社会效益，并积累了沿海地区造林绿化的经验。在新的时期，对山东沿海防护林体系建设提出了更高要求。应通过科学的规划设计和造林营林工作，使沿海防护林体系的组成布局合理，森林结构较复杂，生物多样性丰富，森林生产力较高，防护功能强大，生态经济社会效益显著，并保证沿海防护林体系的健康发展和可持续经营。

　　编写这本《山东沿海防护林体系营建技术》科技专著，旨在为山东沿海地区防护林体系建设提供技术依据和参考，对提高沿海防护林体系建设的科技水平和指导工程造林具有积极作用。

　　本书运用了森林培育学、林业生态工程学等林业科学诸学科的基本原理，总结了山东省沿海地区多年来的造林技术经验和林业科学研究成果，以记述创新性、先进性的应用技术为主。全书分为四章：第一章介绍山东沿海地区的自然条件，山东沿海防护林体系建设概况，山东沿海防护林体系建设工程规划；第二章介绍山东半岛沙岸间岩岸丘陵区沿海防护林体系的构成，防护林体系各组成部分的营造技术；第三章介绍渤海泥质海岸平原区沿海防护林体系的构成，防护林体系各组成部分的营造技术；第四章介绍山东沿海防护林体系主要乔灌木树种和部分草本植物的栽培技术。在本书的编写过程中，力求取材广泛、记叙准确、内容丰富，达到科学性、先进性、实用性的要求。

多年来，在山东沿海防护林体系建设的生产实践和科学实验中，积累了较丰富的生产技术经验，取得许多科学技术成果，使山东沿海防护林体系建设的科技水平不断提高。有关的林业科技文献，为本书的编写提供了较丰富的参考资料。其中：山东省林业科学研究院、烟台市林业科学研究所、东营市林业局、青岛市林业局等单位的有关科研成果，李必华、张敦论、龚洪柱、邢尚军、范迪、周光裕、王仁卿、陈圣明、赵延茂等多位专家的科技专著、论文、研究报告，山东省林业局的《山东省沿海防护林体系建设工程规划》和胶南市林业局、垦利县林业局的沿海防护林体系规划资料，都为本书的编写提供了重要的资料，做出了贡献。

山东省林业科学研究院吴玉柱研究员审阅了部分书稿，并提出修改意见。山东农业大学林学院研究生吕蒙蒙等参加了部分编务工作。

本书是在国家科技支撑计划课题"盐碱地改良沿海防护林体系研究与示范"（2009BADB2B05）和国家自然科学基金"沿海黑松构筑型的可塑性及其调控技术研究"（30872070）等课题的资助下完成的。

对于各方面给予的帮助和贡献，在此一并表示衷心的感谢。

本书涉及学科较多，综合性较强，由于作者水平有限，书中如有错误及疏漏之处，敬请批评指正。

编著者
2012 年 1 月

目　　录

第一章　山东沿海地区的自然条件和沿海防护林体系建设概况 ………………………… 1

　第一节　山东沿海地区的自然条件 ……………………………………………………… 1

　　一、气候条件 …………………………………………………………………………… 1

　　二、地貌 ………………………………………………………………………………… 3

　　三、土壤条件 …………………………………………………………………………… 6

　　四、植被概况 …………………………………………………………………………… 10

　　五、山东海岸带的岸段划分 …………………………………………………………… 18

　第二节　山东沿海防护林体系建设概况 ………………………………………………… 20

　　一、沿海防护林体系建设的意义 ……………………………………………………… 20

　　二、山东沿海防护林的发展 …………………………………………………………… 29

　　三、山东沿海防护林的科技进步 ……………………………………………………… 35

　第三节　山东沿海防护林体系建设工程规划 …………………………………………… 40

　　一、山东沿海防护林体系的组成 ……………………………………………………… 40

　　二、山东沿海防护林体系建设工程规划的编制 ……………………………………… 41

　　三、山东省沿海防护林体系建设工程规划的主要内容 ……………………………… 42

第二章　山东半岛沙岸间岩岸丘陵区沿海防护林体系营建技术 ………………………… 49

　第一节　沿海防护林体系的建设目标和体系构成 ……………………………………… 49

　　一、山东半岛地区的林业生产条件 …………………………………………………… 49

　　二、山东半岛沿海防护林体系的现状和建设目标 …………………………………… 52

　　三、山东半岛沿海防护林体系的组成和布局 ………………………………………… 53

　　四、沿海县(市)沿海防护林体系构成实例——以胶南市为例 …………………… 60

　第二节　沙质海岸基干林带的营建 ……………………………………………………… 65

　　一、基干林带造林技术 ………………………………………………………………… 65

　　二、基干林带抚育管理技术 …………………………………………………………… 80

　　三、基干林带的改造与更新 …………………………………………………………… 82

　第三节　沙质海岸灌草带的营建 ………………………………………………………… 85

　　一、山东半岛沙质海岸的灌草植物 …………………………………………………… 86

　　二、山东半岛沙质海岸灌草植物群落 ················· 88

　　三、沙质海岸灌草带的营建技术 ··················· 93

第四节　农田防护林 ··························· 94

　　一、农田防护林的结构和配置 ··················· 94

　　二、农田防护林的造林技术 ····················· 99

　　三、农田防护林的抚育保护 ···················· 101

　　四、农田林网的改造与更新 ···················· 102

第五节　水土保持林和水源涵养林 ················· 103

　　一、山地丘陵的水土流失及其危害 ················ 103

　　二、水土保持林的防护作用 ···················· 105

　　三、水土保持林营建技术 ····················· 108

　　四、水土保持林体系的配置 ···················· 115

　　五、水源涵养林的营建 ······················ 120

　　六、封山育林 ··························· 125

第六节　风景林的培育 ························ 130

　　一、风景林的功能和分类 ····················· 130

　　二、风景林的营建 ························· 132

　　三、风景林的抚育 ························· 135

　　四、风景林的改造与更新 ····················· 137

　　五、古树名木的养护 ······················· 138

　　六、山东半岛重要风景林区 ···················· 140

第七节　村镇绿化 ··························· 144

　　一、村镇绿化概况 ························· 144

　　二、村镇绿化的组成和配置 ···················· 146

　　三、村镇绿化的造林技术 ····················· 148

第八节　公路绿化 ··························· 149

　　一、普通公路 ··························· 149

　　二、高速公路 ··························· 151

　　二、园林景观路 ·························· 154

第三章　渤海泥质海岸平原区沿海防护林体系营建技术 ······· 159

第一节　沿海防护林体系的建设目标和体系构成 ·········· 159

　　一、渤海泥质海岸平原区的林业生产条件 ············ 159

　　二、渤海泥质海岸平原区沿海防护林体系的现状和建设目标 ···· 162

　　三、沿海防护林体系的组成和布局 ················ 163

　　四、沿海县防护林体系构成实例——以垦利县为例 ········ 166

第二节　农田林网和农林间作 …………………………………………………… 170
　　一、农田防护林网建设 …………………………………………………… 170
　　二、农林间作 ……………………………………………………………… 175
第三节　公路绿化和水系绿化 …………………………………………………… 178
　　一、公路绿化 ……………………………………………………………… 178
　　二、水系绿化 ……………………………………………………………… 183
第四节　滨海盐碱地造林技术 …………………………………………………… 186
　　一、滨海盐碱地的形成与分布 …………………………………………… 186
　　二、滨海盐碱地造林的改土措施 ………………………………………… 189
　　三、滨海盐碱地耐盐树种的选择 ………………………………………… 203
　　四、滨海盐碱地造林技术 ………………………………………………… 205
　　五、盐碱地林木抚育管理 ………………………………………………… 208
　　六、森林对改良盐碱地的作用 …………………………………………… 209
第五节　灌草植被的封护与培育 ………………………………………………… 211
　　一、渤海泥质海岸地带灌草植被的生境特点和植被特征 ……………… 211
　　二、泥质海岸地带主要灌草植物群落 …………………………………… 213
　　三、灌草植物群落的演替 ………………………………………………… 221
　　四、泥质海岸地带灌草植被的保护、利用和繁育 ……………………… 226
第六节　滨海湿地保护和生态修复 ……………………………………………… 233
　　一、滨海湿地的生态功能 ………………………………………………… 233
　　二、滨海湿地生态系统的特征和湿地退化的原因 ……………………… 235
　　三、滨海湿地保护和生态修复措施 ……………………………………… 236
　　四、湿地生态恢复试验实例 ……………………………………………… 239
第四章　山东沿海防护林体系主要树种和草本植物的栽培技术 ……………… 242
第一节　乔木树种的造林技术 …………………………………………………… 242
　　一、赤松 …………………………………………………………………… 242
　　二、黑松 …………………………………………………………………… 248
　　三、火炬松 ………………………………………………………………… 252
　　四、日本落叶松 …………………………………………………………… 255
　　五、侧柏 …………………………………………………………………… 260
　　六、刺槐 …………………………………………………………………… 264
　　七、麻栎 …………………………………………………………………… 271
　　八、楸树 …………………………………………………………………… 274
　　九、欧美杨 ………………………………………………………………… 278
　　十、美洲黑杨 ……………………………………………………………… 284

十一、毛白杨 ………………………………………………………… 287

十二、旱柳 …………………………………………………………… 292

十三、白榆 …………………………………………………………… 295

十四、绒毛白蜡 ……………………………………………………… 298

十五、枣树 …………………………………………………………… 302

第二节　灌木树种的造林技术 ……………………………………… 309

一、紫穗槐 …………………………………………………………… 309

二、单叶蔓荆 ………………………………………………………… 313

三、花椒 ……………………………………………………………… 315

四、忍冬(金银花) ………………………………………………… 319

五、簸箕柳和筐柳 …………………………………………………… 322

六、柽柳 ……………………………………………………………… 326

七、白刺 ……………………………………………………………… 329

八、枸杞 ……………………………………………………………… 334

第三节　草本植物的栽培技术 ……………………………………… 335

一、月见草 …………………………………………………………… 335

二、珊瑚菜 …………………………………………………………… 337

三、芦苇 ……………………………………………………………… 339

四、芦竹 ……………………………………………………………… 342

五、紫花苜蓿 ………………………………………………………… 344

六、黑麦草 …………………………………………………………… 345

七、鲁梅克斯 ………………………………………………………… 346

八、尼帕盐草 ………………………………………………………… 347

参考文献 ……………………………………………………………… 349

第一章　山东沿海地区的自然条件和沿海防护林体系建设概况

第一节　山东沿海地区的自然条件

山东省地处中国东部沿海，黄河下游，全省分为半岛和内陆两部分。山东半岛突出于渤海、黄海之间，同辽东半岛遥相对峙。山东的大陆海岸线北自无棣县的漳卫新河河口，绕山东半岛，南至日照市的绣针河口，处于北纬35°5′~38°16′，东经117°42′~122°42′之间。全长3121km，约占全国大陆海岸线的1/6。山东的近海海域中，散布着296个岛屿，岸线总长688.6km。沿海地区受海陆两方面的影响，自然条件具有明显的特点。

为了改善沿海地区的生态条件，促进沿海地区经济社会可持续发展，国家林业局将沿海防护林体系建设工程列入国家林业重点生态工程。山东省沿海防护林体系建设工程在山东省沿海地区的43个县(市、区)实施，总面积60276.9km²。包括：滨州市的无棣县、沾化县，东营市的各区、县，潍坊市的寿光市、寒亭区、昌邑市、诸城市、高密市，烟台市、威海市、青岛市、日照4个市的各县(市、区)，临沂市的莒南县、临沭县。

一、气候条件

(一)气候特点

山东沿海地区属暖温带季风气候，具有气候温和、四季分明、光照与热量资源较丰富等特点。夏季受东南季风和暖湿气流的影响，降水量集中；冬季受西伯利亚、蒙古冷空气影响，寒冷干燥；春季雨量少、风沙大；秋季晴朗少雨、冷暖适宜。由于受海洋的调节，山东沿海地区的季节交替比同纬度内陆滞后，秋季气温普遍高于春季气温，昼夜温差较小，风向有随海陆风变化和风速突变现象，具有一定的海洋性气候特征。

山东沿海地区因所处地理位置的不同，水热条件有较大差异。山东半岛东部和南部沿海地区属湿润气候区，干燥度0.8~1.0，年平均降水量710~950mm。受海洋调节，春季气温较低，蒸发少，湿度大，春旱不明显；夏季受东南季风影响，降水较多；秋季受海风影响，降水亦明显较多；全年少旱涝。该区域的水热资源南北差异较大，由北向南递增：半岛东端的荣成、文登一带，年平均降水量 710mm，年平均气温 11.2℃，1 月平均气温 −3.4℃，春季回暖最迟，≥10℃积温 3600 ~ 3900℃，是山东省积温最低的区域。胶州湾沿岸的青岛，年平均降水量 790mm，年平均气温 12.4℃，1 月平均气温 −1.3℃，极端最低温度 −16.4℃，≥10℃积温 3900 ~ 4000℃。山东东南沿海的日照，年平均降水量 946mm，年平均气温 12.6℃，1 月平均气温 −1.1℃，极端最低温度 −14.2℃，≥10℃积温 4200 ~ 4300℃，是山东沿海水热条件最好的区域。

山东半岛北部的烟台一带，属半湿润气候区，干燥度 1.0 ~ 1.5，年平均降水量 650mm ~ 850mm。春季初夏偏旱，盛夏少见旱涝，秋季偏旱。年平均气温 11 ~ 12℃，极端最高温度 39℃，极端最低温度 −17℃。热量资源比山东半岛东端丰富，≥10℃积温 3800 ~ 4000℃，春季回暖也较早。

渤海湾、莱州湾沿岸，属半干燥气候区，干燥度 1.5 ~ 1.8。降水较少，年平均降水量 500 ~ 700mm。降水年变化率大，春季少雨，干旱严重；5 ~ 6 月常有干热风；7 ~ 8 月降雨集中，常有积涝发生。年平均气温 12℃，极端最高温度 41.1℃，极端最低温度 −20.4℃。莱州、龙口、蓬莱一带，≥10℃积温 3800 ~ 4000℃。黄河三角洲地带，光照与热量资源较丰富，≥10℃积温 4000 ~ 4400℃。

（二）主要灾害性天气

山东沿海地带受多种大气系统的影响，天气复杂多变，灾害性天气较多。春夏季多有海雾，夏季有台风、暴雨、冰雹，春秋季有霜冻，冬季有强寒潮，8 级以上大风一年四季均有出现。其中区域性强、影响突出的是台风、大风和海雾。另外，属海洋水文灾害的风暴潮也与台风、寒潮等灾害性天气密切相关。

1. 台风

台风是发展强烈的热带气旋，内部含有丰富的水汽，蕴藏巨大的能量。当它经过时，会带来狂风暴雨的灾害性天气。影响我国的台风源地为太平洋西部。20 世纪 50 年代以来，山东每年平均受台风侵袭 3 ~ 4 次，出现的时间多为每年 7 月中旬到 9 月中旬。受台风影响以胶东半岛最多，东南沿海次之，北部沿海最少。台风对沿海地带的危害程度主要决定于台风移动路径：登陆北上类，一般受害较轻；海上转向类，特别是近海转向，往往路径突变、风力强、移速快、危害大，使沿海出现罕见狂风并伴有暴雨，造成的灾害十分严重。

2. 大风

系指瞬间风速达到或超过 17m/s（八级以上）的风。沿海地区是山东大风最多的区域。大风天气以荣成市成山角最多，为 125d/a；其次是青岛、乳山、威海、烟台、蓬莱、龙口、埕口等地，为 70 ~ 40 d/a；其余多为 35 ~ 15 d/a。大风的强度一般比台风弱，但它频繁出现，且大多出现于春秋季节，正值作物生长或结实时期，其危害性并不比台风小。

3. 海雾

山东的海雾分为辐射雾和平流雾两种，西北部沿海出现的雾多为辐射雾，东南部沿海多为平流雾。荣成市的成山、石岛是山东沿海雾最多的地区，年均雾日 70d 左右，多出现在 4~8 月；其次是青岛和千里岩，年均雾日为 52d，多出现在 3~7 月；其余沿海地区年均雾日为 20~30d，亦多出现在 3~7 月。海雾对海上运输和渔业生产危害较大。海雾进入内陆的深度不远，一般只在 1~10km 范围内。若陆地持续数日受雾，则会影响农作物和果树的开花、授粉和正常生长，还会诱发病虫害。海雾中常含有较大量的盐（NaCl），直接危害植物的叶、花、穗、果，致使作物、果树生长不良，造成减产。

4. 风暴潮

风暴潮是一种与气象有关的水文现象，又称风暴海啸。是指在台风、寒潮、气旋等风暴系统过境时，所伴有的强风和气压骤变所引起的局部海面非周期异常升高现象。风暴潮发生时海水陡涨、狂浪翻腾，冲毁坝堤，引起海水倒灌，淹没农田、鱼塘、村庄。山东沿海风暴潮增水高度一般为 1.0m 左右，高的可达 1.5~2.0m。渤海湾、莱州湾一带发生风暴潮较多，危害最大，因地势平坦，海水可内溢几十千米。

二、地貌

（一）山东沿海地区地貌特点

山东沿海地分属两种地貌类型区：胶莱河以西属渤海平原类型区，胶莱河以东属山东半岛丘陵类型区。

渤海平原区位于渤海湾和莱州湾南岸，以近代、现代黄河三角洲为主体，还包括部分古代黄河三角洲、小部分黄河冲积平原和山前冲积洪积平原。渤海平原主要由黄河入海泥沙沉积而成，地势低，坡度小。境内平均海拔高度 8~15m，南高北低，比降为 1/6000~1/10000。沿海一带低洼地，海拔仅为 1~2m。由于黄河在历史上多次决口改道淤积，在平原上形成许多缓岗和洼地。

山东半岛丘陵区地貌可分为三部分，北部和南部以丘陵为主，中部是盆地。山东半岛丘陵区北部，山丘呈东西向分布，除昆嵛山、牙山、艾山等低山的个别山峰海拔 700~800m 外，大部分为海拔低于 300m 的丘陵，被南北的河流切割，呈宽谷缓丘地貌特点。这些丘陵主要由片麻岩、砂页岩构成，低山主要由花岗岩构成。滨海分布有宽窄不等的滨海平原，其中面积最大的为莱州、龙口、蓬莱滨海平原。

山东半岛丘陵区南部，主要为沭东丘陵和崂山山地。在胶州湾以南，为东北 - 西南向的丘陵，除小珠山、马耳山、九仙山海拔在 700m 左右外，其他在海拔 500m 以下，主要由片麻岩、花岗岩构成，丘陵两侧受源短流急的河流切割，地形破碎。日照市滨海有较大面积剥蚀平原。胶州湾以东为崂山山地，由中生代花岗岩构成，主峰海拔 1133m，山势陡峻，河谷切割强烈。

山东半岛丘陵区中部，在砂页岩为主组成的坳陷盆地上，发育成以胶莱河流域为主体的平原，包括河流冲积平原、湖沼沉积平原和剥蚀平原，北接莱州湾、南毗南黄海，海拔高度在 50m 以下，胶莱河沿岸海拔 10 ~ 15m。

（二）山东海岸地貌

海岸地貌主要发育在海洋与陆地相互作用的地带—海岸带。海岸带一般包括海岸线以上的陆上地带、潮间带与水下岸坡三个地带。现代海岸线以上的狭窄陆上地带，除去风暴潮，一般的风浪和潮汐不会达到。它可能是过去因海水作用而形成的海蚀阶地和平台，也可能是历经海风千万年的吹拂而堆积起的沙丘。水下岸坡带是低潮位以下的岸坡地带，常年被海水淹没。潮间带是高潮位与低潮位海面之间的地带，在涨潮落潮过程中，周期性地被海水淹没和外露。我国在 20 世纪 80 年代进行全国海岸带调查时，把海岸带定义为"潮间带及其向海和陆的延伸部分"，向陆延伸约 10km，向海延伸到 10 ~ 15m 等深线。海岸带是经受各种海洋性灾害最严重的地带，也是沿海防护林的重要防护地带。

1. 影响海岸地貌发育的因素

影响山东海岸地貌发育的主要因素有：第一、海洋水体的运动。海洋的波浪、潮汐影响海岸带的地貌发育，它不仅塑造出海蚀穴、海蚀崖、海蚀平台以及大量的海滩等各种海蚀、海积地貌，而且海水动力对岸滩松散的堆积物还起着分选、搬运及重新堆塑的作用。尤其在风暴潮的情况下，狂风巨浪对沿岸滩堤的作用极大地增强。第二、河流冲积作用。山东沿海岸入海的较大河流有 40 余条，还有许多山溪性河流，这些河流对沿海地带的冲积影响十分显著。黄河以它的巨大输沙量(0.5 亿 t/a)塑造了黄河三角洲平原，而且其泥沙波及渤海海域；一些中小型河流也在河口岸边冲积大量的泥沙。每逢汛期过后，河口附近的岸滩都要发生较大的变化。第三、人为经济活动。海岸地带的经济较发达，人口密集，港口、工厂、养殖场、盐田和各种防潮与水利工程较多，在一定程度上影响到局部地形地貌的改变。

2. 海岸地貌主要类型

（1）海蚀地貌

岩石海岸陡坡地带，在波浪的强烈冲蚀作用下，形成各种海蚀地貌。

海蚀穴、海蚀崖和海蚀柱：海蚀穴形成于岩石海岸的海面与陆地接触的地带，拍岸浪及其携带的沙粒冲刷和波浪携带的碎屑物质的研磨，以及海水对海岸带基岩的溶蚀等作用下，形成向内陆地凹进的槽形洞穴称海蚀穴，在海岸带裂隙发育的地段，裂隙进一步扩大，海蚀穴更易形成。

海蚀穴不断地扩大，顶部的岩石失去支持，发生崩塌现象，形成陡立的海岸崖壁称海蚀崖。由崩塌而形成的孤立石柱称海蚀柱。

海蚀台与海蚀阶地：海蚀崖后退，在海蚀崖前形成平坦的，微向海洋方向倾斜的平台称海蚀台。海蚀台是拍岸浪冲蚀作用的产物，其宽度一般以海浪所能达到的地区为限。海蚀台表面通常铺有一层砾石，多呈微波起伏状。海蚀台形成以后，由于海岸带相对上升，位于现代海岸线以上，称海蚀阶地。

（2）海积地貌

海岸带的松散沙砾等物质，在波浪、潮汐等动力作用下，重新堆积，形成各种类型的海积地貌。

海滩：由砾石、沙堆积而成，只在较大的河口地区才有泥质堆积。在海滩上，因大量沙质物质沉积而形成的垄岗地貌称海岸堤。因大风的吹扬，海滩上也可形成滨海沙丘地貌。

沙坝：波浪接近岸边时，受到海底摩擦与回流的影响，波浪能量随之减小，同时发生波浪破碎现象，波浪携带的沙砾物质堆积下来，形成堤状堆积，称水下沙堤。

水下沙堤在波浪作用下继续向岸移动和增高，出露于水面者称离岸坝。在离岸坝与海岸之间有一狭长的水域称泻湖，泻湖仍然有水道与海相通。

沙咀（沙嘴）：海岸带的物质纵向移动，在遇到海湾突出地带（岬角）时，由于岬角阻碍，使波浪携带的物质沉积下来，形成一端与海岸相连，一端向海延伸的堆积地貌，称沙咀。

3. 主要海岸类型

根据海岸带的地貌类型及成土母质的构成，主要分为泥质海岸、沙质海岸和岩质海岸三种海岸类型。

（1）泥质海岸　泥质海岸是淤泥质物质所形成的海岸，又称淤泥海岸、泥岸。山东的泥质海岸集中分布在渤海平原，由黄河沉积物和海积物形成，只有一小部分分布在风浪较小的基岩海湾。泥质海岸地势平缓，潮间带广阔，常被一系列喇叭状河口和潮水沟切割，显得支离破碎，曲折多弯。滨海主要为湿洼地和残留的冲积岛；陆地由岗地、平地与河间洼地相间分布，岗地的地面高程多为 $5\sim8m$，洼地多为 $2\sim3m$；土质多为粉沙淤泥质。

（2）沙质海岸　沙质海岸是由沙砾物质堆积而成的海岸，又称沙砾质海岸或简称沙岸。山东的沙质海岸都分布在山东半岛丘陵区的沿海，与岩质海岸相间分布。沙质海岸多由邻近的山区、丘陵经长期雨水冲蚀、搬运，在海岸边堆积成沙咀 - 沙坝与潟湖等地貌，又经海积、风积等作用逐渐发育而成。沙质海岸的岸线较平直，土质多为砂砾质。沙质海岸又可分为平原冲积、洪积或剥蚀型海岸和基岩堆积型海岸，平原冲积、洪积或剥蚀型沙岸一般较宽，基岩堆积型沙岸较狭窄。在风浪的作用下，沙质海岸常出现沙咀、沙堤、潟湖、沙滩，有的还形成沙丘，甚至发育成沙丘链。

（3）岩质海岸　岩质海岸是由基岩组成的海岸，又称基岩海岸、岩岸。山东半岛丘陵区的沿海，除去沙质海岸和极少的泥质河口外，其余为岩质海岸。岩质海岸的基岩主要由比较坚硬的花岗岩或变质岩组成，并同陆上的山丘相连，岸线曲折多变，港湾众多，近岸水深较大，滩面很窄，变化较小。山东的岩质海岸大部分属于侵蚀型基岩岬湾海岸，岸边山体直抵大海，岬角与海湾相间，波蚀作用强烈，海浪刻蚀出大片海蚀平台、大浪平台和海蚀阶地，在这些平台上，往往散布着海蚀崖、海蚀柱和海蚀穴洞等海蚀地貌。岸体受长期侵蚀后逐渐缓慢后退，但也有个别地段山体被侵蚀而引起崩塌现象。基岩的岬角与岬角之间，水深且风浪小，形成大小不等的海湾。

三、土壤条件

(一)山东沿海地带的土壤分布

沿海地带不同土壤类型的分布,与气候、地形、成土母质、植被等因素有关。山东半岛地处暖温带季风气候区,境内自然植被主要为落叶阔叶林和松林。这些气候与植被特点,加以主体山系由花岗岩、片麻岩组成,使山东半岛丘陵成为棕壤的集中分布区。主体山系外侧,多有石灰岩覆盖,有褐土的分布。山地丘陵的上、中部是粗骨土和石质土的分布区。在山前平原、河谷平原地带,有由境内发源的河流冲积物上发育的潮土分布。半岛地区的海滩和河滩,多有风沙土分布。砂姜黑土主要分布于胶莱平原的低洼地带。渤海平原为黄河冲积物上发育的潮土集中分布区,近海地带有滨海盐土分布,局部地带有风沙土分布。黄河三角洲有较大面积的新积土。

各土类及其亚类的分布多随地形地貌的变化呈现一定的规律。如山东半岛丘陵区以花岗岩、片麻岩为主构成的山体,从山上部至山下部再到山前平原,土壤类型一般呈酸性石质土粗骨土、酸性→棕壤性土→棕壤→潮棕壤的演变。渤海平原整体呈西南高东北低的倾斜态势,土壤质地由沙土、沙壤土占比例较大过渡到壤土、粘土占比例较大。不同微地貌,土壤类型也呈规律性变化:在河滩高地和决口扇形地,分布着潮土、脱潮土和风沙土,缓平坡地主要为潮土,洼坡地多有盐化潮土;在河间洼地多为粘质潮土和湿潮土。

森林的组成、结构和生产力都与土壤性状有关。山东沿海地带林业用地的土壤类型较复杂,不同类型土壤的性状差别明显。在林业生产中要认真调查分析林地土壤性状,因地制宜地拟定利用和改良措施,合理地利用林地资源,提高森林的生产力。

(二)山东沿海地区土壤类型

山东沿海地区的主要土壤类型有棕壤、潮土、风沙土、滨海盐土,其他土壤类型还有褐土、砂姜黑土、新积土、粗骨土、石质土、山地草甸土等。

1. 棕壤

广泛分布在山东半岛沿海的山地、丘陵及山前平原。棕壤的成土母质主要为酸性岩浆岩和富硅铝变质岩(多为花岗岩和片麻岩)的风化物及洪积物,沙质岩和基性岩风化物面积较小,棕壤的母质一般不含碳酸盐。棕壤的典型剖面包括表土层(A)、淀积层(B)和母质层(C)三个主要发生层。淀积层为鲜棕色,粘粒含量高于表土层和铁锰明显积聚是其主要特征。棕壤土类有棕壤、白浆化棕壤、酸性棕壤、潮棕壤和棕壤性土等亚类。

棕壤 pH 值一般为 5.0~7.5,只有酸性棕壤 pH 值为 4.5~5.5。在较好森林植被下,棕壤生物积累相当强烈,有较厚的枯枝落叶层,土壤表层有机质含量较高。

棕壤各亚类中,棕壤性土是低山丘陵坡面上的主要亚类,山前平原上以棕壤亚类为主,雨量大于 800mm 的深山缓坡地段有白浆化棕壤,山地森林茂密处有酸性棕壤形成,山前平原近河低平处则有潮棕壤。山东林业用地的棕壤中，以棕壤性土面积最大，且最瘠薄，其上主要为防护林和天然灌丛；而棕壤和潮棕壤两个亚类的水肥条件较好，适宜培育经济林和用材林。

山东林业用地的棕壤，土层厚度一般在 15~30cm，少数达 50cm 以上，土壤质地利于林木根系呼吸和土壤有机物分解，但保水和抗旱性能较差。由于人为活动影响和水土流失，其有机质含量较低。

2. 褐土

在山东沿海地区，褐土仅小面积分布在烟台、潍坊等市的部分县（市），山麓平原棕壤与褐土交接地带。褐土一般由含碳酸盐的母质发育而成，母质主要有石灰岩、石灰性沙质岩、石灰性砾岩的风化物，黄土和次生黄土。母质的碳酸盐含量对土壤的发育和属性有较大影响。褐土的典型剖面为淋溶层（A）、粘化层（Bt）、钙积层（Bk）、母质层（C）构型，其 B 层分为粘化层和钙积层是其特征。褐土有褐土性土、褐土、石灰性褐土、淋溶褐土和潮褐土等亚类。

褐土 pH 值一般在 6.5~8.2，褐土性土、石灰性褐土两个亚类较高，褐土、潮褐土和淋溶褐土 3 个亚类较低。褐土的全磷含量较高。褐土在森林植被茂密时，表土有机质积累强烈。与林业用地其他土类相比，褐土的有机质和各种养分含量都较高。褐土质地较棕壤粘重，通透性低于棕壤，保水能力和抗旱性能好于棕壤。

褐土各亚类中，褐土性土主要分布于山丘坡面，在坡脚、沟谷和山前平原则主要是褐土亚类，在雨量充沛而又排水良好的地段有淋溶褐土形成，在较干旱的石灰岩洪积母质上易形成石灰性褐土，在地势平坦地下水参与土壤发育过程而又不很强烈的地方有潮褐土分布。褐土性土是褐土土类的林业用地中最瘠薄的亚类；褐土、淋溶褐土和潮褐土则是林业用地中生产力较高的土壤。

3. 潮土

在山东沿海各地均有分布。潮土是发育在河流沉积物上，受地下水影响形成的一类土壤，潮化过程是其成土特点。潮土的成土过程受其母质的影响，地下水的运动和水质对潮土的变化起很大作用。因潮化和附加盐渍化过程的差别，林业用地的潮土土类中有潮土、脱潮土（旧称褐土化潮土）、湿潮土、盐化潮土等亚类。

黄河沉积物是山东潮土主要的成土母质。黄河水含沙量高，随水流速度变化其沉积物泥沙颗粒有明显分选。沿河道两侧滩地至远离河床的低平地，沙质、壤质和粘质沉积物呈规律性分布；泛滥过程中，急流处沉积物为沙质，漫流中沉积物为壤质，低地静水处沉积物为粘质。鲁北平原由黄河多次泛滥冲积而成。沉积物不仅在水平分布上有分选，而且多次沉积的覆盖也使其土体常有不同质地的层次相间排列。不同质地和土层排列的潮土，其理化性质有较大差别。

山东半岛山地丘陵区由本省发源的河流沉积物发育而成的潮土为河潮土。其中，由不含或含极少量碳酸盐的沉积物形成非石灰性河潮土，由富含碳酸盐的沉积物形成石灰性河潮土。河潮土多为沙壤质，通透性好。

潮土的 pH 值一般在 6.5~8.5。盐化潮土依盐化程度分为轻度盐化潮土、中度盐化潮土、重度盐化潮土。

潮土是沿海平原地区林业用地的主要土类。在潮土的各亚类中，潮土和脱潮土的土壤肥力较高，湿潮土、盐化潮土对树木生长则不够适宜，含盐量大于 0.6% 的重度盐化潮土难于直接用于林业生产。

4. 风沙土

风沙土是风沙地区风成（或次生风成）沙性母质上发育的土壤。在山东，其母质的最初来源为河流沉积物或河海相沉积物。风沙土成土过程弱且不稳定，土壤剖面无明显发生层。在自然条件下，风沙土的成土过程大致分为流动风沙土阶段、半固定风沙土阶段和固定风沙土阶段。根据《中国土壤》土壤分类系统，山东的风沙土有草甸风沙土一个亚类，下分为冲积流动草甸风沙土、冲积半固定草甸风沙土、冲积固定草甸风沙土和海积半固定草甸风沙土 4 个土属。

母质最初来源于黄河冲积物的草甸风沙土，细沙（0.2~0.02mm）含量达 90% 以上，粘粒（<0.002mm）含量一般小于 5%，这部分风沙土碳酸盐含量在 6%~8% 之间，pH 值为 7.5~8.2。山东半岛河滩地发育的冲积半固定草甸风沙土，粗沙（2~0.2mm）含量在 50%~65%，细沙含量 30%~45%，海积半固定草甸风沙土粗沙含量可达 85%~95%；这两种风沙土土体不含碳酸盐，pH 值在 6.0~7.0。海积半固定草甸风沙土地下水埋深 5m 左右，受海水影响较大，为氯化钠质水；黄河冲积平原和河滩地的草甸风沙土地下水埋深 3~5m，属重碳酸盐钙质水。

草甸风沙土的土壤结持力弱，比较疏松，总孔隙度小，土壤容重较大；土壤水分含量低，持水能力弱；腐殖化过程弱，土壤有机质及氮、磷等营养成分含量低。随着草甸风沙土发育程度的加强，土壤肥力有所提高，即固定草甸风沙土好于半固定草甸风沙土，半固定草甸风沙土好于流动草甸风沙土。

风沙土的土壤肥力低，不利于林木生长。风沙土易受风的侵蚀、搬运，可以覆盖附近的土地，危害农业生产。植树造林是治理风沙土的主要途径。

5. 滨海盐土

滨海盐土是滨海地区盐渍性母质，经过以海水浸渍和潮河倒灌为主要盐分补给方式的积盐过程发育的土壤。滨海地区土壤表层（0~20cm）含盐量超过 0.8% 即划为海滨盐土，表层含盐量≤0.8% 的土壤为盐化潮土。滨海盐土分为滨海盐土、滨海沼泽盐土和滨海潮滩盐土 3 个亚类。

滨海盐土的成土因素有母质、地形、地下水和海潮等。山东的海滨盐土主要分布在渤海沿岸的泥质海岸，以粉沙和沙质壤土为主的黄河沉积物，其毛管作用强，促使了盐分积累。滨海盐土一般分布在海拔高程 7m 以下的滨海平原和滩涂。滨海盐土的地下水具有埋藏深度浅，在 1~2m 之间；潜水矿化度高，一般在 3~5g/L 之间；水化学类型为氯化物钠型和氯化物钠镁型等特点。海潮的作用使海水入侵陆地,加重土壤盐渍化程度。

滨海盐土盐分积累特点是:土壤盐分随距海岸远近而异,距海越近,含盐量就越高。土壤剖面各层次含盐量都较高,剖面盐分分布图呈柱状。土壤盐分组成与海水基本一致,氯离子含量占阴离子总量的 70% ~ 90% 以上;阳离子以钠离子为主,占阳离子总量的 80% 以上。

在滨海盐土上,树木一般不能生长。在积盐较轻的滨海盐土上,一些耐盐植物可形成盐生草甸。盐生草甸减少了地面蒸发,增加土壤的生物积累,有利于降低土壤盐分和提高土壤肥力。

6. 新积土

新积土是在新近沉积或堆积的母质上,发育微弱的一类土壤。山东仅有冲积土一个亚类,即由黄河新近沉积物发育的土壤。根据区域生境条件的不同,分为黄河滩冲积土和三角洲冲积土两个土属。

冲积土继承了黄河沉积物的特征,土体深厚,剖面发育层次不明显,但沉积层理明显。由于沉积条件不同,冲积土的土壤质地变化较大。冲积土富含碳酸盐,有强烈的石灰反应。土壤有机质和各种养分含量一般较低,上下土层养分含量差异不大,其中粘质三角洲冲积土的养分含量较高。

黄河三角洲冲积土形成初期,土体深厚,潜水埋藏浅,水质好,大部分为天然草甸、灌丛和人工林,少部分垦为农田,是林业开发利用的重要土地资源。目前,大部分三角洲冲积土趋向潮土发育。三角洲冲积土的地下水受海水影响,水盐平衡状况十分脆弱,环境条件稍有改变,极易引起土壤盐渍化。在破坏了原有林木和草甸,开垦为农田之后,自然肥力退化,继而部分出现盐斑,十几年间就可由三角洲冲积土过渡为盐化潮土。所以,对黄河三角洲冲积土必须科学规划,合理利用,充分发挥森林、灌丛及草甸抑制土壤盐渍化的作用。

7. 砂姜黑土

砂姜黑土多分布在胶莱平原的莱阳、即墨等地。砂姜黑土的成土母质为第四纪以来的浅湖相沉积物,其母质来源有不含碳酸盐和含碳酸盐之分,该土类也就区分为砂姜黑土和石灰性砂姜黑土两个亚类。砂姜黑土分布范围有两个特点:一是地势低洼,二是重碳酸盐钙质地下水富集且排泄不畅。砂姜黑土的土壤剖面有两个特征层次,一是黑土层,一是砂姜层,黑土层在表土层之下,砂姜层在距地面 60 ~ 80cm 深度开始出现。

砂姜黑土一般质地粘重,通透性差;湿时泥泞,干时坚硬,耕作困难;土壤养分含量和潜在肥力较高,但改造利用难度较大。砂姜黑土 pH 值一般在 7.5 ~ 8.5。砂姜黑土亚类黑土层的碳酸盐含量低于 1.0%,石灰性砂姜黑土亚类黑土层的碳酸盐含量高于 1.0%。一般情况下,砂姜黑土亚类比石灰性砂姜黑土亚类较适于林业利用。

8. 粗骨土

粗骨土是发育在各种岩石残坡积风化物之上,含有大量砾石和石砾、土层浅薄、成土过程微弱的一类土壤,粗骨土经受侵蚀较重,发育程度弱,剖面属 A – C 构型。粗骨土土层厚度在 15 ~ 60cm,其中土层厚度在 30 cm 以下的薄层粗骨土面积占 2/3 以上。粗骨土分为酸性粗骨土、中性粗骨土和钙质粗骨土三个亚类。

酸性粗骨土是以花岗岩、片麻岩等酸性岩残坡积物为母质发育而成，土体较厚表土层多有较厚的半风化母岩层，pH 值多在 5.5～7.0；林草植被茂密条件下，土壤有机质含量多在 2.0% 以上。中性粗骨土是以基性岩或沙页岩残坡积物为母质发育的土壤，pH 值在 6.5～7.5 之间；其中基性岩类中性粗骨土(暗石碴土)的土壤有机质和其他养分含量高于沙页岩类中性粗骨土(岭沙土)。

粗骨土在改良作用上应以保持水土、发展林果业为主，努力扩大林草面积，加大覆盖度，逐渐提高土壤肥力和生产力水平。

9. 石质土

石质土是发育在各种岩石残积风化物之上，经受强烈侵蚀，发育程度很弱，土层极薄的一类土壤。土层厚度小于 15cm，其下即为基岩，属 A－R 构型。砾石含量高，一般在 50% 以上。

石质土有酸性石质土、中性石质土和钙质石质土三个亚类。酸性石质土发育的母岩主要是花岗岩、片麻岩等酸性岩石，分布在中、低山和丘陵顶部及高坡地，pH 值为 6.0～7.0，无石灰反应。中性石质土的母岩为基性岩和非石灰性沙页岩，土壤多无石灰反应，pH 值为 6.5～7.5，多分布在沙岩构成的缓丘顶部。钙质石质土的基岩多为石灰岩和石灰性沙页岩，土壤有石灰性反应。

石质土分布地势高，坡度陡，土层薄，多生长灌木和草本植物，植被覆盖度低，土壤侵蚀强烈，水土流失严重。石质土与粗骨土常呈复区分布，治理的关键措施是封山育灌育草，严禁滥挖乱牧，恢复和发展灌草植被，以保持土壤，促进母质风化和土层加厚。

10. 山地草甸土

山地草甸土是分布在山地平缓顶部，常年受低温和水湿影响，在草甸灌丛植被下发育的一类土壤。山东有山地灌丛草甸土一个亚类，分布于山东半岛的崂山、昆嵛山等中山顶部。发育在酸性岩类的山地灌丛草甸土全剖面呈微酸性反应。因地势高，风力大，乔木难以生长；但降水较多，湿度大，坡度平缓，灌草植被生长较好。山地草甸土有机质积累强烈，腐殖化作用明显，各种养分含量较高。

四、植被概况

(一)植物区系特点

1. 植物种类组成

山东沿海地带地形较复杂，水热条件较优越，加上地处南北过渡带，因而植物种类丰富。据统计，山东沿海地带共有维管植物 1450 余种(包括亚种、变种、变型)，其中木本植物占 38%，草本植物占 62%，分属于 153 科和 674 属。为我国长江以北沿海各省(市)中植物种类最丰富的区域。

按科、属统计，包括植物种类最多的科为菊科，其次为禾本科、蔷薇科、豆科，植物种类较多的科还有百合科、唇形科、十字花科、莎草科、蓼科、木犀科、松科、杨柳科、玄参科、伞形科、藜科、毛茛科等。这些含植物种类较多的科大多是温带成分的科，对山东的植被组成起着重要作用。

2. 植物区系成分

按中国植物区系的分区（吴征镒，1993），山东属于泛北极植物区，中国 – 日本森林植物亚区的华北植物地区；山东半岛部分属辽东、山东半岛植物亚地区，其他部分则属于华北平原、山地植物亚地区。

山东沿海地带的植物起源于北极第三纪植物区系。第四纪时气温普遍下降，一些喜温性常绿阔叶树种大量消失。第三纪保留下来的植物和以后出现的种类，共同组成了山东现代的植物种类。山东现有的赤松（*Pinus densiflora*）、银杏（*Ginkgo biloba*）、臭椿（*Ailanthus altissima*）、栾树（*Koelreuteria paniculata*）、构树（*Broussonetia papyrifera*）等许多植物都属于第三纪的残遗种类。

山东和日本、朝鲜以及辽东半岛在地史上有联系。山东地处暖温带，具有气候上南北过渡带的特点，山东西部、北部以平原与邻省相接，没有高山等地形阻隔，因此周围地区的植物可从各个方向侵入，丰富了山东的植物区系。

从山东沿海地带植物区系组成来看，北温带成分占据优势，一些北温带典型的科如禾本科、蔷薇科、菊科、十字花科、百合科、毛茛科、伞形科、玄参科、石竹科、唇形科、豆科、松科、柏科、杨柳科、槭科等在本地区有广泛的分布。

热带成分的科、属在山东沿海地带特别是山东半岛南部沿海分布较多。如樟科的红楠（*Machilus thunbergii*）和山胡椒属多种，其他木本科植物还有化香（*Platycarya strobilacea*）、黄檀（*Dalbergia hupeana*）、枫杨（*Pterocarya stenoptera*）、苦楝（*Melia azedarach*）、荆条（*Vitex negundo* Var. *heterophylla*）、酸枣（*Ziziphus acidojujuba* var. *spinosa*）、杠柳（*Periploca sepium*）、菝葜（*Smilax china*）等，草本植物如菅草（*Themeda japonica*）、白羊草（*Bothriochloa ischaemum*）、虎尾草（*Chloris virgata*）等。这些热带起源植物的存在，使山东沿海地带植物区系与亚热带沿海地带的植物区系联系密切。

由于山东半岛在第四纪以前曾与辽东半岛相连，两地有较多共有植物种类，如糠椴（*Tilia mandshurica*）、紫椴（*T. amurensis*）、核桃楸（*Juglans mandshurica*）、毛榛（*Corylus mandshurica*）等多种。这些种类多分布在山东半岛北部沿海。

在第三纪上新世时，日本曾与中国大陆相连，山东沿海正是连接部分。山东植物组成中常见日本成分，如赤松、化香、白木乌桕（*Sapium japonicus*）、糙叶树（*Aphananthe aspera*）和桔梗属、射干属的一些种。

山东沿海地带植物区系和华北各地一样，与欧洲西伯利亚植物区系有密切关系，特别是欧洲大陆成分有一定数量，在滨海盐土上最多，主要种类有盐地碱蓬（*Suaeda salsa*）、碱蓬（*Suaeda glauca*）、猪毛菜（*Salsola collina*）、灰绿藜（*Chenopodium glaucum*）、蒺藜（*Tribulus terrestris*）、草木樨状黄芪（*Astragalus melilotoides*）等。

　　山东沿海地带在地史上没有长期孤立的时期，和南北邻省的水热条件相差不大，因此植物特有种不多。山东特有种有胶东桦（*Betula jiaodongensis*）、胶东椴（*Tilia jiaodongensis*）、胶东景天（*Sedum jiaodongense*）、蒙山老鹳草（*Geranium tsingtauense*）、山东银莲花（*Anemone chosencola var. schantungensis*）、烟台翠雀（*Delphinium tchefoense*）、崂山鳞毛蕨（*Dryopteris laoshanensis*）等。

　　随着人类干扰的加剧，许多外来的农作物和果树被引入山东进行栽培，从国外引进的造林树种也很多，因而改变了植物区系组成。

　　山东沿海地带树木引种历史悠久，不少外来树种已适应了山东的气候条件，在林业生产中发挥了重要作用。引自我国亚热带的树种约 150 种，主要为园林绿化树种。其中蜡梅（*Chimonanthus praecox*）、玉兰（*Magnolia denudata*）、木兰（*Magnolia liliflora*）、女贞（*Ligustrum lucidum*）、石楠（*Photinia serrulata*）、黄杨（*Buxus sinica*）、紫薇（*Lagerstroemia indica*）等已有较普遍栽培，枸骨（*Ilex cornuta*）、茶树（*Camellia sinensis*）、南天竹（*Nandina domestica*）、棕榈（*Trachycarpus fortunei*）等在山东南部和东部沿海也生长较好。引自东北、华北及西北地区的树种约有 50 种。其中引自东北地区的长白落叶松（*Larix olgensis*）、红松（*Pinus koraiensis*）、樟子松（*Pinus sylvestris*）、白桦（*Betula platyphylla*）、黄檗（*Phellodendron amurense*）等，喜冷凉怕干旱，仅能在崂山、昆嵛山等山体中上部生长。引自华北低山、平原的黄刺玫（*Rosa xanthina*）、北京丁香（*Syringa pekinensis*）等，在山东具有良好的适应性。引自西北地区的沙枣（*Elaeagnus angustifolia*）、沙棘（*Hippophae rhamnoides*）、新疆杨（*Populus alba var. Pyramidalis*）等，较适于鲁北地区的气候条件。

　　国外树种中引自日本的约 30 种，其中黑松（*Pinus thunbergii*）、日本落叶松（*Larix kaempferi*）已成为山东沿海重要的造林树种，日本花柏（*Chamaecyparis pisifera*）、日本樱花（*Prunus yedoensis*）、铺地柏（*Sabina procumbens*）等也较常见。引自北美洲的约 35 种，刺槐（*Robinia pseudoacacia*）、绒毛白蜡（*Fraxinus velutina*）、火炬松（*Pinus taeda*）、美洲黑杨（*Populus deltoides*）、紫穗槐（*Amorpha fruticosa*）等均成为山东沿海地带的重要造林树种。引自欧洲各国的约 20 种，山东栽培较普遍的仅有紫叶李（*Prunus cerasifera* f. *atropurpurea*）等少数几种。

　　山东沿海地带引进的外来果树种类众多，其中苹果（*Malus pumila*）、西洋梨（*Pyrus communis*）、葡萄（*Vitis vinifera*）、无花果（*Ficus carica*）、日本甜柿等均为沿海地带栽培的重要果树。

3. 植物区系组成的地区差别

　　由于沿海地带各个区域的自然地理条件不同，在植物区系组成上有较明显的差别。如东南沿海地带的树木种类最丰富，除华北地区常见的树木种类外，还有较多南方树种；山东半岛东北部，则含有一些东北树种。沿海地带各区段的植被分布差异，体现了气候、地形、土壤条件的不同。如黑松林、赤松林分别为沙质岸段与岩质岸段的主要森林类型；而泥质岸段则主要为刺槐、绒毛白蜡、枣树（*Zizyphus jujuba*）等阔叶林。在沙质海滩上分布着沙生植被，以筛草（*Carex kobomugi*）、单叶蔓荆（*Vitex trifolia* var. *Simplicifolia*）、肾叶打碗花（*Calystegia soldanella*）、匍匐苦荬菜（*Ixeris repens*）等占优势；泥质海岸上分布着盐生灌丛和盐生草甸，以柽柳（*Tamarix chinensis*）、白刺（*Nitraria sibirica*）、獐毛（*Aeluropus littoralis* var. *sinensis*）、盐地碱蓬等占优势；岩质海岸则分布有较多耐旱、耐海风的灌木和草本植物。又如白刺只见于渤海湾沿岸，在东南沿海未曾发现；北部沿海常见结缕草草甸，南部沿海则常见狗牙根（*Cynodon dactylon*）草甸。

（二）主要植被类型

山东沿海地带植被根据建群种的生活型特点，可以分为针叶林、落叶阔叶林、竹林、灌丛、灌草丛、草甸、沙生植被、沼生植被及栽培植被等类型。

1. 针叶林

是以针叶树为建群种所组成的森林群落。山东沿海主要有赤松林、黑松林、火炬松林、日本落叶松林、侧柏林、水杉林等。

（1）赤松林　赤松林是海洋性气候条件下形成的温性松林，在山东主要分布于山东半岛，是地带性针叶林。在山地和丘陵的棕壤上，由海拔数 10m 至接近 1000m 都有分布，但一般在 700m 以上就呈现生长不良现象。赤松能耐瘠薄土壤，而以 pH 值 5.5～7.0 的沙壤质或沙质土壤最适宜。由于历史及人为活动原因，现存者全部为次生林。

赤松林中与赤松伴生的树种有栎类、山槐（*Albizia kalkora*）、刺槐、山樱（*Prunus serrulata*）、水榆花楸（*Sorbus alnifolia*）、盐肤木（*Rhus chinensis*）、大叶朴（*Celtis koraiensis*）、小叶朴（*Celtis bungeana*）等。灌木种类有胡枝子（*Lespedeza bicolor*）、白檀（*Symplocos paniculata*）、花木蓝（*Indigofera kirilowii*）、锦带花（*Weigela florida*）、百里香（*Thymus quinquecostatus*）、卫矛（*Euonymus alatus*）、溲疏（*Deutzia scabra*）等，草本植物有霞草（*Gypsophila oldhamiana*）、野古草（*Arundinella hirta*）、结缕草（*Zoysia japonica*）、菅草、披针叶苔草（*Carex lanceolata*）、瓦松（*Orostachys fimbriatus*）等。

赤松纯林的抗逆性较差，应形成与其他树种的混交林，以增加群落的稳定性。

（2）黑松林　黑松原产于日本，能在海洋气候条件下形成温性松林，20 世纪初引入山东。具有抗海风海雾，耐干旱瘠薄及轻度盐碱土壤，生长速度快，抗松干蚧性能较强等特点，是山东沿海地区海拔 600m 以下荒山、荒滩造林主要树种之一。

分布于山地、丘陵和滨海沙滩上的黑松林多为纯林，少数地方有刺槐伴生；在山地、丘陵，尚混生有麻栎（*Quercus acutissima*）等。山地、丘陵黑松林下的灌木有胡枝子、花木蓝、荆条、紫穗槐、百里香等，草本植物有菅草、北京隐子草（*Cleistogenes hancei*）、结缕草、白茅（*Imperata cylindrica*）、野古草、披针叶苔草等。沙滩的黑松林下灌木不多，主要为紫穗槐、胡枝子，草本植物有结缕草、芦苇（*Phragmites australis*）、白茅、马唐（*Digitaria sanguinalis*）、菅草等。

（3）火炬松林　火炬松原产美国东南部，山东最早为青岛崂山林场 1974 年从我国南方引入。经引种试验，火炬松表现出早期速生特性，生长量明显高于黑松和赤松。山东的水热条件与原产地有一定差距，山东栽植火炬松以鲁东南温暖湿润的环境条件较为适宜。现在青岛、日照等地海拔 500m 以下的微酸性棕壤上栽植较多，沿海沙滩也有栽植。喜深厚、肥沃土壤，也较耐干旱瘠薄。

火炬松林多为纯林。火炬松林下的灌木和草本植物有胡枝子、花木蓝、野古草、菅草、披针叶苔草等。

(4)日本落叶松林　日本落叶松原产日本，1909 年前后第一次引入青岛，1949 年后再次引种到青岛及烟台。自低山海拔 200m 左右的阴坡、半阴坡到 900m 左右的厚层土山坡都有栽培，是一个速生的针叶树种。

日本落叶松林大部分为纯林，只在林缘或空隙地有麻栎、日本桤木(*Alnus japonica*)、辽东桤木(*Alnus sibirica*)等生长。林下灌木有胡枝子、华北绣线菊(*Spiraea fritschiana*)、迎红杜鹃(*Rhododendron mucronulatum*)、锦鸡儿(*Caragana sinica*)、小米空木(*Stephanandra incisa*)、卫矛、忍冬(*Lonicera japonica*)、连翘(*Forsythia suspensa*)、扁担杆子(*Grewia biloba* var. *parviflora*)、花木蓝等，草本植物主要有耐阴的披针叶苔草、地榆(*Sanguisorba officinalis*)、委陵菜(*Potentilla chinensis*)等。

(5)水杉林　水杉(*Metasequoia glyptostroboides*)是我国特有树种，20 世纪 50 年代初引入青岛，目前已遍及山东半岛，以青岛崂山及日照大沙洼林场的水杉林生长最好。水杉适应性强，生长快，树姿优美，林相整齐，病虫害少。水杉林多为纯林，林下灌木较少，草本植物有白茅、野艾蒿(*Artemisia lavandulaefolia*)等。

(6)侧柏林　侧柏(*Platycladus orientalis*)是山东沉积岩山地的主要造林树种，岩浆岩和变质岩地也有栽植。在山东半岛，侧柏林分布于海拔 600m 以下的山地丘陵，土层浅薄的林地上。多为小片林，无大面积分布。侧柏林多为纯林，部分侧柏林混生有赤松、黑松、刺槐、麻栎等树种。林下常见的灌木有荆条、酸枣、华北绣线菊、三裂绣线菊(*Spiraea trilobata*)、胡枝子等，常见草本植物有菅草、狗尾草(*Setaria viridis*)、蒿类等。

2. 落叶阔叶林

落叶阔叶林是山东沿海地区的地带性植被，除渤海沿岸的滨海盐土区外，在山东沿海各地的山地、丘陵和平原都有分布。群落的建群种主要是栎类、刺槐、杨树、绒毛白蜡等。

(1)栎林　山东的栎林主要有麻栎林和栓皮栎林。麻栎林多分布于山东半岛，是地带性阔叶林。因受人为破坏严重，无大面积的分布。麻栎是硬阔叶树种，根系发达，萌芽力强，抗旱耐瘠，生长比较稳定，不易被其他树种更替。麻栎林中常有栓皮栎(*Quercus variabilis*)混生，另有槲树(*Quercus dentat*)、枹栎(*Quercus glandulifera*)、刺楸(*Kalopanax septemlobus*)、山槐、赤松等混生。林下灌木有胡枝子、花木蓝、三桠乌药(*Lindera obtusiloba*)、小米空木、百里香等，草本植物有披针叶苔草、菅草、白茅等。在胶东沿海所见的麻栎林多是放养柞蚕而经营的矮林，在胶南和日照也有麻栎矮林。

栓皮栎林多分布于山东半岛南部的低山丘陵地带。栓皮栎的习性与麻栎相近。栓皮栎林内有麻栎、槲树、炮栎等伴生。林下灌木有荆条、胡枝子、花木蓝等，草本植物有菅草、披针叶苔草、北柴胡(*Bupleurum chinense*)等。

(2)枫杨林　枫杨(*Plerocarya stenoptera*)分布于低山沟谷或河流滩地，多组成纯林。林下灌木有簸箕柳(*Salix suchowensis*)、杞柳(*Salix ingegra*)、紫穗槐，草本植物有耐水湿的水蓼(*Polygonum hydropiper*)等。

(3)辽东桤木林　辽东桤木原产我国东北，在崂山海拔900m以下沟谷及河流两侧都有栽培，形成狭长林带。生长迅速，冠幅较大，竞争能力强，多为纯林，林内灌木有多花蔷薇(*Rosa multiflora*)、华北绣线菊、水蜡树(*Ligustrum obtusifolium*)等，草本植物有披针叶苔草、委陵菜、酸模(*Rumex acetosa*)、水蓼等。

(4)刺槐林　刺槐自19世纪末引入青岛，发展很快，后来在山东各地普遍栽培。刺槐适应性广，在低山、丘陵、沙地、河漫滩、轻度盐渍土上都能生长。

山东半岛的刺槐多形成纯林，有时也有赤松、黑松、枫杨和栎类等其他树种伴生。林内主要灌木有胡枝子、紫穗槐、茅莓(*Rubus parvifolis*)、百里香、酸枣、荆条等，草本植物有披针叶苔草、结缕草、鹅观草(*Roegneria kamoji*)、霞草、野古草等。渤海平原地区刺槐多为纯林，可与杨树、柳树等混交。

刺槐根系发达，保持水土、改良土壤的能力较强，在山地、丘陵造林用以保持水土，在沙滩造林用于固沙，在盐渍土上造林用于改良土壤，是沿海地带造林的重要树种。

(5)杨树林　杨树在山东各地都有分布，适生于平原和低山沟谷。乡土种有毛白杨(*Populus tomentosa*)、山杨(*Populus davidiana*)，但多不单独成林。毛白杨可天然分布在海拔500米以下的低山沟谷，常与各种阔叶树混生为杂木林。平原地区广为栽培的为欧美杨(*Populus × euramericana*)和美洲黑杨。

毛白杨、欧美杨和美洲黑杨是山东用材林的主栽树种，也是农田林网和村庄绿化的主要树种。

(6)旱柳林　旱柳林多分布于渤海平原地区，沿河流两岸和道路、沟渠两旁，黄河河口地带有天然旱柳林分布。旱柳林多为纯林，林下有紫穗槐、簸箕柳等灌木，草本植物多为禾本科和蒿类的一些种类。

(7)绒毛白蜡林　绒毛白蜡原产北美洲，1911年引种到济南。现已成为渤海平原地区主要造林树种之一，莱州、胶南等地也大量栽植。绒毛白蜡生长较快，寿命长，耐盐碱性能强。广泛用于成片造林、道路沟渠绿化及城市村庄绿化。多为小片纯林或行状植树。绒毛白蜡与紫穗槐混交，有利于改良林地土壤和促进绒毛白蜡生长。绒毛白蜡林下的草本植物有多种禾本科杂草和双子叶植物杂草，如白茅、狗尾草、茵陈蒿(*Artemisia capillaris*)、藜(*Chenopodium album*)、紫菀(*Aster tataricus*)等。

3. 竹林

竹林是一种常绿的木本植物群落，分布于山东半岛南部沿海各地。

(1)淡竹林　淡竹(*Phyllostachys glauca*)是乡土竹种，多分布在海拔600m以下，肥沃、排水良好的土壤上。常为纯林，林相较整齐，生长良好。淡竹林内灌木与草本植物稀疏，灌木有扁担杆子、卫矛等，草本植物有藜等。

（2）毛竹林　毛竹（*Phyllostachys pubescens*）原产长江流域各省，山东沿海各地于1958年开始进行"南竹北移"，后在南部某些水热条件优越的地方获得成功，日照、崂山和胶南等地都有栽植的小片林，生长良好。毛竹林下灌木和草本植物稀少，主要有紫花地丁（*Viola philippica*）、酢浆草（*Oxalis corniculata*）、委陵菜等。

4. 灌丛

灌丛是以灌木为建群种而形成的植物群落。灌丛能耐不良的环境条件，在不适宜乔木生长的情况下，它是一种良好的改良土壤和保持水土的植被。山东沿海地区的灌丛类型很多，主要有以下各种：

（1）胡枝子灌丛　是山地、丘陵常见的灌丛之一，在山坡中、下部生长较好，呈丛状生长，在林地上多镶嵌分布，是肥沃轻壤质厚层土的指示植物。

与胡枝子伴生的灌木有白檀、百里香、卫矛、荚蒾（*Viburnum dilatatum*）、三裂绣线菊等，草本植物有荻（*Miscanthus sacchariflorus*）、野古草、鹅观草、唐松草（*Thalictrum aquilegifolium* var. *sibiricum*）、地榆、白羊草等。

（2）绣线菊灌丛　由华北绣线菊、三裂绣线菊、土庄绣线菊（*Spiraea pubescens*）、绣球绣线菊（*Spiraea blumei*）等种类组成，分布于中山地带，尤以阴坡厚层土常见。伴生的灌木有胡枝子、垂丝卫矛（*Euonymus oxyphylla*）、忍冬、映山红（*Rhododendron simsii*）、水蜡树（*ligustrum sinense*）、三桠乌药、白檀等，草本植物有野古草、披针叶苔草、鹅观草、桔梗（*Platycodon grandiflorus*）、拳蓼（*Polygonum bistorta*）等。

（3）白檀灌丛　常见于海拔300~600m的山坡、沟谷湿润肥沃土壤上。伴生灌木有多花蔷薇、荚蒾、天目琼花（*Viburnum sargentii*）、胡枝子、小米空木等，草本植物有荻、败酱（*Patrinia scabiosaefolia*）、委陵菜、苍术（*Atractylodes chinensis*）等。

（4）杜鹃灌丛　由杜鹃花（*Rhododendron simsii*）、迎红杜鹃、照山白（*Rhododendron micranthum*）分别组成群落。多分布于山东半岛低山丘陵海拔500米以上的阴湿环境，要求土层深厚肥沃的酸性棕壤。伴生灌木有忍冬、天目琼花、锦带花、三桠乌药、水蜡树等，草本植物有野古草、荻、败酱草、披针叶苔草、拳蓼、藜芦（*Veratrum nigrum*）等。

（5）大叶胡颓子灌丛　大叶胡颓子（*Elaeagnus macrophylla*）灌丛是常绿灌木，主要分布于亚热带，山东是它的分布北线，见于青岛崂山东部低海拔的阳坡及近海岛屿上。

大叶胡颓子群落可成矮林状。与之伴生的植物也有多种属于南方成分，如矮小的黄连木（*Pistacia chinensis*）幼树和灌木竹叶椒（*Zanthoxylum planispinum*）、构树、柘树（*Cudraruia tricuspidata*）等；藤本植物有络石（*Trachelospermum jasminoides*）、木通（*Akebia quinata*）、葛藤（*Pueraeia lobata*）等。

（6）柽柳灌丛　柽柳耐盐力强，山东沿海的天然柽柳灌丛主要分布在渤海湾沿岸的盐渍土上，以东营河口区和滨州沾化县面积最大，多呈片状分布。这些柽柳灌丛中的草本植物也都是盐生或耐盐种类。柽柳在黄海及胶州湾沿岸也有分布，在海滩上耐海风海雾，耐沙埋，固沙能力强。

（7）紫穗槐灌丛　紫穗槐原产北美洲，山东在 20 世纪 30 年代开始引种。紫穗槐适应性强，抗旱、耐涝、耐盐碱，在丘陵、沙滩和盐碱地上都能生长，是山东沿海地区的重要造林树种之一；具有良好的保持水土和固氮、抑盐等改良土壤作用，并有较高经济价值。紫穗槐灌丛多为人工栽培，多呈小片状或条带分布。

在渤海沿岸紫穗槐灌丛中，伴生的木本植物尚有白刺等。灌丛中的草本植物种类不多，常见的有白茅、茵陈蒿、罗布麻（*Apocynum venetum*）、马齿苋（*Portulaca oleracea*）、节节草（*Hippochaete ramosissima*）等。

5. 灌草丛

灌草丛是以旱中生的多年生禾本科植物为建群种并散生着灌木的植物群落，是山地、丘陵森林破坏后形成的一种次生植被。由于多年来开展封山育林和人工造林，灌草丛的面积已经逐步减少。山东半岛常见的灌草丛有如下类型：

（1）荆条、酸枣、菅草灌草丛　在山东沿海地区分布广，主要分布在土壤干燥的低山阳坡，面积较大。草本植物建群种为菅草，形成群落背景，其次是白羊草，还有荩草、委陵菜等。荆条和酸枣是主要灌木，成散生状，并伴生有多种胡枝子，但都稀疏而低矮。

（2）荆条、柘、荻灌草丛　以荻为群落背景而散生着荆条和柘的灌草丛，是赤松林破坏后而形成的一种类型。生境为低山阳坡，土层较厚。群落生长茂密，尚有酸枣、白杜（*Euonymus bungeanus*）、扁担杆子、忍冬、葛藤、白羊草、荩草（*Arthraxon hispidus*）、委陵菜、鸡眼草（*Kummerowia striata*）等灌木和草本植物混生。

6. 草甸

山东沿海地带的草甸主要是分布在渤海平原盐渍土上的盐生草甸，主要类型如下：

（1）獐毛草甸　大面积分布于渤海沿岸，也零星见于山东半岛的海岸带上，群落所在地含盐量一般在 1% 以下。

獐毛草甸所在地域地形平坦，群落的覆盖度大。种类组成比较单纯，由獐毛形成背景，间或伴生有盐地碱蓬、二色补血草（*Limonium bicolor*）、茵陈蒿和芦苇等。

（2）蒿草类草甸　蒿草类草甸多以双子叶植物蒿类为主要建群种而形成，大面积分布在渤海湾沿岸。群落所在地为獐毛草甸的内侧，离海较远，地形稍高，土壤含盐量较低，约为 0.5% 左右，群落面积广阔。

蒿草类群落的主要建群种有茵陈蒿、白蒿（*Artemisia scoparia*）等，并有獐毛、白茅、二色补血草、狗尾草等伴生。由于土壤含盐量较低，这种群落在不少地方已开垦为农田。

（3）白茅草甸　多分布在土壤沙质而含盐量约 0.5% 以下的地段，多位于离河沟不远的地方，土壤水分条件较好，面积不大，多呈片状分布。

白茅草甸覆盖度大，种类组成单纯。除建群种白茅外，还伴生有獐毛、茵陈蒿、芦苇、蒙古鸦葱（*Scorzonera mongolica*）、罗布麻、刺儿菜（*Cephalanoplos segetum*）等。由于土壤含盐量较低，土质较好，这种群落常被开垦为农田。

（4）罗布麻群落　在海拔高程3.5m以上，土壤含盐量较低而有机质含量较高的地段上有零星分布。群落结构复杂，种类组成繁多，优势种和次优势种不太明显。主要植物除罗布麻外，尚有白茅、獐毛、蒿类，还有二色补血草、盐地碱蓬、碱蓬等。

（5）盐地碱蓬草甸　主要分布在渤海湾沿岸，以东营市面积最大。该群落所在地一般接近高潮位线，且经常受到海潮侵渍；土壤含盐量可达1%～3%，地面多见斑块状白色盐霜，为淤泥质滨海盐土。

盐地碱蓬群落是海岸带上最耐盐的植物群落。当土壤含盐量超过它的忍受极限时，则不能生长植物，成为盐碱裸地。群落组成单纯，在高盐分时几乎没有其他植物生长，盐地碱蓬的分布也稀疏。当盐分下降时，则有獐毛、二色补血草和芦苇等伴生。如再经脱盐，则群落常被獐毛草甸取代。

7. 沙生植被

沙生植被是分布在沙滩上的由沙生植物组成的群落。因生态条件差，群落的种类组成简单，植物较稀疏地散布在海滩上。

（1）筛草群落　是滨海沙滩裸地上的先锋植物群落，耐干旱瘠薄，耐沙压、沙埋。群落覆盖度小，除建群种筛草（*Carex kobomugi*）外，伴生植物有珊瑚菜（*Glehnia littoralis*）、砂引草（*Messerschmidia sibirica*）、肾叶打碗花（*calystegia soldanella*）等。

（2）砂引草、珊瑚菜群落　由筛草群落发展而成，其种类组成较多，覆盖度也有提高。除沙生草本植物外，有时尚有单叶蔓荆伴生。

（3）单叶蔓荆群落　是山东沿海沙滩地上分布的唯一天然灌木群落，分布于沙质海岸的内侧或地形较高处，已不受海潮的影响，土壤含盐量一般在0.5%以下。单叶蔓荆群落常为单优种群落，只有少量其他沙生植物种类伴生。它是滨海沙滩上植物群落由草本植物过渡到灌木的阶段，有可能再演替为落叶阔叶林。

8. 沼泽植被

沼泽植被是在滨海洼地水分积聚和土壤过湿条件下，由沼生植物占优势的植物群落。

芦苇群落是山东沿海地区上面积最大的沼泽植被类型，以渤海沿岸分布最广，在河流两侧和海堤内外都有分布。芦苇生活能力强，适应性广，耐盐能力强，是良好的经济植物。芦苇群落常为单优种群落，按立地条件可分为常年积水型、季节性积水型和旱生型。

9. 栽培植被

栽培植被是指受人工集约管理的植物群落，包括经济林、果园、林粮间作、蔬菜园和农田等。

山东沿海地区的经济林和果园主要有板栗林、枣林、银杏林、茶园、苹果园、梨园、葡萄园、山楂园等。林粮间作主要有山东半岛沿海的欧美杨－小麦、欧美杨－花生间作方式，渤海沿岸的枣－小麦间作方式。

五、山东海岸带的岸段划分

海岸带是海洋与陆地相互作用的地带，经受各种海洋性自然灾害最为严重，是沿海防护林建设的重点地带。了解山东海岸带各个岸段的特点，对于合理规划和营建沿海防护林有重要意义。山东的海岸带以自然地理要素的相似性为依据，可划分为两个海岸区、六个海岸段。

（一）渤海平原泥质海岸区

本海岸区岸线西起漳卫新河河口与河北省相接，东至莱州市虎头崖，主要属滨州、东营和潍坊市辖区，属渤海平原的范围。该海岸区的特点是：黄河是本区的主要缔造者，地势平坦，粉沙淤泥质潮滩发育十分广阔，沿岸海底浅平；光热条件较好，但风暴潮及旱、涝、盐碱严重；土壤多属滨海盐土和盐化潮土，土地资源丰富，但须待改造才能利用。天然植被以盐生草甸为主，间有块状柽柳、白刺灌丛；在黄河口附近的淡水冲积地带，可形成条块状天然生旱柳林和人工刺槐、杨树林；另外，滩涂、坑塘、洼地较普遍地分布着芦苇群落。本海岸区包括两个海岸段。

1. 黄河三角洲岸段

西起漳卫新河河口，东至小清河河口。其中套尔河河口以东为 1855 年以来新形成的近代黄河三角洲海岸，是冲积现象最明显、淤积成陆速度最快的岸段。套尔河口以西，广泛分布着宽阔的潮上滩地（平均宽度可达 10km 以上），是山东潮滩沙岛集中分布的地方。本岸段是全省降雨量最少的地区，偏北大风常能形成风暴潮。黄河口新生土地资源丰富，但生态环境脆弱。

2. 潍北平原岸段

西起小清河河口，东至莱州虎头崖，濒邻莱州湾南部。地势平坦，岸线平直，潮滩较宽阔（平均宽度 5～8km）。是黄河入海泥沙影响较微弱的岸段，从 19 世纪以来海岸状况基本稳定。

（二）山东半岛丘陵沙质间岩质海岸区

本区海岸线西起莱州市虎头崖，东至荣成市成山角，再折向西南及南，止于日照绣针河口，包括胶东半岛全部及鲁东南沿岸。在地貌上主要为鲁东丘陵和崂山山地的近海地带。岸线曲折，山丘起伏，岬湾相间。海岸类型除部分河流入海口形成小面积冲积泥滩外，绝大部分属于岩质海岸和山前平原冲积形成的沙质海岸。本区土壤以棕壤为主，部分海岸为冲积沙土。植被以暖温带针叶林及针阔混交林为主。本区的城市、港口众多，人口密集，气候适宜，风景秀丽，有许多旅游胜地。本区可划分为四个岸段。

1. 莱州蓬莱山前冲积、洪积平原岸段

本岸段属莱州、龙口、蓬莱市辖区。主要为山前冲积－洪积阶地平原，以基本平直的沙质海滩为特色，沿岸潮滩宽浅。本岸段是鲁东丘陵海岸区雨量偏少的地区，常有春旱现象；河流均为山溪性小河，地表径流不多，地下水资源为本地区的主要用水来源，近年来已出现开发过度现象。土壤多为棕壤，沿岸有较大片的黑松、赤松、刺槐等防风固沙林分布。

2. 胶东半岛丘陵岸段

本岸段属烟台、威海市辖区，海上包括渤海海峡的庙岛群岛在内。沿海大部为波状起伏的丘陵，小部分为剥蚀平原。海岸以基岩港湾为特色，岸线曲折，海上岛屿棋布，海蚀、海积地貌发育。牟平、荣成等地间有沙质海滩。本岸段气候受海洋影响显著，夏无酷暑，冬无严寒，但也是受台风、海雾影响重的地带。土壤多为棕壤及粗骨棕壤。植被以暖温带针叶林、针阔混交林为主，覆盖率较高。本岸段港湾宽阔、水深，烟台、威海、石岛等港口所在地。

3. 崂山山地岸段

本岸段主要属青岛市辖区，青岛港居于中间。本岸段海岸以基岩岬湾，各种海蚀地貌发育为主要特征。近岸水域较深，潮间带较窄。崂山山地兀立于胶州湾畔，构成我国北方少有的山地海岸景色，风光秀丽。海上岛屿罗列，其中有全国陆地边缘海拔最高的灵山岛（513m）。本岸段气候冬暖夏凉，但海雾、大风较多。河流多为山溪性，地表水较多，地下水资源较缺乏。土壤多为棕壤。植物资源较丰富，植被多为针阔叶混交林，林间灌草丛生，覆盖率较高。

4. 日照剥蚀平原岸段

本岸段属日照市范围。沿岸以平缓剥蚀平原为主体，岸线较平直，沙堤发育和潟湖带是主要特征。本岸段是全省水热条件最好的地区，旱涝灾害亦较轻。河流大都为山溪性河流，但地表水、地下水资源较丰富，可基本满足当地需求。土壤以棕壤、粗骨棕壤为主。沿岸有较大片的赤松、黑松、刺槐等防风固沙林分布，森林覆盖率较高。沿岸有日照港、岚山港。

第二节　山东沿海防护林体系建设概况

一、沿海防护林体系建设的意义

（一）山东沿海防护林体系建设的重要作用

山东沿海地区气候较温和湿润，有利于农林业生产和人民生活；但沿海地区天气变化较剧烈，地形较复杂，自然灾害较严重，迫切需要建设沿海防护林体系以防御这些自然灾害。沿海地区是山东经济发达的地区，也是对外开放的前沿，当地人民的生活居住、工农业生产的发展以及对外经济技术交流都需要良好的生态环境，迫切需要造林绿化来改善生态环境。

沿海防护林体系是沿海地区的生态屏障，在防灾减灾、改善生态环境以及促进经济社会可持续发展等方面具有重要意义。

1. 防御自然灾害

山东沿海是自然灾害多发的区域，大风、风暴潮、海雾、盐碱、风沙、水土流失、干旱等是山东沿海地区主要自然灾害，沿海群众深受其苦。沙质海岸区，风沙可导致农田和村庄的沙压、沙埋，直接威胁居民的生产和生活。台风侵袭使农作物、果树受到严重损失。沿海山地丘陵，花岗岩和变质岩广泛分布，岩石坚硬致密，裂隙不甚发达，富水性差；降雨集中的季节，容易造成严重的水土流失。由于径流夹带大量泥沙，造成河道淤塞、塘坝库容减少，而在干旱季节，普遍干旱缺水，形成沿海地区水资源的匮乏。沿海平原地区的盐渍化、风沙化土地面积较大，春旱严重。特别是渤海平原，因海水浸渍和海潮入侵形成大面积重盐碱地，为农林业生产带来很大危害。沿海地区的经济社会越发展，对生态环境的要求越高，沿海防护林体系建设的作用和地位也愈加重要。

开展沿海防护林体系建设，发挥森林的多种生态防护功能，使沿海地区的自然灾害危害范围和程度减少，灾害损失减轻，进而使区域生态逐步走向良性循环。如地处渤海湾畔的沾化县，1949年至1990年间，每次发生风暴潮时都有几十万亩土地被淹没，大批房屋倒塌，人、畜、农作物等损失严重；而且常有几种自然灾害交替或重叠发生，受害范围涉及全县。1990年至2004年间，随着沿海防护林体系的不断完善提高，减灾能力不断增强，风灾和风暴潮等灾害的受侵范围明显缩小，造成的经济损失也明显减少。又据烟台、青岛市对1985年九号台风和1997年11号台风的灾后调查，没有防护林保护的海堤被冲毁，农作物倒伏，损失惨重；而在有沿海防护林保护的地段，防护林发挥了防风作用，大大减轻了台风灾害。

沿海防护林体系工程有效改善了沿海地区的生态环境，在全省沿海地区防灾减灾中发挥了不可替代的作用，成为保障沿海人民安居乐业的"绿色长城"和"生命线"。

2. 改善居民的生活环境

山东沿海地区的城镇化程度较高，人口较密集。沿海防护林体系能优化生态环境条件，还能充分发挥森林对环境的净化作用，有益于人民的身心健康。森林调节气候，使气温较低，昼夜温差较小，空气湿度较大，更加舒适宜人。森林可增加空气含氧量，降低空气含尘量，使空气更加清新。森林涵养水源，变地表水为地下水，经过滤的地下水清澈卫生。森林具绿色心理效应，使人的精神感觉舒适。近年来，山东沿海防护林体系建设和城镇绿化、道路绿化等相结合，进一步绿化美化了人居环境，促进了沿海地区精神文明建设。沿海防护林体系建设对形成气候宜人、空气清新、风景美丽的居住环境具有重要作用。

3. 促进沿海地区经济社会可持续发展

沿海防护林体系是沿海地区以防护林为主体，并包括用材林、经济林、风景林及四旁绿化等各林种在内的森林体系。沿海防护林体系不仅能改善农业生产条件，保障农业生产；还能生产木材、果品等各种林产品，增加农业收入，产生显著的经济效益。

近年来，沿海地区利用优越的自然环境和丰富的自然人文景观来发展旅游业。森林是重要的旅游资源，沿海地区依托崂山、昆嵛山、长岛、刘公岛、伟德山、灵山湾、日照海滨、黄河口等众多森林公园和风景林区，大力发展森林旅游业。森林为游人提供良好的休闲保健场所，游人在风景优美、环境幽静、气候宜人、空气清新的森林环境中游览，获得精神上的享受，有益于身心健康。开展森林旅游，为沿海地区安排了大量就业岗位，增加了财政收入，对发展地方经济具有重要作用。

沿海防护林体系是沿海地区率先实现林业现代化的重要载体。我国林业现代化的主要标志是建立比较完备的林业生态体系和比较发达的林业产业体系。实现这一目标，既要具有较好的林业基础，又要具备一定的经济实力，还要有民众的生态意识。就山东的沿海地区与内地相比较，沿海地区的经济社会发达、科教文化进步、人才资源丰富，并且人们的生态意识、环保意识有了很大提高，为沿海地区在山东率先实现林业现代化奠定了基础。沿海防护林体系建设工程，是国家生态建设重点工程的重要组成部分，是带动沿海地区林业走向现代化的基础工程。加强沿海防护林体系建设，针对沿海不同地区的实际和特点，构建绿色生态屏障，发展林业产业，这是沿海地区率先实现林业现代化需要解决的课题，也是沿海地区加快林业发展的重大机遇。

沿海防护林体系建设是沿海地区扩大改革开放的需要。沿海地区是山东省改革开放的前沿，集中体现了山东经济社会发展的成就。加强沿海防护林体系建设，进一步改善沿海地区的生态环境和人居条件，有利于树立山东良好的形象，有利于提高综合竞争力，有利于促进对外交流和扩大开放。山东沿海地区每年都要接待大批的国际友人、华侨、港澳同胞来此进行贸易洽谈、观光旅游、探亲访友及参加科、教、文等交流活动。随着山东半岛城市群的培育和面向韩国、日本的"跨国走廊"的构筑，与日本、韩国等国家在经济、贸易、科技等领域的合作与交流将会进一步加强。加强沿海防护林体系建设，对扩大改革开放愈显重要。

山东沿海地区还是我国的军事要地和国防前沿，沿海防护林也是沿海地区国防设施的绿色屏障。

山东沿海地区经济发达，是山东省经济社会发展的重要区域。2009年11月国务院批复《黄河三角洲高效生态经济区发展规划》。2011年1月国务院批复《山东半岛蓝色经济区发展规划》，随着国家"一黄"、"一蓝"上升为国家战略，山东沿海地区迎来了重大发展机遇。作为沿海地区重要生态工程的沿海防护林体系建设，必将在黄三角高效生态经济区和半岛蓝色经济区的建设中发挥更加重要的作用。

随着经济发展和人民生活水平的提高，保护和改善生态环境，不仅是保护和发展生产力，也是人类文明进步的重要标志，关系人民群众长远的根本的利益。建设沿海防护林体系，构筑沿海地区的绿色屏障，从而保证沿海地区生态安全，改善沿海地区生态环境，提高生态环境质量，必将促进沿海地区经济社会的可持续发展。

（二）沿海防护林体系的生态防护功能

沿海防护林体系是沿海地区以海岸基干林带和纵深防护林为主，与其他林种共同组成的多林种、多树种、多层次的综合防护林系统。沿海防护林体系是沿海地区一项重要的生态工程，具有防御自然灾害和改善生态环境的多种生态防护功能。它不仅具有防风固沙、保持水土、改良土壤、调节气候、优化居住环境等森林的普遍性生态、社会效益，还能在沿海地区的特定区域内，发挥其不可替代的抗御大风、海潮等多种自然灾害与恶劣环境的特殊作用。

1. 减轻大风和台风的危害

大风是山东沿海的主要自然灾害之一，发生频繁。大风可吹蚀土壤，毁坏农作物幼苗；导致农作物的过度蒸腾，形成生理干旱，影响作物和果树的正常生长发育；因风浪溅起的含盐水滴随大风漂移到岸上，对植物也有危害。台风虽发生次数较少，但台风带来的狂风暴雨其破坏力更强，可摧毁农作物、果树，破坏房屋建筑。森林具有防风效能，当大风吹向森林时，树干枝叶的阻挡、摩擦、摇摆，迫使气流分散和动能消耗而削弱；从林缘到林内，风速逐渐降低直到静止。当大风经过防护林带时，一方面由于气流穿绕枝叶时的摩擦和枝叶摇摆而消耗了一部分动能；另一方面气流经过林带后变成许多小的涡旋，这许多小的涡旋彼此摩擦而消耗了动能，引起风速的降低和湍流交换的减弱。

由海岸基干林带、农田防护林网和其他林种相结合的沿海防护林体系，能有效地削弱风速，减轻大风灾害。例如：在荣成县成山卫海滩观测：海滨风速达 7～10m/s，而黑松基干林带内 15m 处的风速仅 1m/s，林带后 15m 处风速 2～3m/s，林带后 60m 处的风速为 3～4m/s，减轻了大风对林带后方农田和果树的伤害。沿海防护林抗御台风的作用显著。如1985 年 8 月 19 日"19 号台风"由青岛登陆，横扫胶东半岛。在这场台风暴雨灾害中，沿海的防护林、灌草植被以及四旁树木，都起到了显著的抗灾作用。据烟台地区的各县(市)调查：在强台风的袭击下，凡在林带、林网保护范围内的玉米倒伏率仅 9.7%，而无防护林的玉米倒伏率达 85.5%；在林网保护下的果园落果率为 1%～5%，无林网保护的落果率为 20%～30%；树木多的村庄仅有个别的屋顶受损，而无林少树的村庄其房屋较普遍地遭受不同程度的损坏。沿海多林和植被较好的山地、丘陵，台风暴雨过后，梯田地边埝、塘坝等都保存完好；而少林及灌草植被盖度低的地方，有不少梯田被冲毁，有的甚至出现了泥石流和滑坡现象。

2. 防止风蚀，阻止沿海流沙内侵

山东沿海有沙质岸段 800km，在强海风的吹袭下，发生沿海沙地的风蚀和流沙移动，形成沿海地带的风沙危害。山东沿海沙地的沙物质来源于山地丘陵区的水土流失物质，又经风力和海水的搬运，形成沿海沙滩。当海风达到一定速度时，由于气流的冲击力，使沙滩上的沙粒脱离地表进入气流中被搬运而形成风沙流。风蚀的强弱取决于风速大小及土壤有关性状，风速越大风蚀越严重，干燥松散的沙土容易起沙，无植被覆盖的沙地容易起沙。当风速减弱或下垫面性质改变时，沙粒就会从气流中降落发生堆积。如遇到障碍物，沙粒会大量堆积而形成沙堆，沙堆最后发展成沙丘。沿海风沙危害的主要形式有：流动沙丘向内陆前移，埋压农田、道路、沟渠和村庄；风沙流掠过农田时，沙粒打击禾苗，落沙埋压禾苗；风蚀严重的沙地，表层土壤多被剥蚀，使土壤肥力下降。

营建由基干防护林带、防风固沙林和农田防护林网等组成的沿海防护林体系，能有效地防止风蚀和阻止流沙内侵。森林防止风沙危害的机能主要有三个方面：① 森林能降低风速。

当风速降到起沙风速以下，避免沙粒的移动，就防止了风蚀的发生。② 一旦发生风沙流并侵入森林，林木会把飞沙阻止在林带前缘，阻止飞沙进一步向前移动。③ 林地植被和枯枝落叶覆盖固定沙地，而且使沙粒的含水量增加，抑制了风蚀的发生。

20 世纪 50 年代以前，山东沿海沙滩的风蚀和流沙前移较严重，对沿海居民的生产生活带来很大危害。通过在沿海沙滩大规模植树造林，到 20 世纪 60 年代就已基本上消灭沙荒，森林发挥防风固沙作用，阻止了沿海流沙内侵，变以往的"沙进人退"为"林进沙退"，改善了沙质海岸地带群众的生产和生活条件。例如：蓬莱市北沟镇聂家村有 167hm² 海滩，20 世纪 50 年代以前有 300 多个流动沙丘，不仅埋没了农田，而且迫使村庄两次南迁，群众生活贫困。营造沿海防护林以后，形成了 8 条东西走向的主林带和 3 条南北走向的副林带，构成了 21 个方格林网，使过去的不毛之地变成了林海和果园。荣成市成山林场建场前几乎没有植被，风沙危害严重，逐年向内陆侵袭，纵深达 5km，历史上曾有流沙埋没"九庄十八疃"的说法。经过多年植树造林，形成了长 5km、宽 1.5km 的黑松沿海防护林带，林带内的耕地和居民生活环境得到有效保护。

3. 减轻风暴潮灾害

风暴潮是台风、寒潮、气旋等风暴天气过境时所引起的海岸带水位异常升高现象。风暴潮发生时，淹没沿海低地，加速海岸蚀退，破坏岸滩形态，巨浪冲毁堤坝，海水入侵淹没农田、村庄，毁坏地表植被，造成严重的灾害。渤海沿岸发生风暴潮较多，又因地势平坦，受风暴潮的危害更重。沿海防护林具有固堤护岸、防浪促淤、削减风暴潮的能量，减轻风暴潮危害的功能。其主要的防潮机能有：① 因树干的摩擦阻抗，使侵入林内的大潮的流速和能量降低，削弱了其破坏能力。② 减轻、防止波浪的破坏，起到防浪促淤和保护岸滩的作用。③ 树木和灌草植被能减轻潮水对堤坝的土壤侵蚀，固持堤坝，防止堤坝决口和海水内溢。④ 阻挡漂流物的移动，减轻了由于漂流移动所造成的二次性灾害。

当风暴潮来袭时，沿海的林木植被能降低海潮入侵速度，减轻破坏力。如东营市在 1977 年发生特大风暴潮，拦海大堤多处溃口，近海油井大部分被淹，工农业生产受到了严重影响。经调查，凡沿海植被较好、防护林体系较为健全的地方，防潮堤坝的决口少，海潮推进的速度明显减缓，淹没区域较少，从而降低了损失，并为当地组织抗灾自救赢得了宝贵时间。

林木和灌草植被有良好的固岸护堤、防浪促淤作用。林木根系的固土作用，对防止海浪冲淘海岸引起的海岸蚀退具有显著的作用。应用耐盐、耐水湿的柽柳等树种，以其具有根系发达、萌蘖旺盛、地上部分柔软密集、弹性大的特点，可以缓冲风浪对岸边的冲刷，还能拦泥挂淤。例如：烟台市西沙旺的沙质海滩，20 多年前沿潮上线栽植了柽柳护岸林带，密集的柽柳根系固着沙粒，防止因风吹浪冲而流失。经连年风吹沙埋，柽柳根系也不断加深，至今已形成宽约 10m、高约 3m，由柽柳固持的防潮防风沙堤，保护着沿海沙滩的黑松基干林带和林带后方的道路、农田。

在渤海泥质海岸地带，耐盐、耐水湿的柽柳、芦苇等灌草植被具有防浪促淤、保护堤坝、迟滞海潮等防护功能。据测定，东营市沿海由柽柳、芦苇等组成的灌草植被，平均每小时可迟滞海潮推进 1～2km。在海滩中的芦苇地，生长旺期时，每天涨落潮平均落淤厚度为 0.4～1.2mm，落淤作用明显。沾化县黑坨子岛南侧潮滩有一条芦苇带，因促淤作用，10 年多的时间已形成一条高于裸滩 60～180cm 的垅状地带。据观测，海岸防潮堤坝前有 200～300m 宽的旺盛芦苇群落生长，波浪传递到堤坝边已基本消失；若有 100m 宽的旺盛芦苇群落生长，波浪传递力到堤坝前可衰减 50%；若有 50m 宽的芦苇生长，高度在 3m 的风浪，对堤坝基本无损害。营建柽柳防浪林带能有效地防浪促淤、改善区域生态环境，被称之为防潮抗灾的"柔性工程"。

沿海防护林对防御风暴潮有显著的作用，但森林植被减轻风暴潮灾害的效果是有一定限度的。因此，营造沿海防护林要与防潮堤及护岸工程设施相结合，才能共同发挥更大的防潮减灾作用。

4. 防御海雾

雾是发生在地面上的水汽凝结物聚集而形成的一种烟幕现象。雾粒的生成必须在大气中的水汽遇冷达到过饱和状态。雾主要分为辐射雾和平流雾。辐射雾是地表潮湿空气因地面和空气夜间冷却而引起，出现的范围小，潮湿的草地和低洼的地方容易发生。平流雾由湿热气团在冷的下垫面上平流移动而产生，南方湿暖气流向北方洋面移动时发生的海雾是典型的平流雾。平流雾的浓度大、范围广，一天当中随时都可出现，海面或海岸的平流雾多发生在温暖季节。山东沿海地区常发生海雾，海雾的危害主要由平流雾引起。持续的海雾造成日照不足、气温和地温偏低、湿度过高，引起农作物生长发育不良，阻碍作物开花授粉，甚至导致谷物籽粒空秕。海雾还对沿海地带的交通带来极大妨碍。

沿海防护林有防御海雾的功能，分为隔离作用和吸收作用。海雾向内陆移动，大面积沿海防护林起到隔离作用。雾到达森林后，发生雾粒被森林吸收的作用。由于沿海防护林的防雾功能，使经过沿海防护林的雾的浓度降低，海岸基干林带背后的雾水量大量减少。

沿海防护林对雾的隔离作用，由于受大范围气象条件和地形的影响，一般难以定量地给以分析说明。沿海防护林对雾的吸收机能，分为吸附机能、热机能、乱流机能。① 森林吸附雾的机能，雾粒碰到枝叶后被直接吸附。② 热机能，林冠上层受阳光照射而升温，使部分雾粒蒸发。③ 乱流机能，森林作为障碍物，使周围的气流产生乱流，对雾有消散作用。而且乱流使雾粒碰到树木枝叶的机会增多，并且使上层的雾下降，增加了森林吸附雾粒的机会。由于乱流、增加了树梢部和地表的暖空气向林冠顶层的扩散，使雾粒蒸发。

日本沿海地区夏季常发生浓雾，对森林的防雾作用和防雾林营造技术已经开展了大规模的研究。据日本研究资料，以沿海防护林迎风面的雾水量为 100%，则背风面 90m 处为 46%。山东对沿海防护林的防雾功能也有一些调查观测资料。如烟台市林业科学研究所陈圣明等在乳山市沙质海岸防护林试验区观测，防护区的雾水量较近海前沿减少 29%，雾水量与气温呈负相关。据调查，乳山市白沙滩沿海地带从历史上遭受海雾侵袭，平流雾在 4～6月频繁发生，常被海风推进内陆几公里甚至 20km 以外，对小麦灌浆影响很大，一般减产

35%左右，对秋作物苗期危害更重；自20世纪60年代建成结构合理的沿海防护林体系后，小麦灌浆期和秋作物幼苗不再明显受害。

5. 改善农田小气候

由农田防护林带组成的农田林网具有降低风速，减轻大风、干热风的危害，调节温度，增加空气和土壤湿度等效应，能有效地改善农田小气候，保障农作物增产。

（1）林带的防风效应

农田防护林带是害风前进方向上的障碍物，林带对气流有：改变林带附近的流场结构、影响风速、改变气流形态三种作用。害风通过林带后，气流的动能受到很大削弱。一部分气流穿过林带，由于树干、枝叶的摩擦作用将较大的涡旋分割成许多小涡旋，这些小涡旋又互相碰撞和摩擦，进一步消耗了气流的能量。另一部分气流从林带上方越过，和穿越林带的气流又互相碰撞、摩擦，气流的动能再一次削弱。气流动能削弱的直接结果是风速降低，从而减轻大风、干热风等的危害。

依据大量实际观测资料，一般以降低空旷区风速的25%为林带的有效防风作用，林带背风面的有效防护距离一般为20～30H（平均树高），平均采用25H，而迎风面的有效防护距离一般为5～10H。不同结构的林带对空气湍流性质和气流结构的影响是不同的，因而他们的降低风速作用和防护效果也有差别。另外，风向、风速等天气条件，地面粗糙度和地形起伏等地面特征，也对林带的防风效应发生影响。

（2）林带调节温度的效应

森林对太阳辐射和热量平衡产生影响，因而对空气温度有调节作用。在热季和白天到达林内的辐射较少，在冷季或夜晚其净辐射的负值也较少，而且林内风速降低，乱流交换减弱，减少了林内外的水汽和热量交换，因而森林内空气温度的变化趋于缓和，即森林对气温有缓热和缓冷的作用。

农田防护林带对空气温度的影响，涉及太阳辐射、林木蒸腾、林带结构、天气条件等因子，情况比较复杂。但一般规律是：农田林网内和林网外的月平均气温差值在 -0.7℃～1.6℃，冷季林网内气温高于林网外，热季林网内温度低于林网外。林网内地表温度的变化与近地层空气温度有关，而且变化规律相似。防护林带调节气温和地温的作用，改善了作物生长的条件。春季增温，有利于作物生长，特别是能促进作物幼苗的生长。夏季降温，有利于作物的光合作用。特别在发生干热风时，防护林带同时起到降低风速和降低气温的作用，可减轻干热风对作物的危害。

（3）林带改善农田水分状况

农田林网能减少蒸发，提高空气湿度和土壤湿度，改善农田的水分状况。由于林带的防风效应，林网内部的蒸发要比旷野小，就可减少土壤蒸发和作物蒸腾。一般在风速降低最大的林缘附近，蒸发量的减少最显著，最大可达30%。不同结构的林带对蒸发的影响也不同，通风结构林带在25H范围内平均减少蒸发18%，而紧密结构林带减少蒸发10%左右。

由于风速和乱流交换的减弱，使得林网内由土壤蒸发和作物蒸腾的水分在近地层大气中停留的时间延长，近地面的空气绝对湿度和相对湿度高于旷野，一般绝对湿度可增加 0.5～1mb，相对湿度可增加 2%～3%。

防护林带对降水有一定影响。降雨时，林冠层截留一部分降水。当降雪时，林带附近的积雪比旷野多而均匀。由于林带的枝叶面积大，夜间辐射冷却，可产生凝结水如露、霜等，其数量比旷野大。

由于林带能减少蒸发，增加降水，农田防护林网内的土壤湿度可明显增加。特别是林带附近聚集大量雪，对春季土壤湿度提高有重要作用。

农田防护林网具有降低风速，调节温度，增加空气和土壤湿度等改善农田小气候的作用，还有减轻风蚀、改良土壤理化性质、减轻土壤盐渍化等功能，因此农田林网能保障农作物正常生长发育和提高作物产量。

山东沿海地区农田林网的防护效益有许多实例和观测资料。例如，莱州市沙河镇距海岸 5～10km 范围内全部实现了林网化，在林网防护范围内，风速降低 36.0%～40.2%，蒸发减少 12.6%～15.6%，相对湿度增加 7.6%，小麦成熟期间气温平均降低 0.5℃，地温降低 0.6～1.8℃；由于农田小气候的改善，农田林网防护区比无林网区粮食平均增产 10% 以上。

据烟台市林业科学研究所陈圣明等（1994）在乳山市沙质海岸万亩试验区内进行的沿海防护林体系防护效益观测资料，在海岸黑松基干林带、经济林带、农田林网的配套区域内，防风效能为 48%，在气温回升较缓慢的春夏之交，农田和果园的气温相对增加 2.06%，地温相对增加 1.22%，空气湿度也有明显增加，有利于农作物的生长发育。

6. 保持水土，涵养水源

水土流失是山地丘陵区的重要灾害。在山东半岛的山地丘陵，土壤水蚀面广量大，有面蚀、沟蚀、泥石流、山体滑坡、河岸冲刷等多种形式。土壤面蚀使土地失去肥沃的表层土壤，长期的土壤面蚀使土地中的沙砾含量逐渐增加，导致山丘地区土地的沙砾化。沟蚀使土地受到切割，还为地表径流的增加创造了条件。泥石流和山体滑坡可侵袭农田、破坏房屋，危及居民安全。水土流失既给山区带来灾害，也给下游平川地区带来灾害。雨季山洪暴发，河流冲击堤坝，泥沙下泄淤积河流、库塘。而到旱季则河川流量减少，甚至干涸。水土流失不仅破坏了山区的土地资源，还加重了山区的旱涝灾害。

沿海山地丘陵的水土保持林、水源涵养林等可发挥保持水土、涵养水源的重要作用。森林通过林冠截留降水，林地土壤吸贮水分，由地被物层分散、滞缓、拦蓄地表径流，变地表径流为地下径流等功能，起到减少地表径流和涵养水源的作用。森林通过削减降雨对地面的击溅能量，分散、滞缓地表径流而削减地表径流的侵蚀力，阻截、过滤径流中的泥沙不致下泄，以强大的林木根系固着土壤等功能而防止土壤侵蚀。森林减少水土流失的功效十分明显，如莒县王家山小流域的观测资料，在汛期总降水量为 351.1mm 的情况下，刺槐林和麻栎矮林的径流量比全垦荒地分别减少 94.1% 与 89.5%，土壤流失量分别减少 94.1% 与 96.7%。暴雨之后，无林山地常出现崩塌、滑坡及冲毁梯田、塘坝等灾害，而由森林护持的山坡、沟谷、梯田则较少出现上述灾害。

由于森林调节地表径流、涵养水源的作用，在雨季大量降水渗入土壤层和岩层形成地下径流，显著减少了地表径流，削减山洪的流量，延长了河流中洪水下泄的时间，减免下游洪水灾害；而在雨季过后，林下土壤和岩层中涵蓄的水分陆续进入河川，源源不断地补给河川流量，使年内河川径流量的分配比较均匀，稳定了河川常年的水位，有利于水资源的均衡、合理利用。由于森林保持水土，削减了山洪流量，减少了泥沙下泄，就减轻了洪水对河岸的冲击，防止沿河陡岸崩塌、河流淤积、河床抬高和对河流两岸的水冲沙压；防止泥沙对水库、塘坝的淤积，提高水源质量，更充分地发挥水利工程的效益。

7. 减轻土壤盐渍化

渤海泥质海岸平原区是山东沿海待开发土地资源最丰富的地带，限制因素是土壤含盐量过高，土壤结构不良，难以开发利用；已开发利用的耕地，也因地势低平，潜水埋藏浅、矿化度高，极易引起次生盐渍化，产量低而不稳。沿海防护林能降低风速、减少蒸发，森林的生物排水作用能降低地下水位，因此减少了土壤盐分向地表聚集，降低土壤含盐量；林木和植被还能增加土壤有机质含量，改良土壤结构，有效地培肥地力。造林绿化对改善渤海泥质海岸平原区的生态环境，治理与改良盐碱地具有不可替代的重要作用。

由于林木根系深、范围广，土壤深层水分可通过林木蒸腾消耗，降低了地下水位和地表蒸发。如刺槐林内与林外平均潜水埋深分别为 2.28m 和 1.83m，林内比林外深 0.45m，从而有效地防止了土壤返盐，提高了脱盐稳定性。据赵宗山等研究（1992），在黄河三角洲的刺槐林内，1m 土层内平均含盐量为 0.15%，而距林缘 100m，500m，1000m 处土壤含盐量分别为 0.269%，0.371% 和 1.563%，呈逐渐递增趋势，表明防护林具有脱盐改土作用。

山东省林业科学研究所在沾化县作了柽柳林地与毗临盐碱裸地的土壤理化性质测定（表1-1），表明柽柳林促进了土壤脱盐，土壤的水、肥、气、热状况都得到相应改善。

表 1-1　柽柳林地与盐碱裸地的土壤理化性质

（李必华等，1991）

立地类型	土壤层次 （cm）	土壤含水率 （%）	总孔隙度 （%）	土壤容重 （g/cm³）	有机质含量 （%）	全盐量 （%）	全盐加权值 （%）
盐碱裸地	0~20	20.21	45.28	1.45	0.2466	1.78	1.034
	20~40	28.39	46.42	1.42	0.1112	1.00	
	40~60	21.71	46.79	1.41	0.0448	0.71	
	60~100				0.0785	0.84	
柽柳林地 （10~15年）	0~20	31.46	53.96	1.22	0.3251	0.59	0.544
	20~40	28.58	47.92	1.38	0.1336	0.48	
	40~60	29.01	44.53	1.47	0.0336	0.53	
	60~100				0.1009	0.56	

在黄河三角洲重盐碱地上栽植白刺也使土壤盐分显著降低。邢尚军等（2003）对 4~5 年生白刺树冠下和树冠外土壤盐分含量进行比较，白刺树冠下 0~20 cm 土层土壤含盐量比树

冠外土壤盐分降低了 44.14%。表明白刺覆盖地面有效地抑制了土壤返盐，能显著降低表层土壤盐分含量。白刺的生长还激活了大量土壤微生物的繁殖，白刺的枯枝落叶分解后可成为土壤有机质、有效氮和速效磷的重要来源，因此白刺的生长还能有效提高土壤肥力，使得 0~20cm 土层的土壤容重显著减小，土壤较疏松，土壤有机质、全氮、速效磷、有效氮含量有显著提高。

8. 丰富生物多样性

沿海防护林体系的建设，拓展了生物的生存空间，增加了生物种类和数量，使沿海地区的生态系统向良性循环发展。通过营造人工林形成森林环境，丰富了生物多样性。当人工林成林后，林木和林下地被物种类增加，森林内昆虫大量繁衍，招来各种鸟类在林内觅食、栖息、繁衍，森林也为哺乳类动物提供了隐蔽场所和食物，鼠、兔、刺猬、黄鼠狼、狐狸等动物迁徙而来。

森林植物群落具有植株较高大、盖度高、根系发达、生活力强、多年生等特点，具有比较高的生物量，沿海防护林对于促进陆地与沿海湿地生态系统的物质、能量循环具有重要作用。山东沿海地区的森林及其他植被，地处水陆交界，饵料十分丰富，是鸟类栖息繁衍的重要场所，特别是环西太平洋的候鸟、旅鸟迁徙的重要"中转站"。据在黄河三角洲国家级自然保护区内调查统计，每年经过该保护区的鸟类仅鸻、鹬即达 100 余万只。长岛国家级自然保护区通过植树造林、封山育林等措施，为鸟类创造了良好的栖息环境，成为我国东部沿海鸟类迁徙的重要"驿站"，到目前记录到的猛禽达 2 目 4 科 41 种，占全国猛禽种数的 42%。荣成省级自然保护区，通过实施防护林体系建设和湿地恢复等措施，生态环境明显改善，大天鹅已由建区前的 4000 只增加到目前的 12000 只。

二、山东沿海防护林的发展

（一）山东沿海防护林发展历程

山东沿海地区的森林在 1949 年以前已基本破坏殆尽。在山丘地带只有少量由天然下种和萌蘖更新形成的赤松次生林、栎类矮林及其他杂木林；在沙质海岸地带，大面积沙滩裸露，流沙肆虐，只有部分村庄在宅前院内及地边栽植零星树木。在平原泥质海岸地区，树木更加稀少，只在地广人稀的黄河口附近保存着一些天然灌丛和盐生草甸植被，其余大多是盐碱裸地。

中华人民共和国成立以后，山东把沿海防护林的营造作为造林绿化的重点之一。1949 年，山东省成立了渤海、黄海造林事务所，在烟台、青岛等地区的沙质海滩上营造防风固沙林。20 世纪 50 年代，沿海造林绿化以沙质海岸的防风固沙林为主。山东省和烟台地区的林业部门在蓬莱县聂家村和烟台西沙旺建立海滩防风固沙林试点，还在林网内建立果园、桑园，这一成功经验被推广后，沿海沙滩掀起了营建防风固沙林的高潮。同时，在岩质岸段推广了封山育林培育赤松次生林的经验，也加快了岩质岸段的绿化进程。1955 年省林业厅和省军区联合对东部沿海一带的宜林地进行全面踏查规划，根据其造林面积，在沿海地区设置了七处海防林苗圃，为沿海防护林建设提供了苗木保证。为了探索对泥质海岸人工造林的经验，建立了寿光盐碱地造林试验站和寿光国营机械化林场；通过试验，采用窄幅台田、深沟排盐、蓄淡压盐、生物改良盐碱地等办法，营造刺槐、白榆、旱柳、八里庄杨林成功，为盐碱荒滩绿化造林提供了技术。为了加速沿海地区的绿化，从50年代后期起，相继在这些地带建立了一批国营林场，如夏营、一千二、孤岛、长岛、刘公岛、海滨、双岛、成山、环海、大沙洼等林场；连同原有的林场，全省沿海国营林场达29处。这些国营林场除自己造林绿化外，还带动组织周围群众进行合作造林，加强技术指导和交流，提高了沿海造林绿化的质量。

20世纪60年代，贯彻"调整、巩固、充实、提高"八字方针，在全省范围内全面开展了林地确权发证工作，明确了集体、个人的山（滩）林权属，沿海林业有了较快恢复和发展。这一时期，选择了适宜沙质、岩质海岸的造林树种黑松，建设了大面积以黑松、刺槐为主的防护林。特别是沙质岸段基本消灭了沙荒，建成了海滩防护林、前沿灌草带和沙地经济林。到1970年，烟台地区的沿海防护林已达3.2万 hm^2，占沿海宜林面积的91%。20世纪70~80年代，沿海地区结合农田基本建设，大力发展了农田林网、农林间作、村庄"四旁"植树，山区也发展了梯田地边埂植树和坡面、沟谷水土保持林，逐步形成了沿海防护林体系的框架，扩大了沿海地区绿化的纵深范围；在沿海防护林的营造、管护等方面也取得了一些成功经验。沿海地区大面积的防护林已发挥了较强的生态经济效益。

1987年林业部提出了在全国沿海县建设沿海防护林体系的要求，建设沿海防护林体系的范围扩展到沿海县的全部地域；沿海防护林体系既包括沿海基干林带，也包括沿海县范围内的农田林网、农林间作、村庄绿化、山区防护林、梯田地边埂植树以及经济林、用材林、薪炭林等部分。1988年沿海防护林体系建设工程列入国家重点林业生态工程，1988~1990年编制了山东省沿海防护林体系建设总体规划和各个沿海县的工程总体设计，工程建设目标是在山东沿海地区建设以防护林为主的多林种、多层次、多功能的生态经济型沿海防护林体系。1991年山东省委、省政府制订了《学习广东，奋战十年，绿化山东的决定》，提出"八五"栽上树，"九五"完善提高，十年绿化山东的口号，沿海防护林工程建设得到了各级政府、部门和广大群众的大力支持。20世纪90年代以来，山东组织实施了沿海防护林体系建设工程，沿海地区各县（市、区）合理规划，科学造林，落实政策，强化管护；沿海人民发扬自力更生、艰苦奋斗的精神，本着因地制宜、因害设防的原则，开展人工造林和封山育林，积极推进全省沿海防护林体系建设。沿海防护林体系建设内容由过去较为单一的人工造林，向造封并举，注重更新改造、补植完善、抚育管护等方面转变，进一步提高山东沿海防护林体系的建设水平和质量。

山东省自1988年以来实施了沿海防护林体系工程建设，按林业工程建设的基本程序和管理要求，组织开展了包括规划设计、施工营建、配套基础设施、经营管理等项工作。沿海防护林体系工程建设已进行了两期。一期工程建设自1988年至2000年，共涉及滨州、东营、潍坊、烟台、青岛、日照等 7 个市的 32 个县(市、区)，共完成造林 113679hm²，其中人工造林 90938 hm²，封山(滩)育林 22741 hm²；低效林(带)改造 5491 hm²；新建基干林带长度 1271km，面积 13279 hm²。2001 年以后实施了二期工程建设，共规划新造林 15.93 万hm²，低产低效林改造 1.89 万 hm²，中幼龄林抚育 20.09 万 hm²；至 2005 年已完成新造林13.24 万 hm²，低效林改造 5033 hm²。2005 年沿海防护林体系工程区内的有林地面积达到121.78 万 hm²，林木总蓄积量 1940.4 万 m³，森林覆盖率达到 23.1%，基干林带达标率25.4%，农田林网控制率 60.3%。在全省沿海地区，初步构筑起以基干防护林带为骨架，与荒山绿化、水系路域绿化、农田林网等相结合，多林种、多树种、多功能的沿海防护林体系，为沿海地区的防灾减灾、改善生态环境和经济社会发展发挥了重要作用。

(二)山东沿海防护林体系建设的主要经验

回顾山东沿海防护林的发展历程，特别是 20 世纪 90 年代以来沿海防护林体系工程建设的成就，主要有以下经验。

1. 加强组织领导，落实目标任务

沿海防护林体系建设对于改善沿海地区生态环境，抵御重大自然灾害，优化人居环境，实现人与自然的和谐相处，促进和加快沿海地区经济可持续发展具有重要意义。各级党委政府增强对沿海防护林体系建设重要意义的认识，纳入重要议事日程。沿海防护林体系建设是一项社会性很强的工作，涉及多行业、多部门、多领域，必须加强对沿海防护林体系建设的组织领导，明确责任和发展目标。1991 年山东省委、省政府制订了《学习广东，奋战十年，绿化山东的决定》，1991 年和 1996 年省长与市长、专员签订了造林绿化及保护林木资源的责任状，沿海地区各级党政领导制定了一系列切实可行的政策措施，层层落实责任，加强考核监督，兑现奖惩，推动了沿海防护林体系工程建设。例如，烟台市自 1991 年开始，在全市开展市、县、乡三级领导绿化责任工程，做到责任明确、任务具体、措施得力。先后完成了烟台到青岛一级公路两侧 5 万亩的绿化造林，福山区门楼水库 10 万亩水源涵养林建设，千里绿色长廊建设和百万亩山滩开发等项任务。威海市 2001 年出台了《威海市退耕还林工程建设意见》，市、区、镇三级财政按照 3∶4∶3 的比例实行以奖代补，对营造的生态公益林每公顷一次性奖励 1500 元，调动了社会各方面植树造林的积极性。

2. 实施科学规划，进行工程造林

山东沿海地区地域辽阔，海岸地貌和灾害类型复杂，立地类型多样，不同类型区沿海防护林体系所担负的任务也不尽相同。遵循因地制宜、因害设防的原则，按照不同区域的自然和经济条件，加强沿海防护林体系建设的科学规划和合理布局，编制《山东省沿海防护林工程建设总体规划》，体现"增加总量，提高质量，突出重点，加快建设，加强保护"的要求，基本实现了生态环境建设与沿海地区经济社会发展的协调统一。在工程建设中，强化工程管理，坚持按规划设计，按设计施工，按标准检查验收，全面推行工程造林，显著地提高了人工造林成活率和工程建设质量。如龙口市 1992 年实施工程造林，在沿海沙滩营建基干林带，应用容器苗造林技术，严格造林质量，解决了大旱之年海滩造林成活率低的问题，成活率达90%以上，使多年造林不见林的8000亩沙滩披上了绿装。东营市地处黄河三角洲，土地盐碱化，造林绿化困难，从1995年开始，全市大搞路域绿化工程，四年共完成了9条干线和50条县乡级公路总长891km的绿化。

3. 依靠科技进步，加大科技成果推广力度

应用先进实用技术，为沿海防护林体系建设提供科技支撑，是提高沿海防护林体系建设质量的保证。山东沿海人民在长期的生产实践中，总结了沙质岸段营造黑松、刺槐，泥质岸段封护柽柳，实行枣粮间作等成功经验。在工程建设中，大力推广营造混交林、盐碱地造林、果树丰产栽培等新技术、新成果，提高了沿海防护林体系的经济效益和综合生态防护效益。2002年，山东省坚持科技兴林方针，安排专项资金，在日照、烟台、威海、东营等地选择有代表性区域，建立沿海防护林体系建设的科研、示范、推广基地，紧密结合工程建设，强化科技支撑体系。获国家科技进步二等奖的"沿海防护林体系综合配套技术"等一大批科研成果得到推广应用，使科技成果尽快转变成现实生产力，提高了工程建设的标准和质量。

4. 落实林业政策，推行林权制度改革

认真贯彻落实发展林业的方针政策，推行林权制度改革。在保证国家和集体林地所有权不变的前提下，采取多种形式，搞活林地使用权。各级政府和林业主管部门加强宏观管理，为林农搞好服务，依法保护承包者的合法权益。坚持"谁造谁有，合造共有"的林业政策，鼓励企事业单位、经济组织和个人跨行业、跨所有制、跨地区开发荒山、荒地、荒滩和承包沟渠路绿化工程建设，调动了农村集体、个人，以及各种经济组织参与沿海防护林体系建设的积极性。

5. 坚持依法治林，强化林木管护

采取多种形式，加大林业法律法规的宣传力度。建立健全林业公安、林政、检疫等执法队伍，进一步加大执法力度，对沿海防护林加强保护和监督管理，依法打击乱砍滥伐、乱征滥占林地的违法犯罪行为，有效地遏制近海沙滩毁林养殖、毁林占地等违法行为。制定和落实乡规民约，建立护林组织，配备护林人员，搞好护林设施建设，加强护林员管理，提高护林员管护积极性。

6. 多方筹措资金，加大投资力度

沿海防护林体系是一项基础性产业工程建设，需要投资较大。在沿海防护林体系一期、二期工程建设中，山东各级政府多层次、多渠道筹集资金，实现投资多元化，增加沿海防护林体系建设资金的投入。1988～2000年，省、市、县、乡各级共筹资金14.05亿元，投工1688万个，保证了一期工程建设的顺利进行。2003年青岛市的市、区(市)和镇(街道)三级财政投入沿海防护林工程建设的补助资金达3.57亿元。2003年和2004年，龙口、蓬莱两市林业投入分别达到5000万元和3800万元。由于各级政府大力支持，拓宽投资渠道，加大投资力度，促进了沿海防护林体系建设的发展。

（三）山东沿海防护林体系建设状况评价

1. 沿海防护林体系建设的主要成绩

经过几十年的努力，特别是近十几年实施沿海防护林体系建设工程，山东沿海地区的造林绿化取得显著成绩，对沿海地区的生态建设和经济社会发展发挥了重要作用。

（1）沿海防护林体系已逐步形成

山东半岛沙质和岩质海岸地带以防风固沙、水土保持为主要目的的基干防护林带已基本建成，沙质海岸基干林带的营造效果更好。全省沙质海岸已有90%的沙滩造林绿化，建成了大面积的海滩防护林、前沿灌草带和沙地经济林，形成绿色屏障，基本上锁住了风沙。沿海地区结合农田基本建设，在泥质海岸平原和沙质海岸平原、台地大力发展了农田林网、农林间作、村庄四旁植树，有利于改善田间小气候，有效地防御海风、海雾和干热风的侵袭。岩质海岸山丘地区发展了梯田地边埂植树和坡面、沟谷水土保持林等，沿海防护林体系逐步形成。山丘和海岛的中上部，水土流失较重的地区，正在积极推行退耕还林还草，可进一步增加森林植被覆盖和保持水土效能。沿海地区的用材林和经济林都有一定发展，山东半岛沿海地区的板栗、柿、苹果、梨等各种干鲜果的果园都有较大规模和较高的经济收入，鲁北平原的枣粮间作，成为当地主要的农林复合经营方式和群众经济收入的重要来源。山东沿海地区已逐步形成以防护区为主题，多林种相结合的沿海防护林体系。

（2）沿海防护林体系发挥了显著的生态经济社会效益

山东沿海防护林体系初具规模，沿海地区大面积宜林荒山荒滩得到绿化，形成了绿色生态屏障，在防灾减灾中发挥了重要的不可替代的作用。沿海防护林有效地防风固沙、防浪促淤、改良盐碱，保障了农林业生产的发展。山区的水土流失得到进一步遏制，有效地涵养水源，保持水土，减轻旱涝灾害。

连绵不断的沿海防护林体系，成为保护沿海人民生产和生活的"绿色长城"。沿海平原县、半平原县和部分平原县85%以上的农田实现林网化，防风固沙、防干热风等能力进一步提高，为农业生产创造了良好的条件。湿地和自然保护区建设保护了生物多样性。

沿海防护林体系建设有效地增加了农林业生产能力和经济效益。与1988年相比，山东沿海地区活立木蓄积量增加153.5万 m^3，其价值达6.14亿元。新营造良种经济林17.33万 hm^2，完成了80%以上老果园、老品种的更新改造，提高了果品质量和产量，再通过对果品进行深加工，产业化经营等措施，使经济效益成倍增长，农民人均收入增加了1657.9元。沿海地区的农业总产值增加了269.5亿元，国民生产总值增加了686.4亿元。

沿海地区造林绿化，为改革开放和经济社会发展创造了良好的环境，为精神文明建设做出了积极贡献。沿海防护林体系工程建设吸纳了部分农村剩余劳动力，增加了就业岗位。沿海防护林体系建设结合区域绿化美化，加快了城乡绿化一体化进程，改善了沿海地区的人居环境。不少地区基本实现了农田林网化、绿色通道林荫化、城市园林化、庭院花果化，基本建成了人与自然和谐相处的人居生活环境。一些滨海城市已经成为绿树成荫、人居适宜、经济繁荣的现代化城市，提升了山东省的城市建设水平。

（3）积累了沿海地区造林绿化的生产技术经验，提高了林业科技水平

经过山东沿海地区造林绿化的科研与生产实践，积累了沿海地区造林绿化的生产技术经验。林业科研与生产单位总结了沙岸、泥岸、岩岸等不同岸段的造林技术，形成了沙岸的黑松、刺槐、紫穗槐混交林模式，泥岸的怪柳、绒毛白蜡、枣树造林模式，并逐步形成了由海岸线向内陆纵深配置的多林种、多层次、多功能的沿海综合防护林体系模式。山东省林业科学研究院、烟台市林业科学研究所、青岛市林业局、东营市林业局等分别对山东不同海岸类型的沿海防护林体系建设技术进行了专项研究，在防护林体系的林种结构与配置，树种选择及合理树种组成，植树造林技术，营建灌草带的技术，原有基干林带的抚育改造更新技术等方面取得先进、实用的科技成果，并在林业生产中推广应用。自从沿海防护林体系建设列为国家林业生态工程以来，按照工程造林的要求，应用先进造林技术，执行有关的技术标准与规程，严格遵循规划设计、造林施工和检查验收等程序，使沿海防护林体系建设逐步纳入科学化、规范化的轨道。

2. 现有沿海防护林体系存在的问题

山东沿海防护林体系虽已基本建成，但与沿海防护林体系的规划目标和科学造林营林的要求相比，还存在一些问题，有待在今后的沿海防护林体系建设中逐步解决。

（1）沿海防护林体系还不够完善

沿海防护林体系还不够完善，地区间沿海防护林体系建设进展不平衡，立地条件差的滨州、东营等地沿海防护林体系建设困难大，相对欠帐较多。部分地区沿海防护林体系的林种、树种结构不够合理，还存在缺口、断带，整体防护功能还不强。有些地区沿海防护林体系建设缺乏合理规划，发生边治理边破坏的问题；有的偏重绿化美化功能，而削弱了防护林体系的防护效能。部分海岸基干林带宽度不够，农田林网不够完善；沿海厂矿、工程建设、海水养殖因不合理开发而对沿海森林与灌草植被的破坏较严重。全省还有 399km 的基干林带没有完全合拢，占宜建基干林带长度的 21.84%，特别是在一些泥质海岸的重盐碱地和沙质海岸的风沙频发地，立地条件差，适生树种少，造林难度大，基干林带缺口断带现象较严重。

（2）防护林树种单一、林分结构简单，防护效能和生物多样性较低

山东沿海防护林多数是 20 世纪 60 年代开始营造的，沙质、岩质海岸基干林带树种主要是黑松、赤松和刺槐，泥质海岸主要是刺槐、怪柳和绒毛白蜡，农田防护林带树种主要是杨树，防护林树种单一。虽经大力引进新的造林树种和大面积更新改造，但受沿海地区自然条件的制约，造林树种没有大的改变。现有沿海防护林大部分是纯林和针叶林；林分多为单层林结构，复层林或混交林少。这种树种单一、结构较简单的防护林，防护功能较低，生态稳定性较差，易发生林木病虫害和森林火灾。沿海地区仍有大面积森林不同程度地受到松毛虫、松树干腐病、美国白蛾等病虫危害。

部分防护林林龄老化，林相不整齐，林下灌草层、枯枝落叶层已不存在，使防护林的生

物多样性和生态系统稳定性降低，土壤供肥水平降低，林地生产力持续下降，防护效能下降。加强现有防护林的保护管理，加快低效防护林的更新改造，提高森林资源质量和防护效能，保护生物多样性是山东现有沿海防护林急需解决的问题之一。

（3）沿海湿地生态系统退化

沿海湿地是沿海生态系统的重要组成部分，是野生动植物栖息繁殖的重要场所。湿地恢复保护及自然保护区建设以前未纳入沿海防护林体系工程建设范围之中，影响了沿海防护林体系的整体建设。

沿海地区一些有特殊价值的植被，尚未列入国家森林生态效益补助范围，没能得到有效保护。如在渤海平原盐碱地上有几百万亩柽柳林，未能得到有效保护而遭到破坏。部分地区盲目围垦和过度开发造成天然湿地面积减少、功能退化。湿地恢复和保护已经成为山东沿海防护林体系建设中的重要问题之一。

三、山东沿海防护林的科技进步

自 20 世纪 50 年代以来，围绕山东沿海防护林生产建设中亟待解决的技术问题，林业科技人员和林业职工、农民群众相结合，不断开展沿海防护林营建技术的试验研究，积累了较丰富的生产技术经验，取得大批科学技术成果，为山东沿海防护林体系建设提供了先进实用技术，使山东沿海防护林的科技水平不断提高。

（一）总结生产技术经验

20 世纪 50 年代初，对山东沿海各区段的自然条件特点不够了解，缺乏造林经验，沿海防护林的造林技术尚处于试验探索阶段。当时，在岩质海岸类型区推行封山育林经验，封护发展了大面积赤松林。在沙质海岸和泥质海岸类型区应用小叶杨、加杨、旱柳、白榆、桑树、赤松、栎类等造林树种，造林方法多采用冬春季穴状整地植苗造林，由于不能适地适树，栽植技术粗放，加以风沙、旱涝、盐碱严重，除去少数造林成功的单位外，大部分造林失败。

自 20 世纪 50 年代后期至 20 世纪 60 年代，通过不断试验，并总结各地在树种选择和造林技术方面的成功经验和失败教训，逐步总结了不同海岸类型区的造林技术。烟台地区总结推广了蓬莱聂家和烟台西沙旺营造防风固沙林和变沙丘为果园的典型。后经各地调查研究，根据沙粒粗细、地下水状况划分沿海沙地的立地条件类型，并总结了应用黑松、刺槐、紫穗槐为主要造林树种，春季早栽及雨季突击造林的成功经验。在泥质海岸类型区，20 世纪 60 年代初寿光盐碱地造林试验站和寿光县林场进行滨海盐碱地造林试验，采用水利工程排盐、绿肥改良土壤、选用抗盐树种和适合盐碱地的育苗造林技术，获得造林成功。经过十几年努力，在寿光北部盐碱地上建成 700 多 hm^2 的人工林，为山东滨海盐碱地造林提供了配套技术和示范样板。

20 世纪 60 年代，沿海地区造林普遍出现树种单一、病虫害严重、低质低效等问题。特别是胶东岩质海岸山丘地区，封育起的大面积赤松纯林普遍发生松毛虫、松干蚧危害，严重威胁着林木生存和降低防护效能。针对这种情况，山丘地区大量引进了日本落叶松、黑松和刺槐，营造混交林和进行赤松纯林改造更新。平原沙质岸段和泥质岸段推广应用了毛白杨、八里庄杨、旱柳、白榆、绒毛白蜡等优良树种，造林营林质量也有了进一步的改进和提高。60 年代末到 70 年代，沿海各岸段结合农田基本建设，普遍实行"山水林田路"综合治理和沟、渠、路、林统一规划的方田林网化建设，发展了大面积的农田林网和林粮间作。

20 世纪 80 年代，许多沿海市、县运用生态农业、生态林业的理论，在原有沿海防护林的基础上，进一步开展混农林业和农林复合经营，扩大防护林的范围，推行乔、灌、草相结合；有的地方已初步把"带、网、片、点"，多树种、多林种组合起来，形成了防护林系统，收到了明显的效果。如日照、掖县、黄县等市县，都是粮食高产区，他们利用沟、渠、路、村等四旁隙地和林粮间作合理规划布局，建立了大面积农田防护林网格系统，在林网的庇护下有 170 多万亩农田经受了 1985 年 9 号台风(最大风速 40 m/s)的考验。

随着黄河三角洲地区的综合开发治理，鲁北滨海地区在耕地上以农田林网和枣粮间作为主，结合河堤、沟渠、道路营建骨干防护林带，在盐碱荒地上通过封护和人工造林，恢复和扩大柽柳、白刺等灌木林地，使沿海防护林体系得到发展。

为开展对防护林体系合理结构模式及配套技术的深入探索，科研单位进行了专项研究，沿海有关地市也在调查规划和建立不同类型的造林样板中总结生产技术经验，这些工作都为山东沿海地区建立综合防护林体系提供了适用技术。

(二)重要科技成果

根据山东沿海地区不同地貌及海岸类型区的自然条件特点，针对沿海防护林体系建设中的关键技术问题，林业科研、教学和技术推广单位开展了长期的试验研究，取得了丰富的研究成果，为山东沿海防护林体系建设提供了技术支撑。

1. 山东海岸带植被、林业调查研究

根据国务院和山东省人民政府关于开展海岸带和海涂资源综合调查研究的要求，由山东省林业科学研究所主持，山东大学生物系、山东省林业勘察设计院、青岛市林业局、潍坊市林业局、烟台市林业科学研究所、惠民地区林业局等单位参加的山东省海岸带植被、林业调研课题组，于 1986～1987 年全面开展了山东省海岸带植被、林业调查研究，1987 年完成了由李必华、周光裕、孙丕燁等执笔的《山东省海岸带和海涂资源综合调查植被专业报告》和《山东省海岸带和海涂资源综合调查林业专业报告》。在山东省海岸带植被专业报告中，全面地叙述了山东省海岸带的自然条件，山东海岸带植被的植物区系组成、植被分布规律、海岸带植被类型、植被演替、植被区划以及野生资源植物，提出了对山东海岸带植被开发利用的意见。在山东省海岸带林业专业报告中，叙述了山东省海岸带林业生产的自然条件和社会经济条件，山东海岸带林业发展的主要经验，海岸带立地条件类型和资源状况；提出了山东海岸带建设综合防护林体系的规划设想，包括建设海岸带综合防护林体系的指导思想、规划

原则、总体布局设想，不同岸段类型的造林设计，以及各岸段可选用的主要造林树种。这两份调查报告是山东沿海地区进行植被开发利用和林业建设的基础性资料，是山东沿海地区林业生产技术经验的总结，对山东的沿海防护林体系建设具有指导意义。

2. 山东半岛丘陵区沿海防护林体系营建技术的研究

山东对山东半岛沙岸间岩岸丘陵区沿海防护林的科研工作比较系统、深入，获得多项较高水平的科研成果。烟台市林业科学研究所完成的"胶东沿海综合防护林体系与效益研究"科研课题（陈圣明等，1994），在牟平和乳山建立了沿海综合防护林体系试验区，研究了沿海防护林体系的总体结构，潮间带、灌草带、基干林带、经济林区、农田林网区、村镇林业区、丘陵水土保持林区等子系统的结构、配置和造林营林技术，沿海防护林体系的生态与经济效益，沿海防护林对气象灾害的预防，以及黑松林结构与经营、更新技术，沙生灌木单叶蔓荆的生物学特性与群落特征等内容。该研究成果为胶东沿海综合防护林体系建设提供了科学依据、配套技术和示范样板。

山东省林业科学研究院和胶南市林业局等单位完成的"沙质海岸防护林体系综合配套技术研究"（张敦伦等，2002），提出了建立多林种、多层次、乔灌草相结合，具有生态稳定性和生物多样性的沿海防护林体系配置模式和配套栽培技术。筛选出适于沙质海岸防护林栽植的火炬松、刚火松、刚松、绒毛白蜡等新的乔木树种，单叶蔓荆等灌木树种和毛鸭嘴草等草本植物。研究了客土造林、大苗深栽、根际覆盖、施用高分子吸水剂、风口处设防风屏障等配套造林技术，提高造林成活率20%~40%；营造基干林带的"针阔混交、乔灌结合、多树种、复层结构"模式，具有显著的防风固沙效能，总结了施有机肥、根际覆草覆膜、绿肥压青等林地培肥技术，可促进沙质海岸防护林持续稳定生长。

青岛市林业局和胶南市林业局等单位参加完成的"岩质海岸防护林体系综合配套技术的研究"（1999）。研究了胶南市岩质海岸的立地条件类型划分、造林树种选择和造林技术，为山东岩质海岸造林提供了先进适用技术。

山东省林业科学研究院等单位完成的"沿海黑松防护林更新改造技术的研究"（许景伟等，2001），研制了山东沿海地区黑松防护林的林分密度与生物量控制表；分析确定了不同生长类型黑松防护林的防护成熟期及更新年龄；对黑松刺槐混交林、黑松麻栎混交林、黑松紫穗槐混交林、黑松纯林的林地土壤微生物、土壤酶活性等生化特性和土壤肥力进行了研究；阐明了导致沿海黑松防护林低产、低质、低效的原因；研究提出了较合理的林冠下更新造林、留伐桩萌芽更新、隔行更新造林、人工促进天然更新以及带状（或块状）更新造林等适宜沿海不同类型黑松防护林基干林带的更新方式及更新技术；提出的稀疏林补植、林下种植灌木或绿肥压青、封禁保护枯落物、修枝抚育等项技术措施，能显著提高沿海防护林的质量和效益。研究总结的黑松防护林更新改造技术，与沿海防护林工程建设紧密结合，经推广应用，取得显著的效益。

山东省林业科学研究院等单位完成的"沿海防护林可持续经营的研究"（许景伟等，2006），采用多种分析方法研究和评价了沿海防护林群落多样性及多样性与更新的关系；研究了黑松、火炬松林分生物生产力，建立了生物量估测模型；编制了沙质海岸黑松人工林经营密度表、黑松立木材积表和立地因子数量化表；对沿海防护林主要树种耐干旱能力进行了评价；基于"GPS－GIS"技术，对胶南市沿海防护林体系进行综合规划，构建了"三带、五区、多点"的"点、线、面"结合的生态网络多维调控体系，并在 MAP－GIS 支持下，建立了沿海防护林资源信息管理系统；研究了不同森林结构模式的土壤生化特性、理化特性和林分涵养水源功能，提出了黑松×刺槐、黑松×麻栎、黑松×紫穗槐等优化经营模式；总结了绿肥压青、施用有机肥，套种紫穗槐、保护枯落物等林地培肥技术，及其促进林木生长、增强防护功能的作用。该项研究为沿海防护林林分优化和立地改良提供理论依据，在胶南、日照、威海、烟台等地建立试验示范林和进行推广，效益显著。

3. 渤海平原区沿海防护林体系营建技术的研究

在渤海泥质海岸平原区，土壤盐渍化是林业生产的主要制约因素。自 20 世纪 50 年代起，山东省林业科学研究所寿光盐碱地造林试验站和寿光县林场就开始进行滨海盐碱地林业利用的试验。经多年研究，山东省林业科学研究所完成的"山东滨海盐碱地林业利用的研究"（赵宗山等，1986），为滨海盐碱地造林提供了配套技术和示范样板。主要造林技术措施有：水利工程排盐，绿肥改良土壤，选用抗盐树种，培育健壮苗木，选土壤湿润且含盐量较低的季节造林，采用抗旱躲盐、保护苗木的栽植方法，加强幼林抚育等。滨海盐碱地造林技术的推广应用对加快鲁北滨海地区的造林绿化进程起到关键作用。

在总结各地盐碱地造林科技成果的基础上，由龚洪柱等编著了《盐碱地造林学》（1984）一书，书中对树木与盐碱地改良、盐碱地类型及分区、树木的耐盐性及选择、耐盐树种的苗木培育、改土治盐（碱）措施、盐碱地造林技术措施、盐碱地造林的效益等方面进行了论述。该专著是指导山东沿海地区进行盐碱地造林的重要参考文献。

为了研究黄河三角洲盐碱地的林业优化模式、配套造林技术和林木的抑盐作用及多种效益，由东营市林业局、山东省林业科学研究所和垦利县林业局于 1987～1991 年在垦利县孤岛林场进行了"黄河三角洲盐碱地林业开发利用研究"。提出了在黄河三角洲新淤荒地上，选用较耐盐并与杂草有竞争力的刺槐为先锋树种，营造较密的片林，是较优造林模式；总结了耐盐树种选择、修筑条田、蓄淡压碱、生物改良、冬季截干造林、化学除草、农林间作等配套造林技术措施；还对林木的抑盐、脱盐作用和经济效益进行观测和分析评价。该项研究工作为现代黄河三角洲的造林绿化提供了技术依据和示范样板。

为了开发利用滨海荒废地，山东省林业科学研究所等单位进行了"利用野生经济植物开发滨海荒废地研究"，即在滨海盐碱地、涝洼地、沙荒地种植野生经济植物，改良生态环境，增加经济收入。重点研究了柽柳、白刺、芦苇、月见草等野生灌草植物的生物学特性、适生立地条件、栽培技术及利用价值，并选择有代表性的盐碱地、沙荒地、涝洼地，建立了试验示范基地。在"利用野生经济植物开发利用滨海荒废地研究"等项科技成果的基础上，撰写了《滨海拓荒植物》（李必华主编，1994）一书，该书为山东沿海的荒滩荒地发展灌草植被及合理开发利用提供了参考文献。

　　山东省林业科学研究院等单位完成的"黄河三角洲重盐碱地植被恢复及造林技术研究"（邢尚军等，2003），筛选出适合滨海重盐碱地造林绿化的耐盐植物材料，解决了盐碱裸地上植被恢复与提高植被覆盖率的技术难题，为重盐碱地林业改良和利用提供了先进实用技术。通过对不同树种、不同混交林方式的调查比较以及对林农复合模式、林牧复合模式的试验研究，提出了有效防止新淤地返盐退化的林业可持续利用技术和林业发展模式。总结出重盐碱地改良利用的三种有效模式，其中深松土壤、化学改良与种植耐盐牧草相结合的盐碱地改良利用模式经济效益良好，适合在黄河三角洲重盐碱地上大面积推广。提出了适于轻度盐渍土、中度盐渍土和重度盐渍土应用的造林树种、草种以及配套的造林技术。该研究提出的滨海重盐碱地改良利用技术、盐碱地树种选择与造林技术、新淤地抑制土壤返盐技术适合山东滨海盐渍土地区推广应用。

　　自 20 世纪 80 年代以来，山东省林业科学研究所（院）先后实施并完成了"黄河三角洲地区重盐碱地植被恢复与造林技术的研究"、"黄河三角洲重盐碱地白刺良种选育及丰产栽培技术的研究"、"黄河三角洲植被恢复生态体系构建技术研究"、"黄河三角洲重盐碱地造林树种引进与繁育技术的研究"等科研课题，获得丰富的研究资料和多项科研成果。在总结这些科研成果的基础上，编写了《黄河三角洲土地退化机制与植被恢复技术》（刑尚军、张建峰主编，2006）一书。书中较全面地论述了黄河三角洲地区的自然条件概况和土地利用变化，黄河三角洲地区的植被类型、植被演替规律和植被恢复模式，黄河三角洲新淤地植被构建及土壤改良效果，滨海重盐碱地植被特征与植被恢复技术，黄河三角洲湿地退化原因及其生态修复技术，常见树种耐盐碱能力及其造林技术，农林复合经营模式及效益分析，白刺、柽柳、芦竹的栽培技术等内容。该专著为黄河三角洲地区不同土地类型进行植被恢复，滨海盐碱地改良与开发利用，以及黄河三角洲地区沿海防护林体系建设提供了科学依据和先进技术。

　　位于黄河河口区域的黄河三角洲湿地，具有广袤的土地资源、较充沛的水资源和丰富的生物资源，构成富有特色的湿地生态系统。为了保护其湿地环境和资源，保护生物多样性，东营市于 1990 年建立了黄河三角洲市级自然保护区，1992 年经国务院批准建立黄河三角洲国家级自然保护区。保护区管理局的科技人员和国内外的有关专家对黄河三角洲自然保护区进行了系列科学考察和研究，取得了一批科学考察研究成果，对黄河三角洲湿地的自然地理特点、湿地生态环境、动植物资源及重点保护对象、植被演替规律和湿地的有效管理途径都进行了较系统、深入的研究。在总结有关科技成果和大量考察资料的基础上，自然保护区管理局组织编写了《黄河三角洲自然保护区科学考察集》（赵延茂、宋朝枢主编，1995）。该科技专著是研究黄河三角洲湿地生态系统形成、演化、发展规律，渤海近海及海岸湿地的湿地保护，以及滨海盐碱地改良与开发利用的重要参考文献。

　　山东自 20 世纪 70 年代以后，随着农田水利建设的开展，实行沟渠路林相结合，采用"窄林带、小网格"的配置方式，进行农田林网化建设。20 世纪 80 年代以后，又发展为以农田防护林为主体，与农林间作、小片林、四旁植树等相结合的平原地区综合防护林体系。20

世纪 80～90 年代，山东省林业科学研究所、山东农业大学林学院等单位开展了农田防护林规划设计、造林技术及更新改造技术的研究。通过对不同类型农田防护林的防护作用和林带结构、配置与造林技术的试验研究，了解不同结构防护林带的防风效果和防护范围，农田林网对防风固沙、调节小气候及影响农作物产量的作用；提出了合理的林带走向、林带间距、林带宽度、林带疏透度以及林带与沟渠路结合的配置形式；总结出适于山东平原地区的农田林网造林技术，调控林带结构的措施、减轻林带胁地的措施以及林网的改造更新技术。

山东省林业科学研究院主持完成的《高标准农田林网建设技术研究与示范》项目(许景伟等，2010)针对山东农田林网建设现状和存在的问题，对高标准农田林网建设的理论和技术进行了系统的研究。该项目基于生态场理论和方法，运用地统计学分析手段，对高标准农田林网的内涵和建设标准、结构布局、树种选择、配置模式、更新间隔期、综合效益评价等进行了研究。提出了建设高标准农田林网的综合配套技术，制定了山东省"高标准农田林网建设技术规程"，对提高山东农田林网建设质量和经营水平具有重要意义。

第三节　山东沿海防护林体系建设工程规划

沿海防护林体系建设工程规划是沿海防护林体系建设的基础工作。它的主要任务是根据工程建设的目的要求和造林地的自然条件、社会经济状况，在合理安排土地利用的基础上，对沿海地区的宜林荒山、荒地及其他绿化用地进行分析评价，编制科学合理的工程建设规划，确定防护林体系的总体布局、合理安排林种及树种、制定各种先进、实用的工程技术措施，为沿海防护林体系的营建提供科学技术依据。

一、山东沿海防护林体系的组成

山东的"沿海防护林体系"这一概念是随着沿海地区造林绿化的发展而逐步形成和发展的。20 世纪 50～60 年代，山东就在沿海地带开展了大规模植树造林活动，当时的沿海防护林以沿海基干林带为主，有的地方还在沿海基干林带以内营建农田防护林网和经济林带，但当时还没有"沿海防护林体系"的概念。20 世纪 70～80 年代，山东沿海地区结合农田基本建设开展平原绿化和山区绿化，扩大了沿海地带绿化的纵深范围，逐步形成了沿海防护林体系的框架。

1979 年起，全国组织开展了海岸带和海涂资源综合调查工作，根据全国海岸带和海涂资源综合调查的计划要求和山东的实际情况，山东省确定自海岸线向内陆延伸 10km 左右为海岸带范围，也包括虽不靠海但行政中心距海岸线 10km 以内的乡镇，并将近代黄河三角洲和崂山山地全部划入海岸带范围。1986～1987 年，在山东省海岸带范围内进行了全面的植被与林业资源、林业建设状况的调查，完成了山东省海岸带和海涂资源综合调查林业专业报告，报告中提出了山东建设海岸带综合防护林体系的规划设想。该规划设想提出山东沿海综合防护林体系的范围包括：滨海灌草自然植被、基干防护林带、农田林网、林粮间作、山丘水土保持林、水源涵养林、小片用材林、经济林和农村、工矿、城镇四旁绿化、风景旅游林、公园等，并在其范围内实行乔、灌、草与带、网、片、点相结合，使之成为具有多种效能的复杂而稳定的生态系统。然后根据不同岸段的自然条件、社会经济条件、林业发展方向和经营措施的一致性，将全省海岸带的综合防护林体系划分为两个自然区、7个防护区类型来进行规划设计。对每个类型区都提出了防护林体系的组成、布局和主要作用，并有典型设计图式。该项山东省海岸带林业专业调查工作为山东沿海防护林体系建设做了基础性工作。

1987年，沿海防护林体系建设列入国家重点林业生态工程项目。国家林业部将沿海防护林建设的范围扩大至沿海县(市、区)，即：有海岸线的沿海县的全县境内范围，提出了在全国沿海县建设沿海防护林体系的要求。沿海防护林体系既包括沿海基干林带，也包括沿海县范围内的农田林网、农林间作等平原绿化，山地丘陵防护林、经济林等山区绿化，以及城市村镇绿化、道路绿化等综合性内容。沿海防护林体系建设实行工程造林，就是把造林工作按工程项目管理，按照国家的基本建设程序，运用现代的科学管理方法和先进的造林技术，做到"按工程管理、按项目投资、按规划设计、按设计施工、按标准验收"。

2005年，按照国家林业局的要求，山东省林业局组织修编了《山东省沿海防护林体系建设工程规划》，把湿地保护、城乡绿化一体化等列入沿海防护林体系建设的范围，进一步丰富了沿海防护林体系的组成。

随着沿海地区造林绿化的发展，沿海防护林体系逐步完善。对沿海防护林体系的要求是：从造林地域范围上，以海岸带为主，包括沿海县全境范围；从林种组成上，以沿海基干林带和纵深防护林为主，多林种相结合；从林分结构上，由多树种、多层次、乔灌草相结合，网、带、片、点、间作多种造林形式相结合；从防护林体系的布局上，在一个区域内，依据地形条件、土地利用状况、自然灾害种类等因素，并结合区域内的道路、水利工程、居民点等，规划配置各具特点、不同类型的防护林及其他林种，使它们在配置上互相协调、功能上互相补充，形成一个因地制宜、因害设防的防护林综合体—防护林体系；从防护林体系的功能上，以生态防护功能为主，多种功能相结合，充分发挥生态效益、经济效益和社会效益；从森林生态系统管理上，把沿海防护林体系建成结构复杂、生物多样性丰富、生产力高、功能强、稳定的森林生态系统，使沿海防护林体系能经受较强的自然灾害和人为干扰，仍可逐步恢复和保持其原有的结构和功能，保证沿海防护林体系的健康发展和可持续经营。

二、山东沿海防护林体系建设工程规划的编制

1988年国家计委批准了全国的沿海防护林体系建设工程总体规划，把沿海防护林体系建设列入国家重点林业生态工程项目。1988～1990年，编制了《山东省沿海防护林建设总体规划》和山东各个工程县的沿海防护林建设规划。山东沿海防护林体系工程的建设目标是：应用现代林业理论，在山东沿海地区建设以沿海防护林为主的多林种、多层次、多功能、多效益的生态经济型防护林体系，提高防御自然灾害的能力，改善沿海地区的生态环境，提高人民生活水平，改善投资环境，促进沿海地区资源、环境和经济社会的可持续发展。沿海防

护林体系建设规划的主要内容有规划范围、规划原则、防护林体系布局、工程量规划、主要技术措施、效益估测等。1988～2005年期间，山东省沿海防护林体系建设工程已开展两期。1988～2000年实施的一期工程建设涉及滨州、东营、潍坊、烟台、青岛、日照等7个市的32个县（市、区），共完成造林113679hm²，封山（滩）育林22741 hm²，低效林改造5491 hm²，新建基干林带长度1271km、面积13279 hm²。2001年开始实施的二期工程建设，山东省共规划新造林159300 hm²，封山（滩）育林43700 hm²，规划低产低效林改造18900 hm²。

进入21世纪以来，我国沿海地区的经济快速发展，生态安全形势更趋紧迫。党中央、国务院高度重视沿海防护林体系建设，温家宝总理作出重要指示：沿海防护林体系建设是我国生态建设的重要内容，是我国防灾减灾体系的重要组成部分，应该列入"十一五"规划。全国沿海防护林二期规划、红树林建设规划的修订，沿海防护林立法工作应该抓紧进行。国家林业局在充分调研的基础上，对沿海防护林的建设内容、功能和作用重新进行了界定，把湿地保护、城乡绿化一体化纳入了沿海防护林体系建设。国家林业局通知要求，对沿海防护林体系建设二期规划进行修编。随着山东省沿海地区经济社会迅速发展，对生态环境建设提出了更高的要求，急需进一步加快沿海防护林建设步伐，扩大建设规模，提高标准质量，修编沿海防护林工程二期规划也势在必行。为此，山东省林业局于2005年7月组织编制了新的《山东省沿海防护林体系建设工程规划》，主要内容有：规划指导思想、建设目标、总体布局与建设重点、建设内容和规模、主要造林模式、建设进度、效益分析等。该规划是山东省沿海防护林体系建设工程的指导性文件，对全省沿海防护林体系建设工程的实施起到重要作用。

三、山东省沿海防护林体系建设工程规划的主要内容

2005年编制的《山东省沿海防护林体系建设工程规划》，以2006～2015年为规划期限。其主要内容介绍如下：

（一）工程区范围

山东省沿海防护林体系建设工程区总面积60276.891 km²。以县域为单位，共涉及8个市的43个县（市、区）。包括滨州市的无棣县、沾化县；东营市的河口区、垦利县、利津县、东营区、广饶县；潍坊市的寿光市、寒亭区、昌邑市、诸城市、高密市；烟台市的莱州市、招远市、栖霞市、龙口市、蓬莱市、长岛县、福山区、芝罘区、牟平区、海阳市、莱阳市、莱山区；威海市的环翠区、文登市、荣城市、乳山市；青岛市的崂山区、城阳区、青岛市区、即墨市、莱西市、平度市、胶州市、黄岛区、胶南市；日照市的东港区、岚山区、莒县、五莲县；临沂市的莒南县、临沭县。

（二）规划的指导思想和建设目标

1. 指导思想

以增强抵御自然灾害能力和改善生态环境为主要目标，以基干林带建设、海滨湿地保

护、纵深防护林、城乡绿化为重点，扩大沿海防护林体系的规模，拓展内涵，提高质量，完善功能，努力构筑结构稳定、功能完善的海疆绿色屏障。

2. 基本原则

（1）坚持工程规划与生态省建设相衔接，与山东海岸带规划相吻合，使工程规划具有科学性、前瞻性和可操作性；

（2）坚持统一规划，合理布局，重点突破，实现国土生态安全、城乡绿化美化和人居环境良好的有机统一；

（3）坚持以生态效益为主，生态效益、经济效益和社会效益相结合，使体系建设与沿海经济发展和构建和谐社会有机结合；

（4）坚持因地制宜，因害设防，综合治理，以提高抗御台风、大风和风暴潮能力为重点，增强沿海防护林体系的综合防护能力；

（5）坚持科教兴林，实行科学营造林，提高工程质量；

（6）多渠道、多层次、多形式筹集建设资金，全社会共同参与建设。

3. 建设目标

建设目标分规划前期和规划后期，2006 年～2010 年为规划前期，2011 年～2015 年为规划后期。

（1）规划前期目标　到 2010 年，工程区森林覆盖率达到 28.4% 以上，基干林带达标率 75.3%，湿地恢复率达到 50% 以上，农田林网控制率达到 93.4%，城镇人均拥有绿地面积 10m²。使沿海地区的生态环境明显改善，抵御自然灾害的能力明显增强，人居环境绿化美化，基本构筑成沿海综合防护林体系。

（2）规划后期目标　到 2015 年，工程区森林覆盖率达到 31.0% 以上，基干林带达标率 100%，湿地恢复率达到 70%，农田林网控制率达到 100%，城镇人均拥有绿地面积 14m²。建成以城镇和村庄绿化区、湿地保护区、森林公园、风景区绿化建设为"点"，以基干林带、道路绿化为"线"，以水土保持林、水源涵养林、防风固沙林、农田防护林和其他防护林为"面"，生态、经济、社会效益有机结合，功能完备的综合防护林体系。

（三）总体布局与建设重点

1. 沿海防护林体系建设布局

区别建设区域不同的海岸类型与地貌类型，重点建设沿海基干防护林带，突出抓好宜林荒山荒滩的造林绿化，加快营造水土保持林、水源涵养林、防风固沙林、农田防护林等防护林的建设步伐，逐步形成以基干林带和纵深防护林为主的多林种、多树种、多层次、多功能的综合防护林体系。以城镇、村庄、道路的绿化美化为重点，搞好城乡绿化体系，创造优美的人居环境。加强湿地保护和恢复建设，构建湿地保护网络。

根据沿海地区的自然环境条件、社会经济状况、森林分布特点及造林营林目的等因素，将山东省沿海防护林体系建设在地域上划分为渤海平原和山东半岛两个分区。由于沿海县的地貌类型和海岸类型对林种、树种的布局起着主要作用，因此将两个分区成为渤海泥质海岸平原区和山东半岛沙岸间岩岸丘陵区。

（1）山东半岛沙岸间岩岸丘陵区

自胶莱河河口以东再向南至锈针河河口，属山东半岛低山丘陵区，沙质海岸与岩质海岸相间分布，少量泥质海岸散布其中。区域范围包括烟台、威海、青岛、日照四市的全部县（市、区）及潍坊市的高密市、诸城市，临沂市的莒南县、临沭县，总土地面积4336781.8hm²，占工程区总面积的71.9%。该区是我省人口聚集、经济发达的地区，城市、港口众多，旅游资源丰富。该区降水量较大，时有暴雨发生，水土流失严重。该区有台风、海潮、海雾和水土流失等自然灾害，也是山东省自然灾害发生较频繁的地区之一。

该区以治理风沙，防御海潮、海风、海雾为主要目的，通过改建、扩建和新建，在沙质海岸建成宽500m的海岸防风固沙基干林带，在岩质海岸"临海一面坡"全面造林，强化沿海基干林带的保护管理，形成沿海绿色防护屏障。积极营造水土保持林、水源涵养林，加快荒山绿化。建成基干林带、道路绿化、水系绿化、荒山绿化、农田林网、城镇村庄绿化相结合的生态防护林体系。通过完善提高长岛国家级自然保护区，晋升和新建10处国家级及15处省级森林、湿地和野生动植物类型自然保护区，保护具有典型暖温带特征和亚热带与温带过渡类型的森林生态系统，保护海湾、海滩、河口和河流、库塘等湿地生态系统，保护丰富的生物多样性和珍稀濒危动植物资源。加强森林公园、湿地公园建设和城乡绿化，形成青山绿水、碧海蓝天的自然景观，并与人文景观融为一体的人居环境和特色森林旅游带。

（2）渤海泥质海岸平原区

该区域分布在渤海沿岸，自漳卫新河河口至胶莱河河口，包括滨州市的无棣县、沾化县；东营市的东营区、河口区、垦利县、利津县、广饶县；潍坊市的寒亭区、寿光市、昌邑市等10个沿环渤海平原县（市、区），土地总面积1690907.3hm²，占工程区总面积的28.1%。该区是山东沿海泥质滩涂的集中分布区，土地盐渍化严重，森林资源短缺，生态环境脆弱；分布有黄河三角洲湿地等重要的河口湿地和沿海滩涂湿地。

该区以防风护田、防御风暴潮、治理旱、涝、盐碱为主要目的，建立沿辛沙路为主干带的一至二条沿海防护林基干林带；向内以农田林网、林粮间作等为建设重点；向外实行封滩育林和人工造林，大力营造盐碱地改良林，保护和恢复柽柳林资源。建设、完善黄河三角洲国家级自然保护区、滨州海岸湿地保护区、潍北沿海湿地自然保护区和刁口湾湿地自然保护区，形成较完整的沿海湿地保护体系，保护具有重要意义的湿地生态系统和珍稀濒危植物资源。加强城镇、村庄、道路的绿化美化，形成优美的人居环境。

2. 建设重点

沿海防护林体系建设以基干林带建设、工程区内的纵深防护林建设、湿地保护、城乡绿化美化和科技示范区建设为重点。

（1）基干林带建设　以加宽、改造、提高为重点。按照国家林业局关于沿海防护林基干林带建设标准，泥岸带宽1000m以上，沙岸带宽500m以上，岩岸带宽为"临海一面坡"的要求，凡是达不到上述要求的要进行加宽。合理确定海岸基干林带的走向，保证基干林带的合拢。加强现有基干林带中低效林的改造，提高标准质量。

（2）纵深防护林建设　搞好工程区内的宜林荒山、荒滩、荒地绿化，大力营造防风固沙林、水土保持林、水源涵养林、农田防护林、盐碱地改良林、护路林、护堤护岸林、环城林、围村林等，搞好区域内森林与野生动植物类型自然保护区、森林公园等建设。

（3）湿地保护区和湿地恢复区建设　新建和完善国家级和省级湿地保护区 17 处，面积 65.35 万 hm²，其中国家级湿地保护区 9 处，面积 54.78 万 hm²；省级湿地保护区 8 处，面积 10.57 万 hm²。湿地恢复区 8 处，面积 12.3 万 hm²。治理湿地的污染、保护其生态环境和生物多样性。

（4）科技示范区建设　在荣城市建立沿海基干防护林带示范区，拟研究解决发挥最大防护功能的基干林带宽度标准，基干林带生态稳定性的种内种间关系，适生乔灌木树种和草本植物的培育与引进，原有基干林带的抚育技术和低效林更新改造配套技术，困难地段新造林技术及潮间带生态变化规律等。

在寿光市建立沿海湿地保护与恢复示范区，拟研究解决莱州湾湿地生态系统的功能，湿地生态系统演替演化机制，退化湿地生态系统恢复与重建技术，以及退化湿地生态系统动态监测等。

在日照市东港区和岚山区建立沿海防护林体系森林经营示范区，研究解决不同环境条件防护林的种内种间关系，不同植物材料的优化配置模式，科学合理的防护林结构，沿海防护林动态监测和生态健康评价体系方法与指标，以及低效林更新复壮等技术。

（四）建设内容和规模

沿海防护林体系建设内容主要包括沿海基干林带、纵深防护林、滨海滩涂湿地保护与恢复、自然保护区、农田林网、城乡绿化美化、低效林改造、森林经营、科技示范区建设等。

根据国家林业局的要求，结合山东沿海防护林体系建设的实际，在规划期内共新造防护林 428506.3 hm²。其中，沿海基干林带造林 50377.8 hm²；低效林改造 100204.4 hm²；新建、晋升和完善国家级、省级湿地保护区 17 处，增加湿地保护面积 30 万 hm²，新建湿地恢复区 8 处，面积 12.3 万 hm²；新建农田林网面积 369169.9 hm²；绿化道路 31189.9km（其中，国道、高速公路 5263.6km，省道 11648.8km，其他道路 14277.5km）；城区绿化植树 3100 万株；绿化美化建制镇 845 个，植树 2286 万株；建设绿化美化标准示范村 36322 个，植树 10001 万株；森林抚育 166472.7 hm²。

（五）主要造林模式

1. 基干林带造林模式

（1）沙质海岸基干林带造林模式

沙质海岸土壤质地较粗，土壤干旱瘠薄，风沙危害较重。基干林带建设的主要目的是防风固沙、改良土壤。基干林带位置从潮上线起，向岸上延伸 500m 范围。穴状或带状整地，穴状整地以 80cm×80cm×80cm 为宜，带状整地以宽 80cm、深 80cm 为宜。选择根系发达、抗风力强、耐干旱瘠薄的树种营建防护林带。林带前沿采用黑松，林带后沿采用刺槐、麻栎、火炬松等，针阔叶树种带状混交。对保护农田、果园的防护林带，可适当增加灌木树种比重。

（2）岩质海岸基干林带造林模式

岩质海岸大部分坡度较陡，土层浅薄，水土流失严重，且风力较大。防护林建设目的是控制水土流失、涵养水源、防风减灾。基干林带建设应在"临海－面坡"全面造林。根据地形特点，沿等高线进行穴状整地，"品"字形排列，整地规格以 30cm×30cm 或 50cm×50cm 为宜，尽量避免因不合理整地而发生新的水土流失。整地后，选择生长旺盛、根系发达、固土能力强的树种，采用带状、块状、株间、行间等混交方式造林。在立地条件较差，水土流失严重的地方，加大灌木树种比重。

（3）泥质海岸基干林带造林模式

该区域主要自然灾害是海潮内侵和土壤盐渍化，建设基干林带的主要目的是防御大风、海潮、盐碱等灾害。基干林带的位置一般在海滩内侧能够植树的地方起，向内陆延伸 1000m 的地段。穴状整地，穴的规格以 80cm×80cm×80cm 为宜。根据土壤盐碱化程度选择耐盐碱树种，主要树种有绒毛白蜡、刺槐、柽柳、沙枣、沙棘等，树种配置多以乔灌木树种混交造林模式为主。

2. 防护林建设模式

（1）滨海沙滩防风固沙林造林模式

针对土壤干旱瘠薄、风沙危害较重的立地条件，选择适应性强、根系发达、耐干旱瘠薄、抗风、耐沙压的乔灌木树种，采用块状、带状混交方式造林。针叶树种如黑松、火炬松、刚松等株行距 2m×2m，阔叶树种如刺槐、麻栎等株行距 2m×3m。形成具有较强固沙保土能力的防风固沙林。

（2）山地丘陵水土保持林造林模式

在山地立地条件较差、水土流失严重的地段，重点建设水土保持林。沿等高线进行穴状整地，"品"字形排列，穴的规格不宜过大，以 30cm×30cm 或 50cm×50cm 为宜，尽量避免因不合理整地而发生新的水土流失。选择根系发达、固土能力强、耐瘠薄、抗干旱的树种，采取块状、带状、行间、株间等混交方式造林，形成针阔叶混交林，提高森林生态稳定性。

（3）山地丘陵封山育林模式

在水土流失较严重且分布有较多母树、幼树或萌蘖能力强的植株，通过封护有望成林或增加植被盖度的山地，可采取封山育林方式来恢复森林，提高植被覆盖率。

（4）盐碱涝洼地土壤改良林造林模式

盐碱涝洼地的造林难度大，为提高造林效果，应采用生物措施与工程措施相结合。工程措施主要包括修筑台(条)田、整地修畦等。大面积成片造林，一般条(台)田整地，条田宽

50m、长100m，条田沟深1.5m以上，支沟深3m以上，并与干沟和排水河道相配套。面积较小的地块，采用挖沟起垄，或修筑窄台田的方法，一般排水沟深1.5m、宽3m，台田宽1.5~2m。选用抗涝耐盐碱树种，采用合理的混交造林方式，并实行乔灌草相结合。

3. 农田林网建设模式

(1)风沙地区农田林网建设模式

农田林网建设以控制流沙、保护农田为目的，实行沟、渠、路林相结合。主林带一般建在大中型沟渠，道路两侧，栽植4~6行乔木，带间距150m左右；副林带一般配置在与主林带垂直的生产路两侧、支渠、支沟上，每侧植树2~3行，带间距250~400m，每个网格面积4~8hm²。在风力较大地区，要采用窄林带小网格，林带下可配置灌木1~2行，株行距1m×2m，以形成疏透结构林带。需选择根系发达、抗风力强的树种，如黑松、杨树、刺槐等。

(2)山前平原农田林网建设模式

农田林网建设目的是防风固沙、改善农田小气候。对灾害较轻的地区，一般采用较大网格、窄林带的林网建设模式，沿沟、渠、路及地边埂，营建农田防护林带。一般主林带间距200~300m，副林带间距300~400m，每个网格面积10~20hm²。灾害较重的地区，采用窄林带小网格的建设模式，主林带间距150~200m，副林带间距250~300m，每个网格面积5~10hm²。选择根深、树冠较窄、不易风倒风折、抗逆性强的树种(品种)，如107杨、108杨、L35杨、鲁林1号杨、刺槐、水杉等造林。

(3)盐碱地区农田林网建设模式

农田防护林建设的主要目的是降低风速，减轻土壤水分蒸发，抑制土壤返盐，改善农田小气候。在一般盐碱地区，主要利用排干沟和干线公路两侧营建护路林、护岸林为主的主林带，利用田间路和支渠、斗渠两侧隙地营建副林带，网格面积10~20hm²。在风沙地带和盐碱涝洼地带，宜采用小网格、宽林带的建设模式，网格面积5~10hm²，以提高综合防护效能。主林带以耐盐乔木为主，副林带栽植耐盐乔木和灌木。

4. 低效林改造模式

对密度过大或病虫危害严重的林分，进行抚育采伐，伐除过密林木和受害木，调整林分密度，促进林木生长。对郁闭度<0.3的稀疏林地，通过补植适宜树种，并加强抚育管理，促其形成复层、针阔混交林。对土壤贫瘠或盐渍化较严重的低效林，采取林下混交绿肥灌木、绿肥压青、施用有机肥等措施，恢复和提高林地土壤肥力。对立地条件较差、树种选择不当，林木生长不良的防护林，采取更换适宜造林树种、改良土壤、营造乔灌混交林等措施，提高防护林稳定性。

5. 城乡绿化一体化建设模式

搞好公路、铁路、河道、村镇等绿化建设，把绿色通道与村镇绿化相结合，建设成纵横交织的具有生态防护和绿化美化等功能的城乡绿化体系。绿色通道要因地制宜，根据防护、绿化、美化的要求选择树种，采取针阔叶树带(块)状混交，常绿与落叶树种搭配的模式。

公路、铁路、河道等沿线绿化带一般要求宽度达20m，有条件的地区可加宽到30m以上。村镇绿化主要是利用村旁、坑塘旁、宅旁等隙地，营造宽窄不等的围村林、街道绿化林带和小片林，达到绿化、美化的目的。在村旁隙地主要栽植杨树、柳树、国槐、香椿、楸树、银杏等树种；沿池塘边可种植柳树与花灌木；庭院、宅旁可栽植核桃、柿树、樱桃、枣树等经济林树种，提高经济价值，增加美化效果。

（六）效益分析

山东沿海防护林体系建设在全省的国民经济和社会发展全局中具有重要地位。沿海防护林体系建设工程的实施，对维护沿海地区的生态环境，保障人民生命财产安全，促进沿海地区经济社会的可持续发展具有重要的战略意义。项目完成后，将在山东沿海地区建成多林种、多树种、多层次、多功能的生态防护林体系，健全湿地、野生动植物和生物多样性保护网络，筑起确保生态安全的绿色屏障，构建人与自然和谐相处的良好人居环境。

沿海防护林体系建设工程完成后，工程区内人工林地面积增加43万 hm^2，森林覆盖率由现在的23.1%提高到31.0%，高标准沿海基干林带基本建成；湿地恢复率由现在的15%提高到70%，湿地、野生动植物和生物多样性保护网络初具规模；农田林网面积达到1236576.4hm^2，宜林网农田全部得到农田林网的保护；道路、河流、城镇乡村绿化美化得到长足发展，城镇人均拥有绿地面积由现在的 $5m^2$ 提高到 $14m^2$，沿海地区将形成良好的人居环境。比较完备的沿海防护林体系的形成，将进一步增强抵御风暴潮、台风等自然灾害的能力，山丘地区水土流失将得到有效控制，沿海风沙危害将得到有效遏制，森林涵养水源的能力将大幅度增强，初步实现区域生态环境的良性循环。随着建设项目的完成，工程区内的土地得到综合治理，荒山荒地、盐碱滩地、沟、渠、路边隙地得到进一步开发利用，提高了工程区土地利用率。随着沿海地区生态环境的良性发展，将改善投资环境，促进改革开放，加快经济社会的发展。

第二章 山东半岛沙岸间岩岸丘陵区
沿海防护林体系营建技术

第一节 沿海防护林体系的建设目标和体系构成

一、山东半岛地区的林业生产条件

（一）自然条件

1. 地貌

山东半岛位于山东省东部，三面环海。地形以丘陵为主，分为胶东丘陵、沭东丘陵两部分，中间为胶莱平原。胶东丘陵的地表岩层主要由片麻岩、砂岩、页岩等变质岩组成。变质岩经过长期的风化和侵蚀，多形成 200～300m 高的波状丘陵。崂山、昆嵛山、艾山、牙山等海拔 500m 以上的低山由花岗岩组成，突出于周围丘陵之上。沿海散布有宽窄不等的平原，其中莱州、龙口、蓬莱一带沿海的平原主要为山前冲击——洪积平原，面积较大。沭东丘陵除小珠山 724m，五莲山、铁橛山等海拔 500m 以上外，海拔多在 400m 左右，岩石以花岗岩、片麻岩为主。日照、胶南沿海的滨海平原，海拔一般在 50m 以下。胶莱丘陵和沭东丘陵之间的胶莱平原为剥蚀冲积平原，有胶莱河流贯其间。

山东半岛沿海有许多岛屿，除渤海海峡的庙岛群岛外，大部分靠近陆地，如养马岛、刘公岛、田横岛、灵山岛等。

山东半岛的河流，大多具有源短流急的特点。半岛北部的水系呈南北分流，如大沽河、五龙河、母猪河向南注入黄海，界河、黄水河、大沽夹河向北注入渤海和北黄海。半岛南部的河流多由西北流向东南，注入黄海，如吉利河、绣针河等。

山东半岛的海岸类型主要为沙质海岸和岩质海岸，相间分布。沙质海岸分布于平坦的滨海平原地带，海岸带宽阔，海岸线较平直，岸坡和缓。莱州、龙口、蓬莱、牟平、胶南、日照等地都有较长的沙质海岸。岩质海岸分布于临海的低山丘陵，多属侵蚀海岸，海岸线较曲折，岸坡较陡，海水较深。山东半岛东北部烟台市、威海市辖区的丘陵岸段和青岛市辖区的崂山山地岸段多岩质海岸。此外，众多河流的河口地带还分布有冲积泥滩，属泥质海岸。

2. 气候

山东半岛的气候属暖温带季风气候，气候暖和，光照充足，四季分明，降水集中。与同纬度的内陆地区相比，气候更温和湿润，有"春暖迟、秋凉晚、冬少严寒、夏少酷暑"的气候特点。半岛北部和半岛南部的水热条件有较大差别。如半岛东北部的荣成、文登一带，年平均降水量710mm，≥10℃积温3600～3900℃，属山东省积温最低的区域。半岛南部沿海的日照市，年平均降水量950mm，≥10℃积温4200～4300℃，属山东省水热条件最好的区域之一。

但山东半岛沿海也有气候复杂多变，自然灾害较多的特点。台风、大风、海潮、海雾、洪涝、干旱等自然灾害发生频率高，危害较严重。半岛东部沿海是山东省受台风危害最大的地区。

3. 土壤

山东半岛的地带性土壤以棕壤为主。大面积山丘上部多分布着粗骨棕壤，下部为土层较厚的普通棕壤。平原的土壤多为潮土。河滩多为河潮土和冲积风沙土。海滩多为海积风沙土。

4. 植被

山东半岛的森林植被类型为暖温带落叶阔叶林，有代表性的地带性森林为赤松林和麻栎林。由于南北热量的差异，影响到森林的类型和组成。

山东半岛北部，年平均气温和植物生长期间的积温均较低，山地、丘陵的主要森林类型有赤松林、黑松林、日本落叶松林、麻栎林、栓皮栎林、刺槐林、辽东桤木林、枫杨林、楸树林及胡枝子、绣线菊、白檀等灌丛，常见树种还有槲树、枹栎、白蜡树、刺楸、水榆花楸、小叶朴等；平原多毛白杨林、欧美杨林、旱柳林、刺槐林等；海滩沙地多黑松林、刺槐林，还有单叶蔓荆、筛草、沙引草、珊瑚菜等沙生植物分布；经济林有板栗林、柿树林、银杏林、花椒林、紫穗槐林等。山东半岛北部与辽东半岛邻近，植物区系中多含东北成分，如糠椴、紫椴、蒙古栎（*Quercus mongolica*）、榛、朝鲜槐（*Maackia amurensis*）、辽东桤木等。

山东半岛南部，包括崂山以南地区，水热条件优越，森林植物区系丰富，且含有较多的南方树种。除具有与山东半岛北部相似的各种森林类型外，一些对水热条件要求较高的森林类型如火炬松林、美洲黑杨林、水杉林、淡竹林等也生长良好。槲树、臭椿（*Ailanthus altissima*）、朴树、元宝槭、黄连木（*Pistacia chinensis*）、梧桐（*Firmiana platanifolia*）、白蜡、卫矛、盐肤木、胡颓子等也是常见树种。森林树种中的南方成分有乌桕（*Sapium sebiferum*）、枫香（*Liquidambar formosana*）、化香、楤木（*Aralia chinensis*）、黄檀、白檀等。

山东半岛开发历史悠久，人口稠密，农业生产发达。不仅在平原区，而且在低矮丘陵区都开垦了农田或果园，分布有各种栽培植被，粮食作物以小麦、玉米、甘薯为主，是山东的粮食高产区。油料作物花生，是全国的重要产区。水果有苹果、梨、葡萄等，是山东以至全国的重要产区。柞岚面积7万hm²，占全省的70%。胶莱平原一带还是山东主要的蔬菜产地之一。

（二）社会经济条件

山东半岛沿海地区是山东省经济最发达的地区。自20世纪80年代改革开放以来，也是全国经济社会发展最快的地区之一。山东半岛素有农业生产的优势，是粮食、油料、蔬菜、水果、柞蚕及水产品的生产基地，特色农业和外向型农业也有一定规模。半岛沿海地区的工业实力雄厚、发展迅速，青岛市的家电产业和纺织服装产业、烟台市的汽车制造产业及威海市的轮胎制造业等都形成了产业集群，海尔、青啤等大型企业集团已冲出国门走向世界。山东半岛交通发达，建设了由铁路、公路、海运、航空等运输方式组成的综合运输系统。胶济铁路、兰烟铁路、桃村至威海铁路、兖石铁路、胶州至新沂铁路连接了沿海与内地。沈海高速、荣乌高速、青银高速、青兰高速等多条高速公路通过山东半岛，并与国道、省道和县级公路、乡村公路共同构成四通八达的公路交通网络。青岛港、日照港都是年货物吞吐量1亿吨以上的大港口，烟台港、蓬莱港、莱州港、威海港、岚山港也都有一定规模。便捷的交通为沿海地区的经济社会发展和对外开放提供了重要保证。

山东半岛沿海地区气候宜人，风光秀丽，历史悠久，人杰地灵，自然景观和人文景观相结合，有丰富的旅游资源。青岛海滨、烟台海滨、日照海滨等海滨游览区，崂山、昆嵛山、长岛、伟德山、灵山湾、鲁南海滨等众多森林公园，蓬莱阁、刘公岛、成山头、琅琊台等名胜古迹，使山东半岛沿海地区形成一条驰名国内外的黄金旅游线。近年来，山东半岛沿海地区又建设了一批新的海滨公园、风景游览区、休闲度假区、海滨浴场及海滨旅游路等，旅游设施也更加完备，为旅游业的发展提供了更好的条件。

早在1991年山东省就提出了建设"海上山东"的发展战署，规划建设了沿海渔业建设工程、临海工业建设工程、沿海旅游业建设工程和沿海通道建设工程。经多年实施，山东的海洋产业和海洋经济得到了长足发展。

利用沿海的区位优势，发展外向型经济和海洋运输，是山东经济持续增长的重要因素。青岛、烟台、威海都是外商投资和开展国际合作的重要城市。早期与韩国的贸易和国际合作较多，以后扩展到日本、美国、欧洲、东南亚等地区。

随着我国工业化和城市化的发展，山东半岛的城市规模逐步扩大，人口不断聚集，逐渐形成山东半岛城市连绵区。按照《山东半岛城市群总体规划(2006~2020)》，青岛市发展成山东和黄河中下游地区的龙头城市，现代制造业和现代服务业发达的国际性港口城市和国际性海滨旅游城市。烟台市发展成以现代制造业为主导的综合性区域中心，环渤海咽喉地带的海陆交通枢纽，中日韩经贸交流的前沿门户。威海市发展成宜居城市和生态旅游城市，胶东半岛制造业基地之一。日照市发展成海滨生态旅游城市，以临港工业为特色的深水港口城市，鲁南的出海门户和亚欧大陆桥的东方桥头堡之一。沿海分布的城市连绵区采取疏密有致的开敞式空间布局，足够的生态区域或农业区域成为城市之间的绿色楔块，在一定程度上减轻环境和土地的矛盾，成为具有生态示范意义的都市连绵区。

2011年1月国务院批复《山东半岛蓝色经济区发展规划》。这是"十二·五"开局之年第一个获批的国家发展战略，也是我国第一个以海洋经济为主题的区域发展战略。依据该规划，山东半岛蓝色经济区的战略定位是：建设具有较强国际竞争力的现代海洋产业聚集区、具有世界先进水平的海洋科技教育核心区、国家海洋经济改革开放先行区和全国重要的海洋生态文明示范区。该规划明确了发展的目标：到 2015 年，山东半岛蓝色经济区的现代海洋产业体系基本建立，综合经济实力显著增强，海洋经济对外开放格局不断完善，海洋科技自主创新能力大幅提升，海陆生态环境质量明显改善，率先达到全面建设小康社会的总体要求；到 2020 年建成海洋经济发达、产业结构优化、人与自然和谐的蓝色经济区，率先基本实现现代化。

二、山东半岛沿海防护林体系的现状和建设目标

（一）山东半岛沿海防护林现状

山东半岛沿海地区人口集中，经济活动频繁，原始森林早已破坏殆尽，次生林也残缺不全。1949 年以前，沿海沙滩风沙肆虐，沙进人退；山丘地带则到处可见荒山秃岭，水土流失严重。

20 世纪 50 年代以来，山东沿海人民开展了大规模的植树造林运动。岩质海岸推行以封山育林为主，并与人工造林相结合，较快地恢复起赤松林为主的森林植被；沙质海岸营造了黑松、刺槐、紫穗槐为主要树种的海岸防风固沙林带。20 世纪 60 年代至 70 年代，山丘地区大量引种了黑松、日本落叶松、刺槐，进行更新和混交，提高了森林的质量。各岸段又结合农田基本建设，普遍营建了农田林网，有的地方已初步把网、带、片、点，多树种、多林种组合起来，形成了防护林系统。到 20 世纪 80 年代，山东半岛沿海地区已初步形成由海岸基干林带、农田防护林网、水土保持林、水源涵养林等组成的沿海防护林体系。但不少地方的沿海防护林建设缺乏统一的科学规划，布局不够合理；防护林的结构较简单；由于立地条件差、病虫危害，部分沿海防护林生长衰退，成为残次林；这些问题严重影响了沿海防护林的质量和效益。

自 1988 年国家实施沿海防护林体系建设工程以来，山东半岛沿海防护林体系建设取得长足发展。在统一的沿海防护林体系建设规划指导下，经沿海人民多年努力，沿海基干林带的营建与完善、农田防护林网建设、封山（滩）育林、低效林改造，以及城镇村庄绿化、道路绿化等方面都取得显著成绩。山东半岛沿海地区已构筑起以基干林带和纵深防护林为主体的沿海防护林体系，为防御自然灾害、改善生态环境、促进经济社会发展发挥了不可替代的重要作用。

山东半岛沿海防护林体系当前存在的主要问题有：① 部分地段的沿海基干林带质量标准低，林带窄，有缺口断带现象，达不到国家规定的技术标准的要求。尚有部分基干林带需要新建、扩建、改建或更新改造。② 沿海防护林的森林质量不高，森林生产力和生物多样性程度较低。沿海防护林主要是以黑松和刺槐为主的人工林，大部分为纯林，树种单一，结构简单，林下缺少灌木和草本植被。林地土壤肥力、林地生产力和森林蓄积量偏低，防护林的生物多样性较低，降低了森林生态系统稳定性和生态防护效益。加强现有沿海防护林的科学经营管理，提高森林质量、生物多样性和防护效能，是山东半岛地区沿海防护林建设的重

要任务之一。③ 山东半岛地区的城市大环境绿化还不够完善，风景林和森林公园的建设水平有待进一步提高，还不能满足改善人居环境和加强景观建设的更高要求。实现沿海防护林体系建设与城乡大环境绿化的有机结合，在改善生态环境的同时更好地发挥绿化美化功能，也是沿海防护林体系建设的重要目标之一。

（二）山东半岛沿海防护林体系建设目标

根据山东半岛沿海地区的自然条件和社会经济条件，沿海防护林体系建设的目标是：应用现代林业理论，建设以防护林为主体的多林种、多层次、多功能、高效益的沿海防护林体系，提高防御自然灾害的能力，改善沿海地区的生态环境，创造更适宜的人居条件，充分发挥沿海防护林体系的生态、经济、社会效益，促进山东半岛沿海地区经济社会的可持续发展。

利用山东半岛沿海防护林建设的基础，针对尚存问题，沿海防护林体系建设工程应全面规划，合理配置，科学营林造林；努力增加森林面积，提高森林质量，充分发挥森林的各种功能。近期的工程建设重点是沿海基干林带建设、纵深防护林建设和城乡一体化大环境绿化。第一，基干林带以加宽、改造、提高为重点，通过新建、扩建、改建，使山东半岛沿海基干林带均达到国家林业局关于沿海防护林基干林带的建设标准。第二，因地制宜、因害设防，合理布局防风固沙林、农田防护林、水土保持林、水源涵养林等纵深防护林，并通过合理的规划设计、科学造林、加强经营管理、适时改造更新，来提高森林质量。第三，选用优良树种，增加混交林的比重，实行乔灌草相结合，丰富生物多样性，提高林地土壤肥力和森林生产力，增强森林生态系统的稳定性和防护效能。第四，搞好城乡一体化大环境绿化，完善城区、近郊区、远郊区三个层次的城乡大环境绿化布局。在沿海防护林体系建设工程中，重点进行城市郊区的道路绿化和村镇居民点绿化。林业和园林相结合，在发挥各种生态防护作用的同时，提高绿化美化水平。

通过沿海防护林体系建设工程，应达到以下目的：第一，建成防灾减灾的沿海绿色屏障，有效地防御台风、大风、流沙、风暴潮、海雾及水土流失等自然灾害，保障沿海居民的安全和各项生产活动的进行；第二，充分发挥沿海防护林体系防风固沙、保持水土、涵养水源、改良土壤、调节气候、防治污染、降低大气中 CO_2 含量等多种功能，改善沿海地区的生态环境；第三，沿海防护林体系建设与城乡一体化大环境绿化相结合，创造生态环境良好、风景优美、舒适宜人的居住环境，有益于人民的身心健康；第四，促进对外开放和旅游业的发展，提升山东半岛沿海地区的综合竞争力，促进经济社会可持续发展。

三、山东半岛沿海防护林体系的组成和布局

（一）山东半岛沿海防护林体系的总体构成

沿海防护林体系是沿海地区以防护林为主体、多林种相结合的森林体系和生物防护系

统。山东半岛地区的沿海防护林体系，其组成范围包括：滨海灌草植被、基干防护林带、农田林网、农林间作、梯田地边埂植树、山丘水土保持林、水源涵养林，小片用材林、经济林、城镇村庄绿化、道路绿化、风景林、森林公园等。实行带、网、片、点相结合，乔、灌、草相结合，使之成为以生态防护功能为主、具有多种效能的稳定的森林生态系统。

总体布局设想是：在海岸地带，针对不同岸段的实际情况，营造海岸基干林带，其功能主要是防风固沙、防浪护堤、抵御风暴潮的侵袭；在基干林带内侧的农田区，普遍设置农田林网，其主要作用是降低风速、调节农田小气候、减轻风蚀和干热风的危害；在丘陵农田，普遍进行梯田地边埂植树；在坡面上方营造水土保持林，并结合侵蚀沟造林，能够截留迳流，控制水土流失，改善下方农田的墒情；在河流上游山丘区，大力封山育林和人工造林，改造利用人工和天然植被，发挥其最大涵养水源效能。在平原、河滩、丘陵，因地制宜地营造用材、经济林；在城市郊区和旅游区，营造环境卫生林、风景林；搞好城镇、村庄绿化，沿公路建设高标准的公路绿化带。通过综合防护林体系的建立，力求使沿海地区构成布局合理、功能完备而稳定的森林生态系统，显著改善沿海地区的自然环境和景观面貌。

由于全省海岸线较长，沿海各地具有不同的自然条件和社会经济条件，建立沿海防护林体系的目的要求和造林营林技术措施也不尽相同。因此，进行规划时必须本着以下原则：

(1)全面规划。要使沿海防护林体系达到各种防护目标，又要适应当地经济发展，使沿海防护林体系成为沿海地区生态建设、经济建设、综合开发的有机组成部分。

(2)因害设防。防护林体系的规划要针对各岸段、地区的自然灾害发生情况，区别对待、突出重点、因害设防，如有的岸段以防风固沙为主，有的则以水源涵养、保持水土为主，有的岸段以防浪护堤保障农牧渔业生产为主。

(3)因地制宜。一是合理规划各林种的比例，根据当地的自然灾害类型与程度、土地利用情况、经济情况确定各林种的面积和比例，使之与当地的生态环境和社会经济条件相适应；二是科学地确定造林树种、造林方式及主要营林措施。做到适地适树、宜封则封、宜造则造。

(4)讲求实效。沿海防护林体系的规划要讲求实际效果，提高生态、经济、社会效益。如农田防护林要尽量利用四旁隙地，实行沟、渠、路、林相结合；依据自然灾害情况和农业生产条件，合理确定林网的网格大小和林带宽度，既提高防护效益又少占用耕地；对树种的选择要依据林带的结构、更新的周期等因素确定，在保证发挥防护功能的前提下，提高群众的经济收益。

根据山东半岛沿海地区不同岸段的自然条件、社会经济条件，林种、树种和经营措施的差别，可划分为沙质海岸类型区、岩质海岸类型区、河口冲积海岸类型区、城市及旅游区类型区等4种沿海防护林类型区。不同类型区沿海防护林体系的组成布局各有特点。

(二)沙质海岸类型区沿海防护林体系的组成布局

1. 沙质海岸类型区自然条件特点

山东的沙质海岸都处于山东半岛丘陵区的沿海，集中分布在莱州虎头崖至蓬莱和胶南大岚至日照两段；自蓬莱经荣成至胶南，也有一些沙质岸段，与岩质海岸相间分布。沙质海岸地段受海洋的影响，较内陆地区气候温和湿润。同时，天气复杂多变，台风、大风、海潮、海雾、干旱、洪涝等自然灾害发生频率高，危害严重。海岸沙地按其分布的地貌形态，可分为涨潮时淹没的前缘沙地、潮上带沙堤、堤后的平沙地或受向岸盛行风的作用堆积成的海岸沙丘。沙丘带的宽度和高度因沙的供应和风力的强弱程度而异。沙质海岸土壤基质多由疏松的沙粒组成，粘结力小，不能形成良好的土壤团粒结构。近海平原地带的地下水多为淡水。土壤类型以海积风沙土和沙质潮土为主，有的地段土壤中含有少量盐分，土壤保水保肥性能差，干旱瘠薄，易发生土壤侵蚀。海岸沙地因植被的覆盖度和沙地流动程度不同，可分为流动沙地、半流动沙地和固定沙地。流动或半流动沙地，轻者造成表层土壤流失，严重的会形成流沙内侵，掩埋农作物甚至威胁村庄。沙质海岸植被多由沙生植物组成，种类组成较简单。沙生植物具有耐干旱瘠薄，较低矮、根系发达，固沙能力强的特点。沙生植物群落具有类型少、结构较单一及镶嵌性的特点。由沙质海岸向内陆延伸，山前平原地带的土壤以潮土和潮棕壤为主；山地丘陵的土壤以棕壤为主，土层较薄，水土流失较严重。

2. 沙质海岸类型区防护林体系的组成

沙质海岸类型区沿海防护林体系建设的重点是从潮上线到临海一侧的分水岭之间的区域。自分水岭再向内陆方向扩展，距海洋较远，海洋性灾害影响较弱，其防护林建设与一般的山区和平原防护林体系建设相近。根据从潮上线到临海一侧分水岭范围内的地形变化和土地条件，沿海防护林体系主要包括灌草带、基干林带、经济林种植带、农田林网、水土保持林、水源涵养林等组成部分。

(1)灌草带　分布于自潮上线向内的沙滩前沿，原有植被稀少，覆盖度低，生长不良，固沙能力弱，是产生飞沙的主要沙源地，也是沙质海岸防护林体系的第一道屏障和建设的难点。需要应用耐旱、耐瘠薄的沙生灌草植物营建灌草带，尽快完成地表覆盖，抗风固沙，锁住沙源。

(2)基干林带　在沙质海岸防护林体系中，基干林带地处防护前沿，在抗海风、阻海雾、挡飞沙等方面发挥着骨干作用，能有效地保护基干林带后方的果园、农田和村庄。该地段的立地条件较差，有些地方处于风蚀地或风口处的造林困难地段，历史上造林成活率和保存率都较低。山东在20世纪50～60年代营造的黑松林已严重退化，有些地方林相残破，甚至退化为灌木林或风沙地。因此，采取生物和工程技术措施，建设由高大乔木为主体、乔灌草结合、多层次构成、防护功能强大的基干林带是沙质海岸防护林体系建设的重要任务。

(3)经济林种植带　由于前沿灌草带和基干林带的防护作用，基干林带后缘风力小，土壤营养状况明显改善。在适宜的区域建设经济效益较高的经济林，既能增加植被覆盖，改善生态环境，又能提高当地农民收入和造林积极性。

(4)农田防护林网　在农田区内建设农田防护林网，减轻海洋性自然灾害的侵袭，改善农田小气候，保护农业丰产丰收。

(5)水土保持林　在低山丘陵下部营造水土保持林，减少水土流失。主要造林形式为梯田地边植树和坡面造林、侵蚀沟造林等。

(6)水源涵养林　低山丘陵中、上部,在封山育林的基础上营建水源涵养林,改善山区及山下平原地区的水文条件。

此外,沙质海岸类型区的村镇绿化、公路绿化、风景林、用材林等林种类型和绿化形式也都是沿海防护林体系的组成部分,在生态防护、绿化美化等方面也具有重要作用。

3. 沙质海岸类型区防护林体系的布局

山东沙质海岸防护林体系的主要作用是减轻海洋性气象灾害的危害,防风固沙、改良土壤,发展农林果业。沙质海岸类型区沿海防护林体系的布局一般是:自潮上线向内陆延伸200～300m 范围内建设灌草带,以封育固沙草本植物为主,对重点植物(如单叶蔓荆)进行人工促进扩繁,形成固定或半固定沙地。自灌草带向内陆延伸,建设宽度为300～500m 宽的基干林带,多采用针阔叶树种混交,乔灌草相结合。基干林带后面要根据当地土地利用规划,建设经济林、农田林网和四旁植树等。农田林网主林带的设置要充分考虑主风方向,多采用窄林带、小网格。四旁绿化要充分利用闲置土地资源,提高森林覆盖率和生态、经济、社会效益。梯田地带以建设梯田地边埝水土保持林为重点,按等高线布置。梯田到分水岭之间为水土保持林和水源涵养林区,选用耐干旱瘠薄树种,乔灌草结合,多树种混交,提高保持水土、涵养水源能力(图2-1)。沙质海岸类型区防护林体系各组成部分的设置要考虑沿海地带的气候、地形、土壤条件、灾害情况、土地利用情况、植物材料情况,通过科学规划,使各组成部分密切配合、相互协调,充分发挥沿海防护林体系的总体功能。

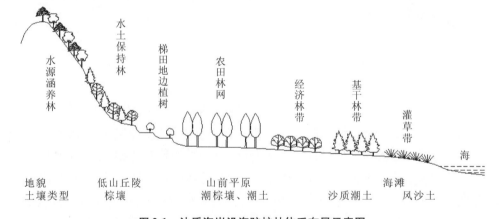

地貌	低山丘陵	山前平原	沙质潮土	海滩
土壤类型	棕壤	潮棕壤、潮土		风沙土

图2-1　沙质海岸沿海防护林体系布局示意图

烟台市林业科学研究所(1993)在牟平建立的沙质海岸防护林体系试验区,面积666hm²,主要由灌草带、基干林带、经济林、农田林网、村镇林、丘陵水土保持林等组成。灌草带由沙钻苔草群丛,单叶蔓荆—毛鸭咀草 + 滨麦群丛,及少量洼地紫穗槐林组成。基干林带由黑松林、刺槐林、黑松麻栎混交林及洼地台田乔灌混交林组成。经济林带有苹果、梨、山楂等果树,果园周围设4～6行黑松防护林带。农田林网有一路每侧单行型、一路单侧三行型、渠边主路多行型等。村镇植树由围村林、庭园生态经济林、公共场地绿化等组成。丘陵水土保持林由岭顶防蚀林带、侵蚀沟造林、谷坊工程、梯田地边埂植树等组成。

山东省林业科学研究所和胶南市林业局等（1996）建立的胶南沙质海岸防护林体系试验示范区，设在胶南市环海林场、大珠山镇及珠海办事处范围内，面积20km²，地势平缓。自潮上线到大珠山分水岭依次建设了灌草带、基干林带、经济林种植带、农田林网、梯田地边埂水土保持林带和山地水源涵养林等6部分。灌草带由毛鸭嘴草、筛草、麦冬、肾叶打碗花等草本植物和单叶蔓荆、紫穗槐、柽柳等灌木树种构成稳定的植物群落，灌草带约200～250m宽，有的地方达到300m。灌草带之后建设由针叶树种黑松、火炬松、侧柏、刚火松、刚松等，阔叶树种绒毛白蜡、火炬树、刺槐等，灌木树种紫穗槐、酸枣、麻栎等共同组成的针阔混交、乔灌草结合的基干林带，基干林带宽约300m，风口处达到500m以上。基干林带之后建设了苹果、葡萄等果园和杨树用材林。农田地区结合沟渠路绿化，选择杨树、悬铃木、圆柏等树种构成农田林网，一直延续到大珠山下。大珠山下部较平缓地带，在梯田地边埂种植柿树、李子、紫穗槐、麻栎、构树等树种；山上种植侧柏、刺槐、麻栎、黄荆等树种，起到保持水土作用。

（三）岩质海岸类型区沿海防护林体系的组成布局

1. 岩质海岸类型区自然条件特点

山东的岩质海岸西起蓬莱，经荣成市成山角至胶南，与沙质海岸相间分布。岩质海岸线长837km，占沿海大陆岸总长的27.7%。岩质海岸地带气候较内陆温和湿润，但台风、大风、暴雨、海雾等自然灾害发生频率较高，危害较重。岩质海岸的陆上部分为低山丘陵，濒海地势较陡峭；基岩多为片麻岩或花岗岩，土壤类型主要为棕壤和山地棕壤，质地多沙壤质，土层较薄，有机质含量较低，保水保肥性能较差，水土流失较严重。岩质海岸的天然植被类型主要是以赤松麻栎混交林及赤松纯林为主的暖温带落叶阔叶林。

2. 岩质海岸类型区沿海防护林体系的组成

针对岩质海岸的海风、暴雨、海雾等自然灾害较多，土壤较干旱瘠薄，易发生水土流失的特点，岩质海岸防护林类型区建设以水土保持林和水源涵养林为主体，多林种、多树种、多层次，针阔叶树种合理比例，乔灌草相结合的综合防护体系，提高森林植被覆盖率，增强生态防护功能和减灾能力，为当地的经济社会发展提供保障。

岩质海岸防护林体系建设的重点是从潮上线到临海一侧的分水岭，常称"临海一面坡"。自临海一侧的分水岭再向内陆地区扩展，其自然条件和防护林建设与一般的山区绿化相近。岩质海岸防护林体系以水土保持林、水源涵养林为主，并与经济林、用材林、风景林以及村镇绿化、道路绿化等共同组成。

3. 岩质海岸类型区沿海防护林体系的布局

在岩质海岸防护林类型区，山丘中上部要全面造林，在坡陡土薄的地方要广泛封护灌草，在梯田地边和沟谷两侧要大力植树，提高森林植被覆盖率。应根据立地条件和对森林功能的各种需求，对防护林体系进行合理布局。水土保持林主要分布在山坡中上部，坡度大于

20°的坡面；水源涵养林主要位于山地和丘陵上部，河流上游、水库区周围；经济林位于山坡中下部，土层深厚、坡度小于15°的地段；风景林主要位于风景区和道路两侧、景点周围。

本类型区中由于地形不同又可分为丘陵缓坡海岸和山地剥蚀海岸两种类型，丘陵缓坡海岸类型多为农作区，山地剥蚀海岸类型多为陡峭岸坡。

在丘陵缓坡海岸类型的沿海岸线向陆地一侧延伸，沿海防护林体系的布局一般为：先沿海岸建设窄基干林带，地势较平坦的农田可营造农田防护林带，梯田地边栽植用材树木或经济林木，梯田上方营造水土保持林。山地剥蚀海岸的陡峭岸坡，在不同类型部位分别布置水土保持林的坡面防护林、沟谷防护林、分水岭防护林，在河流、水库的水源地营造水源涵养林，在风景区营造风景林。

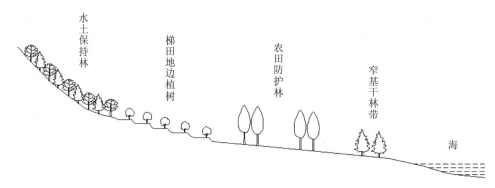

图 2-2　丘陵缓坡岩质海岸沿海防护林体系布局示意图

（四）河口冲积海岸类型区沿海防护林体系的组成布局

山东半岛沿海地区有20余条较大河流的入海口，形成冲积海湾，主要有五垒岛湾、丁字湾、胶州湾、棋子湾等。其自然条件特点是海拔低、地势平缓，土壤类型为潮土、盐化潮土及部分滨海盐土，土壤盐碱较重，立地条件差。该岸段类型区是山东半岛沿海地区林业薄弱的环节。

本类型区防护林体系主要由沿海基干林带和农田林网构成。海岸前沿修筑防潮坝，在防潮坝后修筑台条田造林；在农田区外缘营造基干林带；农田区内营造农田防护林网，并结合农林间作。

（五）城市及旅游区类型区沿海防护林体系的组成和布局

1. 城市沿海防护林体系的组成与布局

山东半岛为城市密集区，沿海地区有青岛市、烟台市、威海市、日照市等大中城市，还有十几座县级城市。这些城市人口集中，工商业发达，是周边地区的政治、经济、文化中心，也是重要的旅游城市。而城市化的发展，也会带来空气污染、水污染、土壤污染、噪音污染以及"热岛效应"等对生态环境的不良影响。沿海城市应力求保持良好的生态环境，以满足居民生活和城市建设的需要。

城市绿化对保护和改善城市生态环境起到重要作用，可以防御寒风和风沙对城市的危害，净化空气、水体和土壤，调节城市温度、湿度，降低噪音，调节空气中碳氮平衡，涵养水源、防止水土流失。城市绿化可以美化城市，显著地改善市容市貌，促进精神文明建设。森林公园、风景林区更是市民休闲度假的良好场所，是游客的旅游观光胜地。城市绿化是城市建设的重要组成部分，是城市实现可持续发展的重要条件。

城市绿化应实行城市大环境绿化。除了搞好城区园林绿化外，还必须搞好近郊区和远郊区的造林绿化，实行城乡绿化一体化。城区绿化是城市绿化的中心；近郊区绿化形成城市的生态屏障，并为市民提供游憩场所；远郊区造林绿化进一步发挥森林改善城市生态环境的多种功能。通过城乡绿化一体化建设，建成结构合理、功能完善的城市大环境绿化体系。

在城市区域建设沿海防护林体系，必须和城市大环境绿化相结合。除发挥沿海防护林体系的一般功能外，还要注意发挥改善城市生态环境的功能，发挥绿化美化城市、改善市容市貌的功能，发挥提升旅游区景观水平的功能。

沿海城市绿化系统组成的综合性防护林体系，应发挥保护海岸、防风、防浪、固堤、护岸的作用；调节城市小气候，净化市内和工业区的空气，形成良好的生活环境和生产环境；对城郊型农业发挥抗御自然灾害、改善生产条件的作用；并创造良好的旅游、度假、休息环境。

为了抗御自然灾害、改善城市生态环境和发挥森林多种功能，城市的沿海防护林体系应包括以下的组成部分：海岸防护林带，郊区农田、果园、牧场、水产养殖场等农业防护林系统，市区公园、小游园、绿地、林荫道等城市绿地系统，城市工业区和周围的卫生防护林带，郊区的森林公园和旅游区风景林，郊区山地丘陵的水土保持林、水源涵养林，郊区村镇绿化和公路、铁路、河道的绿化等。

城市的综合性防护林体系应实行城乡大环境绿化统一规划，海岸绿化、城镇工矿园林绿化和郊区农村绿化相结合；带、网、片、点相结合；乔木、灌木、花卉和草坪相结合；防护林、风景林、林荫道、草地等相结合，进行环境综合治理，以收到良好的综合防护效益。

2. 沿海旅游区防护林体系的组成布局

山东半岛沿海的旅游资源丰富。形成依山傍海，以森林为背景，包括海滨、沙滩、山岭、瀑布、历史文物、名城风光等景观。充分开发沿海旅游资源对发展国际旅游业和国内人民游览、观光、度假、休息，陶冶性情、增进身心健康有重要作用。沿海旅游区的沿海防护林体系以防护林和风景林为主，在规划布局时应注意以下几点。

（1）沿海旅游区绿化建设的基本要求是：普遍开展封山育林和人工造林，全面搞好旅游区的大环境绿化。对旅游区的现有植被都应采取保护措施，古树、名木、大树更应特别加强管护。通过对森林的合理经营和改造，逐步恢复发展地带性森林植被。以乡土树种为主，同时适当引进外来的乔灌木，丰富树种组成。注意风景林的林相、季相色彩变化，形成优美的森林景观。规模较大的旅游区应建设森林公园。

（2）风景林的规划要根据旅游点的特色和不同要求来进行。例如，依山面海的旅游点，风景林的布局可与大海相协调，加深意境的寄托。以古寺庙、古建筑取胜的景点，要严格保护现有植被，栽培观赏价值高的乡土树种，形成幽深宁静的环境。以疗养为主的旅游点，风景林布局要有利于日光、新鲜空气、矿泉、温泉等自然因素的发挥，适当栽植能挥发出杀菌物质的树种如松树、柏树等。

（3）海滨浴场的防护林和风景林建设。平原沙滩的海滨浴场，在沙滩背后要有完整的防风固沙林带，林带与沙滩之间可培植草地、灌丛、花坛和观赏树木，形成适合游人休憩的场所。背靠丘陵山地的海滨浴场，丘陵山地要营造风景林和水土保持林。要保证浴场沙滩的洁净，对周围有冲刷危险的岸坡，尤其是有向浴场区冲淤的部位，要用乔、灌木植被护坡，并修建护坡工程。

四、沿海县（市）沿海防护林体系构成实例——以胶南市为例

（一）林业生产条件

1. 建置区划

胶南市是青岛市所辖的县级市之一，地处山东半岛西南部，胶州湾畔，东经 119°30′～120°11′，北纬 35°35′～36°08′。东南临黄海，西及西南与诸诚、五莲、日照相邻，北靠胶州，东北与青岛市黄岛区接壤。全市东北、西南斜长 79km，东西宽 62km，总面积 1771.2km^2。全市辖 17 个镇（街道办事处），共有 1016 个行政村（居民委员会），全市人口 81.1 万。

2. 自然条件

（1）地貌

胶南市的地质构造属鲁东地盾次一级构造单元—胶南隆起。出露地表的岩石多为变质岩、岩浆岩和沉积岩，其中变质岩占全市总面积的 39.2%，岩浆岩占全市总面积的 22.5%，沉积岩占全市总面积的 3.6%。

地貌类型属于沂沭断裂带内的沭东沿海低山丘陵区。境内山峦起伏，沟壑纵横，海岸蜿蜒。小珠山、铁橛山、藏马山和大珠山崛起于中部，构成东北—西南向隆起脊梁，支脉蔓延全境。地势西北高，东南低，自西北向东南倾斜入海。山地占全市总面积的 15%，丘陵占 58%，遍布全境。平原占 22%，分布于河流两岸及沿海地带。沿海低地占 5%，分布于河流入海口处和沿海地带。境内有大小山头 500 多个，主要山峰 4 座，小珠山主峰海拔 724.9m，铁橛山主峰海拔 595.1m，大珠山主峰海拔 486.4m，藏马山主峰海拔 395.2m。

（2）河流海域

全市 2.5km 以上的河流共 300 余条，多属季节性河流，其中 10 条主要河流形成了市内的五大水系。洋河、巨洋河、错水河入胶州湾，风河、横河、白马河、吉利河、甜水河入黄海，胶河汇入胶莱河，潮河进入日照境内。

胶南市海岸线自东北向西南，北起洋河入海口处的五河头，南至王家滩河口，大陆海岸线总长度为131.1km。除胶州湾外，还有唐岛湾等15处海湾。天然港口有积米崖、小口子、杨家洼等。该市海岸线曲折，海岸地形多变，沙质海岸和岩质海岸相间分布，河口处还有泥质海岸。沙质海岸主要分布在灵山湾沿岸，崔家滩海岸，董家口至王家滩等处。岩质海岸主要分布在积米崖一带，大珠山的东、南、西三面的海岸，车轮山至董家口等处。在胶南的近海有灵山岛、斋堂岛、鸭岛、沐官岛、牛岛、唐岛、胡岛、小冲里岛、牙岛九个岛屿，其海岸线总长度为28km，均为岩质海岸。

（3）气候

胶南市属于暖温带季风气候区，具有温和湿润的海洋性气候特征。年均气温12.3℃，一月份平均气温 -2.2℃，八月份平均气温25.7℃，历年极端最高气温37.4℃，极端最低气温 -16.3℃。≥0℃的年积温平均为4639.6℃，≥10℃的年积温平均为4145.8℃。年均无霜期为202d，沿海无霜期比内陆长10～20d。年平均日照时数为2540.1h。年平均降水量为700～800mm，夏季降水量占全年降水量的62.3%，春季降水量仅占全年降水量的13.3%。降水量的大小随不同的地域有所差异，总体分布是西部南部大于东部北部。灾害性天气比较多，主要有大风、台风、旱、涝、冰雹等。海岸地带经常受海风、海雾侵袭，夏季的台风、冬季的寒潮对农作物和果树、林木有较大危害。

（4）土壤

全市土壤分为4个土类、7个亚类。棕壤是主体土类，主要分布在山丘地区，面积112101hm²；潮土主要分布在河流两岸，面积24650 hm²；盐土分布在沿海一带，面积711 hm²；褐土面积113 hm²。全市有裸岩地6553.3 hm²，占全市总面积的3.62%，处于境内隆起地带的顶部。

（5）植被

胶南市按植被分区属暖温带落叶阔叶林区。植物种类较多，约有100多科，550多种。因长期人类活动，天然植被破坏殆尽，现主要为人工植被。全市有林地面积3.83万 hm²，森林覆盖率21.6%，有树种131个。乔木树种有黑松、赤松、侧柏、刺槐、杨树、旱柳、栎类、泡桐、枫杨、白榆、槐树、臭椿、楸树、水杉、竹类等；灌木有紫穗槐、白蜡、荆条、胡枝子、酸枣、簸箕柳、构桔、映山红等；野生草本植物种类较多，主要有禾本科、菊科、豆科、蔷薇科、蓼科、莎草科等科的植物。经济林树种有苹果、梨、板栗、山楂、桃、杏、柿树、枣树、樱桃、桑树、杜仲、无花果、茶树等；农作物有小麦、玉米、花生、甘薯、大豆、谷子、水稻、蔬菜等。

3. 经济状况

胶南市和黄岛开发区相连，与青岛市主城区隔海相望，地理位置优越，经济发达。农业生产包括种植业、林果业、畜牧业、水产业等，其中水产、畜牧、林果、蔬菜四业的产值占农业总产值的80%以上。工业生产门类众多，有机械、家电、橡胶、化工、建材、船舶、汽车、建筑安装等10多个生产部门50多个行业。胶南市交通便捷，距青岛流亭机场70km，距青岛前湾港20km。公路四通八达，沈海高速、204国道、青岛海滨公路纵贯南北，省道泰薛公路横穿东西；全市已建成公路干支线20多条，乡村处处通车。随着胶州湾大桥和胶州湾隧道的通车，青岛市主城区与黄岛区、胶南市形成了"一小时经济圈"，进一步增加了相互间的人流、物流、资金流和信息流。

胶南市是国家最早批准的沿海开放城市之一，具有优越的区位优势和良好的投资环境，吸收利用外资和商品出口的规模都较大。

胶南市地处山东半岛海滨旅游线上，历史悠久，文化灿烂，风景优美，是中国优秀旅游城市。全市有102处景点分布在琅琊台、大珠山、灵山岛、滨海、铁橛山、藏马山等六大景区，其中琅琊台被列入第一批国家重点风景名胜区。

(二)沿海防护林体系的组成与布局

1. 沿海防护林体系的建设目标

胶南市沿海防护林体系建设坚持因地制宜、因害设防，多种防护功能相结合的原则；以防护林为主体，多林种相结合的原则；合理布局，"网、带、片、点"等多种绿化形式有机结合的原则；生态效益、经济效益、社会效益相结合的原则。

根据胶南市的林业生产条件和该市生态建设和经济建设的要求，沿海防护林体系建设的总体目标是：以海岸线为基线，防护林类型为单元，以增加森林植被和提高防护效能为中心，建设多林种、多树种、多功能相结合的综合防护林体系，为改善胶南市的生态环境、优化人居条件、促进经济社会可持续发展提供保障。

2. 沿海防护林体系的总体布局

胶南市沿海防护林体系建设，以"三带"为骨干防护屏障，"六区"为绿化主体，"多点"为生态绿岛，构成"三带、六区、多点"有机结合的综合防护林体系布局。

(1)三带

沿海基干防护林带：沿海基干林带是沿海防护林体系的重点，具有防潮、防风、防雾、保持水土、控制流沙等防护功能。在原有海岸防护林带的基础上，因地制宜地建设沿海防护林基干林带，并对老林带逐步进行改造更新。综合考虑防护功能要求和土地利用状况，沙质海岸基干林带一般为150~200m，宽的地段达300m，在沙质海岸前沿营建约50m宽的灌草带。岩质海岸在近海分水岭的向海一侧(即"临海一面坡")，实施全面造林。

滨海旅游绿化带：青岛市大环城林带(胶南段)与胶南市海滨大道相连，共71km，构成生态防护与旅游观光兼用的第二道大型防护林，并与村镇绿化、经济林等相结合。

沈海高速公路绿化带：沈海高速胶南段从王台镇至海青镇共83km，沿途地貌类型有低山、丘陵、平原和洼地。沿公路建设大型林带，形成高标准绿色通道，发挥生态防护、绿化美化和生产木材、果品等多种功能。按不同地貌类型分别栽植各种用材树和经济林木，并根据绿化、美化要求，栽植多种乔灌木。

(2)六区

东北部山前平原农田防护林区：分布在王台镇和宝山镇的一部分村庄，面积10670hm²。

本区为平原农区，以发展农田林网为主，在提高和完善现有防护林带的基础上，充分利用沟、渠、路营造新的林网。在海岸滩地上营造防风固沙林、土壤改良林，使基干林带与农田林网相结合，并营造小片用材林、经济林等。

东南部滨海台地水土保持林、风景林区：北起大珠山、南至董家口，主要分布在泊里、琅琊、张家楼、藏南等镇的部分村庄，面积32600hm²，其中林业用地面积3427hm²。本区海岸线较长，且多为岩质海岸，以发展海岸防护林和水土保持林为主。同时开展琅琊台、大珠山、斋堂岛等风景点的风景林建设，并营造部分经济林、用材林等。

西北部丘陵水土保持林、经济林区：分布在宝山、六汪、大村、理务关等镇的一部分村庄，面积39670hm²。该区植被覆盖率低、水土流失较重，主要任务是发展水土保持林、水源涵养林，同时充分利用梯田地边、坡脚、崖旁，加速植被建设，发展农林间作型经济林和用材林。

西南部河谷平原农田防护林、用材林区：主要分布在吉利河、白马河、潮河等流域的大场、海青、理务关、大村等镇的部分村庄，面积30130hm²，其中林业用地面积3933hm²。该区立地条件较好，土壤较肥沃，水热资源丰富，在营建农田防护林的同时，应发展用材林、经济林，提高集约经营水平，增加木材和果品产量。

中部低山水源涵养林、经济林区：分布在胶南市的小珠山、铁橛山、藏马山、大珠山四大山区的范围内，面积53270hm²。本区地势高峻陡峭，立地条件较差，降水径流量大，水土流失较重，是全市主要河流发源地，又是水库的分布区。该区林业用地以营造水源涵养林和水土保持林为主，并适当发展经济林。对无林地采用人工造林与封山育林相结合的方式，加速山地绿化；对现有林加强抚育管理，进行疏林补植、更新改造，增加混交林面积，提高林分质量，提高森林覆盖率；梯田地边发展农林间作型的经济林，以增加经济收入。

城郊防护林、风景林区：分布在隐珠、铁山、滨海等街道办事处的部分村庄，面积13470hm²。该区地处胶南市城郊，人口密集，交通方便，经济活跃，但土地资源少，工业"三废"较严重。计划从大江口沙滩到风河下游，包括环海林场以及城区周围的大小山头，发展防风固沙林、水土保持林和风景林，重点建设滨海大道、滨海森林公园、河滨公园等园林化旅游景点，普遍搞好村镇"四旁"绿化，提高城区周围的绿化、美化水平。

（3）多点

"多点"主要包括村镇绿化、风景点绿化及各类公园等，它们与改善居住环境、提供休闲旅游场所、促进人的身心健康有密切关系。通过"多点"的绿化，建设环境洁净、风景优美的生态绿岛，体现人与自然的和谐相处。

（三）主要造林模式

1. 沙质海岸基干林带

沙质海岸基干林带的位置在灌草带之后，一般距潮上线50~100m左右，走向与海岸一致。宽度一般为100~200m，宽的地段可达300m以上。树种应选适应性强，耐旱、耐瘠薄、耐海风的树种，主要有黑松、刺槐、侧柏、绒毛白蜡、紫穗槐、单叶蔓荆等，在林带后沿还可栽植火炬松、水杉、杨树等。采用合理的混交模式，营造针阔混交或乔灌混交林，能提高林分的稳定性和防护效能。造林时采用客土、大苗深栽、容器苗造林、根际覆盖、设置风障等抗旱栽植技术。

2. 农田林网

农田林网具有防风固沙、调节温湿度等生态功能。距海近、风沙重的地段，主林带间距150～200m、副林带间距250～400m，网格面积4～8hm²；距海远、风沙轻的地段，可适当加大林带间距和网格面积。林带配置与沟渠路结合，一般营造4～6行的林带。选用生长快、适应性强、抗风能力强的树种，以高大乔木杨树为主，并由常绿树与阔叶树混交、乔木与灌木混交，有利于形成疏透结构林带，提高防护效能。在城市郊区，农田林网中可加入悬铃木、水杉、圆柏等树种，以提高观赏性。造林时细致整地，选用大苗壮苗，精心栽植。造林后加强抚育保护。

3. 水土保持林

水土保持林主要配置在山地中下部和丘陵地带，坡度大于20°、土壤母质疏松、水土流失严重的地段。根据水土流失地区的地形条件和水土流失形式，因地制宜地配置分水岭防护林、坡面防护林、沟道防护林、梯田地边埂防护林、库塘防护林、护岸护滩林等。水土保持林选择适应性强、生长稳定、固土保水能力较高的树种，除乔木外还配合灌木和藤本植物。岭地、坡地的水土保持林树种主要有黑松、赤松、麻栎、刺槐、胡枝子、紫穗槐、葛藤、南蛇藤等；沟道库塘的造林树种主要有旱柳、杨树、枫杨、簸箕柳、紫穗槐等；梯田地边的造林树种有楸树、板栗、柿、花椒、金银花等。通过整地和蓄水工程，来改善造林地条件，并提高保持水土能力。由适宜的造林密度、树种组成和混交方式，来形成合理的群体结构。山地、丘陵的水土保持林可采用容器苗造林、阔叶树截干造林、穴面覆盖等旱作造林技术。

4. 水源涵养林

水源涵养林主要配置在山地上部、河流上游、水库集水区及城市水源地。选择耐干旱瘠薄、生长稳定、根系发达、枯枝落叶丰富的树种，主要有赤松、黑松、栎类、刺槐、胡枝子、荆条等。根据造林地条件和造林树种，分别采用鱼鳞坑、水平阶、穴状等整地方法，应用植苗造林或播种造林。在水源地区具备天然更新条件的迹地和荒山，可采用封山育林方式更新为水源涵养林。

5. 风景林

风景林主要配置在森林公园、风景名胜区、城市郊区和主要道路两侧。在近山低山、旅游景点附近和道路两侧，配置游憩型风景林，以近景风景林为主，观赏价值较高。在远山高山、距道路远的地带，配置生态型风景林，以中景、远景风景林为主，同时发挥较好的生态防护作用。风景林选择生长稳定、景观效果好、生态功能强的树种，并通过树种合理搭配，形成较丰富的林相、季相。营造风景林要作好造林设计，细致施工。对现有风景林加强抚育管护和合理改造更新。

6. 公路绿化

公路绿化形成大型林带，发挥护路、防风及绿化美化等多种效能。高速公路、国道的绿化宽度每侧 50m，省道和旅游线路的绿化宽度每侧 30m，普通公路的绿化宽度每侧不少于10m。城市郊区和旅游区线路建设园林景观路，由美化功能较强的常绿乔木、落叶乔木、花灌木和草坪合理配置，更充分地发挥绿化美化功能。平原地区的公路绿化带可与用材林相结合，主要树种为杨树。丘陵区的公路绿化带可与经济林结合，主要树种为板栗、苹果等。高速公路和干线公路绿化要合理配置中央分隔带绿化、边坡绿化、路旁绿化、立交区绿化、服务区绿化等组成部分。公路绿化的技术要求高，一般由专业绿化队伍进行设计和施工，并进行常年养护。

7. 村镇绿化

村镇绿化有改善生态条件、绿化美化环境、增加经济收入等多种功能。村镇绿化由庭院绿化、街道绿化、村内空地绿化、围村林等部分组成。因不同村镇的自然条件和经济条件的差异，村镇绿化分为以用材树木为主的类型、庭院经济型、园林绿化型。城郊和经济条件好的村镇，进行统一的绿化设计，实施园林式绿化。距城远、经济条件较差的村庄，以栽植用材树和经济林木为主。村镇绿化的造林施工要求细致整地、使用壮苗、精心栽植，绿化用大苗和花灌木使用带土球的苗木。要加强抚育管护，提高绿化效益。

第二节　沙质海岸基干林带的营建

沙质海岸基干林带是沿海岸营建的，由乔木和灌木树种组成，具有防风固沙和多重防护功能的宽林带，是沙质海岸段沿海防护林体系的主要组成部分之一。

一、基干林带造林技术

（一）沙质海岸基干林带的位置和宽度

沙质海岸基干林带的位置一般在灌草带之后，距潮上线 50 ~ 200m 左右，也有的基干林带位于沙质海岸前沿。基干林带的走向与海岸线一致。基干林带合适的宽度要从立地条件、林带结构、防护效益等方面考虑。增加基干林带宽度可以提高防护效果，但由于沙质海岸地区人多地少，又要求基干林带较少占用土地，在保证防护作用的前提下，沙质海岸基干林带宽度一般为 100 ~ 300m，沙滩宽的地段可达 500m 以上。

（二）立地条件类型划分

1. 立地质量评价

立地质量是指造林地的生产力高低，取决于树种的生物学特性和林木所处立地条件的综合作用。评定造林地的生产力，了解立地因子与林木生长的数量关系，可为造林设计和森林经营提供依据。

立地质量评价的方法较多，立地指数法是立地质量评价较为普遍的方法。对大量有代表性的林分进行林木生长和立地因子的实地调查，把立地指数作为因变量，把地形、土壤等各项立地因子作为自变量，对调查所得数据进行数理统计分析，可筛选出影响林木生长的主导立地因子，判断多个因子与立地指数之间的回归关系，并提出各种立地因子组合情况下的林分生长预测。

许景伟、李传荣等（2003）在对山东沙质海岸黑松防护林进行典型调查的基础上，利用数量化分析方法进行了沙质海岸立地质量评价工作。对山东沙质海岸主要防护林类型黑松人工林的优势木高生长与各立地因子关系的分析表明（表2-1），立地因子中的土壤质地、成土过程、土壤有机质含量、地下水深度、微地貌与黑松林分生长量之间存在密切相关关系。各立地因子对黑松生长的重要程度依次为：土壤质地＞成土过程＞土壤有机质含量＞地下水深度＞微地貌。以此为依据编制的山东沙质海岸黑松防护林立地因子数量化表在生产中具有较好的适用性。

表 2-1　山东沙质海岸黑松防护林立地质量数量化得分表

（许景伟、李传荣，2003）

项目	类目	土壤质地 X₁		成土过程 X₃		土壤有机质 X₂		地下水深度 X₄		微地貌 X₅	
		得分	范围偏相关	得分	范围偏相关	得分	范围偏相关	得分	范围偏相关	得分	范围偏相关
土壤质地 (X₁)	沙壤	1.55		1.50		1.43		1.46		1.48	
	细沙	0.78	1.55	0.72	1.50	0.74	1.43	0.79	1.46	0.81	1.48
	粗沙	0.27	0.31	0.32	0.28	0.34	0.29	0.32	0.27	0.35	0.26
	砾沙	0.00		0.00		0.00		0.00		0.00	
成土过程 (X₂)	风积			0.78		0.76		0.74		0.72	
	潮积			0.28	0.78	0.28	0.76	0.30	0.74	0.30	0.72
	残积			0.00	0.23	0.00	0.22	0.00	0.21	0.00	0.22
土壤有机质含量 (X₃)	>0.25%					0.60		0.66		0.63	
	0.10~0.25%					0.35	0.60	0.32	0.66	0.30	0.63
	<0.10%					0.00	0.19	0.00	0.19	0.00	0.18
地下水深度(X₄)	1.0~2.5m							0.45		0.46	
	>2.5m							0.37	0.45	0.35	0.46
	<1.0m							0.00	0.11	0.00	0.11
微地貌 (X₅)	沙滩									0.39	
	沙丘									0.26	0.39
	沙洼									0.00	0.06
常数项 b₀		5.62		5.26		4.91		4.44		4.66	
复相关系数		0.31		0.41		0.44		0.45		0.45	
剩余标准差		1.28		1.20		1.17		1.16		1.16	

应用该立地因子数量化得分表，可对各种立地条件下黑松林分标准年龄（20年）时的平均树高进行预测。例如：某一黑松林分，立地条件为沙丘地貌、风积成土过程、砂壤质土、

土壤有机质含量为 0.21%、地下水深度为 1.8m，则 20 年生林分平均树高为：H = 4.44 + 0.26 + 0.74 + 1.46 + 0.66 + 0.45 = 8.01m。计算出的黑松树高值也可直接检查现有林分生长状况的优劣，为林分经营管理提供参考。经检验，利用生长预测表查得的黑松林分树高生长预测值与实际调查结果基本一致。

2. 立地条件类型划分与生长预测

为了造林工作的方便，把立地条件及林木生长效果相近似的造林地归并成立地条件类型。按主导环境因子的分级组合，是普遍应用的划分立地条件类型的方法。在一个地区内开展立地因子的数量化分析工作，从而筛选影响林木生长的主导环境因子，并进行立地类型划分与林分生长预测，可以为适地适树和制定造林经营措施提供依据。

许景伟、李传荣等（2003）由黑松防护林立地质量数量化评定结果，确定土壤质地、成土过程、土壤有机质含量为影响黑松防护林生长的主要立地因子。依据这 3 个立地因子的 10 个类目，把山东沙质海岸黑松防护林林地划分为 36 种立地类型。并依据其立地因子的得分值进行计算，可以确定各立地类型黑松林分树高生长量指标，建立以土壤质地、成土过程、土壤有机质含量为立地类型因子的黑松防护林平均树高预测表（表 2-2）。

表 2-2　山东沙质海岸立地条件类型及黑松林分树高生长预测

（许景伟、李传荣，2003）

立地类型号	土壤质地	成土过程	有机质含量	树高(m)	立地类型号	土壤质地	成土过程	有机质含量	树高(m)
1	砂壤	风积	>0.25%	7.3~8.1	19	粗砂	风积	>0.25%	6.2~7.0
2			0.1-0.25%	7.0~7.80	20			0.1-0.25%	5.8~6.7
3			<0.1%	6.6~7.5	21			<0.1%	5.5~6.3
4		潮积	>0.25%	6.9~7.7	22		潮积	>0.25%	5.7~6.6
5			0.1-0.25%	6.5~7.4	23			0.1-0.25%	5.4~6.2
6			<0.1%	6.2~7.0	24			<0.1%	5.1~5.9
7		残积	>0.25%	6.5~7.5	25		残积	>0.25%	5.4~6.3
8			0.1-0.25%	6.2~7.1	26			0.1-0.25%	5.1~6.0
9			<0.1%	5.9~6.7	27			<0.1%	4.8~5.6
10	细砂	风积	>0.25%	6.6~7.5	28	砾砂	风积	>0.25%	5.8~6.7
11			0.1-0.25%	6.3~7.1	29			0.1-0.25%	5.5~6.3
12			<0.1%	6.0~6.8	30			<0.1%	5.2~6.0
13		潮积	>0.25%	6.2~7.0	31		潮积	>0.25%	5.4~6.2
14			0.1-0.25%	5.9~6.7	32			0.1-0.25%	5.1~5.9
15			<0.1%	5.5~6.4	33			<0.1%	4.7~5.6
16		残积	>0.25%	5.9~6.7	34		残积	>0.25%	5.1~6.0
17			0.1-0.25%	5.6~6.4	35			0.1-0.25%	4.8~5.6
18			<0.1%	5.2~6.1	36			<0.1%	4.4~5.3

利用土壤质地、成土过程、土壤有机质含量为主要立地因子，将山东沙质海岸黑松防护林林地划分为 36 种立地类型，并编制出黑松防护林立地类型及林分平均高生长预测表，可

用于山东沙质海岸不同立地类型黑松防护林的生长预测与评价，使沿海防护林的立地因子评价实现由定性到定量，为合理选择造林地和制定营林措施提供了依据。

(三)沙质海岸基干林带的树种选择

沙质海岸立地条件较差，适宜的造林树种较少。选择耐海风海雾、耐干旱瘠薄、防风固沙能力较强的造林树种是沙质海岸营建基干林带的技术关键之一。

1. 沙质海岸造林树种选择的原则

根据沙质海岸的立地条件和营建基干林带的目的要求，在选择造林树种时应遵循以下原则：

(1)适应沙质海岸的气候土壤条件　沙质海岸的气候、土壤条件，具有影响树木生长的一些障碍因子。沙质海岸土壤多风沙土，保肥保水性能差，干旱瘠薄，限制了一些树种的生长。沙质海岸因海潮内侵造成海水浸渍，有些树种会因此而死亡。海雾在春秋季都比较严重，雾滴中含有盐分，也会影响一些树种的生长。基干林带处于近海前沿地带，海风会使一些树木抽干，成为林木生存和生长的重要限制因子。沙质海岸春季气温回升慢，使林木生长期缩短。山东沙质海岸的降水60%以上集中在6~8月，加上地势平缓，往往造成洪涝，地势低洼处有些树种(如火炬树、刺槐等)不能存活。由于沙质海岸地形较复杂，岸段条件各异，形成了一些各具特点的生态环境。选择造林树种时要科学地分析区域生态特点和主要障碍因子，选择能适应沙质海岸立地条件、抗逆性较强的树种，坚持适地适树原则。

(2)针阔混交，乔灌结合　针阔混交林的防护功能、生态稳定性及对土壤的改良作用都好于纯林。建设乔灌草相结合的多层次防护林，可以促进乔木层的生长，优化林带结构，改善林地养分循环，提升基干林带的防护功能。一些灌木树种的适应性好于乔木树种，而且近地表的固沙功能好，在不适于乔木生长的区域，灌木树种会起到独特的作用，如基干林带前沿的灌木林带和海水侵渍区的绿化等。

(3)乡土树种与引进树种相结合　沙质海岸造林树种较少，林相较单一，是需要解决的问题。要注重乡土树种的选择和优化，并积极开展外来树种的引进和驯化，努力丰富沙质海岸地区的造林树种。

(4)速生树种与长寿树种相结合　沙质海岸要求尽快建成高大与结构良好的基干林带，在树种选择上要求一定的速生性。但速生树种往往有寿命短的缺陷，会使林带的防护期短，防护功能不稳定。这就要求速生树种和长寿树种相结合，能够持续发挥基干林带的防护功能。

(5)兼顾绿化美化功能　山东沙质海岸地带分布着一些风景区和旅游地，要求适当引进适生的绿化观赏树种，提高绿化美化功能。

2. 沙质海岸部分造林树种的性状比较

为了更好地选择沙质海岸的适生树种，山东省林科院等单位在沙质海岸地带营造了多个树种的试验林，进行各树种生长表现和适应性的比较。

（1）生长表现

许景伟等在胶南市寨里乡对沙质海岸 3 种松树和刺槐的试验林进行调查观测，结果表明（表 2-3），松树中以火炬松生长最快，刚火松次之；7 年生火炬松的树高、胸径分别是黑松的 207.2% 和 239.3%，刚火松树高和胸径分别是黑松的 137.47% 和 114.78%；阔叶树种刺槐生长表现较好，7 年生刺槐树高、胸径分别为 6.41m 和 8.0 m；黑松生长较慢，但其适应性较强。

表 2-3　胶南市寨里乡沙质海岸 7 年生松树、刺槐试验林生长量

树　种	树高		胸径	
	总生长量（m）	年均生长量（m/a）	总生长量（cm）	年均生长量（cm/a）
火炬松	5.47	0.78	10.3	1.47
刚火松	3.55	0.51	6.9	0.99
黑松	2.64	0.38	4.3	0.61
刺槐	6.41	0.92	8.0	1.14

胶南市环海林场试验林中（表 2-4），5 年生火炬松的树高、地径和冠幅分别为黑松的 278.21 %、189.84 %、496.88 %；刚松的树高、地径、冠幅分别为黑松的 154.24 %、130.47 %、365.21 %。5 年生刺槐的树高、胸径、冠幅分别达到 312.9 cm、3.44 cm 和 186.4 cm。5 年生绒毛白蜡树高、胸径、冠幅分别为 296.7 cm、3.69 cm、126.6 cm。二个阔叶树种生长茂盛，冠层形成快。而且绒毛白蜡耐短期海浸；刺槐耐干旱，是优良的固氮树种，可以改良土壤，提高林地肥力。林下灌木以紫穗槐为好，其分蘖力强、抗旱、能固氮，有利于基干林带其他混交树种的生长。

表 2-4　胶南市环海林场 5 年生试验林生长量

树种	地径（cm）	树高（cm）	冠幅（cm）	树种	胸径（cm）	树高（cm）	冠幅（cm）
黑　松	2.56	87.2	49.9	绒毛白蜡	3.69	296.7	126.6
火炬松	4.86	242.6	111.1	刺槐	3.44	312.9	186.4
刚松	3.34	134.5	95.3				

（2）耐旱能力

沙质海岸土壤保水性差，树种的耐旱能力是决定造林成败的关键因子之一。张敦论、乔勇进等（2000）在胶南市环海林场对刺槐、紫穗槐、火炬树、绒毛白蜡、单叶蔓荆、黑松、火炬松和侧柏苗木进行盆栽试验，进行水分胁迫下的光合速率、呼吸速率、蒸腾速率的测定，同步测定盆栽土的土壤含水量（表 2-5），分析比较部分造林树种的耐旱能力。结果表明：各树种的光合速率均随土壤含水率的减小而降低，且都有一段平稳下降后急剧下降的过程，但各树种间存在着明显的差异。其中绒毛白蜡在土壤含水量降至 7.1g/L 时，光合速率仍达 17.66mgCO$_2$/dm^2·h，显著高于其他阔叶树种。黑松、火炬松和侧柏 3 个针叶树种在水

分胁迫下，光合速率的变化趋势基本一致，在土壤含水量 5g/L 之前，变化比较平稳；土壤含水量低于 5g/L 之后，光合速率急剧下降；土壤含水量在 1.5 ~ 2.0g/L 之间，光合作用停止。3 个针叶树种比较，在干旱条件下侧柏的光合速率较高，其次是黑松、火炬松。

表 2-5　不同土壤含水量时 8 个树种的光合速率、呼吸速率、蒸腾速率

（张敦论、乔勇进，2000）

树种	土壤含水量（g/L）	光合速率 $mgCO_2/dm^2 \cdot h$	呼吸速率 $mgCO_2/g \cdot h$	蒸腾速率 $g/m^2 \cdot h$	树种	土壤含水量（g/L）	光合速率 $mgCO_2/g \cdot h$	呼吸速率 $mgCO_2/g \cdot h$
刺槐	17.6	23.04	4.27	360.4	黑松	11.7	8.29	2.01
	13.6	21.44	4.26	351.2		10.0	8.64	2.10
	8.3	16.21	5.46	271.5		8.4	7.79	1.84
	5.5	10.16	2.13	224.8		7.8	6.46	1.75
	4.3	4.42	0.76	180.7		5.8	6.13	1.62
	4.26	2.53	0.41	141.6		5.36	6.04	1.12
	2.73	0.44	0	61.5		4.84	5.79	0.85
绒毛白蜡	17.3	31.46	5.26	443.6		3.6	3.46	0.58
	14.9	29.23	5.14	370.8		2.8	2.04	0.36
	11.3	28.41	5.98	362.5		2.3	1.1	0
	9.1	19.77	6.13	334.6	火炬松	16.6	8.19	2.16
	7.1	17.66	5.76	322.5		14.8	8.10	2.18
	6.3	13.23	5.06	304.6		12.5	8.13	2.14
	4.8	9.79	3.04	229.6		11.2	7.94	2.06
	3.5	5.84	2.14	190.4		9.9	7.78	2.09
	2.9	1.18	1.78	82.6		7.5	6.62	1.89
紫穗槐	8.1	17.82	4.46	291.6		5.6	6.43	1.76
	6.3	16.17	4.16	270.3		4.8	3.84	0.96
	5.4	10.38	4.79	224.5		4.1	1.86	0.47
	4.6	10.12	4.84	185.4	侧柏	11.06	8.92	2.36
	3.5	6.69	3.37	183.4		9.7	8.76	2.24
	2.56	1.04	2.01	130.5		8.9	8.31	2.13
	2.4	1.1	1.14	76.2		5.8	7.62	1.87
	1.46	0	0.56			5.1	7.04	1.75
火炬树	14.8	20.86	4.24	310.6		4.46	5.57	1.69
	8.7	18.43	5.27	286.7		3.86	3.35	1.13
	5.8	15.47	4.89	243.2		3.1	2.41	0.74
	4.7	13.11	3.21	216.2		1.7	0	0.36
	4.0	8.4	2.84	176.5				
	3.71	6.1	1.16	116.4				
	3.4	2.2	0.47	81.2				
单叶蔓荆	12.1	18.16	4.94	270.4				
	9.3	17.13	3.76	246.2				
	7.6	15.64	3.16	220.5				
	6.6	15.16	3.02	214.9				
	5.9	14.85	2.95	186.2				
	3.8	8.4	2.14	145.9				
	3.06	5.53	2.06	110.4				
	2.3	1.5	1.45	76.4				
	1.8	0	0.75	54.0				

注：阔叶树种的光合速率单位为 $mgCO_2/dm^2 \cdot h$，针叶树种的光合速率单位为 $mgCO_2/g \cdot h$。

黑松、火炬松、侧柏3个针叶树种的呼吸速率均随土壤含水量的减小而降低，趋势基本一致，但树种之间有差异，侧柏的呼吸速率高于黑松和火炬松。5个阔叶树种的呼吸速率变化较针叶树复杂，虽然也是一个由高到低的过程，但大部分树种有峰值出现。绒毛白蜡呼吸速率较其他树种高，且峰值出现早。单叶蔓荆未见有峰值出现。5个阔叶树种的呼吸速率明显高于3个针叶树种。

在水分胁迫下，随土壤含水量的下降，蒸腾速率呈下降趋势，各树种变化趋势一致。在刺槐、紫穗槐、火炬树、绒毛白蜡、单叶蔓荆5个阔叶树种中，绒毛白蜡蒸腾速率较高，其次是刺槐，而以单叶蔓荆蒸腾速率最小。在水分胁迫下，光合速率的变化和蒸腾速率的变化有同样趋势。对刺槐、紫穗槐、火炬树、绒毛白蜡、单叶蔓荆光合速率与蒸腾速率的线性相关关系进行分析，相关系数均在0.94以上。

对沙质海岸防护林刺槐等8个树种在水分胁迫下抗旱生理指标的测试表明：在水分胁迫下，刺槐、紫穗槐、火炬树、绒毛白蜡、单叶蔓荆、黑松、火炬松、侧柏等8树种的光合速率随土壤含水量的下降趋势为由缓到急，5个阔叶树种蒸腾速率的变化也有相同趋势。8树种的光合速率和5种阔叶树的蒸腾速率随土壤含水量的变化用Logistic方程拟合，即 $y = k/1 + me^{-Rx}$（式中y分别代表光合速率、蒸腾速率，x为土壤体积含水量，K、R、m为式中待求常数），相关系数均在0.93以上，达极显著水平。说明用Logistic方程模拟在水分胁迫条件下8个树种光合速率和5个阔叶树种的蒸腾速率是合适的。因为光合速率是反映植物生长发育的主要生理指标，找出水分胁迫条件下，各树种光合速率Logistic方程曲线由平缓到急剧下降的拐点处土壤含水量（表2-6），可作为比较各树种耐旱能力的一个重要指标。通过模拟曲线拐点处土壤含水量的比较，各树种耐旱能力顺序为：单叶蔓荆＞火炬树＞黑松＞侧柏＞紫穗槐＞刺槐＞火炬松＞绒毛白蜡。

表2-6　光合速率曲线拐点处土壤含水量

（张敦论、乔勇进，2000）

树种	土壤含水量（g/L）	树种	土壤含水量（g/L）
刺槐	6.45	单叶蔓荆	4.03
紫穗槐	6.37	黑松	5.43
火炬树	4.64	火炬松	6.62
绒毛白蜡	7.74	侧柏	5.63

3. 沙质海岸基干林带适宜的造林树种

通过多年的造林实践和试验研究工作，已筛选出一些在山东沙质海岸基干林带中生长良好、防护性能高、抗病虫害能力强的造林树种。

主要针叶树种有黑松、火炬松、刚松（*Pinus rigida*）、刚火松、侧柏等。黑松四季常绿，适应性强，抗海风，耐盐碱，耐瘠薄，天然更新能力强，是沙质海岸防护林建设的主要树种。火炬松喜光，深根性，主侧根均很发达，速生，抗松毛虫和松干蚧能力优于黑松。在胶南沿海同等立地条件下，火炬松的高径生长量是黑松的 2～4 倍，防风效果好。但火炬松不耐低温，在沿海基干林带中主要栽植在林带后部。刚松耐海风、海雾，耐干旱，生长速度比黑松快，苍劲美观，可作为沙质海岸区域绿化美化树种。刚火松系刚松与火炬松的杂交种，在暖温带地区的沙质海岸生长良好，生长速度高于刚松，耐寒性好于火炬松。侧柏喜光，幼苗幼树耐庇荫，耐干旱瘠薄，根系发达，寿命长，宜作为基干林带中的混交树种。

主要阔叶树种有刺槐、绒毛白蜡、火炬树（*Rhus typhina*）、紫穗槐、单叶蔓荆等。刺槐生长快，适应性强，耐旱耐寒，能较快形成冠层发挥防护作用，根系发达，萌芽力强，对土壤要求不严，有良好的改土功能，但不耐水湿，在防护林中应种植在地势较高处，可与黑松等针叶树种混交。绒毛白蜡喜光也耐侧方庇荫，对气候土壤适应性较强，在含盐量 0.3%～0.5% 的盐碱地上能正常生长，寿命长，原为泥质海岸主要造林树种，引入沙质海岸后，表现良好，能较快形成冠层，可种植在基干林带的平缓低洼地段。火炬树喜光，耐干旱瘠薄，耐盐碱，稍耐寒，根系发达，萌芽力强，生长迅速，为防风固沙、保持水土的优良树种，但不耐水湿，寿命短，10～15 年开始衰退，可作为基干林带的辅助和过渡树种，种植于地势较高处。林下灌木以紫穗槐最好，其分蘖力强，抗旱耐涝，固氮能力强，有利于基干林带其他树种的生长。单叶蔓荆喜光，耐干旱瘠薄，固沙能力强，适于种植在基干林带前部。

（四）合理营造混交林

1. 合理的混交模式

沙质海岸基干林带多采用针阔混交或乔灌混交方式，混交方法可行间混交或带状混交。

烟台市林业科学研究所陈圣明等（1993）在牟平、乳山等地进行了调查研究，提出胶东沙质海岸基干林带的五种模式：窄幅台田黑松与紫穗槐行间混交，平滩地黑松与紫穗槐行间混交，较稀疏的黑松林下栽植牛奶子、单叶蔓荆，黑松与麻栎灌丛行间混交，黑松与麻栎作主、伴树种的行间混交。通过对生物产量、根系特征、改土作用和气象效应等项因子的测定，5 种混交模式均显著好于黑松纯林。其中黑松与紫穗槐混交的窄幅台田造林，树势旺、改良土壤效果好、生物量大，是理想的混交模式。

张敦论、乔勇进等（2000）在胶南市沙质海岸防护林体系试验示范区的基干林带内，进行了"针阔混交、乔灌混交、多树种复层林分结构模式"的试验研究。形成的针阔混交、乔灌结合复层林带中，刺槐和绒毛白蜡生长快、抗逆性强，能很快形成冠层；火炬松生长快，能与绒毛白蜡、刺槐组成上层林冠；黑松与侧柏组成中层林冠；紫穗槐为下木，其适应性强，分蘖、萌芽力强，而且是固氮肥土树种，可促进其他树种生长。以上混交模式生长较稳定，防风固沙效果好，在 4～5m/s 的风速下不再起飞沙。

2. 混交林的作用

合理营造混交林有利于提高林分稳定性，增强基干林带的生态防护功能。

（1）促进林木生长　山东沙质海岸现有的基干林带以黑松林和刺槐林为主，也有一些针阔叶树种的混交林。黑松与刺槐、紫穗槐、麻栎等树种混交，刺槐与紫穗槐混交，有利于林木的生长。据山东省林业科学研究所在龙口林场调查，沙质海岸的黑松刺槐混交林、黑松紫穗槐混交林、黑松麻栎混交林与黑松纯林相比，平均胸径分别增加 23.5%、14.3% 和 45.4%，平均树高增加 23.6%、16.4% 和 29.1%（表 2-7）。乔勇进等在胶南沿海调查，5 种林带类型的林带平均高度为：黑松林 5.49m，黑松刺槐混交林 7.95m，黑松紫穗槐混交林 6.15m，刺槐林 8.89m，刺槐紫穗槐混交林 9.24m。

表 2-7　黑松混交林对林木生长的影响

(许景伟、王卫东等，1998)

林分类型	树种组成	林龄 (a)	密度 (株/hm²)	郁闭度	胸径 (cm)	树高 (m)	下层植被盖度(%)
黑松纯林	10 松	26	2480	0.70	7.7	5.5	3
黑松紫穗槐混交林	10 松 + 灌木	26	1860	0.65	8.8	6.4	65
黑松刺槐混交林	5.8 松 +4.2 刺	26	1950	0.75	9.5	6.8	20
黑松麻栎混交林	10 松 + 灌木	31	1500	0.75	14.2	7.1	45

注：紫穗槐为灌丛，$\overline{H}$0.8m；麻栎为灌丛，$\overline{H}$1.4m

(2) 提高防风效能　山东沙质海岸冬季和春季的大风多，风沙危害严重。黑松等针叶树在冬季不落叶，冬、春季的防风效果较强，而刺槐等阔叶树冬季落叶，春季因沿海气温低，展叶迟，冬、春季的防风效果较差。通过针叶树与阔叶树混交，可以弥补阔叶树冬、春季落叶的缺陷；又因混交林可促进林木生长，增加林带高度，有利于防护作用的发挥；混交紫穗槐等灌木，还有利于增加地表覆盖，固持沙地。据山东省林业科学研究所对胶南沙质海岸基干林带的观测，在 4、5 月份的大风日，黑松紫穗槐混交林的防风效果高于黑松纯林，刺槐黑松混交林和刺槐紫穗槐混交林的防风效能高于刺槐纯林（表 2-8）。

表 2-8　胶南沿海不同树种基干林带的防风效能

(乔勇进、李成等，1995 年 5 月)

林带类型	观测项目	对照	林带前 5H	林带前 1H	林带后 1H	林带后 5H	林带后 10H	林带后 15H	林带后 20H	林带后 25H	综合防风效能(%)
黑松紫穗槐混交林	平均风速(m/s)	2.7	2.5	2.3	1.0	1.4	1.7	1.9	2.0	2.6	28.7
	相对风速(%)	100	92.6	85.2	37.0	51.9	63.0	70.4	74.1	96.3	
	防风效能(%)	0	7.4	14.8	63.0	48.1	37.0	29.6	25.9	3.7	
黑松林	平均风速(m/s)	2.6	2.5	2.0	0.8	1.2	1.9	2.3	2.4	2.7	24.5
	相对风速(%)	100	96.2	76.9	30.8	46.2	73.1	88.5	92.3	103.8	
	防风效能(%)	0	3.8	23.1	69.2	53.8	26.9	11.5	7.7	0	
刺槐黑松混交林	平均风速(m/s)	2.5	2.3	2.0	0.6	1.1	1.9	2.1	2.4	2.5	25.5
	相对风速(%)	100	92.0	80.0	24.0	44.0	76.0	84.0	96.0	100	
	防风效能(%)	0	8.0	20.0	76.0	56.0	24.0	16.0	4.0	0	

（续）

林带类型	观测项目	对照	林带前		林　带　后						综合防风效能
			5H	1H	1H	5H	10H	15H	20H	25H	（%）
刺槐紫穗槐混交林	平均风速(m/s)	2.9	2.7	2.6	1.5	1.9	2.2	2.5	2.7	2.9	18.1
	相对风速(%)	100	93.1	89.7	51.7	65.5	25.9	86.2	93.1	100	
	防风效能(%)	0	6.9	10.3	48.3	34.5	24.1	13.8	6.9	0	
刺槐林	平均风速(m/s)	2.5	2.4	2.3	1.4	1.7	2.0	2.1	2.4	2.7	16.0
	相对风速(%)	100	96.0	92.0	56.0	68.0	80.0	84.0	96.0	108.0	
	防风效能(%)	0	4.0	8.0	44.0	32.0	20.0	16.0	4.0	0	

（3）改良林地土壤　黑松等针叶树的枯枝落叶量较小，且较难分解；刺槐等阔叶树的枯枝落叶量较大，且容易分解，林下土壤的有机质和矿质营养元素含量较丰富。合理的针阔叶混交林，枯枝落叶层厚，持水力强，能改良土壤结构，增加土壤通透性，更好地吸收和贮存水分（表2-9）。黑松与刺槐、紫穗槐、麻栎等树种的混交林与黑松纯林相比，林地土壤的有机质和氮、磷、钾含量明显提高（表2-10），土壤微生物数量和土壤酶活性也明显提高（表2-11）。由于混交林林地土壤的物理性状、化学性状及生化特性均有改善，林地土壤肥力得到提高。

表2-9　不同树种林地土壤的物理性状

（乔勇进、李成等，1995）

土壤层次(cm)	黑松刺槐林			黑松紫穗槐林			刺槐紫穗槐林			黑松林			刺槐林		
	土壤容重(g/cm³)	孔隙度(%)	含水量(%)	土壤容重(g/cm³)	孔隙度(%)	含水量(%)	土壤容重(g/cm³)	孔隙度(%)	含水量(%)	土壤容重(g/cm³)	孔隙度(%)	含水量(%)	土壤容重(g/cm³)	孔隙度(%)	含水量(%)
0~10	1.25	48.6	5.20	1.24	49.2	5.22	1.16	49.5	4.96	1.29	45.6	5.19	1.21	48.5	4.95
10~20	1.36	46.4	7.10	1.39	48.4	7.12	1.41	47.3	7.11	1.40	46.1	6.90	1.38	46.9	6.80
20~40	1.48	40.1	9.40	1.51	41.3	9.00	1.45	40.5	9.15	1.46	41.1	9.23	1.46	40.5	9.16
40~60	1.49	39.7	9.60	1.48	38.9	9.70	1.47	39.2	9.22	1.50	38.6	9.31	1.49	39.2	9.35

表2-10　黑松纯林与混交林的林地土壤养分

（许景伟、王卫东等，1999）

类型	有机质(%)	全N(%)	全P(%)	有效N(mg/kg)	有效P(mg/kg)	有效K(mg/kg)
黑松纯林	0.078	0.0149	0.0090	9.52	0.96	14.57
黑松紫穗混交林	0.316	0.0114	0.0086	11.23	1.71	33.37
黑松刺槐混交林	0.418	0.0142	0.0118	25.67	2.21	28.57
黑松麻栎混交林	0.408	0.0792	0.0127	24.91	2.88	29.13

表 2-11　黑松纯林与混交林的土壤微生物数量和酶活性

（许景伟、王卫东等，1999）

类型	真菌 (10^4个/g)	细菌 (10^8个/g)	脲酶 $NH_4-N(\mu g/g)$	过氧化氢酶 $KMnO_4(ml/g)$	转化酶 $Na_2S_2O_3(ml/g)$	磷酸化酶 $P_2O_5(mg/g)$
黑松纯林	16.28	5.18	2.67	0.33	7.05	0.0184
黑松紫穗槐混交林	22.95	7.78	6.62	0.35	7.35	0.0312
黑松刺槐混交林	44.75	46.03	38.12	0.69	7.31	0.0555
黑松麻栎混交林	35.84	42.96	26.85	0.40	8.31	0.0841

（4）提高土壤贮水功能　对沙质海岸不同植被类型的土壤物理性质及贮水功能进行观测分析，结果表明：黑松紫穗槐混交林、黑松刺槐混交林与黑松麻栎混交林的土壤物理性状和土壤贮水功能均优于黑松纯林，更优于草甸。

土壤物理性质，特别是土壤的孔隙状况，直接影响土壤通气、透水性，是决定森林土壤贮水功能的重要因素。对不同植被类型土壤的物理性质进行比较（表 2-12），其优劣顺序为：黑松紫穗槐混交林 > 黑松刺槐混交林 > 黑松麻栎混交林 > 黑松纯林 > 草甸。黑松刺槐混交林对深层土壤的改良效果良好，其下层土壤的物理性质好于上层土。

表 2-12　不同植被类型的土壤物理性质和贮水能力

（齐清、李传荣，2004）

植被类型	土层深度 (cm)	土壤容重 (g/cm^3)	总孔隙度 (%)	毛管孔隙度 (%)	非毛管孔隙度(%)	毛管持水量 (%)	饱和持水量 (%)	0～40cm 贮水总量(t/hm^2)
黑松紫穗槐混交林	0～20	1.25	50.80	33.92	16.88	27.08	40.58	1959
	20～40	1.45	47.14	43.33	3.81	29.82	32.44	
黑松刺槐混交林	0～20	1.31	42.66	32.17	10.49	24.51	3253	1739
	20～40	1.38	44.28	38.11	6.17	27.66	32.14	
黑松麻栎混交林	0～20	1.37	44.43	34.76	9.67	25.38	32.43	1684
	20～40	1.38	39.78	30.88	8.89	22.30	28.82	
黑松纯林	0～20	1.37	41.96	29.36	12.60	21.36	30.52	1627
	20～40	1.39	39.41	21.01	18.40	15.14	28.40	
草甸	0～20	1.75	32.51	28.86	3.65	16.96	12.59	1404
	20～40	1.48	37.67	29.68	7.99	20.03	25.41	

渗透性能是土壤贮存水分的动态调蓄能力，它与土壤质地、结构、孔隙度等物理性质有关。对于砂质土壤，下层土壤渗透值的降低有利于改善沙地土壤的供水状况，使土壤贮存更多的水分供林木生长所需。黑松与紫穗槐、刺槐、麻栎的混交林与黑松纯林相比（表 2-13），上层土壤的渗透速率较大，有利于水分渗入土壤；而下层土壤渗透速率较小，更有利于土壤贮存水分。

表 2-13　4 种林分类型土壤渗透性

（齐清、李传荣，2004）

林分类型	土层 （cm）	初渗速率 （mm/min）	稳渗速率 （mm/min）
黑松紫穗槐混交林	0–20	17.86	11.90
	20–40	27.47	27.47
黑松刺槐混交林	0–20	11.90	10.20
	20–40	14.29	17.86
黑松麻栎混交林	0–20	17.86	14.29
	20–40	23.81	23.81
黑松纯林	0–20	11.52	8.93
	20–40	71.43	71.43

　　土壤贮水能力常以土壤的饱和持水量（毛管持水量和非毛管持水量之和）为指标。毛管孔隙和非毛管孔隙的增加，都可以提高土壤的贮水能力。对 4 种林分的土壤饱和持水量进行比较，以黑松紫穗槐混交林（1959t/hm^2）最好，黑松麻栎混交林和黑松刺槐混交林较接近，而以黑松纯林（1627t/hm^2）最差，比黑松紫穗槐混交林低 332t/hm^2。黑松紫穗槐混交林由于枯枝落叶量和细根量大，每年归还土壤的有机质多，使土壤的物理结构得到改良，因而土壤的持水量最高；而黑松纯林的改良土壤效果较差，土壤的毛管孔隙度和非毛管孔隙度都较小，因而其土壤持水量较小。

　　（5）提高林分稳定性　合理的针阔混交林有利于改良林地土壤，促进林木生长，减轻松毛虫、松干蚧等病虫害的发生，因而有利于提高基干林带的林分稳定性，增强其自我调控能力和抗灾能力，有利于基干林带持续高效地发挥防护作用。

（五）造林密度

　　造林密度的确定受树种、立地条件、经营水平等多种因素制约和影响。沙质海岸的立地条件差，可采用较大的造林密度，及早成林，形成森林环境。目前山东沙质海岸乔木树种的造林密度多为 2 ~ 3m × 2 ~ 4m，灌木树种多为 1 ~ 2 m × 2 ~ 3m。沙质海岸防护林主要造林树种的适宜造林密度见表 2-14。

表 2-14　山东沙质海岸防护林主要树种造林密度

（许景伟，2009）　　　　　　　　　　　　　　　　　单位：株/hm^2

树　种	造林密度	树　种	造林密度	树　种	造林密度
黑松	2500 ~ 4000	水杉	1500 ~ 2500	紫穗槐	3300 ~ 5000
火炬松	1650 ~ 2250	刺槐	2000 ~ 2500	柽柳	3300 ~ 5000
刚松	2500 ~ 4000	绒毛白蜡	1100 ~ 1500	单叶蔓荆	3300 ~ 5000
侧柏	3000 ~ 3500	麻栎	1100 ~ 1500	黄荆	3300 ~ 5000

（六）整地方法

1. 穴状整地

在沙质海岸地势平坦、立地条件较好的地段，一般为穴状整地，穴径 0.6～0.8m、深 0.6～0.8m。一般为随整地随栽植。

2. 台（条）田整地

对地下水位在 0.5m 左右的低洼沙滩，首先规划好排水系统，然后采用台田或条田整地方式。一般台田面宽 8～10m，台田长 50～100m，两侧沟宽 2～2.5m，沟深 1～1.2m。在台田面外缘筑 0.3m 高的土埂，余土均匀铺在田面。由于抬高了地面，降低了地下水位，还促进土壤脱去盐分，从而改善了林木生长的条件。

3. 客土改良

在土壤砂砾粗、特别干旱贫瘠的沙地上，以及重点防护地段，应对造林地进行客土改良。客土以粘土为好，为减少工程量，客土可集中施入栽植穴内，数量不能少于栽植穴的 1/4～1/5m，并与原有的砂土充分混匀。经客土后，造林地的土壤理化性质有了明显改善，提高了保水保肥能力，能够提高造林成活率、保存率和幼林的生长量。胶南环海林场黑松客土造林 3 年后的保存率达 85.4%～88.9%，比不客土的提高 13.2%～16.7%；客土造林的树高生长量比不客土提高 37.0%～45.3%，地径生长量提高 26.9%～34.6%（表 2-15）。

表 2-15　黑松客土造林 3 年生林木的生长量和保存率

处理	树高		地径		保存率
	（cm）	（%）	（cm）	（%）	（%）
客土 15kg/株	124.4	145.3	3.5	134.6	88.9
客土 10kg/株	117.3	137.0	3.3	126.9	85.4
对照（不客土）	85.6	100.0	2.6	100.0	72.2

（七）沿海沙地的抗旱栽植技术

沿海沙地的土壤干旱瘠薄、保肥保水性能差，造林成活率和保存率低，尤其在风口处和风蚀地，造林更加困难。因此，如何提高沿海沙地的造林成活率和保存率是基干林带建设的关键。应用大苗深栽、设置风障、施用高分子吸水剂、根际覆盖、栽植容器苗等技术，可以显著提高沿海沙地的造林成活率和保存率，确保造林成功。

1. 大苗深栽

沙质海岸风力大、土壤干旱，为了提高抗旱能力并防止沙埋，需选用苗干粗壮、根系发达的大苗。绒毛白蜡和刺槐多选用胸径 2.5cm 以上、树高 2.5m 以上的苗木，侧柏、火炬松等多选用 2～3 年生以上的容器苗。为了防止风力侵蚀而使苗根露出地面，提高苗木抗旱能力，应适当深栽，一般栽植深度为原根颈处以上 10cm 左右。

　　滨海沙土的沙性大,保水力差,土壤含水量低。滨海沙滩的土壤含水量随土层深度增加而增加,土壤表面含水量仅为1%～2%,而在1m土层内的含水量为4%左右。适当深栽可以提高苗木根系周围的湿度,有利于成活。滨海沙土导热性强,热容量小。地表在白天太阳照射下,温度会急剧升高,而夜晚地表散热慢,表土温度又急剧下降,温度变幅很大,不利于树木成活生长。适当深栽可使根系周围的土壤温度变幅减小,有利于树木成活生长。

　　据许景伟等试验,在滨海沙滩用黑松大苗深栽造林,与不深栽的对照相比,造林保存率明显提高,林木的高径生长量明显增加(表2-16)。深栽至苗高的1/2的处理,3年生时平均树高比对照增加37.4%,造林保存率比对照提高20.2%。

表2-16　黑松大苗深栽造林3年后林木生长量和保存率

处理	树　高		地　径		保存率
	(cm)	(%)	(cm)	(%)	
深栽至苗高1/2	122.1	137.4	3.6	128.6	91.5
深栽至苗高1/3	116.8	131.4	3.4	121.4	85.9
对照(不深栽)	88.9	100.0	2.8	100.0	71.3

2. 施用高分子吸水剂

　　高分子吸水剂可以提高土壤的蓄水和保水能力,提高造林成活率。一般在造林前使高分子吸水剂充分吸足水分,与回填土充分混匀,造林时保证与苗木根部充分接触。用盆栽土进行施用高分子吸水剂的试验,高分子吸水剂能在2～8天内有效地保蓄水分。在每盆用量0～40g的范围内,土壤水分损失率随高分子吸水剂用量的增加而减小。表明高分子吸水剂能有效地抑制土壤水分蒸散,使土壤在较长时间内保持较高含水量,延长和提高土壤向苗木的供水能力(表2-17)。

表2-17　施用高分子吸水剂不同天数后土壤水分损失的百分率(%)

(张敦论、乔勇进,2000)

土壤水分损失(%)＼吸水剂用量(g/盆)＼天数(d)	0	5	10	15	20	25	30	40
2	52.5	44.0	33.9	32.9	22.6	24.2	22.5	19.0
4	73.7	72.4	58.4	55.4	47.8	46.4	44.9	28.1
6	81.9	80.2	73.1	69.2	57.1	56.1	54.3	38.3
8	90.1	88.6	81.6	79.9	70.1	68.1	64.9	53.1

注:每盆装土15 kg,施用青岛开达公司生产的KD－I型高分子吸水剂

　　施用高分子吸水剂能改善各项土壤物理性能,表现在:土壤容重降低,总孔隙度增加,土壤毛细管饱和时土壤三相组成中的液相比率增加,土壤最大持水量增加(表2-18)。

由于高分子吸水剂能增强土壤的持水供水能力，改善苗木根系周围的微生态环境，对提高造林成活率有显著作用。据胶南环海林场的试验结果，每株苗木施用 KD－I 型高分子吸水剂 10g 和 20g 的处理与施用高分子吸水剂 30g 和 40g 的处理相比，黑松造林成活率差别不大。为了节约造林成本，黑松造林时每株苗木用量 10～20g 为宜。

表 2-18　黑松造林使用高分子吸水剂的效果

（张敦论、乔勇进等，2000）

高分子吸水剂用量（g）	土壤容重（g/cm³）	土壤总孔隙度（%）	土壤毛细管饱和时三相组成（%）			土壤最大持水量（g/L）	黑松造林成活率（%）
			固相	液相	气相		
0（对照）	1.42	48.5	46.8	33.4	19.8	35.4	76.7
10	1.39	51.4	45.4	35.7	18.9	37.5	85.4
20	1.36	54.9	44.1	38.9	17.0	38.9	87.9
30	13.1	58.1	42.0	42.7	15.5	40.5	88.2
40	1.27	59.3	40.8	45.5	13.7	42.0	89.3

注：胶南环海林场滨海沙土，施用青岛开达公司生产的 KD－I 型高分子吸水剂

3. 容器苗造林

在沙质海岸应用容器苗造林可以显著提高造林成活率，提高造林后的苗木适应能力，缓苗期短，幼林生长好。特别是在风口处的风蚀地，效果更加明显。由于容器苗造林的成活率高，幼林生长快，就加快了造林进度，并节省了造林成本。

据许景伟等调查，在海滩沙地上用黑松裸根苗造林，造林成活率 83.5%，保存率 78.2%；而用黑松容器苗造林，造林成活率 96.2%，保存率 93.6%。容器苗造林与裸根苗造林相比，造林后第三年的树高生长量提高 37.8%。虽然容器苗价格较高，造林时还要增加苗木运输费 120 元/hm²，但由于用容器苗造林幼苗生长快，可以提早一年郁闭，就减少了一年的抚育费用 600 元/hm²；容器苗造林总的造林成本有所减少。容器苗造林还延长了适宜黑松造林的季节，从 6 月份到 10 月份都可进行，而以 6 月初到 7 月初为最佳造林时间。

4. 设置风障

设置风障可减轻风力对新栽苗木的伤害，也可减少栽植穴水分的蒸发，防止沙埋，对于耐寒性差的树种还有减轻幼树受低温伤害的作用。风障可采用灌木、秸秆等材料，在距植树带 2～5m 的地方设置，高度一般 40～100cm。在风口处用树干、树枝在垂直主风方向设 3～5 层防风屏障，每隔 10m 设置一道，然后在风障的庇护下造林。沿主害风侵袭方向，前沿的风障间距应短一些，后沿各道风障的距离逐渐拉大；风障的正面与主害风向相垂直。最前沿的风障要制作得坚固并略高。

据胶南环海林场沙滩地上的试验表明，设风障的黑松造林平均成活率为 93.8%，较不设风障的对照区提高 21.3%；设风障的 3 年生林木保存率为 88.6%，较对照区提高 13.7%。从海边算起，第一道风障保护下的黑松平均树高 1.15m，平均地径 3.1cm；第二道风障保护

下的黑松平均树高1.23m，平均地径3.3cm；第三道风障保护下的黑松平均树高1.27m，平均胸径3.4cm；对照平均树高0.94m，平均地径2.6cm。设风障的黑松平均树高生长量较对照区提高22.3%～35.1%，平均地径生长量较对照区提高19.2%～26.9%。

5. 根际覆盖

树木根际覆盖能减少土壤蒸发，是一项有效的抗旱保墒措施，对提高造林成活率有明显效果。据胶南环海林场试验，在树木根际覆草、覆地膜、覆草加地膜三种处理，均能明显地减少土壤水分蒸发，土壤失水分别为对照(不覆盖)的45.8%、52.8%、52.2%，以覆草处理的保墒效果最好(图2-3)。用绒毛白蜡造林试验，以根际覆草的造林成活率最高，达91.7%，覆草加膜的造林成活率84%，覆膜的83.7%，不覆盖(对照)造林成活率为76.7%。

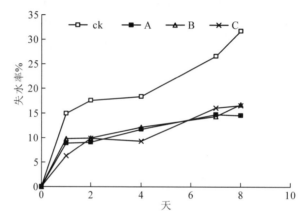

图2-3　不同覆盖处理0～15cm土层土壤失水率的变化(张敦伦、郗金标，2000)

注：A–覆草；B–覆膜；C–覆草＋膜；CK：不覆盖

二、基干林带抚育管理技术

(一)林地培肥技术

林地土壤干旱瘠薄是沙质海岸防护林早衰的主要原因。改善土壤营养状况，促进林木生长，是保证基干林带持续发挥防护作用的重要措施。

1. 根际覆盖

根际覆盖不仅提高土壤保水能力，还可以改善土壤营养状况。如胶南环海林场沙地上进行绒毛白蜡根际覆盖试验，覆草和覆草加膜均能明显提高土壤有机质和氮、磷、钾的含量，并能提高土壤酶的活性(表2-19)。

表 2-19　根际覆盖对林地土壤养分和酶活性的影响

（张敦论、郗金标等，2000）

覆盖处理	有机质 （％）	全氮 （％）	速效氮 （mg/kg）	速效磷 （mg/kg）	速效钾 （mg/kg）	脲酶 $NH_4 - N$ （μg/g）	过氧化氢酶 $KMnO_4$ （ml/g）	转化酶 $Na_2S_2O_3$ （ml/g）	磷酸化酶 P_2O_5 （mg/g）
覆草	0.41	0.030	37.8	11.5	66.9	14.57	2.06	12.1	12.29
覆草 + 膜	0.48	0.030	37.7	11.48	64.9	17.14	2.00	15.9	10.46
不覆盖（ck）	0.22	0.019	26.5	5.7	55.4	8.69	1.21	8.7	6.47

2. 绿肥压青

充分利用当地绿肥资源压青，是沙质海岸林地培肥的一种经济实用技术。如胶南环海林场沙地上用紫穗槐鲜嫩枝叶进行压青处理，2 年后土壤养分含量和酶活性有了显著提高。其中全磷含量的变化较大，压青处理为对照的 1.3 倍；速效养分中，有效氮是对照的 1.15 倍；脲酶、过氧化氢酶、转化酶、磷酸化酶分别比对照提高 32.2%、21.3%、12.5%、44.4%。

3. 施用有机肥

在沙质海岸有条件的地方对防护林地施用有机肥，能够改良土壤结构，增加土壤有机质和矿质养分含量，提高养分供给能力，并能提高土壤酶的活性，有利于养分的转化和利用。当有机肥数量有限时，应集中用于新造幼林，促使加速成林和发挥防护作用。

4. 农林间作，以耕代抚

在基干林带后部、土壤条件较好的地段，可于幼林郁闭前间种花生、豆类、药材等矮杆的作物，并增施有机肥和适量化肥，可提高土壤养分含量，促进幼树生长。

5. 清沟翻淤

在地势低洼、台（条）田整地的地段，于每年秋冬季将台田两侧沟中淤积的泥沙和枯枝落叶翻到田面上来，盖在落叶杂草之上促进其腐烂，增加林地土壤有机质含量，提高土壤肥力。

（二）合理修枝与间伐

合理的修枝间伐有利于基干林带的林木生长和防护作用的发挥。但对基干林带的修枝间伐一定要慎重，更要严禁强度间伐和过度修枝，避免破坏合理的林带结构和降低防护效能。基干林带的修枝和间伐应少量、多次，循序渐进。林木修枝一般只修去死枝和病腐枝，尽量保留较长的树冠。间伐对象主要是病腐木、被压木和部分过密的林木，每次间伐的强度不超过 15% ~ 20%，间伐后林分郁闭度不低于 0.7。

使用林分密度表，可实施定量抚育采伐，合理调整林分密度。从林分密度表中查得林分平均胸径所对应的单位面积适宜株数 $N_适$，$N_适$ 即是该林分应保留的单位面积株数。若林分实际单位面积株数 $N_实 > N_适$，则应进行抚育采伐，应采伐的单位株数 $n = N_实 - N_适$，抚育采伐的株数强度为 $P_n = (N_实 - N_适) \div N_实$。

　　许景伟等对胶东的沙质海岸黑松防护林进行了较广泛地调查，编制了黑松沿海防护林的林分密度管理表（表2-20），为确定黑松沿海防护林的经营密度和合理抚育采伐提供了依据。

（三）防治林木病虫害

　　在沙质海岸地带，滨海风沙土或沙质潮土的保水保肥能力差，林木在干旱瘠薄的沙质土壤上往往生长不良；同时，林木还经常受到海风、海雾等自然灾害的侵袭和危害。由于自然环境条件恶劣以及经营管理粗放，沙质海岸基干林带经常出现林木生长势衰退，并容易受到各种林木病虫的危害。又因为山东沙质海岸的基干林带大部分为连片的黑松纯林，致使赤松毛虫、日本松干蚧、松落针病、松树烂皮病等松树病虫害经常蔓延成灾，使松林的长势更加衰弱。

　　为了减轻林木病虫害的危害，首先要采取各种营林技术措施，改善环境条件，促进林木生长，提高对林木病虫害的抵抗能力。如因地制宜营造针阔叶混交林，采用客土、施肥、压青等改良土壤措施，及时修枝、间伐，清理林内受病虫危害的植株，改善林内卫生状况等。保护利用各种益鸟和害虫的天敌昆虫，对抑制松毛虫等害虫有良好效果。对于发生林木害虫的地段，要在适宜龄期积极采用人工捕杀、灯光诱杀等人工、物理防治措施，并使用高效低毒农药进行化学防

表 2-20　胶东沙质海岸黑松防护林林分密度表

（许景伟、王卫东等，1998）

径阶	最大密度（株/hm²）郁闭度 1.0	经营密度（株/hm²）	
		郁闭度 0.8	郁闭度 0.6
5	5687	4550	3142
6	4379	3503	2627
7	3476	2780	2086
8	2825	2260	1695
9	2342	1873	1405
10	1973	1587	1184
11	1684	1347	1011
12	1455	1164	873
13	1269	1015	762
14	1117	894	670
15	991	793	594
16	884	707	530
17	795	636	477
18	717	574	430
19	652	522	391
20	594	475	356

治。对于已发生林木病害的林分，选用适宜的杀菌剂进行防治。受到林木病虫害的严重危害，已死亡或濒临死亡的林分，应及早进行采伐和人工更新。

三、基干林带的改造与更新

（一）沙质海岸黑松低质低效林的改造

　　多年来，山东沙质海岸已建成大面积黑松沿海防护林。由于沙滩的立地条件差、经营管理粗放以及病虫害等原因，部分黑松防护林林生长衰退，防护效能降低。这些黑松低质低效林的改造是山东沙质海岸防护林建设的一项重要任务。

1. 沙质海岸黑松低质低效林的成因

　　黑松低质低效林的形成原因比较复杂，包括各种自然因素和人为因素，可归纳为以下几

种主要原因：

第一，土壤肥力低。沙质土壤漏肥、漏水，干旱瘠薄。有些地段的枯枝落叶被搂去作燃料，甚至从林地内取土，使土壤更加贫瘠。

第二，自然灾害严重。黑松林带受台风、飞沙、海潮、海雾等自然灾害的影响，部分黑松林受松毛虫、松干蚧等病虫的严重危害，造成林分生长不良，稳定性差。

第三，种苗品质差。在以往的造林工作中，由于对种源、种子品质等问题重视不够，一些品质低劣的种子用于育苗造林，大部分形成长势差的"小老头"林，防护功能很低。

第四，经营管理粗放。沿海黑松防护林多为纯林，多年来粗放经营，部分林分造林密度过大、间伐不及时、修枝过重，造成林分生长不良。

部分地区采用"拔大毛"的方式取材，加之人为盗伐毁林，上层林木由被压木和天然下种的幼树取代，使林分质量逐步下降，成为低质低效的残次林分。

第五，林龄过大，生长衰退。山东20世纪50～60年代营造的黑松林，现已进入成过熟林阶段，林木生长衰退，自然枯损严重，防护效能逐年降低。

2. 黑松低质低效林的类型及改造途径

根据沙质海岸黑松低质低效防护林的林分特征和形成原因，可划分为残次林、罹害林、过熟林、过密林、稀疏林等类型（表2-21）。其中以残次林和过密林分布最广、面积最大，属改造的重点。黑松低质低效林改造是沿海黑松防护林可持续经营的重要任务，由于黑松低质低效林分面积较大，应分期分批逐步进行改造，针对不同类型低质低效林的特点，因地制宜地采取改造措施。

对于立地条件较好但经营粗放的中幼龄林，应采取合理的营林措施，加强抚育管理，以期恢复林木的长势，提高防护效能。首先应严格封护，禁止过度修枝、林内取土及搂走枯枝落叶。采取林下套种紫穗槐、绿肥压青及掩埋枯枝落叶等改良土壤措施，对于提高土壤有机质和矿质元素含量、促进黑松生长，都具有明显的效果。对过密的林分进行适度间伐，伐去部分被压木和病虫危害的林木，间伐后的林分郁闭度保持在0.7左右；同时对保留木进行适度修枝。稀疏的黑松林下可补植乔木和部分灌木，以改善林相和森林环境，提高防护效能。

对于林木自然衰老以及受自然灾害或人为破坏，林木生长衰退，防护效能低下，失去培养利用前途的过熟林、残次林等，应及早进行采伐更新。根据立地条件和低质低效林类型，确定适宜的采伐更新方式和技术措施。一般采用带状采伐，采伐后使用黑松和其他适生针阔叶树种的壮苗进行人工造林，并在林下套种绿肥植物，使更新后的林分形成针阔混交、乔灌草结合的复层林结构。

表 2-21　沙质海岸黑松低质低效防护林的主要类型及改造途径

（许景伟等，2000）

林分类型	林分结构特征	形成原因	改造途径
残次林	林分郁闭度小于 0.7，长势差，树干低矮、弯曲，枝干枯损，多呈灌丛状，防护效能差	立地条件恶劣，造林种苗质量差，或"拔大毛"式经营	用黑松或其他适生树种的壮苗重新造林，改造为多树种混交林
过熟林	防护成熟期已过，林木基本停止生长，林冠稀疏，病虫严重，防护功能下降	林木自然衰老，更新不及时	及时更新，用黑松的壮苗造林或同其他优良阔叶树种混交
罹害林	林木风折断梢、风倒缺株、枯死病腐严重，大多郁闭度小于 0.5，林分质量差，防护效能低	台风、强海风、海潮海雾，土壤干旱、病虫危害或人为盗伐	林下补植或间隔带状采伐更新，培育多树种混交林
过密林	林分郁闭度大于 0.8，林木分化严重，自然整枝高达 1/2 以上，树冠发育不良，干材形质差，林内卫生状况欠佳	造林密度大，抚育间伐不及时	及时间伐，采用下层疏伐，间伐量适中
稀疏林	林分郁闭度小于 0.3，出现林中空地，杂草丛生，林分生产力和防护功能低	造林成活率和保存率低，或严重地人为毁林	人工补植，促其提早郁闭成林，形成复层针阔混交林

（二）沙质海岸防护林的更新

1. 合理更新年龄

黑松沿海防护林的更新年龄以防护成熟龄为主要依据。根据姜凤歧等（1994）研究林带防护成熟的方法，黑松防护林带的防护成熟可划分为初始防护成熟和终止防护成熟两种状态。初始防护成熟为防护林开始有效地发挥防护作用的状态，此时的林龄称为初始防护成熟龄；终止防护成熟为防护林生长趋于衰退，其防护效益开始明显减弱的状态，此时的林龄为终止防护成熟龄。从林带达到初始防护成熟龄到终止防护龄之间的这段期间，林带均能较充分地发挥防护效能，称之为防护成熟期。

黑松防护林的防护成熟龄与林分的生长状况有密切关系，不同立地条件、不同长势的黑松防护林具有不同的防护成熟龄。许景伟等（2000）通过胶东半岛沙质海岸黑松防护林的调查研究，将黑松林按立地条件及生长状况划分为三种类型，并根据林带防护作用与林木生长之间的关系，提出三种类型黑松防护林的初始防护成熟龄和终止防护成熟龄。林分的树高是影响防护作用的重要指标，黑松林初始防护龄是选取林木的高生长开始趋于平缓、树高趋于稳定时的年龄。林分生物量是反映林木生长状况和防护效能的重要指标，选择黑松林林分生物量的平均生长量开始较明显下降时的年龄作为终止防护成熟龄。林分的数量成熟龄也是确定黑松林更新年龄的依据之一。对于立地条件较好，以防护兼用材林为经营目标的 Ⅰ 类型黑松林，可将数量成熟龄作为更新年龄的重要依据。根据山东沙质海岸黑松防护林生长规律和防护成熟龄的研究，结合山东沿海防护林的生产经验，Ⅰ 类型林分的合理更新年龄为 33 ~

40 年，Ⅱ类型林分的合理更新年龄为 25～31 年，Ⅲ类型林分的合理更新年龄为 21～27 年（表 2-22）。

表 2-22　胶东沙质海岸黑松防护林三种林分类型的防护成熟龄和采伐更新年龄

（许景伟等，1999）

林　分　类　型	土壤质地	20 年生林分优势木平均高（m）	初始防护成熟龄（a）	终止防护成熟龄（a）	数量成熟龄（a）	采伐更新年龄（a）
Ⅰ 基干林带后沿防护兼用材林	沙壤、细沙	7.5～8.0	15	56	33	33～40
Ⅱ 基干林带后沿防护林	细沙、粗沙	6.6	14	31	23	25～31
Ⅲ 基干林带前沿防护林	粗沙、砾沙	5.0～5.5	13	27	21	21～27

2. 更新方式方法

黑松基干林带的采伐更新方式应该有利于防护作用的持续发挥，有利于更新后幼林的生长。较合理的采伐更新方式为，与主害风的风向垂直，等距隔带采伐更新。每条采伐带的宽度一般 30～50m，最大不得超过树高的 10～15 倍。在采伐带上进行更新造林，保留带继续发挥防护作用。待更新后的幼林稳定生长，已能有效地发挥防护作用，一般在林龄 10 年左右时，再将保留带进行采伐更新。

原有的黑松林进行带状采伐后，可根据立地条件、林木生长情况及林冠下幼苗幼树的生长情况等因素，分别采用人工植苗造林、萌芽更新、人工促进天然更新等方法进行更新。

第一，植苗造林。适于各种立地条件，是主要的更新方法。在采伐带上按设计的混交方式及株行距挖植树穴，选择适宜的针阔叶及乔灌木树种的良种壮苗，采用各种适于沿海沙地的造林施工技术措施。应保证新植的幼树顺利成活、成林，尽快形成合理的群体结构，有效地发挥防护作用。

第二，留伐桩萌芽更新。黑松的萌芽更新能力较强，在立地条件差、风沙危害重的地段，可实行留伐桩萌芽更新，更新容易、成本低、效果好。伐桩高度 15cm 左右为宜，萌芽抽条后选留健壮萌条定株，实施各项土壤管理措施。萌芽更新的黑松幼林与实生苗造林的黑松幼林相比，树高生长量可增加 1 倍以上。

第三，人工促进天然更新。黑松林冠下常有许多幼苗幼树，在立地条件较好、黑松林冠下的幼苗幼树生长良好且分布较均匀的地段，可实行人工促进天然更新。对于待采伐更新的黑松林可先行适度间伐，将林分郁闭度调整至 0.5～0.6，有助于黑松幼苗幼树的生长。原有的黑松林间隔带状采伐后，可将采伐带上的黑松幼苗幼树进行适当间苗，对空地进行补植，达到要求的造林密度。然后采取各项土壤管理措施，促进幼树生长。

第三节　沙质海岸灌草带的营建

在沙质海岸前沿地带，海风强烈，沙地的沙粒松散、流动性大，土壤十分干旱瘠薄。因生态环境恶劣,使该地带植被覆盖度低,成为沙质海岸飞沙的主要源地。在这一地带培育覆盖度高、生态稳定的灌草植被,形成沙质海岸沿海防护林体系的第一道防线——灌草带,具有防风固沙、改良土壤、调节小气候等多种功能,对沙质海岸的生态环境建设具有重要意义,还可改善沙质海岸的景观。

一、山东半岛沙质海岸的灌草植物

(一)沙质海岸灌草植被的生境特点

沙质海岸灌草植被主要分布在沿海沙滩上。沙质海滩的土壤母质是海浪冲积的沙质堆积物,土壤类型为滨海风沙土。由于透水性强,加之蒸发强烈,土壤含水率很低,尤其冬春季土壤干燥,土壤含水率一般为 1.5% ~ 2.0%。土壤有机质含量也很低,土壤养分贫瘠。土壤中常含有较多盐分,土壤含盐量一般为 0.1% ~ 0.2%,个别地段超过 0.5%。由于沙土的热容量小,土壤温度变化大,土温日较差可达 20 ~ 27℃,比气温日较差大 2 ~ 3 倍。在晴天下午,当气温为 12.0℃时,沙地地表温度可达 27 ~ 30℃。海滩上的风日多、风力大,海雾的影响也大。

综前所述,沙质海岸的生境特点是:滨海风沙土的沙粒松散,透水透气,保水保肥力差,土壤养分贫瘠,含盐量较高,日照强烈,土温日较差大,风日多、风力大,海雾也大。

(二)沙质海岸灌草植物的特征

适应沙质海滩的生境条件,分布在沙滩上的植物多是耐风沙、耐干旱、耐贫瘠、耐轻度盐碱的沙生植物,它们多具旱生性质。其主要形态结构和生态特征为:第一,沙生植物的地上部分体积缩小,植株低矮、匍匐,地下部分体积较大,地上部分和地下部分的比例为1:2 ~ 1:5或更大。第二,植物的叶子多为旱生类型,枝叶肉质化或刺化,有的叶子肥厚,利于保水和减少蒸发,如单叶蔓荆(*Vitex trifolia Var. Simplicifolia*),有的叶子或整个植物体具浓密的绒毛,如毛鸭嘴草(*Ischaemum antephoroides*)、砂引草(*Messerschmidia sibirica*)等。第三,根系发达,固着能力强。第四,具有迅速形成不定芽、不定根的能力,耐沙埋,一旦枝条或全株被沙埋没,可较快发芽、生根。

为适应沙地水分、养分贫乏的土壤条件,许多沙生植物的地下器官特别发达,储存水分和养分的能力强。如筛草(*Carex kobomugi*)、矮生苔草(*Carex pumila*)、肾叶打碗花(*Calystegia soldanella*)、匍匐苦荬菜(*Ixeris repens*)、白茅(*Imperata cylindrica*)等,均具有十分发达的、匍匐伸长的地下根茎;砂引草、猪毛菜(*Salsola collina*)、软毛虫实(*Corispermum puberulum*)、珊瑚菜(*Glehnia littoraris*)的根系特别发达。

沙生植物的根系发达,有如下表现:一般为直根系,根深可达 0.5 ~ 1.0m,最深者如珊瑚菜的根可达 1.5 ~ 2.0m;根系伸展远,根幅比冠幅大几倍到十几倍,有些植物的侧根或根状茎的水平分布可达几米到几十米;具须根系的植物,须根特别发达。如粗毛鸭嘴草;有些植物的根毛能分泌出粘性物质，可粘结沙粒，起到固沙作用，如筛草等。

（三）沙质海岸的灌草植物种类

沙质海岸的灌草植物主要为沙生和耐旱植物，种类较少。据王仁卿等调查统计（表2-23），组成山东沙质海岸沙生植被的植物共计64种，分属30科48属，组成海岸沙生植被的种子植物共有19科35属40种（包括变种）。以禾本科、菊科、藜科、豆科、莎草科的植物最多。其中筛草、滨麦、珊瑚菜、匍匐苦荬菜、滨旋花、海边香豌豆、白茅、单叶蔓荆等最常见。

表2-23　海岸沙生植被种子植物组成种数及建群种的分布

（据《山东植被》，2000）

科　名	种	建群种种数	占总建群种（%）
禾本科	10	4	37
菊科	6		
莎草科	2	2	18
豆科	2		
藜科	5		
旋花科	2		
紫草科	1	1	9
马鞭草科	1	1	
十字花科	1		
百合科	1		
柽柳科	1	1	9
白花丹科	1		
蔷薇科	1		
蒺藜科	1		
唇形科	1		
伞形科	1	1	9
萝藦科	1		
柳叶菜科	1	1	9
合计	40	11	100

据张敦论、乔永进等对胶南市环海林场沙质海岸灌草植被的调查，发现有草本植物15科24种，灌木4科4种（表2-24 ）。

表 2-24　胶南市环海林场沙质海岸灌草植物

科　名		种　名	
藜科	*Chenopodiaceae*	刺沙蓬	*Salsola ruthenica*
		软毛虫实	*Corispermum puberulum*
蓼科	*Polygonaceae*	西伯利亚蓼	*Polygonum sibiricum*
		绵毛酸模叶蓼	*Polygonum lapathifolium* var. *salicifolium*
十字花科	*Cruciferae*	北美独行菜	*Lepidium virginicum*
伞形科	*Umbelliferae*	珊瑚菜	*Glehnia littoralis*
白花丹科	*Plumbaginaceae*	二色补血草	*Limonium bicolor*
柳叶菜科	*Onagraceae*	月见草	*Oenothera biennis*
萝摩科	*Asclepiadaceae*	合掌消	*Cynanchum amplexicaule*
旋花科	*Convolvulaceae*	肾叶打碗花	*Calystegia soldanella*
紫草科	*Boraginaceae*	砂引草	*Messerschmidia sibirica*
唇形科	*Labiatae*	沙滩黄芩	*Scutellaria strigillosa*
车前科	*Plantaginaceae*	芒车前	*Plantago aristata*
茜草科	*Rubiaceae*	山东丰花草	*Borreria shandongensis*
菊科	*Compositae*	加拿大飞蓬	*Conyza canadensis*
		茵陈蒿	*Artemisia capillaris*
禾本科	*Gramineae*	獐毛	*Aeluropus littoralis* var. *sinensis*
		毛鸭嘴草	*Ischaemum antephoroides*
		白茅	*Imperata cylindrica* var. *major*
		野古草	*Arundinella hirta*
		芦苇	*Phragmites communis*
桔梗科	*Campanulaceae*	石沙参	*Adenophora polyantha*
莎草科	*Cyperaceae*	筛草	*Carex kobomugi*
		辐射砖子苗	*Mariscus radians*
		球穗扁莎	*Pycreus globosus*
豆科	*Leguminosae*	紫穗槐	*Amorpha fruticosa*
马鞭草科	*Verbenaceae*	单叶蔓荆	*Vitex trifolia* var. *Simplicifolia*
鼠李科	*Rhamnaceae*	酸枣	*Zizyphus jujuba* var. *spinosa*
柽柳科	*Tamaricaceae*	柽柳	*Tamarix chinensis*

二、山东半岛沙质海岸灌草植物群落

(一)沙质海岸灌草植物群落类型

沙质海岸灌草植物群落由沙生和耐旱植物组成，种类组成和结构较简单，生长不够繁茂，分布不均匀。据王仁卿等调查归纳，山东沙质海岸由灌木或草本植物组成植物群落主要有 8 种群落类型。

筛草群落：这是滨海沙滩裸地上的先锋植物群落，主要分布在高潮线上缘沙地上，建群种筛草常呈均匀分布。最初与之伴生的种有肾叶打碗花、海边香豌豆（*Lathyrus maritimus*）等。随着群落的发展，逐渐进入群落的有单叶蔓荆、兴安天门冬（*Asparagus dauricus*）、匍匐苦荬菜、珊瑚菜、粗毛鸭嘴草（*Ischaemum barbatum*）等，群落总盖度约 60%，土壤有机质含量为 0.5% ~ 0.75%，含盐量 0.2% ~ 0.4%。本群落固沙能力强，可使流动沙丘变成半固定沙丘或固定沙丘。

滨麦群落：此群落分布在地势较平坦的地段，建群种滨麦（*Leymus mollis var. coreensis*）常形成单优群落，偶见的伴生种还有筛草、海边香豌豆、单叶蔓荆等。群落总盖度超过 60%，土壤有机质含量为 2% ~ 3%，含盐量 0.2% 左右，群落固沙能力也较强。

粗毛鸭嘴草 + 补血草群落：本群落由粗毛鸭嘴草和补血草（*Limonium sinense*）共建，分布在距潮间带较远的地势缓升处，群落总盖度不大，约 30%，粗毛鸭嘴草簇生或呈团块状分布。伴生种类不多，主要有海边香豌豆、肾叶打碗花、兴安天门冬和达呼里胡枝子（*Lespedeza davurica*）等。土壤有机质含量为 0.2% ~ 0.3%，含盐量 0.15% ~ 0.2%。由于粗毛鸭嘴草的须根发达，根毛能分泌出粘性物质，易使沙粒固定，而地上茎叶茂密，可以挡阻挡风沙，所以群落固沙力也较强。

白茅群落：这是草本植物群落中距潮间带最远的一个群落。群落总盖度大，一般在 80% 以上。种类组成单一，有明显的单优群落的特点，与之伴生的只有零星的筛草、芦苇、海滨香豌豆、达呼里胡枝子。土壤有机质含量 0.3% ~ 0.5%，含盐量 0.1%。在自然状态下，该群落面积较大；由于该群落下的土壤已明显得到改善，且含盐量低，在有些地段已开垦为农田或人工造林，因此目前该群落的实际面积不大。

砂引草群落：该群落见于沙质海岸的内缘，常与矮生苔草、肾叶打碗花、筛草等混生。群落盖度 20% ~ 40%，土壤有机质含量 0.5% 左右，含盐量 0.2% ~ 0.3%。本群落面积较小，分布也不广泛。

珊瑚菜 + 肾叶打碗花 + 海边香豌豆群落：该群落分布于沙质海岸地势较平坦的地段，常在筛草群落的外侧。优势种类不明显，共建种是珊瑚菜、肾叶打碗花和海边香豌豆，还可见到匍匐苦荬菜、筛草、砂引草等。以珊瑚菜为主的群落目前已不多见。

单叶蔓荆群落：这是海岸带沙地上分布面积最大的天然灌木群落，分布于沙质海岸的外缘和地形较高处，群落总盖度为 70% ~ 100%，高度 0.5 ~ 1.0m。单叶蔓荆占绝对优势，偶有筛草、海边香豌豆、肾叶打碗花等分布于群落的稀疏地段。土壤含盐量 0.2% ~ 0.3%。由于建群种具发达的匍匐茎，并能在沙埋之后迅速形成不定根和不定芽，所以群落的固沙能力很强，可形成小型固定沙丘或带状固定沙垅。

野玫瑰群落：该群落距潮间带较远，呈斑块状分布，与周围群落有明显差异，群落组成简单，总盖度 50% 左右，伴生的种类主要有筛草、达呼里胡枝子、单叶蔓荆、滨麦等。土壤含盐量 0.2% 左右。仅在威海、荣成等地的沙滩上有零星的小片分布。

另据张敦论、乔勇进等(2000)对胶南市沙质海岸灌草植被的调查，植物群落具有种类组成简单、类型少、结构单一及镶嵌性的特点。主要植物群落有属于禾草型的筛草群落、矮生苔草群落和白茅群落，属于杂草型的砂引草群落和月见草(Oenothera biennis)群落，还有典型的沙生灌丛单叶蔓荆群落。草本优势植物还有毛鸭嘴草、筛草、肾叶打碗花、匍匐苦荬菜、珊瑚菜等。

(二)海岸沙生植物群落的演替

海岸沙生植物群落普遍分布于沙质海岸的沙滩、沙堤及河口沙嘴处。一般由近海地下水位较高的沙滩内缘，随着地势倾斜缓升到沙堤或沙丘，沙生植物群落的组成植物从草本植物过渡到灌木。通常是耐沙压、沙埋的筛草群落出现在最前缘，局部地方有时还出现珊瑚菜群落、矮生苔草群落和砂引草群落。筛草群落进一步发展，就出现白茅群落；在同一地段，有时还可见到滨麦群落、粗毛鸭嘴草群落、芦苇群落和月见草群落。再继续发展，就进入灌木阶段单叶蔓荆群落。

海岸沙生植被的演替，外因为生境条件的变化，主要是土壤理化性质的变化；内因是植物性状，尤其是优势植物的生物学和生态学特性。筛草是典型的沙生植物，它是裸地的先锋植物种类，最先出现在近海的沙地上，形成沙滩上的先锋植物群落。随着土壤有机质的增加和盐分的降低，砂引草、肾叶打碗花、匍匐苦荬菜、珊瑚菜等相继进入，并进一步使土壤脱盐，有机质增多。随着土壤条件的变化，以及地势的抬高和沙滩的延伸，滨麦、鸭嘴草、白茅等取代了先锋植物，形成了以白茅为建群种的植物群落。同时，一些灌木种类如达乌里胡枝子、单叶蔓荆、玫瑰等也先后进入沙地，形成了沙地上的灌木群落。特别是单叶蔓荆，由于它生活力强，枝叶繁茂，具有匍匐茎，向四周伸展很快，其他植物难以与它竞争，因而能形成大面积的群落。

(三)几种灌草植物群落的群落特性

张敦论、乔勇进等通过对胶南市沙质海岸灌草植被的调查，对5种植物群落的立地特点和群落特性进行了比较：毛鸭嘴草 – 筛草 – 石沙参群落根系分布深，层次丰富，适于近潮上线区域生长；紫穗槐 – 白茅 – 肾叶打碗花群落生物量大，高度高，层次丰富；单叶蔓荆 – 筛草 – 肾叶打碗花群落适应性强，可分布于潮上线附近；在冲积或潮积土壤上，以柽柳 – 芦苇 – 二色补血草群落和芦苇 – 白茅 – 刺沙蓬群落表现较好(表2-25)。对5种植物群落的构成和生物量的调查表明，灌木与草本植物共同组成的植物群落稳定性强、覆盖度高、生物量较大(表2-26、表2-27)。

表 2-25　胶南沙质海岸灌草带 5 种植物群落的立地特点和群落特性

（张敦论、乔勇进等，2000）

群落类型	距潮上线距离(m)	土壤	立地特点和植物群落特性
A 单叶蔓荆—筛草—肾叶打碗花	10～100	风积	沙质海岸前沿，地势较高。植物群落耐沙埋、耐干旱瘠薄和短时潮浸，固沙能力强。
B 毛鸭嘴草—筛草—石沙参	10～50	风积	沙质海岸前沿，地势平坦或呈丘状起伏。植物群落耐风吹沙埋和干旱瘠薄，固沙能力强。
C 紫穗槐—白茅—肾叶打碗花	30～250	风积	土壤条件较好，地势略高。植物群落耐干旱和轻度盐碱，防风固沙效果好。
D 柽柳—芦苇—二色补血草	30～150	潮积冲积	地势低洼，有季节性积水。植物群落耐盐碱，耐短期水浸。
E 芦苇—白茅—刺沙蓬	30～150	潮积冲积	地势较低，土壤含盐量较高，结构不良，有季节性积水。植物群落具有固沙和改良土壤的效果。

表 2-26　胶南沙质海岸灌草带 5 种植物群落的群落特征

（张敦论、乔勇进等，2000）

群落类型	植物	多度(1～5)	盖度(0～1)	频度(%)	高度(cm)	密度(株/m²)
A	单叶蔓荆	2	0.3	60	26	1
	筛草	4	0.3	67	23	40
	肾叶打碗花	4	0.1	62	7	47
B	毛鸭嘴草	5	0.4	73	43	45
	筛草	5	0.3	80	22	40
	石沙参	4	0.1	74	9	31
C	紫穗槐	3	0.3	60	150	2
	白茅	4	0.3	76	22	36
	肾叶打碗花	4	0.1	73	9	35
D	柽柳	3	0.2	61	140	3
	芦苇	4	0.2	73	150	19
	二色补血草	3	0.1	35	36	10
E	芦苇	4	0.2	64	150	39
	白茅	4	0.2	77	22	44
	刺沙蓬	2	0.1	46	29	21

表 2-27　胶南市沙质海岸灌草带 5 种植物群落的生物量

（张敦论、乔勇进等，2000）　　　　　　　　单位：g/m²

群落类型	灌木			草木植物			群落生物量合计
	地上部分生物量	地下部分生物量	合计	地上部分生物量	地下部分生物量	合计	
A 单叶蔓荆—筛草—肾叶打碗花	205	356	561	190	456	646	1207
B 毛鸭嘴草—筛草—沙参				260	690	950	950
C 紫穗槐—白茅—肾叶打碗花	212	398	610	175	599	774	1384
D 柽柳—芦苇—二色补血草	189	242	431	250	270	520	951
E 芦苇—白茅—刺沙蓬				190	315	505	505

　　单叶蔓荆 - 筛草群落是山东沙质海岸较典型的灌草植物群落，具有良好的防风固沙和改良土壤性能。单叶蔓荆耐干旱瘠薄和短期海浸，抗海风海雾，繁育能力强；单叶蔓荆以其庞大的根系和匍匐茎固持沙地，削弱海风的危害，为伴生的草本植物提供了较好的环境条件，可以与筛草等草本植物形成较稳定的灌草植物群落。单叶蔓荆 - 筛草群落的生物量显著高于毛鸭嘴草 + 筛草草本植物群落，且稳定性较强；而其耐干旱瘠薄和短期海浸能力、防风固沙效果及扩繁能力都优于另一灌草植物群落紫穗槐 - 白茅群落。

　　单叶蔓荆 - 筛草群落的改良土壤、改善土壤养分循环作用也较强。对单叶蔓荆 - 筛草群落、毛鸭嘴草 + 筛草群落以及裸露沙地的土壤分析比较表明（表 2-28），单叶蔓荆—筛草群落土壤的容重小、孔隙度大、渗透性弱，土壤有机质及氮磷钾的含量高；其土壤理化性状显著优于裸露沙地，也优于毛鸭嘴草—筛草群落。单叶蔓荆 - 筛草群落的改良土壤作用优于毛鸭嘴草 + 筛草群落，除因其群落的生物量较大，枯枝落叶及残根代谢量较高外；还因灌草群落更稳定，防护作用更强，生态小环境的改善更有利于土壤养分的释放和循环。

表 2-28　单叶蔓荆群落和毛鸭嘴草群落的改良土壤效果

（乔永进、张敦论，2001）

植物群落类型	单叶蔓荆 - 筛草群落		毛鸭嘴草 - 筛草群落		裸露沙地	
土层深度	0～20cm	20～40cm	0～20cm	20～40cm	0～20cm	20～40cm
土壤容重（g/cm³）	1.52	1.61	1.60	1.64	1.65	1.67
土壤孔隙度（%）	39.30	38.46	37.34	36.37	34.35	33.16
土壤渗透性（cm/s）	0.20	0.27	0.31	0.34	0.35	0.37
土壤 pH 值	8.7		8.4		8.2	
土壤有机质（%）	0.73		0.32		0.22	
土壤速效氮（%）	8.50		6.78		5.30	
土壤速效磷（%）	2.8		2.7		0.9	
土壤速效钾（%）	45.0		26.7		16.4	

三、沙质海岸灌草带的营建技术

(一)灌草带的位置和宽度

灌草带位于沙质海岸潮上线与基干林带之间的区域,该区域地势较低,有时有海潮侵入,多有沙丘起伏,土壤干旱、瘠薄而且有盐碱。灌草带的宽度要根据地形、土壤以及基干林带的建设情况等因素而定,约为50~250m,有的地方达到300m以上。立地条件越差的地段,灌草带应适当加宽。

为了能抵御大潮及风浪侵袭,在沙质海岸前沿需要修筑防潮堤。防潮堤高度一般1.5~2m,宽8~10m。在堤上栽植单叶蔓荆、柽柳等灌木固堤,并采用沙生草本植物及灌木护坡。

(二)营建灌草带的方法

灌草带临近潮上线前沿,生态条件恶劣。近年来沙质海岸人为活动加剧,严重影响了沿海灌草带植被的恢复和建设。灌草带的营建一定要以保护原有灌草植物群落为基础,维持原有植物群落的物种和生态稳定性,避免原有植物群落的退化及破坏。在此前提下,可采取多种途径与方法,建成覆盖度高、生物多样性丰富、生态稳定的灌草植物群落。

第一,封护。为了保护原有植物群落,减少人为干扰和破坏,需要对一些灌草带区域进行封滩育林育草,促进天然更新。对原有灌草植物群落和新建植物群落都要加强管护,尤其在人为活动频繁地区,要加强冬春季防火,禁止过度放牧等,最大限度地减少破坏和干扰,维持植物群落自身的发展和更新能力。

第二,补植。对灌草带中的植被空缺区域要进行补植,减少裸露沙地;对一些植被稀疏的地段也要进行人工补植,促进群落恢复和发展。

第四,扩繁。灌草带群落的植物常是多年生灌木和草本植物,能通过分蘖、分根、断蔓、播种等方式进行自然扩繁。如单叶蔓荆通过断蔓处理,自然扩繁能力十分显著。这对于借助当地植物资源,进行灌草带群落建设具有重要作用。

第五,人工培育。对于依靠封护和人工促进天然更新措施难以恢复植被的区域,要采取一定的工程措施和生物措施,由人工培育灌草植被。如采用设沙障、施用高分子吸水剂、覆盖等技术,结合适生植物材料的选择应用,用人工播种或植苗等方式,进行困难地段灌草带的营建。

(三)沙质海岸营建灌草带的主要灌木树种

灌木树种是沙质海岸灌草带植物群落的优势种,对于防风固沙和群落稳定具有重要作用。对沙质海岸天然生长的灌木要加强保护和抚育,并应用各种人工培育措施对灌木进行扩繁。山东沙质海岸营建灌草带的主要灌木树种如:

1. 单叶蔓荆(*Vitex trifdia var. Simplicifolia*)

系马鞭草科牡荆属的蔓生灌木树种。耐干旱瘠薄，具有匍匐生长、沙埋可生根的特点，扩繁能力强，喜沙层深厚、夜间返潮的立地条件，喜光不耐荫，可耐短时海水浸渍；常与筛草等形成稳定的植物群落，适于种植在潮上线 0~50m 范围内，固沙保土效果好。花紫色，花期 40~50 天，有观赏价值。可以通过播种、扦插、分蘖、断蔓、植苗等方法进行扩繁。

2. 紫穗槐(*Amorpha fruticosa*)

豆科落叶灌木，耐干旱瘠薄及盐碱，萌芽力强，为防风固沙改良土壤的优良树种；可种植在距潮上线 10~50m 范围内，多纯林，可与白茅等形成稳定的群落。可以通过植苗、播种、分根等方法进行扩繁。

3. 柽柳(*Tamarix chinensis*)

落叶灌木，耐水湿和盐碱，在含盐量 0.5% 左右能正常生长，但不耐沙埋；可种植在灌草带的低洼盐碱区域，能与芦苇、二色补血草形成群落。可以通过分根、分蘖、播种、植苗、扦插等方法进行扩繁。

4. 酸枣(*Zizyphus jujuba var. spinosa*)

灌木或小乔木，阳性树种，耐干旱瘠薄，但抗风能力差；可位于灌草带后部，纯林或与其他灌草植物混生。可通过播种、分蘖、植苗、分根等方法进行扩繁。

第四节　农田防护林

农田防护林是沿海防护林体系的重要组成部分，对于减轻气象灾害，维护农田的良好生态环境，保证作物高产稳产具有重要作用。农田防护林分布在沿海平原地带农田中，为了便于防护林的建设和管理，提高林带的防护效益，减轻林带胁地的不利影响，农田防护林带多沿沟渠路栽植；并由纵横交错的多条农田防护林带形成农田林网，在大范围的农田上发挥农田林网的多重防护功能和整体防护效益。

一、农田防护林的结构和配置

农田防护林的结构和配置，是影响其防护效益的技术关键。在营建农田防护林之前，要根据当地的自然条件和农田防护要求，进行详细地规划设计，选择适宜的林带结构，确定合理的林带配置。

（一）林带结构

林带结构指林带中树木枝叶的疏密程度在林带上、中、下各部分的分布状况，受林带宽度、树种组成、造林密度、林冠层次、修枝高度等因素的影响。林带结构有紧密结构、疏透结构、通风结构三种基本类型，其差别可用林带疏透度和透风系数来表示。不同结构的林带各有其防护特点，应根据对农田防护林的具体要求来选择，并通过抚育措施来加以维持。

1. 农田防护林带的几项指标

（1）林带疏透度

为林带侧面透光孔隙的面积与总面积之比，以十分数或百分数表示。疏透度是比较容易掌握的测定林带结构的指标，能反映林带防护功能的特点。

表 2-29　不同林带结构类型的疏透度

林带结构类型	下层树干部的疏透度(%)	上层树冠部的疏透度(%)
紧密结构	0 ~ 10	0 ~ 10
疏透结构	15 ~ 35	15 ~ 35
通风结构	>80	15 ~ 35

（2）林带透风系数

为林带背风面距林缘 1m 处林带高度范围内的平均风速与空旷地同等高度范围内平均风速之比。林带透风系数是确定林带结构的一种指标，能反映出林带防护功能的特点。林带透风系数要在林带发挥防护作用的季节，主要害风风速下，风向基本垂直于林带时测定。

表 2-30　不同林带结构类型的透风系数

林带结构类型	透风系数
紧密结构	0.1 ~ 0.3
疏透结构	0.4 ~ 0.6
通风结构	下层树干部 >0.8，树冠部 <0.3

（3）林带防风效能

用林带附近近地面处（通常用 1.5m 或 2m 高）风速降低率表示。即空旷地风速减去林带附近某点的风速与空旷地风速之比。计算公式为：

$$E_d = \frac{V_o - V_d}{V_o} \times 100\%$$

式中，V_o 为空旷地风速，V_d 为林带附近某一测点的风速，E_d 为该测点的风速降低率即林带对该测点的防风效能。

若农田防护林为林网状，则上述公式可改为：

$$E = \frac{V_o - \overline{V}}{V_o} \times 100\%$$

式中，V_o 为空旷地风速，$\overline{V}$ 为网格内各测点的平均风速，E 为林网内平均风速的降低率，即林网的防风效能。

（4）林带有效防护距离

即林带使害风风速在其背风面降为无害风速的距离，通称林带防护距离。因各地风害的情况不同，一般以降低最大风速的 20% 为目标，风害严重地段以降低最大风速 30% ~ 40% 作为确定有效防护距离的标准。配置林带应以有效防护距离为依据。例如有效防护距离为树高的 20 倍(20H)，成林林带的高度为12m，则主林带间距应为240m。

2. 三种林带结构类型的防护特点

（1）紧密结构林带

由多行乔灌木组成，有 2 ~ 3 个林层，从上到下枝叶都很稠密的较宽林带。疏透度 0.0 ~ 0.1，透风系数小于 0.3，风基本上不能透过林带，而从林带上空越过。在它的背风面接近林带处风速显著降低，形成一片静风区，但风速恢复较快，有效防护距离较短。这种林带形成的静风区能较好的保护、果园、经济作物和住宅。但由于防护距离较短，不宜作农田防护林带。

（2）疏透结构林带

由数行乔木和灌木组成的，从上到下枝叶稀疏、孔隙均匀的不太宽的林带。疏透度 0.3 左右，透风系数 0.5 左右。风经过林带时，气流象通过栅栏一样透过一部分，另一部分气流从林带上方绕过。在背风林缘附近形成弱风区，以后风速随着距林带距离加大而逐渐增加，直至恢复到原来的速度。疏透结构林带的有效防护距离较大，可达 20 ~ 25 倍树高，宜用作农田防护林带。

（3）通风结构林带

由少数几行乔木组成的较窄林带。上部树冠较密；下部仅有乔木主干，孔隙很大。当风经过林带时，气流多由林带下部的大孔隙通过，而由上层林冠部分通过较少，另一部分气流从林带上方绕过。林带背风面林缘附近的风速降低较少，弱风区出现在林带后方树高 5 ~ 7 倍的地方，以后离林带愈远则风速愈增，直到恢复到原来的风速。这种林带成林后枝下高如能保持在 2m 左右，以减小下层的透风性，使林带的疏透度保持在 0.3 ~ 0.5，也能起到较好的防护作用。一般风害地区可采用通风结构林带。此种林带能使积雪均布农田，降雪多的地区宜采用。由于这种结构林带的背风面林缘附近风速大，容易引起土壤风蚀，因此在风沙严重的地区不宜采用。

（4）不同结构林带防护效果比较

三种林带结构类型比较：紧密结构林带背风面林缘的风速显著降低，但在距林带较远处风速恢复较快；通风结构林带背风面林缘风速降低较少，但风速恢复较慢；疏透结构林带背风面林缘风速也明显降低，林带较远处的风速恢复较慢（表 2-31、2-32）。不同结构林带的有效防护距离有差别，以疏透结构林带的有效防护范围最大（表 2-33）。

表 2-31　三种结构林带几项指标比较

林带结构类型	外观	林带内风速状况	林带前后乱流交换	透风系数	疏透度（%）	最小弱风区位置
紧密结构	稠密	小或无	强	<0.3	<10	林带后 1H
疏透结构	孔隙适中、分布均匀	中等	中	0.4 ~ 0.5	30 ~ 40	林带后 3 H ~ 5 H
通风结构	孔隙多，下部孔隙大	大	弱	>0.6	>50	林带后 7 H

注：H—林带高度，下同

表 2-32　三种结构林带的防风效能比较

（山东省林业科学研究所，1980）

林带结构类型	风速减低率%（与空旷区相比）			
	5H	10H	15H	20H
紧密结构	54.7	24.5	15.1	5.7
疏透结构	52.9	29.5	20.6	16.5
通风结构	32.4	27.1	18.9	10.8

表 2-33　三种结构林带防护效果比较

（龙庄如，1980）

林带结构类型	最大防护范围（H）	有效防护范围（H）	防风效率（%）	最小弱风区风速占空旷区风速的比例（%）
紧密结构	30	15~20	20~30	0~20
疏透结构	>35	20~25	20~40	15~40
通风结构	35	20	20~25	30~50

　　山东半岛地区的农田防护林多为 2~4 行乔木的窄林带。只由乔木组成者，特别是树干分枝以下部分少枝叶的林带，常形成通风结构。由 2~4 行乔木和数行灌木共同组成的较窄林带，有的形成疏透结构，有的形成疏透—通风结构过渡类型。疏透结构林带的农田防护效果较好，应通过树种选择、造林密度和抚育管理技术措施等，使农田防护林带形成疏透结构。有些多行且株行距小的宽林带，可形成紧密结构林带。紧密结构林带的最小弱风区风速最小，只为空旷区风速的 10% 左右，但有效防护距离较短。在防护果园或经济作物时，可选用紧密结构林带。

（二）农田防护林带配置

1. 林带走向

　　即林带延伸的方向，以林带方位角表示。主林带的作用是防御主要害风，其方向与当地主要害风垂直时防风效果最好。但要使林带与沟、渠、路等相结合，保证地块完整、成方，又应适当调整林带方向。当偏角在 30° 之内，防风效果降低不显著。副林带的作用是防御次要害风，增强主林带防护效果。副林带垂直主林带，防护效果好，且方田整齐划一，不会出现斜角地。一般将方田与林网均配置成东西向为长边的长方形，既使林网起到较大的防护作用，又把遮荫的面积减少。

2. 林带宽度

　　林带宽度指林带两侧林缘之间的距离。林缘取林带边行树木的树冠投影外侧。林带宽度对降低风速没有直接作用，但对构成林带结构及树木的稳定生长有一定影响。为使林带与沟渠路结合，尽量少占耕地，山东半岛地区多营造较窄的林带。较窄的林带有利于树木的旺盛生长，枝叶茂密，林木分化较轻，稳定性较强；较窄林带可通过合理的树种选择、造林密度和抚育管理，使其形成疏透结构或疏透—通风结构，起到良好的防护作用。主林带一般可由4~6行乔木和1~2行灌木组成。副林带可由2~4行乔木和1~2行灌木组成，或只由2~4行乔木组成。

3. 林带间距

林带间距通常以林带内主要乔木树种壮龄时达到的平均树高(H)的倍数来表示。林带间距大小直接关系到防护作用高低及林带占地比率。应根据当地的自然灾害情况、林带防护作用大小和林带占地等因素来确定适宜的林带间距。既避免林带间距过大，使部份耕地受不到林带保护；也避免间距过小，致占地、胁地太多，机耕不便，也不能充分发挥每条林带的最大防护效益。

适宜的林带间距原则上应等于林带的有效防护范围，即是指在气流经过林带后，风速的降低能使农作物免受灾害的范围。林带有效防护距离的大小受该地灾害的种类和程度、林带的结构、农作物对防护的要求等因素的影响。风害应以风速降低到被保护的农作物免受危害的最大风速值为标准；风沙区应以风速降低到产生风蚀临界值(通常为5m/s以下)为标准，也就是要使地表沙粒不被吹动。据各地观测，林带迎风面有效防护距离为3~5H，背风面的有效防护距离为15~20H，林带迎风面和背风面的有效防护距离之和一般为18~25H。由于林带的有效防护距离随林带高度的增加而延长，在林带的整个生长周期中其有效防护范围可按林带高度的15~20倍。山东半岛地区农田防护林的主要树种为杨树、柳树、刺槐等，其壮龄时的树高可达15~20m，一般可确定主林带间距200~400m、副林带间距300~500m。

山东半岛沿海地区因各地自然条件的不同，林带间距也应有差别。如距海较近、风沙严重地段，应适当减小林带间距与网格面积，以提高防护效能；主林带间距150~200m，副林带间距250~400m，网格面积4~8hm²为宜。而距海较远、风沙危害较轻的农田，可适当加大林带间距和网格面积，以便于耕作；一般主林带间距300~400m，副林带间距350~500m，网格面积10~20hm²。

(三)预防林带胁地

由于林木的遮阴和串根，出现农田防护林带胁地问题，影响农作物的生长发育。为了降低胁地的不良影响，常用的预防林带胁地措施有三项：一是沟渠路林结合，尽可能将排水沟、灌溉渠、道路等非农用地安排在胁地范围内，减少遮阴面积，又能截根，少占耕地。二是选好林缘树种，靠农田一侧选用深根性、根蘖性弱、树冠窄的树种，以减小串根遮阴的影响。三是在胁地范围内种植适应性强、较耐荫的作物，如豆类、薯类、花生等；并加强农田水肥的管理，促进农作物生长发育，以降低林带胁地减产。

二、农田防护林的造林技术

（一）造林树种

农田防护林的主要作用是防御害风，改善农田小气候；同时绿化美化周围环境，并生产部分林产品。

农田防护林的造林树种应符合以下要求：适应沿海地区的气候土壤条件，抗风能力强；生长较快，树形高大，枝叶繁茂，能更快更好地起防护作用；生长稳定，寿命较长，能长期发挥防护作用；树冠较窄，具深根性或根系不过分伸展，对临近农作物的影响较小；树木本身具有较高的经济价值或绿化美化观赏价值。此外，在要求冬春季起防护作用的农田防护林带中要搭配常绿树种；为形成良好的林带结构，应搭配灌木树种。

根据以上要求，山东半岛沿海地区农田林网可选用的树种有：欧美杨、美洲黑杨、毛白杨、刺槐、旱柳、白榆、悬铃木、绒毛白蜡、苦楝、水杉、侧柏、圆柏、黑松、紫穗槐、簸箕柳、花椒等。

把农田防护林营造成混交林，有利于落叶与常绿树种、乔木与灌木树种、速生与长寿树种等各类树种发挥其不同的防护特性，混交林更有利于形成防护效果较好的疏透结构，而且对不良环境条件和林木病虫害的抵抗力较强。不同乔木树种混交时常用行间混交，靠近农田一侧栽植根深冠窄的树种。常绿针叶树种与阔叶树种混交时，针叶树种常栽植在林带的向阳一侧边行。

防护林带与沟渠路配合时，应根据树种的生物学特性，栽在适合的位置。如杨树树体高大、根系发达、抗风力强，宜栽植在路肩；柳树根系发达、抗风固土力强、耐水湿，可栽植在边坡中下部；刺槐侧根发达、较耐旱而不耐水湿，宜栽植在边坡上部。紫穗槐侧根发达、枝叶繁茂、适应性强、耐旱、耐涝、耐一定程度庇阴，在路肩、边坡等部位均可栽植，可与乔木行间混交或株间混交。

（二）造林密度

适宜的造林密度是保证林木良好生长和形成理想林带结构的重要技术措施。农田防护林的土壤条件好，林带两侧通风透光。适应林带的特点，农田防护林比成片用材林的密度可大一些，以促进林木早期的高生长，使林带提前郁闭，发挥较好的防风效能。杨树、柳树、刺槐、悬铃木等速生乔木树种，路渠每侧 2 行，一般为行距 1.5～2m，株距 3～4m，行距小于株距，品字形排列；路渠每侧 1 行时，株距 2～3m。生长较慢、树冠较窄的针叶树水杉、侧柏、圆柏等，株行距 2～3m 为宜。紫穗槐、簸箕柳等灌木的株距一般为 1～1.5m。行数多的宽林带，应适当加大行株距，以保证林木有较充足的生长空间。

（三）栽植技术

1. 整地

农田防护林一般用穴状整地，杨树等乔木树种的栽植穴，一般为穴径 0.8～1m，深 0.8～1m；灌木的栽植穴，穴径 0.6～0.8m，深 0.6m 左右。

2. 苗木

选用壮苗造林，缓苗期短，抵御自然灾害的能力强，生长快，成林早。营造农田林网时，一般使用二年生优质大苗，要求苗干粗壮，充分木质化，根系发达，无病虫害及机械损伤。

苗木水分状况与造林成活率密切相关。在起苗、运苗、栽苗的各个环节，都要保持苗木水分平衡，防止失水。部分杨树品种（如 I69 杨、T66 杨等），苗木在越冬过程中含水率明显下降，使用这些品种的苗木春季造林时，要用流动的活水浸泡 1～2 天，使苗木吸足水分再行栽植，可提高造林成活率。对杨树、柳树、刺槐、悬铃木等树种，栽植前要对苗木进行适当修剪，可剪去全部侧枝，并剪去苗稍木质化差的部分，剪口下留壮芽，这有利于苗木成活和培养幼树的良好干形。对过长的侧根和劈裂、折断的侧根也要适当修剪。

3. 栽植时期

植苗造林一般在春季进行，此时苗木蒸腾水分较少，又较易生根。由于山东半岛沿海地区春季回暖较晚，造林时间应迟于同纬度内陆地区。毛白杨、旱柳等树种，可在苗木地上部分还未萌动，根开始生长的时机栽植。I69 杨等美洲黑杨无性系，生根需要的土壤温度较高，在日平均温度超过 10℃，树液流动、芽快要萌动时栽植，成活率较高。据莒县等地试验，3 月上、中旬栽植 I69 杨成活率一般在 30%～50%，4 月上旬栽植的成活率达 90% 以上。刺槐、悬铃木等树种，也要适当晚栽，以芽萌动时成活率最高，这时栽植树液已流动，可防止干梢和枯干。

水杉、侧柏、圆柏等针叶树和紫穗槐、簸箕柳等灌木树种，一般在春季栽植。侧柏、簸箕柳等树种也可在雨季栽植。

杨树、柳树等树种，可在秋末冬初栽植。这时气温已逐渐降低，苗木刚落叶，蒸腾作用减弱，但地温仍较高，还能生长新根，有利于苗木成活；到第二年春季生根发芽早，生长量大。

4. 栽植方法

为了提高造林成活率，促进幼树生长，栽植苗木时应掌握以下几个技术要点：

（1）栽植深度适宜。栽植过浅，不抗旱、易风倒，影响成活；栽植过深，影响根系呼吸，不利于幼树生长。适宜的栽植深度，应根据树种、土壤和季节的不同，灵活掌握。春季多风，在较干旱的沙性土地上，应适当深栽。杨树、柳树等易生根的阔叶树大苗，应适当深栽，栽植深度以 40～60cm 为宜，能提高抗风、抗旱能力，萌生较多不定根，利于成活生长。而针叶树和刺槐、白榆等生根能力弱或浅根性树种，则不宜深栽，栽植深度一般为 10～

20cm。

（2）根系舒展。栽苗时应使苗木根系舒展，利于新根延伸，严防窝根，以免影响幼树生长。

（3）根系与土壤密接。植苗时要分层填土、分层踩实，不留空隙，严防根系悬空。

（4）及时灌水。植苗后及时灌足水，待植树穴中的湿土下沉后培土封穴。在栽植杨树、悬铃木等高干大苗时，还可"坐水栽植"，在栽植穴中填入半穴土后灌水，穴内形成泥浆，把大苗根系在泥浆中上下提动，使苗根与土壤密接，然后分层填土，分层踩实，培土封穴。

（5）苗木带土栽植。栽植侧柏、圆柏等常绿针叶树大苗，可应用带土球的苗木，以保存根系，容易成活。

三、农田防护林的抚育保护

加强林木的抚育管理，可促进林木生长，调节林带的结构，更好地发挥防护效能。

（一）幼林抚育

造林成活率低于90%，形成缺株断行的，应于造林后1年内用大苗及时补植，以免在林带上形成大风穿过的缺口。加强松土除草、培土、浇水等抚育管理，促进幼林速生，加快林带郁闭成型，尽早达到理想结构，发挥更大的防护效能。灌木平茬可在林带两侧交替进行，使林带下部仍具有适宜的透风性，既维持防护效果，又可采收条子增加经济收入。

（二）修枝

幼龄林整形修枝的主要作用是防止形成竞争枝、粗大枝，培养树木的良好干形，促进主干生长。壮龄林修枝的主要作用是防止树干上形成节疤，增加树干圆满度，提高木材质量和使用价值。修除大树树冠底层受光很差的衰弱枝条，可以减少树木同化物质的消耗，改善树冠上、中部的营养状况，有利于林木生长。而农田防护林的修枝，还影响林带下部的透风性和林带结构。

农田防护林的修枝要适时适度，既有利于树木生长发育，又防止林带下部因修枝而空隙过大、透风过多，影响防护效果。幼龄林一般只修除或控制影响主干生长的竞争枝、粗大枝，树冠下层的均匀枝条均应保留。壮龄林只修除树冠底层的枯枝和光照条件很差、生长衰弱的枝条，保留较大的树冠；应掌握少量多次的原则，防止修枝强度过大而降低林带的防护功能。

（三）林木病虫害防治

林木保护工作对农田防护林持久稳定地发挥防护效益具有重要作用。林木病虫害防治要贯彻"预防为主，综合治理"的方针，采取综合防治措施，防止林木病虫害成灾。山东半岛地区农田林网的主要害虫有杨扇舟蛾、杨尺蠖、美国白蛾、光肩星天牛、桑天牛、大袋蛾、草履蚧、刺槐蚜虫等；主要病害有杨树水泡型溃疡病、杨树腐烂病，杨树褐斑病、刺槐溃疡病等。防治林木病虫害的主要措施有：选择抗病虫的树种、品种；培育优质壮苗，苗木出圃时严格检疫，防止带病虫害的苗木出圃；通过适地适树、合理密度、营造混交林、加强水肥管理等营林措施，保证林木生长健壮，提高抗病虫能力；清除虫源、病叶，改善森林的卫生条件；保护和利用害虫的天敌昆虫，人工招引啄木鸟等益鸟；加强森林病虫害的预测预报工作，在林木病虫害大发生时正确合理地使用各种高效低毒农药进行化学防治。

四、农田林网的改造与更新

部分防护作用较差、需完善的林网，应针对不同情况，进行改造。农田林网达到成熟龄以后需进行更新。

（一）农田林网的改造

需改造完善的农田防护林有不同情况，应分别采取相应的改造措施。凡带距过远、林网的网格面积过大者，应按正确标准增设林带；带距过近、林网面积过小者，可隔1带伐去1带。成活保存率低、缺株断行，生长不整齐的幼龄林带，可用大苗壮苗补植填补缺口，也可用挖沟萌条法补起缺口。树种适宜，但缺乏抚育管理，致生长不良的林带，应加强松土除草、施肥灌水等措施，促进林木生长。凡树种选择不当、防护效益差的林带，保存率低于40%的林带，应伐去原有林木，清除伐根，细致整地，选用适宜树种重新造林。

（二）农田防护林带更新技术

农田防护林的更新技术主要是确定更新年龄和更新方式。

1. 农田防护林带采伐更新年龄

确定防护林带采伐更新的年龄首先要考虑农田防护林的防护成熟龄，即林带主要乔木树种的树高生长已度过速生期而趋于稳定，林带已充分发挥防风作用的年龄。农田防护林所处的立地条件好，林木生长快，在发挥农田防护作用的同时又是重要的木材生产基地，所以确定防护林带采伐更新年龄时还要考虑林带主要乔木树种的数量成熟龄和目的树种的工艺成熟龄。综合分析防护成熟龄、数量成熟龄、目的材种的工艺成熟龄等因素，合理的林带采伐更新年龄应保证防护林带既有较高的防护效益，较长的防护年限，又能生产更多的大径级用材。不同树种、不同立地条件、不同的自然灾害情况等不同的目的树种，其合理的林带更新年龄也有差别。山东半岛沿海地区农田中欧美杨和美洲黑杨林带的合理采伐更新年龄一般为15～20a，毛白杨林带的合理采伐更新年龄一般为25～30a。

2. 更新方式

林带的更新方式影响其持续利用及防护效益。合理的更新方式应保持防护效益的连续性与稳定性，使原有林带采伐后防护效益降低的时期短，下降的程度小。不同林带更新方式，各有其优缺点及适用条件。

全面更新：在一定范围内将林网全部采伐，重新造林。这种方法使大面积的土地在短期内失去保护，一般不宜采用。但对树种选择不当、生长不良的林带可以采用。也可以采取先副林带、后主林带的主副林带轮流更新。

分期隔带更新：在一定范围内每隔1~2带伐去1带，在采伐迹地上营造新林带。待新林带长至一定高度能发挥防护效益时，再伐去原来保留的林带。这种更新方式比较方便适用，只在短期内暂时降低了林带有效控制面积，以带距较小的林网采用为宜。

换带更新：紧靠原有林带的南侧、东侧营造新林带，待树木长到6~8m高以上时再伐去老林带，并改采伐迹地为农田。这种换带更新方式不致在短期内显著降低防护效果，但只适用于不靠路、渠的林带。

采用上述各种更新方式，都应做好调查和技术设计。更新时都要清除伐根，细致整地，选用优良品种，采用壮苗造林；确保新建林带的成活和速生，尽快形成合理结构，发挥防护作用。

第五节　水土保持林和水源涵养林

水土保持林是以调节地表径流，控制水土流失，保障山区的土地与水利设施，沟壑、河川的水土条件为经营目的的防护林，包括分水岭防护林、坡面防护林、沟道防护林、库塘防护林、护岸护滩林等。水土保持林是山东半岛山地丘陵的主要防护林类型，是沿海防护林体系的重要组成部分。山东半岛沿海地区的水土保持林主要配置在山地中下部和丘陵地带，坡度大于20°、土壤母质疏松、水土流失严重的地段。基岩海岸地段、临近海岸的山地丘陵向海一侧的坡面，常受到台风、大雨的侵袭，是营建水土保持林的重点地段。

水源涵养林是以涵蓄降水，调节、改善水源流量和水质为经营目的的防护林。水源涵养林主要分布在河川上游的水源地区，对于防止水、旱灾害，并合理开发、利用水资源具有重要意义。山东半岛沿海地区的水源涵养林主要配置在山坡上部、河流上游、水库集水区及城市水源地。

一、山地丘陵的水土流失及其危害

(一)山地丘陵土壤侵蚀的形式

土壤侵蚀有土壤水蚀、风蚀和重力侵蚀等类型，山地丘陵的土壤侵蚀主要表现为水蚀，重力侵蚀也多与水蚀伴随发生。水蚀是由降雨及其形成的地表径流对土壤的水力侵蚀，包括在流水的作用下，土壤被剥蚀、转运和沉积的过程，也即水土流失。水土流失以片状侵蚀、沟状侵蚀为主，还有水力侵蚀与重力侵蚀共同作用的山体滑坡、崩塌、泥石流以及河岸冲刷等形式。

1. 片状侵蚀

又称面蚀。坡地上发生较强的降雨后，地表径流从地表面冲走土粒，而使土壤表面被剥蚀，通常称为土壤流失。片状侵蚀的进展速度较慢，但冲走一部分肥沃表土，年复一年，使土壤肥力降低，甚至土壤沙砾化。片状侵蚀在山地、丘陵的不同地形部位普遍发生。其侵蚀的强度因坡度、降雨强度、土壤性质及植被覆盖程度等因素的不同而异。

2. 沟状侵蚀

当坡地上地表径流集中到一定数量时，由于流量和流速的增加，冲刷能力加强，而将地表冲刷成沟状。按土壤冲刷程度与沟蚀的发展阶段，可分为细沟侵蚀、浅沟侵蚀和切沟侵蚀。细沟侵蚀所冲失的是肥沃表土。浅沟侵蚀主要在土壤层中发生，然后会切入母质层中，深度一般 0.5~1m。若浅沟侵蚀得不到治理，会发展为切沟侵蚀，深度达几米至一、二十米。一些径流汇集的跌水处、规划不当的水道、经常放牧的牧道等都会成为切沟侵蚀的开端。

山区的坡地经过长期土壤冲刷，形成了侵蚀沟。侵蚀沟分为沟头、沟坡、沟底及侵蚀沟岸地带等部分。大的侵蚀沟可由若干支沟构成，支沟还可分几级，共同构成侵蚀沟系。如胶东地区的丘陵型侵蚀沟系由河沟、河沟—旱沟、旱沟、冲沟构成，低山型侵蚀沟系由谷溪、涧沟、岔沟、毛沟、悬沟构成，不同侵蚀沟系类型各级沟道所处的地形部位、坡度及沟道横断面形状都有所不同。历史上形成的侵蚀沟系统是相对稳定的。但在地形、土壤、降水、植被及各种人为因素的影响下，特别是在滥伐森林及不合理的耕作制度等人为因素破坏影响下，会形成新的沟状冲刷，并逐步纳入侵蚀沟系。

3. 泥石流

泥石流是由岩质山地未受调节的地表径流引起的，大量流水夹带细土、砂粒、石砾以及石块急流而下，从而形成巨大破坏。泥石流的发生是大面积集水陡坡，强降雨，山上很少植被覆盖且有疏松的土壤表层等因素综合作用的结果。泥石流是石质山地土壤侵蚀的重要形式和特征，是山区重要的地质灾害之一。

4. 山体滑坡

在集水陡坡上，土层底部有不透水层或岩石存在，阻碍地下水下渗，使其沿此不透水层面流动，积水既多，上层土壤涨成泥浆，也沿此层面开始蠕动，泥浆积聚很多，压力更大，下滑速度加快，致使坡面土壤一齐滑下，形成重大破坏。山体滑坡也是山区的重要地质灾害之一。

5. 崩塌

由于径流集中，坡面植被的破坏和演变，沟底的逐年刷深等，都会使坡面过陡，超过了临界安全坡度而引起崩塌。沟头跌水逐年刷深，沟道两侧受流水的冲刷淘空，往往会造成沟坡崩塌现象。

6. 河岸冲刷

在河道弯曲处，河岸冲刷现象最为明显。当水流经过弧形的河道时，使河的凹岸侵蚀而成深槽，凸岸沉积形成浅滩。凹岸冲塌的多为肥沃良田，而沉积的浅滩多为瘠薄沙地。此种冲淀作用继续进行，使河道渐向凹岸移动。继续发展，河道变得很弯曲，冲刷作用更加强，就可能使流水突破旧槽，舍弯取直而注入较短的新河槽中。

（二）水土流失的危害

水土流失是山地丘陵的重要灾害。土壤侵蚀面广量大，使土地失去肥沃表层土壤和大量腐殖质。在山东半岛沙石山区的坡地上，长期的土壤面蚀使土地中的沙砾含量逐渐增加，导致山区土地的沙砾化。沟蚀使土地受到切割，坡面支离破碎；沟蚀还为地表径流的增加创造了条件，加剧了水土流失，使沟蚀地段的土壤更加干旱瘠薄。严重的沟蚀危及道路及建筑物。泥石流和山体滑坡的破坏力大且发生急促，侵袭农田，破坏房屋、道路、水利工程。严重的水土流失可使山区土地变为裸岩，失去土地生产能力。

水土流失既给山区带来很大的灾害，又给下游平川地区带来灾害。雨季山洪暴发，威胁库塘安全，冲击河流堤坝，造成两岸水冲沙压。大量泥沙冲到河谷、库塘中，造成严重淤积，影响水利工程的效益。而到旱季，则河川流量显著减少，甚至干涸。水土流失不仅破坏了山区土地资源，还加剧了旱涝等自然灾害。

以莱阳市林业局对莱阳市水土流失状况的调查资料为例（宫锐等，1993）：该市地形以丘陵为主，土壤侵蚀形式以面蚀、沟蚀为主。面蚀占水土流失总面积的95.37%，是该市山丘地区危害最大的一种侵蚀形式；沟蚀主要发生在坡积、洪积物和基岩酥松的风化层上。据调查，全市水土流失面积达到13.6万 hm^2，占土地总面积的78.3%；土壤平均侵蚀深度2.1mm/年，侵蚀模数2056m^3/a·km^2。该市水土流失造成的主要危害有：

（1）土层变薄，裸岩增加。由于水土流失，导致土层变薄，土壤砂砾化，土地质量下降，裸岩增加。该市丘陵的坡式梯田一般土层厚30cm左右，若按每年2.1mm的侵蚀速度计算，那么140年以后，大部分土地会变成裸岩地。

（2）严重影响水利工程的寿命和效益。该市有15km以上的河流13条，由于大量泥沙淤积，河床平均抬高0.5~1m，加宽几米到几十米。以清水河为例，河床已抬高0.4~0.6m，影响行洪；1979年发生洪水，造成47处堤坝决口。据1981年对该市的主要水库—沐浴水库和7个小一型水库、13个小二型水库及19个塘坝的淤积测量结果，总淤积量达793万m^3。沐浴水库建于1959年，运行30年间已淤积1401万m^3，损失兴利库容的13%，工程效益减少了1/4。库区的水土流失和水库的淤积不仅影响着该市工农业生产的发展，而且威胁着下游20万人的生命财产安全。

（3）生态失调，水旱灾害频繁发生。由于森林植被的破坏，使水土流失发展，导致生态环境失调，自然灾害频繁发生。据历史资料记载，明、清两个朝代，莱阳市特大水灾100~150年发生1次，而到20世纪增加到35年发生1次；明清两代特大旱灾为100年发生1次，而1931年以来增加到30年发生1次。20世纪80年代以来，水旱灾害的发生频繁，给农业生产和人民生活造成了很大损失。

二、水土保持林的防护作用

山地丘陵区的水土保持林发挥着调节地表径流，防止土壤侵蚀，改善河川水文状况，改良土壤，改善微域气候等生态功能和效益。水土保持林的主要防护作用是控制水土流失。

（一）水土保持林的水文效应

1. 林冠和地被物截留降水

水土保持林首先由林冠层截留降水，减少了落在林地上的降水量和降水强度。林冠截留降水量的多少因降水强度、树种及森林类型而变化。如 20 年生赤松、刺槐人工林，在较强降雨条件下，林冠对降水的平均截留率为 11% ~ 14%，林下植物也可以截留一部分降水。

林地上形成的松软的地被物层，包括枯枝落叶层和苔藓地衣等低等植物层，具有较大的粗糙度和高的水容量，对降水进行第二次截留。不同树种的枯落物水容量相比，一般是阔叶树大于针叶树；不同分解程度枯落物的水容量相比，一般是分解程度高的枯落物其水容量也高。如赤松、落叶松成年林分现存的枯落物干重在 8.1 ~ 10.6t/ hm² 之间，最大持水量在 14.6 ~ 17.5t/hm² 之间，而赤松麻栎针阔混交林的枯落物干重和持水量为 25.7 t/hm² 和 43.4t/hm²，远高于针叶纯林（表 2-34）。

表 2-34　不同森林类型枯落物干重和持水量

林分类型	枯落物干重(t/hm²)	最大持水量(t/hm²)	持水率(%)
赤松麻栎林	25.7	43.4	160.9
赤松林	8.1	14.6	179.0
落叶松林	10.6	17.5	187.28

2. 林地土壤吸贮水分

穿过枯枝落叶层的降水为森林土壤所吸收。林地与无林地相比，土壤腐殖质多、孔隙度高，以及动物潜行和树根死亡后留下的孔道，因此森林土壤的入渗率和持水量高。如山东农业大学对山区林地、草地、农田的土壤物理性质和蓄水性能观测结果（表 2-35），松树林、刺槐林的土壤孔隙度、水分渗透速度和土壤贮水量均明显高于农田和草地。

表 2-35　不同地类的土壤物理性质和蓄水性能

（山东农业大学，1990）

地类	土壤容重 (g/cm³)	总孔隙度 (%)	水分渗透度 (mm/min)	非毛管孔隙贮水量 (t/hm²)	30cm 土层土壤 最大贮水量(t/hm²)
松树林	1.23	52.02	6.2	192.0	1560.6
刺槐林	1.16	55.38	8.6	255.3	1661.4
紫穗槐林	1.28	47.70	4.0	147.0	1431.0
草地	1.30	46.32	2.8	103.2	1389.6
坡下部农田	1.33	45.81	1.9	94.2	1374.3
岗地农田	1.37	40.03	0.5	79.8	1200.9

3. 涵养水源，调节河川流量

当降水强度超过林冠截留、森林枯落物和土壤的容蓄能力时，剩余的水量或继续下渗补充地下水，或成为地表径流。由于森林土壤渗透能力强，在一般情况下，这些水分多能补充地下水成为地下径流，起到涵养水源的作用。水土保持林能分散、滞缓、减少地表径流，变地表径流为地下径流，水土保持林对径流的调节作用是水土保持林水文效应的中心。

由于水土保持林调节径流、涵养水源的作用，就削弱了雨季时河川的洪水流量，减轻了对下游河道的水冲沙压；森林涵蓄的水分可在雨后陆续补给给河川，使河川流量得到调节。

（二）防止土壤侵蚀

通过专门配置而形成一定结构的水土保持林，依靠林分群体乔、灌木浓密的地上部分及其强大的根系，能够有效地调节迳流和固持土壤，防止土壤侵蚀。根据各种生产用地或设施特定的防护需要，水土保持林和必要的坡面工程、护岸护滩工程、固沟护坝工程等结合，还可起到陡坡固持土体，防止滑坡、崩塌，防冲护岸、缓流挂淤等作用。

水土保持林防止土壤侵蚀的功能主要有以下几方面：第一，林冠层和枯枝落叶物层削减降雨雨滴的击溅能量，保护土壤少受雨滴的击溅破坏，防止或减轻地表土壤侵蚀。第二，由于枯枝落叶层的对地表迳流的分散、滞缓作用，防止了径流的进一步集中，减缓了径流的速度和流量，削减了径流的侵蚀力，起到防止地表径流冲刷性轻蚀的作用，如各种面蚀及沟蚀的进一步发展。第三，过滤地表径流。森林上方流下和林内产生的地表径流，受到林下灌木、草本植物和地被物的阻截，特别是由于枯枝落叶层结构上的特性，可以使地表径流中挟带的土砂石砾和半分解物质得到过滤而沉积在森林的内部，起到防止泥沙下泄的作用。第四，林木以其纵横交错的根系分布在土壤及成土母质内，起到强大的固持土体作用。林木因蒸腾作用而具有生物排水功能，可减少滑塌界面层的水分而稳固土壤。暴雨之后，无林山地常出现崩塌、滑坡及冲毁梯田、塘坝等灾害。水土保持林因削弱径流作用和固土作用，使其护持的山坡、沟谷、梯田等较少出现上述灾害。

水土保持林减轻土壤侵蚀的功效十分明显。如莒县林业局对莒县王家山小流域的观测资料：在汛期10次降水、总降水量351.1mm的情况下，刺槐林、麻栎矮林、紫穗槐灌丛的径流量分别比全垦荒地减少94.1%、89.5%、88.3%，土壤流失量分别减少94.1%、96.7%、90.0%。

（三）改良土壤，提高土壤肥力

森林能加速成土作用，在森林群落与气候、地形、时间等因素的综合作用下使母质形成土壤。森林植被能形成一个郁闭的环境，有独特的小气候，影响着土壤的温度和湿度。森林每年有大量的凋落物归还给土壤，凋落物除了以有机碳为主外，富含大量的氮、磷、钾等营养元素以及各种灰分元素。凋落物在土壤表面形成枯枝落叶层，分解后对土壤的物理和化学性质及生物都有重要影响。森林植被有强大的根系，根量一般在 $10t/hm^2$ 以上，乔灌木的根系能伸入土壤进入深层吸收养分，并增加孔隙度，改善土壤物理性质；菌根和根系分泌物能够影响土壤的化学性质；死亡的根系有助于森林土壤有机质和养分的积累。由于森林具有这些改良土壤作用，因而提高了土壤肥力和林地生产力。

(四)调节区域小气候

由森林植被形成的下垫面对辐射平衡、水汽运输以及大气运输阻力等产生强烈的影响，产生不同于其他下垫面的森林小气候特点：第一，林分所得到的净辐射要比裸地高，其中部分能量用于林木生长。第二，在森林中下垫面向大气输送的水分数量增多，空气湿度加大，同时大气垂直水汽梯度也加大，有利于对流形成，影响区域水分循环。第三，大气湿度的增加不仅缓解了大气干旱现象，而且在植被覆盖作用下土壤表层蒸发减弱，有利于植物生长。第四，森林能够增加水平降水，当水汽和云雾遇到林木等垂直面而凝结成水滴露珠或冻结成雾凇霜雪再融化成水滴，这些水平降水约占总降水量的 3% ~ 5%。第五，林下热通量减小，地表温度降低，变化缓和，防止了温度剧烈变化对大气的影响和对植物生长的影响；由于林冠层上乱流交换作用的增强，使热量不易在地面附近集中，使近地层大气温度变化缓和并有所降低。总之，森林植被使区域小气候具有增湿、降温、天气过程变化缓和等森林气候的特点，使林区处于相对良好的生物气候环境之中。

(五)防止河道、库塘淤积，减轻河岸崩蚀

在水土流失严重的山区，河床、水库淤积相当严重。河岸在洪水的冲击下，常使沿河陡岸塌蚀，不仅泄洪不畅，还使两岸土地为流沙掩盖。由于水土保持林防止水土流失，减少下泄的洪水流量和泥沙含量，从而减轻了洪水对河岸的冲击，防止河岸塌蚀，并延缓了河床、库塘淤积。

三、水土保持林营建技术

根据水土保持林的经营目的和造林条件，其营造技术要点主要有：选择适应性广、抗逆性强、水土保持能力强的树种，一般宜采取针阔叶树种混交、乔灌树种混交的造林形式，采用蓄水保土的整地措施，应用各种旱作栽植技术，加强抚育保护等。

(一)立地条件类型划分

山地、丘陵区的地形和土壤条件比较复杂，造林地立地条件多样，进行立地条件类型划分是实现适地适树和制定各项造林技术措施的基础。

山东半岛林业生产中的立地类型划分方法主要是采用主导环境因子分类法，即通过对地形、土壤等对林木生长有影响的诸多立地因子的分析研究，从中筛选出与树木生长和分布相关紧密且直观稳定的主导因子，作为各级立地类型划分的依据，按主导因子将林木生长表现基本一致的地块归结在一类，逐级进行立地类型的划分。

如青岛市林业局在沿海防护林建设中对青岛市基岩海岸进行了立地条件类型划分工作。先按地貌类型将青岛市基岩海岸宜林地划分为 2 个立地类型区，即低山立地类型区和丘陵立地类型区。然后在立地类型区内以坡位、坡向等地形因子为依据，划分出 7 个立地类型组。最后以土层厚度、石砾含量等土壤因子为主，共划分 24 个立地类型，其中低山立地类型区划分 20 个立地类型；丘陵立地类型区划分 4 个立地类型（表 2-36）。

表 2-36　青岛市基岩海岸宜林地立地分类系统

（王德安等）

立地类型区	立地类型组	立地类型	立地类型号
低山立地类型区	低山阳坡上部立地类型组	低山阳坡上部薄层土多石砾立地类型	（1）
		低山阳坡上部薄层土少石砾立地类型	（2）
	低山阴坡上部立地类型组	低山阴坡上部薄层土多石砾立地类型	（3）
		低山阴坡上部薄层土少石砾立地类型	（4）
	低山阳坡中部立地类型组	低山阳坡中部薄层土多石砾立地类型	（5）
		低山阳坡中部薄层土少石砾立地类型	（6）
		低山阳坡中部中厚层土多石砾立地类型	（7）
		低山阳坡中部中厚层土少石砾立地类型	（8）
	低山阴坡中部立地类型组	低山阴坡中部薄层土多石砾立地类型	（9）
		低山阴坡中部薄层土少石砾立地类型	（10）
		低山阴坡中部中厚层土多石砾立地类型	（11）
		低山阴坡中部中厚层土少石砾立地类型	（12）
	低山阳坡下部立地类型组	低山阳坡下部薄层土多石砾立地类型	（13）
		低山阳坡下部薄层土少石砾立地类型	（14）
		低山阳坡下部中厚层土多石砾立地类型	（15）
		低山阳坡下部中厚层土少石砾立地类型	（16）
	低山阴坡下部立地类型组	低山阴坡下部薄层土多石砾立地类型	（17）
		低山阴坡下部薄层土少石砾立地类型	（18）
		低山阴坡下部中厚层土多石砾立地类型	（19）
		低山阴坡下部中厚层土少石砾立地类型	（20）
丘陵立地类型区	丘陵立地类型组	丘陵薄层土多石砾立地类型	（21）
		丘陵薄层土少石砾立地类型	（22）
		丘陵厚层土多石砾立地类型	（23）
		丘陵厚层土少石砾立地类型	（24）

对不同的立地条件类型应分别进行不同树种的造林设计。如山坡中上部的薄层土立地类型，乔木树种以松类为主，选择胡枝子、绣线菊、锦鸡儿、荆条等灌木为伴生树种，采用适于山区的旱作造林技术。山坡中部中厚层土立地类型可栽植刺槐、麻栎、板栗等树种，或与松树组成混交林。

（二）造林树种选择

1. 选择条件

选择水土保持林造林树种的主要条件是能适应造林地生态条件、生长稳定、并具有较高的保持水土能力。除乔木外，还要注意选择灌木及藤本植物以至草本植物。

（1）适应造林地生态条件　"适地适树"是树种选择的首要原则。水土保持林的各林种所处立地条件有较大差别，应分别选择适生树种。如分水岭防护林和坡面防护林，一般处在土壤干旱瘠薄的地段，必须选择耐干旱瘠薄且根系发达的乔灌木树种。沟道防护林，应选择耐水冲沙压、萌蘖力强的树种。

（2）保持水土能力强　水土保持林树种应生长较快，寿命长，枝叶繁茂，萌蘖力强，根系发达，有较多枯枝落叶，能形成水容量大、透水性强的死地被物；能够发挥更好的截留吸收降水、固持土壤、滞缓分散地表径流等作用。选择耐贫瘠、有固氮能力的树种，如刺槐、紫穗槐、胡枝子等，不仅能保持水土，还能改良土壤，提高土壤肥力。在沟底、河滩，应选择拦洪挂淤能力强的树种。在堤坝迎水面选用能防浪抗风的树种，如旱柳、紫穗槐等。

（3）重视选择优良灌木树种和木质藤本植物　灌木树种可以适应较为恶劣的环境条件，生长稳定，往往作为荒山造林先锋树种使用；灌木可以保持较为浓密的灌丛状态，具有密集的根系，对于滞缓分散地表径流、固着土壤都有良好作用。应根据水土保持林的立地条件和防护特点，选择适宜的灌木树种。

一些木质藤本植物能适应干旱瘠薄的立地条件，生长旺盛；能充分利用破碎的瘠薄山坡、陡峭石坡及裸岩，并能较快地获得保持水土效果和部分经济收入。山东半岛地区有多种适于开发利用的木质藤本植物，在石质山坡的水土保持林中可因地制宜地选用（表2-37）。

表2-37　几种灌木及藤本植物的保持水土性能

（杨吉华、张光灿等，1996）

树　种	土壤容重 （g/cm³）	土壤孔隙度(%)	土壤含水量（%）	渗透深度（cm）	迳流深度（mm）	迳流量（m³/km²）	冲刷深（mm）	冲刷量（t/km²）
葛藤	1.17	55.4	13.4	23.1	1.17	1125	0	0
胡枝子	1.22	53.7	12.5	19.1	1.54	1507	0.12	163
花椒	1.24	52.6	11.9	17.6	6.24	6154	15	204
无林地（对照）	1.39	47.7	7.5	14.5	167.90	167077	31.9	43089

2. 水土保持林的造林树种

按照选择水土保持林树种的条件，分别山岭地和河谷地，均有多种适宜造林树种。各地可根据造林地条件和水土保持林群体结构的需要，来合理选用造林树种。

（1）山岭地造林树种

乔木：赤松、黑松、日本落叶松、侧柏、麻栎、栓皮栎、槲栎、刺槐、臭椿、元宝槭、山槐、小叶朴、毛梾(*Swida walteri*)。

灌木：胡枝子、紫穗槐、花木蓝、荆条、连翘、酸枣、爬藤卫矛、胶东卫矛(*Euonymus kiautschovicus*)、扁担杆子、三裂绣线菊、野花椒(*Zanthoxylum simulans*)、花椒。

藤本树木：葛藤、爬山虎(*Parthenocissus quinquefolia*)、南蛇藤(*Celastrus orbiculatus*)、木防已(*Cocculus trilobus*)、北五味子(*Schisandra chinensis*)、杠柳(*Periploca sepium*)、络石(*Trachelospermum jasminoides*)、山葡萄(*Vitis amurensis*)。

（2）河谷地造林树种

乔木：旱柳、河柳(*Salix chaenomeloides*)、枫杨、日本桤木、辽东桤木、欧美杨、美洲黑杨、水杉。

灌木：簸箕柳、筐柳、白蜡、紫穗槐。

（三）合理群体结构

通过合理的密度、配置方式和树种组成，形成合理的群体结构，使水土保持林充分发挥拦截吸收降水、调节径流、防止土壤侵蚀的作用。

1. 造林密度

造林密度是形成合理群体结构的数量基础，是林木个体生长发育空间大小的决定因子。营造水土保持林时，确定合理的造林密度应考虑以下因子：

（1）经营目的　水土保持林要求迅速覆盖地表，尽早发挥保持水土的防护作用，因此要适当采取较大的造林密度。乔木树种一般采用株行距 $1.5m \times 1.5m \sim 2.0m \times 2.0m$，即每公顷栽植 $2500 \sim 4500$ 株；灌木树种的株行距可 $1.0 \sim 1.5m$。

（2）立地条件　立地条件好的造林地，成林较早，造林密度可适当小一些；立地条件差的造林地，林木生长较慢，栽植密度要大一些，以尽快形成森林环境。

（3）树种特性　一般喜光而速生的树种宜稀一些，如刺槐、落叶松等；耐荫而初期生长较慢的树种，密度应大一些，如侧柏等。树冠较宽且根系较大的树种宜稀一些，树冠狭窄而且根系紧凑的树种宜密一些。

2. 树种组成

水土保持林一般应为混交林。混交林的林分较稳定，保持水土的能力较强，还能减轻林木的病虫害。采用不同的树种混交，乔木中针叶树种与阔叶树种搭配，如赤松与麻栎混交、黑松与刺槐混交等；乔木与灌木以及木质藤本混交，都是较好的混交组合。由这些树种组成的混交林林分，地上部分表现在不同树种的树冠互补，有利于林冠截留降水，减轻雨滴对土壤的击溅作用，滞留分散地表径流，丰富的枯枝落叶还能进一步改良土壤物理结构和蓄水能力；地下部分表现在浅根与深根的互补，使林地地下根系密集，网络固持土壤的能力增强。因此，混交林的蓄水保土能力显著高于纯林。

杨吉华等在莱阳市羊郡林场对黑松麻栎混交林和黑松纯林、麻栎纯林的水土保持效能进行了观测比较（表2-38），结果表明：黑松麻栎混交林的土壤物理性状、土壤水文效应和土壤抗蚀性都优于黑松纯林与麻栎纯林。混交林的土壤容重较麻栎纯林少 $0.082g/cm^3$，较黑松纯林少 $0.226g/cm^3$；混交林土壤的孔隙度分别为麻栎纯林的 1.12 倍，黑松纯林的 1.09 倍。混交林每公顷贮水量分别较麻栎纯林大 17%，较黑松纯林大 27.2%；土壤渗透系数比黑松纯林大 19.1%。比麻栎纯林大 7.4%。混交林的根系网络固土能力强，其抗蚀能力大。由于混交林内土壤孔隙度大、贮水量大、渗透性强和抗蚀性强，能有效地减少水土流失和提高水资源利用率。

表 2-38　羊郡林场黑松麻栎混交林与纯林的水土保持效能比较

（杨吉华等，1992）

林分类型	土壤容重（g/cm³）	总孔隙度（%）	土壤饱和含水量(%)	每公顷贮水量（t/ha）	渗透速度（mm/min）	渗透系数（m/d）
黑松麻栎混交林	1.138	53.6	46.66	442.5	13.92	8.84
黑松纯林	1.364	49.7	36.40	347.8	10.09	7.42
麻栎纯林	1.220	51.2	41.97	378.2	11.07	8.23
空旷地	1.469	45.8	31.18	277.6	5.66	4.35

在有条件的地方，水土保持林应尽可能营造复层混交林。为了形成具有第二林层和下木层的复层林，要采用合理的混交方式与混交比例，防止上层乔木的密度过大而抑制下木与草本植物的生长。

水土保持林在来水方向应形成有大量灌木的紧密林缘，分散滞缓进入森林的水流。在堤坝迎水面可密植灌木，发挥其防浪与抗冲蚀的功能。

（四）整地和蓄水工程

水土保持林的造林地整地既是疏松土壤、清除杂草、蓄水保墒，改善立地条件，保证幼林成活和正常生长的必要技术措施；又是一项增加活土层深度，扩大蓄水容积，增加初渗量，蓄水拦土，防止地表径流形成和发展，也防止侵蚀和冲刷的水土保持简易工程措施。特别在幼林郁闭以前，整地工程对保持水土的作用更加重要。山区水土保持林应根据立地条件，因地制宜地选用水平阶、鱼鳞坑、小穴等整地方法。水平阶整地用于坡度较小、土层较厚的山坡，沿等高线里切外垫筑成。鱼鳞坑用于坡度较大、水土流失较重、土层较厚的山坡，呈品字形排列。小穴整地用于坡度大、土层薄的山脊和山坡，品字形排列。各种整地方法均应垒砌牢固的外沿，阶面或穴面呈 2°~5° 的反坡，整地时尽可能保留带间与穴间的幼树、灌木等植被，以提高蓄水保土能力。在坡陡、土层薄的地段要将破土面控制在 30% 以下，要严防因整地措施不当而引起水土流失。整地时间应在雨季以前，使土壤充分蓄水，可提高造林成活率。

为了更好地蓄水保土，山区要因地制宜地修建一些蓄水工程。利用有利地形，修截流沟，建蓄水池、塘坝、小水库，既能有效地制止水土流失，又能改善林地土壤水分状况，还可积蓄一些灌溉用水。缓坡地的农田要整修成石砌水平梯田，在梯田地堰上再植树。

（五）栽植技术

1. 苗木的选择和处理

（1）苗木的选择　　植苗造林是营造水土保持林的主要方法。大面积水土保持林多用年龄较小的苗木造林，成本低，起运栽植方便，易成活。松柏类树种多用 1～2 年生苗，阔叶树多用 1 年生苗。要选用苗干粗壮、根系发达、无病虫害的合格壮苗，针叶树苗木要有健壮顶芽。

（2）苗木的保护　　苗木成活的关键是防止失水，保持旺盛的生活力。因此，在苗木的起苗、包装、运输、假植等各个环节，都要做好苗木的保护工作，尤其是保护好苗木的根系。要缩短从起苗到栽植的时间，尽量做到随起苗随栽植；苗木运输要妥善包装，防止途中风吹日晒；如不立即栽植，应进行假植；栽苗时要少拿勤取等。

（3）苗木的处理　　为了保持苗木体内的水分平衡，提高造林成活率，裸根苗栽植前应进行必要的处理。对地下部分的处理措施包括浸水、蘸泥浆、蘸生根粉、蘸高分子吸水剂及修剪根系等。对地上部分的处理措施包括截干、剪枝、打梢等。

苗木浸水可补充苗木的失水，提高栽植成活率。松柏类等常绿针叶树只能浸根，时间一般不超过 24 小时，要用清水浸泡。阔叶树种可浸苗根和下部苗干，一般泡 1～2 天。易失水的树种和起苗时间长的苗木，浸水时间应该长一些。根系蘸泥浆可防止根系失水干燥，主要用于松柏树小苗的大面积造林。泥浆不要过稠，防止根系粘结不舒展。植苗造林使用高分子吸水剂，可吸收充足水分，缓慢地释放出来供苗根使用，能提高造林成活率，促进幼林生长。栖霞县铁口乡用黑松裸根苗造林 20hm^2，用 0.3%～0.5% 的高分子吸水剂蘸根，成活率达 97%。中国林科院林研所研制的 ABT 生根粉是一种广谱高效生长促进剂，用于苗木移栽，能促进受伤根系的恢复，明显提高移栽成活率。

对苗木地上部分的处理主要用于发芽能力较强的阔叶树种。刺槐、紫穗槐等进行截干造林，能显著提高造林成活率。适当修剪苗木的部分枝梢，也可减少蒸腾失水，保持苗木水分平衡。

2. 造林季节

春季天气回暖、土壤湿润，是植苗造林的主要季节。春季植苗应抓住苗木地上部分还未萌动，根已开始生长的有利时机进行。应按土壤解冻的先后和树种发芽早晚安排造林顺序。一般先栽针叶树，后栽阔叶树；先栽发芽早的树种，后栽发芽晚的树种；先低山，后高山；先阳坡，后阴坡。

山东半岛 7～8 月份降雨集中，这时土壤水分充足，空气湿度大，最适于松柏等针叶树小苗的山地造林。雨季植苗造林要在雨季前做好准备工作，选择大雨透地后的连阴天栽植。

3. 栽植方法

栽植方法常用穴植，要做到根系舒展，适当深栽，根土密接，填土后踏实。栽植针叶树小苗，为了增加苗木对不良环境的抵抗能力，每穴可植苗 2~3 株，到幼林期再定苗。栽植后于穴面覆草、覆地膜，都能保持墒情，提高成活率。

4. 容器苗造林

在裸根苗造林不易成活的干旱山岭地，适于容器苗造林。用容器苗造林苗木根系完整，2 不受损伤，不失水，造林成活率高；还能延长造林时间。崂山林场进行的松树造林试验，容器苗比裸根苗成活率提高 53.4%，2 年生幼树树高、径生长量分别提高 28.6% 和 34.6%。

栽植容器苗要随运随栽，防止挤压苗木，保持根系完整。凡苗根不易穿透的塑料薄膜类容器，栽植时需将容器去掉；根系能穿透的容器，可连容器一起栽植。栽植深度以杯面与地面平为宜，用挖出的湿土填实根系，从侧方踩实。

山东省林业科学研究院研制的平衡根系无纺布容器，容器袋使用可降解纤维材料，对环境无污染；其质量轻，保水好，运输时不散团。据王月海等人试验（2007），应用平衡根系无纺布容器袋培育的侧柏苗木，造林成活率达 94%，比普通塑料袋容器苗的造林成活率提高 23%；造林 1 年后调查，无纺布容器苗的高生长比普通塑料袋容器苗提高 27%。

（六）抚育管理

1. 幼林抚育

（1）松土除草　幼林的松土除草从造林当年开始，连续进行 3~4 年。先从穴内局部松土除草，并逐年扩大松土范围，以适应幼树对营养面积扩大的需要。结合松土除草进行除蔓割灌，并在雨季修整加固穴埂、清除穴内淤沙、对裸根苗培土及歪苗扶正。

（2）踩穴培土　山地栽植的针叶树小苗，早春常发生冻拔危害，尤其阴坡更为严重。土壤解冻后，及时踩穴培土，使幼树根土密接，可防止冻拔危害，保墒抗旱。

（3）间苗定株　对丛状植苗的幼株结合松土除草在造林后的 1~2 年内进行间苗；4~5 年生时进行定株，每个种植点保留 1 株优良幼树，其余移栽造林或除掉。

（4）除蘖　萌蘖力强的树种，造林后茎干基部多生萌条，会消耗养分，影响主干生长，应及时除蘖。刺槐等树种截干造林后，长出多根萌条，需于造林后的 1~2 年内进行除蘖，每株保留 1 个主干。

（5）幼林保护　对新造幼林要加强管护，防止人畜损害，防治林木病虫害，以保证林木正常生长。

2. 修枝和抚育采伐

（1）修枝　合理修枝能改善林内的通风透光条件，有利于林木生长。修除枯枝和病虫危害枝，可以增强林木的抗性，减轻火灾、雪害和林木病虫害的发生。为增强水土保持林林冠截留降水等防护功能，应保留较大树冠，修枝时一般只修去树冠底层的枯弱枝和病虫危害枝。松树、麻栎等树种按冠高比表示修枝强度，林龄 5~10 年时、冠高比 3∶4 左右、林龄 11~15 年时、冠高比 3∶5 左右、林龄 16~20 年时，冠高比 1∶2 左右为宜。修枝的切口要平滑，以利愈合。对松树的轮生枝，修枝时宜稍留树桩，以减少呈环状排列伤口的面积。

（2）抚育采伐　在密度大的林分中抚育采伐，可调节林分结构，改善林地环境条件，促进林木生长。经合理间伐后的林分，林下光照条件改善，幼苗幼树和林下灌草植被增加。与用材林相比，水土保持林抚育采伐的采伐强度较小，采伐间隔期较长，间伐后林分郁闭度较大。如赤松、黑松、麻栎等树种的水土保持林，抚育采伐起始期一般在 8～10 年，抚育采伐间隔期 6～8 年。抚育采伐一般采用下层抚育法，采伐木选择处于林冠下层被压而生长衰弱的林木，病虫危害木、风折木、遭受雪害的林木。一般采用轻度抚育采伐，每次伐去原有株数的 15%～20%，抚育采伐后的林分郁闭度 0.7 左右。

四、水土保持林体系的配置

（一）水土保持林体系的构成

水土流失地区因地形条件和土地利用特点的不同，其水土流失的形式和强度也不同。为了达到因地制宜、因害设防的目标，充分发挥水土保持林的防护作用，必须合理配置水土保持林。

在水土保持林的林种内，根据其地形条件、水土流失特点及防护目的，可以划分水土保持林的次一级林种，如分水岭防护林、坡面防护林、沟道防护林、库塘防护林、梯田地边防护林等。水土保持林的各个林种可分别为片状林、块状林、带状林等形式，在树种组成和林分群体结构上也有所差别。

在一个山区水土保持综合治理的中、小流域范围内，要兼顾流域的上下游、左右岸、坡沟川，合理配置水土保持林的各林种，使之在防护作用上相互配合，构成水土保持林体系；并与坡面、沟道工程等其他水土保持措施有机结合，充分发挥防护效益。

（二）分水岭防护林

分水岭及其附近地带，通常比较干旱，瘠薄，多风。在这种地段营造防护林，能减少地表迳流的形成和冲刷的扩大，并能涵养水源，改良附近农林用地的水分状况，以及防风等。

分水岭造林一般比较困难，应选耐干旱瘠薄、抗风并且根系发达的树种，主要为赤松、黑松等针叶树种，在立地条件差的地方可增加灌木的比例。分水岭防护林还可以和生物防火林带相结合，利用一些能防火的阔叶树种，如栎类、刺槐、火炬树等。

营造分水岭防护林时应按照分水岭的地势，成水平行状或带状栽植，用三角形配置方式，按坡度、径流情况，分别采用小穴、鱼鳞坑、水平沟等整地方法。应用截干造林、容器苗造林、覆盖穴面等旱作造林技术，并适当加大造林密度。

（三）坡面防护林

坡面是产生地表径流和土壤侵蚀的主要地段。营造坡面防护林的主要作用是控制坡面径流，防止坡面冲刷和水土流失并保护坡面上的农耕地。凡土层瘠薄，岩石裸露的坡地；土壤与母质疏松，且土壤侵蚀严重的坡地；坡度 >25°，易引起水土流失的坡地；均应营造坡面防护林。坡面水土保持林，应根据地形条件和土地利用情况合理地配置，当坡陡、荒地面积大、水土流失较重时，防护林的面积大；当坡缓、水土流失较轻，坡地修筑水平梯田时，防护林的面积小。可因地制宜，片状、块状、带状林相结合。

坡面防护林应选择耐干旱瘠薄、根系发达、枯枝落叶量大的乔灌木树种。根据立地条件，宜乔则乔、宜灌则灌、宜草则草，土层较厚处一般营造乔灌木混交林，土壤特别干旱瘠薄的地段应覆盖以灌草植被，陡坡及裸岩处应栽植藤本攀援植物。

整地方式可因地制宜地选用小穴状、鱼鳞坑或水平阶，在陡坡应减少整地破土面。以品字形排列，成水平行状或带状栽植。采用抗旱栽植技术，注意"深栽、踏实、覆盖"等要点，以保证成活、成林，尽早发挥防护效益。

(四)沟道防护林

沟道是地表迳流汇集后的通道。沟道治理采取"工程措施与生物措施相结合，以生物措施为主"的方针。石质山地、丘陵的沟道土层薄，下部为基岩，虽然汇入沟道中的地表迳流具有很大的冲力，但很快冲蚀到基岩，纵向侵蚀受到限制，就会加速横向侵蚀，造成两岸冲淘而崩塌。石质山地、丘陵的沟道可分为侵蚀区、流过区和沉积区三种区段。

侵蚀区处于沟道上游，坡度陡，水流的冲力较大，沟底多由石砾组成，石砾间的细土很少，因此应保持和增加沟道中的细土，为利用沟底创造条件。工程措施多采用修筑简易谷坊，拦蓄泥沙，使沟底形成台地，然后造林。多选择生长较快、经济价值较高的树种，如枫杨、辽东栎木、白蜡等。较陡的沟坡采用根系发达、适应性强的树种如刺槐、麻栎、黑松、紫穗槐等。在沟岸上方的陡峭部位可采用藤本植物护坡，如葛藤、南蛇藤、杠柳、山葡萄等。

沟道的中段为流过区，一般沟道狭窄，水流集中，冲力大。应修筑谷坊群，提高抗冲能力。谷坊要求坚固，最上层铺石要求大而整齐。在水流较缓，来水面不大的沟道，可全面造林，选择耐水湿、生长较快的树种如枫杨、旱柳、白蜡条、紫穗槐等。若沟道集水多、流量大、流速急，则不宜修筑谷坊，而以疏水为主，中间留出水路，两旁可栽植枫杨、柳树、紫穗槐等耐水湿的深根性树种。

沟道下游为沉积区。下游地段沟道开阔，但流速和流量较大，要留出一定宽度的水路，沟道两岸修成水平梯田。为防止洪水冲淘两岸农田，在梯田的内侧修筑窄幅梯田，栽植深根性耐水湿的树种，如欧美杨、旱柳、白蜡条、紫穗槐等。

(五)梯田地边防护林

在低山丘陵区域的梯田地边行状或带状植树，形成梯田地边防护林，它既是水土保持林体系的组成部分，又是低山丘陵区域的农林间作形式。

1. 梯田地边防护林的功能及效益

梯田地边防护林的主要防护功能是固持梯田，防止大雨后的梯田边坡坍塌，减少水土流失。在干旱缺水的低山丘陵区，梯田地边防护林可降低气温、地温，减少土壤蒸发，提高空气湿度和土壤湿度，有利于农作物的生长。在台风、暴雨时，可保护梯田上的农作物，减轻灾害。

在梯田地边栽植经济林木和用材林木，可充分利用光热和土地资源，提高土地利用率，增加经济收入。由于梯田地边树木的遮荫和树木根系吸收土壤水分、养分，靠近树木的农作物有一定程度减产。通过选择根深、冠窄的树种，树木适宜的栽植位置和造林密度，种植较耐荫的农作物并加强肥水管理等措施，可防止或减少农作物减产，提高综合经济效益。

2. 梯田地边防护林造林技术

（1）树种选择

梯田地边植树一般应选较耐干旱的树种，土层较深厚的地方可选用乔木，土层较薄的地方可选用小乔木、灌木，以保证造林后成活率高、生长健壮、林分结构稳定。选用的树种应具有较强的保持水土能力，还可选择能改良土壤的豆科固氮树种。应选择收入较高、见效快的经济林树种或木材产量较高、材质好的用材树种。所选树种还应根系深、树冠较窄、遮荫较轻，以减少对农作物的胁地。在树种选择上注意生态效益和经济效益相结合，长期效益和短期效益相结合，用材林树种和经济林树种合理搭配，乔木与灌木以及草本植物合理搭配。

山东半岛丘陵区梯田地边栽植较为普遍的经济林和果树树种有板栗、柿、香椿、花椒、山楂、金银花、杏、樱桃、梨、桑等。用材树种主要有楸树、臭椿、楸叶泡桐（*Paulownia catalpifolia*）等，这些树种在梯田地边上生长稳定、材质好，而且枝叶较稀疏、发叶较晚，对梯田田面遮荫较轻。豆科灌木树种有紫穗槐、胡枝子、小叶锦鸡儿（*Caragana microphylla*）等，主要起固持梯田边坡、改良土壤等作用。梯田地边的乔、灌木之下可栽植较耐干旱贫瘠的草本植物，对防止土壤侵蚀具有重要作用，而且有较好的经济效益。常用的草本植物有黄花菜（*Hemerocallis citrina*）、豆类以及白车轴草（*Trifolium repens*）、黑麦草（*Lolium perenne*）、紫花苜蓿（*Medicago sativa*）等牧草植物。

（2）树木栽植位置

按修筑梯田边坡的材料，梯田可分石坡梯田与土坡梯田，植树的位置主要在梯田地沿或边坡。

梯田地边较深厚的土层适于树木生长，为使树木有较好的生长环境，应与地沿有适当距离。如楸树等用材树，一般单行栽植，距地沿 1m 左右为宜。山楂、香椿等较矮小的树木，栽植位置距地沿 0.5 ~ 1.0m 为宜。花椒、金银花等，距地沿 0.4m 左右为宜。

土坡梯田可在边坡植树。梯田边坡常栽植灌木树种，特别是紫穗槐等耐干旱瘠薄的豆科树木，能起到固持保护梯田和调节小气候的作用，还可收获编条，嫩枝叶可就地压青作绿肥。栽植灌木时，宜在边坡高度的 1/3 ~1/2 处，可减轻树木对农作物的串根与遮荫影响。

（3）树木栽植密度

梯田地边的水分条件较差，不能容纳高密度的林木群体；为减轻树木对农作物的胁地，树木栽植密度不宜过大；梯田地边常栽植经济林树种，其树种特性也要求较低的密度。具体栽植密度可视田面宽度、树种和栽植目的而定。如地边山楂和樱桃一般株距 4～5m；板栗、柿树一般株距 5m 左右；地边花椒在立地较差的地方株距为 1～2m，立地条件较好时为 2～3m；用材树种楸树和楸叶泡桐等，一般单行种植，株距 4～5m。灌木树种栽植的行距一般随田面宽度而定，其株距因树种和栽植目的而定。如在梯田边坡栽植紫穗槐，宽度 1m 以下的边坡栽一行，1m 宽以上的边坡上部栽 1 行、下部栽 1 行，株距 1m。栽植金银花，株距 0.5～0.7m，每穴栽 3～5 株。

（4）造林方法

梯田地边植树一般为植苗造林。植苗时开挖栽植穴或水平沟，乔木树种的栽植穴深 50～60cm，灌木树种的栽植穴深 30～40cm。经济林木一般栽植优良品种的嫁接苗；板栗等也可先栽植实生苗，待实生苗成活 1～2 年后于田间嫁接。

有水浇条件的梯田，植苗后灌水、培土并覆盖树盘保墒。没有水浇条件的梯田，可在植苗时使用保水剂，植苗后进行树盘覆盖。保水材料高分子吸水剂能显著改善土壤水分状况，并改善土壤物理性质，使用方法有蘸根和植树穴内撒施。其他保水材料如杂草、锯末等与土拌匀施入植树穴，也有保水和改良土壤性状的作用。植树后树盘覆盖地膜，可以减少蒸发耗水，提高地温，有利于新根生长。树盘覆草可以减少蒸发耗水，提高土壤湿度，冬季可增加土温，夏季可降低土温，土壤透气性好，微生物活动加强，土壤有效养分增加；覆草腐烂后表土有机质增加，土壤结构改善。

（5）抚育管理

梯田地边栽植经济林木，必须按树木和农作物的需要进行松土、施肥和浇水，保证农作物和林木双丰产。经济林木要及时进行整形修剪，可以调节树体营养分配，改善光照和提高光合效能。用材树木要合理修枝，可以培育良好干形，提高木材材质，还可减少树木对梯田的遮荫胁地。

3. 树木与农作物的立体种植结构

梯田地边的树木与梯田上的农作物实行农林间作，通过树木和农作物的合理配置，可充分利用光、热、水、肥等条件，提高土地生产力和总体效益。梯田上的各种植物在生长上应互相促进，对资源的利用互为补充，并且互相创造适宜的生境，无共同的病虫害等，从而保证合理群体结构的形成。

梯田地边树木的配置应发挥良好的固持梯田、保持水土、调节田间小气候等防护功能，又能减少对农作物的遮荫和与农作物争水争肥的矛盾。梯田地边水土保持林可由乔木层、灌木层和草本植物层构成。乔木层树木应为疏冠型落叶树种，深根型直根系。灌木层树种的树冠中等疏密，根系发达。草本植物层应为多年生，株高在灌木层以下，耐旱耐荫，发达的须根系分布在 30cm 土层以内。

梯田上种植的农作物有花生、甘薯、大豆、谷子、小麦、玉米等。其中甘薯、谷子等较耐旱，小麦、玉米等需有灌溉条件。甘薯、大豆、花生等矮秆作物，在树荫下也能维持光合作用，与树木根系的矛盾也不突出，可以种在梯田近树一侧。玉米因树木的胁地作用而减产较重，可以种植在距树较远一侧。选择农作物时还要注意避免树木与农作物有共同的病虫害。

山东半岛的群众对梯田地边植树具有丰富的经验，形成了不同的立体种植模式。如：楸树-山楂-农作物，柿子-花椒-农作物，香椿-黄花菜-农作物等，各地可因地制宜地选用。

（六）库塘防护林

库塘防护林是为了防止水库塘坝淤积和库岸冲淘，减少水面蒸发，防止库区附近土壤沼泽化等而营造的防护林，包括库岸防护林、堤坝防护林、水库上游河滩地造林。

1. 库岸防护林

库岸防护林的作用是防止边岸侵蚀，防止风浪对库岸的冲淘，减少水面蒸发。库岸可分为常水位部位、最高水位部位、岸坡、转折部位和库边。常水位和最高水位之间的库岸，有被淹没的可能，可栽植耐水湿的灌木柳，减缓波浪冲淘岸基。最高水位至岸坡，可选用旱柳、枫杨、簸箕柳、紫穗槐等树种营造乔灌木混交林，起到吸收和调节地表径流、巩固库岸的作用。岸坡较陡、比较干旱、易发生崩塌的地段，应选用根系发达、固持土壤作用强的树种，如松树、侧柏、麻栎、刺槐、紫穗槐、胡枝子等，形成乔灌混交林。库岸转折部位的土层薄、坡陡，易发生重力侵蚀，应选用耐旱且根系发达的灌木和藤本植物，如紫穗槐、胡枝子、黄荆、锦鸡儿、葛藤等，以发挥固土、护岸的作用。岸边土层深厚、地形平缓，立地条件好的地段，可栽植速生用材树或果树，可减少库塘水面的蒸发，增加经济收入，美化环境。

2. 坝堤防护林

坝堤防护林可固持土壤，保护坝堤，减轻波浪对坝堤的冲淘，保护水库安全。坝堤迎水坡常水位到最高水位之间，营造灌木柳为主的防浪灌丛；最高水位以上可栽植紫穗槐、白蜡条等树种的灌木林。坝堤顶部中间留出道路，两侧栽植灌木和种草。背水面自坡脚至坝顶部多采用灌木密植造林。背水坡脚以下地段，由于坝堤的侧渗，地下水位较高，可栽植耐水湿的树种如欧美杨、旱柳、紫穗槐、白蜡条等形成乔灌混交林。起到生物排水作用，降低地下水位，防止土壤沼泽化；并能生产部分木材和编条，提高经济收入。

3. 水库上游滩地防护林

为防止河川迳流中的固体物质进入水库，在水库上游需修筑拦沙坝和滩地造林，缓洪拦淤，过滤泥沙，减轻水库淤积，延长水库寿命。选用耐水湿的乔灌木树种，适当密植，发挥防冲挂淤的效果。如果滩地立地条件较好可全面造林，采用乔灌木株间或行间混交，挂淤效果好。滩地土壤条件较差可采用带状造林或种草，形成乔灌木混交林带与灌草带。林带方向成顺水雁翅形，以利行洪和挂淤。

（七）护岸护滩林

在河川的滩地和堤岸营造护岸护滩林，能保护堤岸，束水治沙，拦洪落淤，保护两岸农田和村庄，并能提供木材等林产品。

1. 护滩林

结合疏浚加深河道，覆土抬高滩地，平整地面，然后植树造林。不浸水的高滩地段应全面造林，主要造林树种有杨树、旱柳、紫穗槐等。在近水滩地可采用顺水雁翅形带状造林，有利于拦洪挂淤，引导水流向河心集中，刷深河道。林带与水流一般呈45°角，5~8行为一带，带间距为10m左右。在水流较慢的滩地，林带与水流的交角可呈60°，有利于挂淤和整流。近水易受水冲沙埋的地段，可先栽植柳篱缓水挂淤，抬高滩地。柳篱与水流呈30°~40°角，每隔10~20m营造一条。挖沟宽0.6~0.7m，在沟内插柳干和柳条成两行排列。柳干株距1m，柳干之间插柳条，株距0.2~0.3m。柳条长1.3~1.5m，埋深1m，上露0.3~0.5m，不截梢，分层砸实。柳干和柳条易成活，根系发达，被淹部位也能萌发新根，枝条柔软，抗洪挂淤能力强。

2. 护岸林

护岸林的设置应根据河川的冲刷情况和立地条件来确定。在平缓岸坡上可选择生长快、根蘖性强的树种，营造乔灌混交林。在冲淘严重的陡岸，护岸林需与石砌护岸、丁坝等工程措施相结合。石砌护岸以上应密植灌木，再向上可营造乔灌混交林。丁坝间淤积泥沙后再行造林。

五、水源涵养林的营建

（一）水源涵养林的防护作用

水源涵养林是以涵蓄水源、调节河川流量、改善水质为主要经营目的的森林。低山丘陵区的水源涵养林与水土保持林的防护效应是一致的，也具有截留降水、调节地表径流、减少水土流失、涵养水源、改良土壤、调节森林小气候等防护功能。对应水源涵养林的经营目的，其防护作用主要表现在以下三方面。

1. 调节地表径流，削减河川汛期径流量

暴雨过后，降雨强度超过土壤渗透速度，就形成地表径流。短时间汇集的大量坡面地表径流，是河川汛期径流量大、洪峰陡起陡落的主要原因。水源涵养林由树冠和地被物截留部分降水；具有良好土壤结构的森林土壤吸贮部分水分；森林土壤的渗透能力强，使天然降水更多地渗入深层土壤和土壤母质中；由于以上各种水文效应，就显著减少了地表径流。在具有良好地被物层的森林内，即使在暴雨情况下形成了地表径流，由于地被物层对地表径流的分散、阻滞等作用，其流速也显著降低。森林对坡面地表径流有良好的调节作用，就使河川汛期径流量减少，并延长了洪水下泄历时，洪峰起伏幅度不大，可减免洪水的灾害。

2. 调节地下径流，增加河川枯水期径流量

山东属暖温带季风气候，夏季受亚洲太平洋季风影响，年降水量的70%左右集中在7~8月，而冬季和春季则经常干旱少雨。这种雨季与旱季降水量的悬殊差别，使无林少林地区河川丰水期径流量与枯水期径流量相差很大，甚至在春季、初夏雨季到来之前出现河川断流。水源涵养林使雨季的大量降水渗入土壤层和岩层中并形成地下径流。在一般情况下，地表径流只需几十分钟至几个小时即可进入河川，而地下径流则需要几天、几十天甚至更长的时间陆续进入河川，使年内河川径流量的分配比较均匀；森林涵蓄的水分源源不断地补给河川，稳定了常年的水位，提高了河川枯水期径流量和水源的利用系数，有利于农业灌溉和城市用水。

3. 减少径流中泥沙含量，防止水库、河道淤积

在森林遭破坏、水土流失严重的地区，由于水土流失、泥沙下泄，造成的河床、水库淤积十分严重，使河床抬高、水库库容量减小，不仅减少了水利工程的效益，还使水库下游和河流两岸增加水灾威胁。河川径流中泥沙含量的多少与水土流失量有关。水源涵养林可以有效地调节坡面地表迳流，使地表迳流造成的面蚀、沟蚀等水力侵蚀得以防止；森林有庞大根系，对土壤有固持作用，对防止重力侵蚀有一定作用。森林不仅能防止林内发生水土流失，在布局合理的情况下，还能吸收由林外流入林内的坡面地表径流并把泥沙淤积在林内。因此，水源涵养林能有效地减少河川径流中的泥沙含量，对防止河道、水库淤积，提高水源质量有重要作用。

（二）水源涵养林的造林技术

低山丘陵区水源涵养林的营造技术与水土保持林的营造技术是相似的。根据水源涵养林的立地条件和经营目的，其造林技术主要有以下几方面。

1. 树种选择和树种组成

水源涵养林一般布置在山坡中上部，选用的树种需适应山地较干旱瘠薄的立地条件。为了充分发挥水源涵养林的防护作用，造林树种应选择生长较快，枝叶繁茂，根域广、根量多，枯枝落叶丰富的树种。

水源涵养林要求林冠层郁闭度高，地被物层吸水和阻滞径流的能力强。因此，最好营造针阔混交林，并搭配灌木树种，以形成乔灌混交的复层林结构。应选择一定比例的深根性树种，加强固持土壤能力。在立地条件差的地段，可安排一些豆科或其他具有固氮能力的树种。

山东半岛低山丘陵营造水源涵养林的主要树种有赤松、黑松、日本落叶松、刺槐、麻栎、槲树、臭椿、元宝槭等，灌木树种有胡枝子、紫穗槐、荆条、卫矛、柘树、连翘、扁担杆子等。

2. 整地方法

整地是山区造林的一项重要技术措施，可为幼林的生长创造良好的环境条件。山区营造水源涵养林的整地方法有小穴整地、鱼鳞坑整地、水平阶整地等，应根据造林地段的坡度大小、土层厚薄来选择适宜的整地方法。

小穴整地适用于坡度30°以上，裸岩多、土层薄的山坡地。小穴整地可适应地形变化，充分利用岩石间的土壤，运用灵活。小穴整地的规格，一般穴径 0.5m、深 0.3m。要求挖成地下穴，用草皮或石块垒埂，穴面外高内低，保证土不出穴。

鱼鳞坑整地适用于坡度 25°～30°的中厚层土山坡或坡度 25°以下的薄层土山坡。按设计的造林株行距确定种植点，种植点呈品字形排列。在种植点上先横山等高挖半圆形地槽，再内切外垫进行挖刨，用挖出的石块砌成半圆形坑埂，捡净坑内的碎石与草根，坑面整平并稍内倾斜。鱼鳞坑的长径 0.8～1.0m，短径 0.5～0.6m，深 0.3m 以上。

水平阶整地适用于坡度 15°～25°的中厚层土山坡地。上下阶要错位排列呈品字形，上下相邻两阶面的距离等于设计的造林行距。先在坡面划出水平线，沿线挖槽，再内切外垫进行挖土；阶面宽 0.6～1.0m、深 0.3～0.4m，长度一般不超过 5m；石块砌埂，埂宽 0.2～0.3m。阶面要横山水平，外高内低，内侧留沟。

各种整地方法都应尽量保留带间或穴间的灌木与杂草，在坡陡、土层薄的地段更要严格控制破土面，以免加重水土流失。

3. 造林方法

（1）植苗造林

山东半岛水源涵养林的主要树种赤松、黑松、麻栎等使用 1～2 年生的苗木造林。苗木可由山下固定苗圃培育，也可在山坡上选土层深厚处建临时苗圃育苗。山地临时苗圃生产的苗木可就近造林，缩短从起苗到栽植的时间，保持苗木新鲜湿润，提高造林成活率。植苗前可对苗木进行蘸生根粉、蘸高分子吸水剂等处理。栽植时适当深栽，使根土密接，填土后踏实。栽后于穴面覆草或覆地膜，保持土壤墒情。

（2）播种造林

播种造林的特点：播种造林省去了育苗和植苗工序，施工技术简便，有利于开展大面积造林；直播苗木的根系完整，有利于幼树的生长；种植点上幼苗数量多，可形成植生组，有利于增强初期的抗逆性。但播种造林对立地条件要求较高，播种后种子易受鸟兽危害，初出土幼苗易受干旱、高温、杂草等危害，用种子数量多，幼林抚育的任务较重，常受立地条件和技术水平的限制而应用不够广泛。

播种造林的应用条件：播种造林用于大粒种子树种和适应性较强的中小粒种子树种，如栎类、赤松、黑松、侧柏、刺槐、臭椿、紫穗槐等树种都有播种造林成功的经验。

播种造林适用于土壤比较湿润、杂草不太茂密、鸟兽害较轻的造林地。水源涵养林多位于山坡中上部，因海拔较高，气温较低，空气和土壤较湿润，有适合播种造林的宜林地。可通过选择坡向，提前整地蓄水保墒等方法来改善造林地的水分条件。

播种造林的季节：应根据造林地区的气候、土壤条件和树种特点，选择适宜的播种时期。春季播种适于易发芽的中小粒种子，如松树、侧柏、刺槐、紫穗槐等。春季播种应在土壤湿润、地温逐渐升高，利于种子发芽的时期抓紧进行。如播种过晚，则可能气温升高、土壤干旱，而影响发芽生长。雨季播种适于春旱严重、春播难于成功的造林地，适宜树种也是发芽快的中小粒种子。雨季播种应在雨季的初期，保证幼苗在当年有两个月以上的生长期，才能充分木质化，安全越冬。秋季播种适于栎类等树种的大粒种子和休眠期长的种子，第二年春季出苗早、生长旺，但应注意在播种后防除兽害。

播种造林方法：播种造林要选择品质优良的种子。播种前进行浸种处理，可使种子出苗快、出苗齐。在雨季造林时，用种衣剂拌种或用保水剂拌土播种，可提高出苗率及成苗率。对于易发病的种子还需进行消毒处理，易遭鸟兽害的种子还要进行药剂拌种。

常用的播种造林方法是穴播。栎类树种每穴播种量 3～5 粒，松树等树种的中小粒种子每穴播种 10～15 粒。覆土厚度大约种子直径的 2～4 倍，覆土后轻踩镇压，上盖松土。采用水平阶等带状整地方法的造林地，可开沟条播松树、侧柏等中小粒种子。条播方式可以直播造林兼育苗，当小苗能移栽时，按适宜密度选留部分苗木，其余苗木可就近移栽造林。

播种后的保护管理：播种造林后种子、幼苗易遭受干旱的危害，必须采取保护措施。可在播种沟上培土垅，出苗时再扒去。春季播种造林后用地膜覆盖，可保墒增温，显著提高出苗率；出苗后要破膜引苗，当 5 月中旬气温升高后揭去地膜。雨季播种后用杂草覆盖，能降低土壤蒸发和幼苗的蒸腾作用，还可降低地温，防止幼苗的日灼危害。松柏类树种播种造林，常遭鸟类危害，除播种前进行药剂拌种外，播种后要加强人工看护。

（3）封山育林

在水源地区具备森林天然更新条件的疏残林、迹地和荒山，可采用封山育林方式来恢复森林植被，更新为水源涵养林。

4. 幼林抚育

对幼林进行松土除草、间苗定株及除蘖等项抚育工作。特别是应用播种造林和封山育林方式而长成的幼苗、幼树，要增加抚育次数，为其创造良好的生长环境，并调整幼林的密度及树种组成。

（三）水源涵养林的抚育管理

1. 全面封护

对水源涵养林要实行封护，限制割草、放牧等人为活动，保护好林下地被物层，以发挥其改良土壤结构及涵养水源的作用。

2. 森林防火

要加强森林防火工作。对大面积的水源涵养林要开设防火线，使用麻栎、火炬树等皮厚、含水量高、不易燃烧的树种营建防火林带，并与道路、溪流等障碍物共同组成林火阻隔网络。要开展对周围群众的护林防火教育，订立各种防火制度，建立森林防火组织，在防火期以前制定扑火预案。在干旱季节森林防火期间，进行森林火险天气预报，加强火情瞭望和地面巡查，增设林区的检查岗哨，严禁进入林区的人员野外用火。一旦发现林内的火情时，即使调集防火队伍进行扑救。

3. 修枝间伐

水源涵养林的修枝和抚育采伐以改善林内卫生状况为主要目标。修枝时，主要修除枯死枝、病虫枝、机械损伤枝等。抚育采伐时，主要伐除林分中因遭受病虫害、风害、雪害以及森林火灾而形成的枯死木、濒死木、风倒木及蛀干害虫的虫源木等。从而增强林分的健康水平和稳定性，提高森林涵养水源的能力。

4. 病虫害防治

山东半岛山地丘陵区的水源涵养林主要是赤松林和黑松林，松树有赤松毛虫、日本松干蚧、松树小蠹虫、松梢螟、松树枯枝病、松材线虫病等多种病虫害，需坚持"预防为主，综合治理"的方针，加强林木病虫害防治工作。

由于赤松毛虫和日本松干蚧经常暴发成灾，危害严重，对"两虫"的防治一直是山东半岛地区森林保护的一项重要工作。通过总结多年防治工作的经验，自20世纪80年代以后逐步实施对"两虫"的综合防治技术，坚持"预防为主，综合治理"的方针，因地、因林制宜，分类施策，科学管理。在具体防治方法上实施以营林防治措施、生物防治措施、人工与物理防治、化学防治相结合。

营林防治措施是综合防治的基础，包括：封山育林，恢复森林植被，改善林分生态环境，保护天敌，控制害虫发生发展。修枝间伐，减少虫源，改善林内通风透光条件，使林木生长旺盛。引进抗虫树种，形成混交林，是抑制"两虫"发生的重要措施之一。如文登市发展赤松与刺槐、麻栎、栓皮栎、落叶松等树种块状或带状混交林等，促进林木生长，改善了生态条件，有效地抑制了松毛虫和松干蚧的发生、蔓延和为害。

昆嵛山林场的赤松林在20世纪60～70年代遭受日本松干蚧的严重危害，先后用1605药剂、石灰硫黄合剂、氟乙酰胺等农药连续防治18年，最后大面积赤松林死亡或濒临死亡。20世纪70年代以后进行林分改造，使80%的赤松纯林改造成混交林，并保护利用害虫天敌，改造后的林分生长良好。连续十几年没有施用化学农药，实现有虫不成灾。

生物防治技术有利用苏云金杆菌、多角体病毒、灰喜鹊、赤眼蜂等防治松毛虫，利用瓢虫、松蚧益蛉等防治松干蚧，都取得良好效果。人工与物理防治措施有人工捕杀松毛虫老熟幼虫、于松毛虫羽化盛期用灯光诱杀、松毛虫幼虫化蛹盛期摘茧、成虫产卵盛期采卵等。化学防治措施可在害虫大发生时应用，如使用高效低毒农药灭幼脲Ⅲ号等药液喷杀松毛虫，用吡虫啉等内吸性药剂树干涂环防治松干蚧和松毛虫。

5. 林分改造

对于造林树种不适应所处的立地条件，或遭受病虫害、火灾、人畜破坏而形成的残次林、疏林地要及时进行林分改造。应根据适地适树原则，引进能适应造林地环境条件、抗病虫能力强的优良树种，有计划地进行封山育林或人工造林，逐步改造成生长稳定的混交林。

（四）水源涵养林的采伐更新

1. 采伐更新年龄

水源涵养林的采伐更新年龄主要依据其防护成熟龄，即具有最大涵养水源作用的年龄。影响林分涵养水源作用的因素有林分疏密度、林冠层厚度、林地活地被物的盖度、林地枯枝落叶层厚度和根系发育程度等，这些因子的状况都与林龄有关。当水源涵养林的林龄超过防护成熟龄时，林分逐步出现树高和直径生长缓慢、树冠枝条稀疏等衰老的表现，林分的防护作用会逐步下降，就应该逐步实行采伐更新。水源涵养林的防护成熟龄主要与树种和立地条件有关。山东半岛赤松林、黑松林的防护成熟龄一般为35～40年，栎林的防护成熟龄50年左右，刺槐林一般为25～30年。

2. 采伐更新方式

为了持续发挥水源涵养林的防护作用，当林分达到成熟年龄需要进行采伐更新时，要严禁大面积皆伐，一般应进行集约择伐更新。

择伐是在一定地段上，每隔一定时期，单株或群状地采伐达到一定径级或具有一定特征的成熟林木的主伐方式。择伐的基本特点是：每次采伐时仅伐除部分林木，使保留木继续生长，长期保持一定的森林环境；没有明显的更新期，更新是逐步进行的；经过择伐的森林形成异龄林。择伐又分为径级择伐和集约择伐等不同种类。采伐强度、选择采伐木的标准和两次择伐之间的间隔期是区别不同择伐种类的三个主要技术指标。

集约择伐以维持森林环境、保持森林健康状况、提高森林生产力和防护功能为目标，来决定各项技术指标。集约择伐的采伐强度小，一般在10%左右，最多不超过30%；选择采伐木按照"去大留小，去劣存优，去密留稀"的原则，首先选择病腐木、衰老树木；集约择伐的间隔期也较短。

集约择伐又分单株择伐或群状择伐。单株择伐是在林地上伐去分散的单株树木，采伐后林地上形成的空隙小，适合耐荫性树种的更新，而阳性树种则常因缺乏光照而更新不良。群状择伐呈块状采伐成熟林木，具有较大灵活性。伐块的大小主要根据林木更新对光照的要求来确定，阳性树种可大一些，耐荫树种可小一些，伐块直径一般不超过树高的两倍。

集约择伐能较好地维持森林环境，有利于水源涵养和水土保持；天然更新的种子来源充足，幼苗幼树不易遭受气象灾害，有利于天然更新；择伐后形成异龄复层林，有较高的生物量和防护效能。但集约择伐的采伐木分散，对幼苗幼树损伤较重，技术要求较高。在择伐施工时，要避免伐倒木砸坏林木和幼树，集材时注意减少对幼树的损伤。

六、封山育林

封山育林是把划定的荒山、荒地和疏残林地封禁起来，利用森林植物的自然更新能力，通过有组织的定期封山，限制放牧、砍柴、割草等各种不利于森林恢复的生产行为，并辅以必要的育林活动，使残疏林地、迹地和荒山荒地等恢复为森林或灌丛的育林措施。封山育林是恢复和扩大森林资源的一种有效途径，是营建水源涵养林和水土保持林的重要方式之一。

（一）封山育林的基础

1. 利用森林天然更新的能力

森林遭受破坏后，原有林地可能残存一些稀疏林木或根、茎，原有森林群落的土壤条件仍在一定程度上被保持，在适宜的条件下，便可繁衍成新的森林植被。这种天然更新能力，主要有2种更新方式。

（1）天然有性更新 残林迹地和荒山荒地上留存一些树木，或附近不远处保留有森林群落的母树。这些树木的种子靠风力、重力、鸟兽进行传播，若遇到适宜的环境条件，就能长成幼苗幼树。如赤松麻栎林是山东半岛的地带性森林植被，赤松、麻栎等树种都有较强的有性天然更新能力，特别是赤松的有性天然更新能力很强，山东半岛大面积赤松次生林多是依靠天然下种而成林的。

（2）天然无性更新 荒山荒地和迹地上留有一些残根、残桩，可以萌发生长成根蘖或萌条，进而长成树丛。天然无性更新能力强的树种主要是阔叶树种，山东半岛低山丘陵区的一些重要造林树种如麻栎、刺槐等和常见灌木树种，都容易天然无性更新而成林。

2. 具备森林天然更新的自然条件

山东半岛属暖温带季风性气候，年平均降水量 >700mm，年积温（≥10℃）在3800℃以上，天然植被类型为暖温带落叶阔叶林，自然条件适于多种树木的天然更新。山东半岛地区与同纬度的内陆地区相比，气候更加温和湿润，就为封山育林提供了有利的自然条件。

3. 符合森林群落演替的规律

封山育林的整个过程与树木的迁移、定居、竞争紧密相关，最终形成森林群落。开始形成的森林群落结构简单，稳定性较差；随着时间的推移，群落结构逐渐由简单向复杂阶段不断发展，构成森林群落的演替。山东半岛丘陵区森林破坏后典型的次生演替过程如图2-4。封山育林符合森林群落演替规律，就会取得较理想的技术效果。

进展演替 →
次生裸地 —— 荒草坡 —— 灌丛、灌草丛 —— 松、栎疏林 —— 松、栎纯林或混交林
← 逆行演替

图2-4 山东半岛丘陵区森林次生演替示意图

（二）封山育林的方法

1. 封山育林的方式

封山育林的方式一般有两种：一种是对人烟较稀少的高山、远山和水土流失较严重的地段，采取全面的长期封禁，在封护期内禁止一切不利于林草生长繁衍的经营活动（如放牧、砍柴、割草等），群众称为全封或死封。另一种是对水土流失较轻的低山、近山，为解决群众樵采、割草等生产生活需要，在不影响林草恢复的前提下，可于秋冬季树木休眠期内有计划、有组织地划片开展一些短期的生产经营活动，而在林木和灌草生长期间严格实行封禁，群众称为半封或活封。

2. 适宜封山育林的地域

《山东省封山育林管理办法》（1999）规定："本办法所称封山育林，是指对山丘地区的荒山、迹地、未成林造林地、灌丛地、疏林地、防护林进行封育的经营管理方式。"根据山东

的情况，下列地类应选作封山育林地。

第一，土层厚度15cm以下和坡度超过25°的荒山，水土流失严重的山丘顶部、山脊和沟坡，都是封山育林的重点，应予全面长期的封护。这些地段的立地条件差，用乔木树种进行人工造林的难度很大，效果不理想。而在这些地方实行严格的封护，促进植被的进展演替，可收到较好的绿化效果。

第二，疏林地、灌丛地和未成林造林地。疏残林地一般更新条件较好，通过天然下种和死封，能较快地恢复森林。灌丛地通过封护，既可以充分发挥它良好的防护作用，又可经过进展演替发展为乔木林。未成林造林地通过严格封护，可尽快成林。

第三，采伐迹地或严重的火烧迹地。这两种地段虽然植被破坏严重，但多数立地条件较好，还保存有大量的林草繁殖体，可采取封育的办法促进植被进展演替，恢复成森林。

第四，防护林。郁闭度0.2~0.4的防护林，通过封护，可以使林灌草的覆盖度及其防护功能大大提高；土壤条件好的应在补植的基础上再封护。郁闭度0.4以上的林分，应在封护的基础上加强抚育。

与人工造林相比，封山育林省钱、省力，并可减少人工整地造林而造成的水土流失；但成林时间较长，树种组成有时难如人意，经济价值比较低。所以，应选择适宜的地类进行封山育林。而在立地条件好的地方，还应积极地进行人工造林。

3. 封山育林的实施

(1)编制封山育林规划设计 在开展封山育林前，根据封山育林区的自然条件和社会经济条件，编制封山育林规划设计。内容包括封育对象及面积、封育方式、起止年限、管护人员、经费来源与收益分配等，编制规划设计说明书，绘制规划设计图。

(2)封山育林的组织 根据封山育林规划和年度计划，确定封山育林任务，划定封山育林区，设立标牌、界桩及其他封山育林设施，明示封山育林范围，明确封育区内禁止的经营活动内容。建立护林组织，健全护林制度，设立专职或兼职护林员。建立封山育林技术档案，记载各项封山育林活动、效果等，以备查考和总结经验。对封育成林面积进行验收，已成林的计为有林地面积，列入森林资源档案。还要加强森林火险和病虫害的预测预报，严防森林火灾和病虫害的发生。

(3)森林培育措施 封山育林是一种行之有效的恢复森林方式。但是山区立地条件较差，自然恢复森林的速度也较慢，仅靠封山是不够的，还应辅以人工促进天然更新、人工补植和其他的森林培育措施。封山育林的地类不同，所实施的森林培育措施各异。

人工促进天然更新：在疏林地、采伐迹地、火烧迹地和荒山荒地上，首先要保护好现有幼树；为了给天然下种创造适宜的土壤、水分和光照条件，可按一定距离除草松土(每块面积约1m²)；对根蘖繁殖的树木进行断根；对新生幼树去密留稀、留强去弱，进行间苗定株，有的可以平茬；割除妨碍幼树生长的杂草灌木等。采取这些措施时，要注意促使形成针阔混交林。

补植补播：经过多年封育仍未成林的地段进行补植补播，促其尽快成林；在郁闭度低的防护林中也可以补植补播。有条件的地方，可应用新技术新方法，如种子球技术、纸盆技术和高分子吸水剂等。补植补播以乡土树种为主，与引进成功的树种相结合。

林木抚育：对已封育成林的幼、中龄林和封育区的防护林，按生长和郁闭度状况，及时修枝和间伐，进行密度管理和林分结构的调整。

其他培育措施：加强森林防火和森林病虫害防治。对经济价值高的野生酸枣、君迁子、毛桃、山杏及中药材类植物可进行重点管理，如酸枣嫁接大枣，君迁子嫁接柿子等。

(4)封山育林技术措施实例　自20世纪80年代以来，文登市长期坚持山丘地区的封山育林，成效显著。主要采取以下封山育林的技术措施。

死封与活封相结合，以死封为主：对凡有下种条件的荒山荒滩、疏残林地和水土流失严重的沟坡等地，实行一次性死封，插标立界设置死封区。原有的次生林和人工幼龄、中龄林实行活封，生长季节封山，树木休眠期开山，有计划地进行割草、修枝和间伐等活动。不管是死封区还是活封区都实行牛羊圈养，严禁放牧。

留苗与幼树抚育相结合：对天然次生的乔、灌木幼苗，进行留苗和养树。松树和灌木苗可保留；刺槐、栎类、枫杨、臭椿、辽东桤木和酸枣、板栗等苗木，按株行距 $2m \times 2m$ 留苗1株，定期抚育，促其成林。

疏残林补植和改造相结合：凡土层厚度在 30cm 以下、林分郁闭度不足 0.3 的疏残林，进行植苗或播种补植，达到每公顷幼树不少于 4500 株的要求。凡土层厚度在 30cm 以上的疏残林，则采取人工更新的办法，改造成适生针阔叶树的纯林或混交林。

以针阔混交为主，乔、灌、草相结合：对封育的赤松次生林内的栎类树木，全部保留或留强去弱(每墩选留1株)，形成针阔混交林；在沟岔、山麓和退耕地内，通过封育留苗或人工栽植刺槐、栎类、楸树等阔叶树，形成块状针阔混交林。保护林下的灌木和草本植物，形成乔灌草结合的森林植被。在山脊和砾质土地上，发展灌草植被。

生物防治与化学防治相结合，以生物防治为主：在现有松林内，根据松毛虫、松干蚧的发生情况和立地条件，划分为自控、生物防治和化学防治三类林区，以生物防治为主，保护昆虫天敌，把化学防治压缩到最低限度。

(三)封山育林的作用和效益

封山育林是一项经济、有效的营林措施，具有明显的生态和社会效益。据山东半岛一些实行封山育林的单位调查观测，封山育林的效益主要表现在以下几方面。

1. 植物种类增多，层次复杂，生物量提高

实施封山育林后，天然幼树增多，植被盖度增加。如文登市，封山17年后，死封区的天然幼树每公顷平均9920株，活封区平均6860株，分别比未封区增加4260株和1950株。死封区植被盖度为98.6%，活封区为96.0%，分别比未封区高13.6%和11.0%。随着封护时间的延长，植物种类和群落类型不断增加。如浅山阳坡在未封护时，仅有狗尾草、猫眼草(*Euphorbia lunulata*)、茵陈蒿、鬼针草(*Bidens bipinnata*)、萎陵菜和结缕草等少数低矮、耐

旱植物分布；经封护后，由于生态条件的改善，不仅出现了白草、菅草等较高大的草本植物，而且出现了荆条、酸枣、胡枝子等灌木；在有种子来源的条件下，还出现松、栎、臭椿、山槐等乔木。由于天然幼树和其他新植物成分的加入，植物群落类型也随之增加，如荣成市竹子庵林场的 12 个植物群落类型中，有 6 个是封山育林后出现的新类型。

封山育林后，林木生长量和群落生物量提高。如文登市封山育林期间天然下种形成的赤松幼林，一般都生长旺盛，林相整齐，6 年生死封区幼树的树高生长量分别比活封区和未封区大 60% 和 100%。封育 17 年后形成的 10 ~ 20 年生林分，死封区的平均树高和胸径为 5.4m 和 10.5cm，活封区为 5.0m 和 8.2cm，未封区为 4.4m 和 6.0cm。死封区、活封区的单位面积蓄积量分别比未封区增加 115.3%、102.1%。封山育林增加了林木生长量、植物种类和植物覆盖度，也就增加了群落的生物量。

封山育林后还改良了土壤结构，提高了土壤肥力。封护区树多、草多、枯枝落叶多，土壤结构得到改良，土壤有机质含量和氮、磷、钾含量均有增加。据文登市测定，死封区、活封区的土壤有机质含量分别比未封区提高 145.0% 和 106.8%，碱解氮分别提高 54.5% 和 36.4%，速效钾分别提高 33.3% 和 22.2%。

2. 减轻水土流失，改良土壤

封山育林后植被得到恢复，并能逐步形成乔、灌、草结合的比较复杂而稳定的森林植物群落，改善了土壤的水文物理性质，加强了林地涵养水源、保持水土的能力。据调查，在降水强度 0.99mm/min、降雨量 150mm 的情况下，封山育林形成的林地，其径流量比裸地减少 83.6% ~ 88.1%，土壤冲刷量减少 90% 以上。封山后不但水土流失减轻，而且河床刷深，使河两岸农田免除水患。

3. 害虫减少，天敌种类增加

由于植被繁茂，封育区天敌的种群数量增加，而害虫数量减少。如昆嵛山林场死封区松毛虫卵的天敌寄生数量比活封区大 64%，松毛虫的数量少 1 倍。天福山林场封育区的天敌种类比未封区多 46%，天敌数量增加 7.1 倍。文登市经多年封山育林，松毛虫发生面积保持在 1000hm^2 左右，比封山育林前的 1980 年下降了 82.1%；虫口密度由 20 头/株下降到 6.49 头/株；节约了大量的防治经费和人力、物力。

4. 促进林业发展，增加农民收入

封山育林在提高生态效益的同时，经济效益也同步增长。如文登市自 20 世纪 80 年代开始，对荒山和疏残林进行全面封山育林，以封为主，并采用各种育林措施，实行乔灌草相结合，取得良好的效果。实施封山育林 20 多年来，全市 2.1 万 hm^2 瘠薄丘陵地恢复了赤松林为主的森林植被，达到郁闭度 0.6 以上的有林地标准；与人工造林相比，节省造林费用 9 千万元；由于害虫天敌明显增多，松林主要害虫松毛虫和松干蚧维持在有虫不成灾的水平，每年节省防治费用 4000 万元；全市林地每年可多蓄水 4300 万 t，使 5 万 hm^2 农田和 1.8 万 hm^2 果园得到灌溉。

第六节　风景林的培育

风景林是以森林景观供人们观赏和提供休憩环境为主要目的的森林，包括森林公园和风景名胜区的森林，自然保护区的旅游区，城市郊区的森林和主要道路两侧以林木为主的大型绿地等。风景林按林种划分属于特种用途林，一般应长期保护。

随着经济社会的发展和人民物质文化生活水平的提高，人们要求更好的居住环境和游憩环境，向往"回归自然"，到森林中去游览、休息，森林的景观价值和游憩功能受到重视，有更多的森林作为风景林经营。

山东半岛地区气候宜人，风光秀丽，森林植被茂密，生物资源丰富，而且城市众多、经济发达、交通便利，是山东省的重点旅游区之一。该地区已建成崂山、昆嵛山、伟德山、长岛、刘公岛、灵山湾、日照海滨等近三十处森林公园，青岛、烟台、威海、日照等城市都建设了一些郊野公园、大型绿地，风景林的规模和水平逐步提高。

一、风景林的功能和分类

（一）风景林的功能

森林具有生态、经济、社会效益，能发挥多种功能。按经营目的，风景林的主要功能是提供森林景观供人们观赏和游憩，同时也具备各种生态防护功能。

1. 观赏游憩功能

风景林为人们提供风景优美、环境幽静、空气清新的游憩环境，供人们观赏、游览、休憩、疗养、体育运动、猎奇，有利于身心健康。其有益作用主要表现在以下几个方面：

第一，优美的森林风景使人获得精神上的享受。森林风景是自然风景，当游人进入森林，就见到乔木参天，灌木葱郁，野花遍地，芳草如茵。随着森林的季相变换，可历览春花烂漫、夏荫浓绿、秋叶殷红、冬枝苍劲。再聆听溪水潺潺、松涛起伏、禽鸟争鸣，使人顿觉摆脱闹市的喧哗，获得精神的愉悦。

第二，森林净化环境，有益于人们的身体健康。森林气候具有气温较低、昼夜温差较小、湿度较大、降雨和云雾较多等特点，更加舒适宜人。森林能吸附过滤各种粉尘，森林中空气含尘量明显降低，森林能吸收空气中一些有害物质，森林分泌的杀菌素能杀死一些空气中的致病细菌，森林中氧气含量较高，还能产生大量有益健康的负氧离子，所以森林空气格外清新。森林具涵养水源的作用，经过滤的地下水含杂质少，清澈而卫生。森林中避免了城市常遇到的噪音污染。太阳光经过林冠的吸收、反射，光的强度降低，特别是对眼睛有害的紫外线减少。森林具有绿色心理效应，森林的绿色视觉环境能消除眼睛和心理的疲劳，使人的精神和心理感觉舒适，头脑清醒。

第三，在森林中游览，有强身健体功效。游人在宜人的森林环境中游憩，具有很强的参与性。徒步旅行、爬坡越岭，有时还可利用当地条件，参加登山、攀岩、游泳、划船等运动项目，增强了体质，进行了体育锻炼。

第四，满足人们"回归自然"的要求。人们离开城市来到风景优美、环境宜人的森林环境，在休憩的同时，能够了解森林生态系统、生物多样性、珍稀动植物等方面的知识，到森林中去观察自然、认识自然、探求大自然的奥妙，满足"走向大自然"的要求。

2. 生态防护功能

风景林在提供观赏游憩功能的同时，也发挥着涵养水源、保持水土、调节气候、改良土壤、蕴藏物种等多种生态防护功能。山东半岛的风景林多集中于森林公园中，这些森林公园一般是在原来国有或集体林场的基础上成立的，多数在崂山、昆嵛山等山系的山岭地带、河流上游，部分在沿海沙滩或海岛。在成立森林公园以前，这些林场集中连片的大面积森林主要作为水源涵养林、水土保持林及用材林来经营。成立森林公园以后，林场内森林的功能发生了转变，按风景林的要求进行经营，停止了按用材林的采伐。但森林的涵养水源、保持水土等生态防护功能没有减弱，而这些生态防护功能的发挥正是形成山清水秀的森林环境的前提。

（二）风景林的景观特点

风景林具备特有的景观价值。风景林的景观形成包括若干要素，如形状、色彩、线条、质地等。这些要素又随着季节、时间、距离、视位、动感、光线等动态因子而改变。

风景林的景观特点可归纳为 7 个方面：①林相：它是森林群体的基本外貌，与林分的树种组成和生长状况有密切关系，如常绿树种、落叶树种、针叶林、阔叶林、纯林、混交林等都有不同的林相。②季相：森林因季节不同所呈现的景观表现。③时态：因时间不同所呈现的景观表现。④林位：风景林同观赏位置的关系，如远、中、近、俯、仰、平等。⑤林龄：能影响林相而表现出不同的景观。⑥感应：林木接受自然因子作用而作出能为人感觉到的反映，如松涛、柳浪等。⑦引致：由森林本身所引起的，能为人感觉到的反映，如荫重凉生、含烟带雨、雪枝露花、蝉鸣蝶翔、鸟踪兽迹等（杨式瑁，2001）。

风景林的景观价值可以从自然美、艺术美等方面认识评价。自然美是风景林的自然属性，特别是树龄长、树体高大的风景林内物种丰富，具有鸟语花香、林海风涛、浓荫蔽日、万木向荣的景象，给人精神上的享受。

艺术美是指在森林自然美的基础上，因地、因材制宜地加以修饰、改造，使其更加具有美感，并与自然地形以及其他景观搭配、对比产生的形体美、色彩美等。

随着森林旅游业的发展，为使风景林资源得以大规模地开发和利用，需进行风景林的景观评价，来检验各种森林经营措施的效果，为可持续利用风景林提供科学依据。为此，国内外对风景林的景观评价做了大量研究工作。森林景观评价涉及到被观赏的森林的形态和观赏者的审美观点。森林的形态随着季节、时令的不同和朝霞、夕照、雨雪、云雾等天气的变化，而呈现出不同的美态。观赏者的审美观点又因人而异。因此，对带有主观、客观复杂因素的森林景观进行评价，需要有科学的评价标准和方法，能符合多数人的欣赏观点。

国外对于森林景观的评价已形成专家学派、心理物理学派、认知学派、经验学派。森林景观质量评价可以分为描述因子法、调查问卷法、审美态度测定法（又称心理物理学方法）。迄今为止，心理物理学方法已建立了较为成熟的森林景观评价模型。国外大多数研究结果都表明：美景度随着林龄和林分平均胸径的增大、可透距离的增加、林下草本或地被物的增多而提高；而密度过大、小径木多，则景观质量较低。

国内对于森林景观的评价一般采用描述因子法。主要是通过对景观的各种特征或成分的评价来获得景观整体的美景度值。它多为定性评价或者定性与定量相结合。近年来，采用数量化模型和层次分析百分制评分的方法，定量与定性相结合对森林风景资源评价，也取得较好的效果。

（三）风景林分类

1. 按经营目的分类

从森林的功能特点与经营目的出发，风景林可以分为游憩型风景林和生态型风景林。

游憩型风景林是以满足人们观赏、游览、休息、疗养、健身等游憩需求为主要经营目的的风景林。游憩型风景林多分布在近山低山、河边溪旁、道路两侧、旅游景点周围，以近景风景林为主。游憩型风景林要具有较高观赏价值的森林植物群落，要求林分可及度较大，具有适合开展游憩的自然条件和相应的人为设施。

生态型风景林多分布在远山高山、距离道路远的地带，以中景、远景风景林为主，林分可及度小。生态型风景林的树种选择与配置，应利用原有地貌与植被，在空间和季节上具有特色，有较高的美景度；同时生态型风景林在调节气候、涵养水源、保持水土等方面发挥重要作用。

2. 按林分的树种组成分类

风景林按树种组成可分成纯林型风景林和混交林型风景林。纯林型风景林林相较整齐，大面积纯林具宏观美，但缺少变化，相对单调。混交林型风景林的林分相对稳定，不易受病虫危害成灾，由于树木自然存在的形状、姿态、色彩对比，一般有较高的观赏价值。

3. 按森林的季相变化分类

风景林按季相变化可分为常绿风景林、落叶树风景林及混合型风景林。常绿风景林以针叶林为主，主要树种有黑松、赤松、侧柏等，一般构成风景林的基调。落叶树风景林以落叶阔叶林为主，主要树种为刺槐、栎类等，落叶松林、水杉林等落叶针叶林也有分布。落叶树风景林季相变化明显，但冬季比较单调。混合型风景林指常绿树种和落叶树种搭配的混交林，由于树形、色彩对比及季相的变化，这类风景林景观价值较高。

二、风景林的营建

风景林经营技术的基本要求是：注重风景林的景观特点，合理配置森林植物，综合应用各种栽培措施，提高林分的多样性和稳定性，形成多树种、多层次、多形态、多色彩的森林风景，并保持林分持久的景观价值和生态效能。风景林的整体绿化应以维护林区生态系统平衡为宗旨，按照植被演替规律，通过封山育林、人工造林、更新、抚育和改造等措施，形成丰富多样的林相和优美的植物景观。

（一）树种选择

1. 选择风景林树种的条件

风景林树种应具备生长稳定，景观效果好，生态功能强等性状。适地适树是造林的基本要求，应按立地条件选择适生树种。风景林应以适应性强、寿命较长的乡土树种为主，以保持林分的稳定性，长期发挥景观效果。风景林树种应有良好的观赏性，同时应有较高的保持水土、调节气候、净化空气等生态功能。

根据风景林的特点，选择树种要注意景观效果。可按照树干形态、树冠姿态、叶色、花色等来选择；也可从树种的某一观赏特点来选择，如四季常绿、早春开花、夏季荫浓、秋季彩叶等。同时要种类丰富多样，乔、灌木结合，观形、观叶、观花、观果相结合，以便形成多姿多彩的景观。

游憩型风景林选择树种应侧重于树种的观赏性和保健性能。观赏性主要由树木的冠形、枝叶、花果颜色等因素来体现。保健性能包括清洁空气、杀菌滞尘、阻滞噪声等功能，有利于调节游人的情绪和增强体质。为了创造更丰富、美丽的景观，要使用更多的观赏树木。生态型风景林选择树种时应侧重树种的适应性、抗逆性和生长稳定性，有较强的生态防护功能，同时也具有良好的观赏性，能增强森林的季相变化。

在一处大的风景林区，要选择确定基调树种、骨干树种、一般树种及观赏树木。基调树种应是适合该地区的立地条件、生长良好、寿命长、栽培管理方便的乡土乔木树种；或由外地引进，经长期栽培，适应本地气候土壤条件，绿化效果良好的乔木树种。一处风景林区可慎重选定一种至数种乔木，作为全林区绿化的基调树种。骨干树种是在风景林中发挥骨干作用的重要树种，应具备适应性强、生长稳定，又有良好观赏性的树种。一处大的风景林区可选择几种至十几种骨干树种，构成全林区绿化的骨干。观赏树木为观赏性强的树种，凡整体上或局部有美丽的形态、色彩或芳香气味而供观赏的木本植物，包括乔木、灌木、藤本植物，都可按其生长特性和观赏特性来选择应用。

2. 常用的风景林树种

山东半岛沿海地区常用的风景林树种有黑松、赤松、侧柏、圆柏、日本落叶松、麻栎、栓皮栎、刺槐、枫杨、元宝槭、黄连木（*Pistacia chinensis*）、流苏树（*Chionanthus retusus*）、山杏（*Prunus armeniaca*）、山桃（*Prunus davidiana*）、连翘、紫丁香、三裂绣线菊、花木蓝、荆条等。这些树种均适于比较瘠薄的立地条件，且有较高的观赏价值。如松树四季常青、苍劲挺拔，柏树碧翠，苍松翠柏常作为风景林的基调树种，可作纯林群植，也可与栎类、元宝槭等混交。麻栎、栓皮栎树干通直，树形雄伟，季相变化明显，观赏价值高；而且树皮厚，是防火树种。元宝槭树形优美，叶、果秀丽。刺槐冠大荫浓，花开时芳香素雅。山桃、山杏早春先叶开花，十分娇艳。连翘早春开花，满枝金黄。在土层厚的坡脚、沟谷，还可选用银杏、水杉、雪松、龙柏、白皮松（*Pinus bungeana*）、鹅掌楸（*Liriodendron chinense*）、枫杨、楸树（*Catalpa bungei*）、辽东栎、栾树、淡竹、多花蔷薇、黄刺玫等树种。在裸岩、峭壁处可选用爬山虎、南蛇藤、葛藤、五叶地锦、常春藤等攀援树木。在景点周围和道路两侧，还可应用多种花木树种，如迎春、玉兰、日本樱花、海棠花、榆叶梅（*Prunus triloba*）、碧桃（*Prunus persica* var. *duplex*）、紫丁香（*Syringa oblata*）、紫荆（*Cercis chinensis*）、月季、金银木、紫薇、木槿（*Hibiscus syriacus*）、蜡梅（*Chimonanthus praecox*）、等。

（二）合理结构

林分结构包括组成结构、年龄结构、水平结构、垂直结构。其中水平结构主要取决于林分密度和林木配置，垂直结构主要取决于树种组成和年龄。风景林的林分结构不仅对林木生长发育有重要作用，对风景林的林相和景观效果也有很大影响。按照风景林的景观效果要求，通过调节密度、配置、树种组成及年龄来形成合理的林分结构，是营建风景林的技术关键之一。

风景林区应有封闭风景（林分郁闭度 0.6~1.0）、半开朗风景（林分郁闭度 0.3~0.5）、开朗风景（林分郁闭度 <0.2）。三种风景所占的比例视所在景区的自然条件和原有植被情况而定。一般情况下封闭风景占 45%~80%，半开朗风景占 15%~30%，开朗风景占 5%~25%。如当地森林覆盖率低，夏季气候较干旱，开朗风景所占比例可减少；如森林覆盖率高，夏季潮湿、多雨，则开朗风景的比例可增高。

风景林内有近景、中景和远景之分，这是由视点出发，由距离和视野所决定的空间层次。由一个视点（如固定景点或车游道上行走的车辆）在数百米内所见到的是近景林，它要求有不断变化的单元，有丰富的色彩、形态变换、季相变化，要求较紧密的结构、较多的层次、参差变化的线条，观花、观叶、观姿的乔灌木应得到更多的应用。在近景林之后，由视点距离 1~5km 内所看到的是中景，应选择树姿秀挺、具色彩及季相变化鲜明的乔木作主要树种，不要求过于繁频的变换，应和谐地衬托近景林。距视点 5km 以外的风景林是远景林，一般以高大乔木为主，可为混交林或纯林，特点是自然、粗犷，树冠重叠起伏，不要求色彩变化频繁，起到大背景的作用。

风景林的密度要服从景观设计的要求。如封闭风景为密林，开朗风景为疏林。混交林的上层乔木株行距应较大，以便为小乔木、灌木留出充足的生存空间。风景林的配置方式根据景观设计的要求及树种组成而定，如作远景的针叶纯林可采用均匀配置，作近景的混交林多采用自然式、不规则的团状、丛状配置。

风景林的树种组成对景观效果和森林群落的稳定性具有重要意义。大面积纯林可给人壮阔、整齐的美感，随着地貌变化也可呈现有起伏感的林冠线，但林相比较单调。混交林可选用常绿树或落叶树、针叶树或阔叶树、乔木或灌木以及不同形态、色彩、季相变化的树种，形成多层次林相,呈现多样化的景观。在营建混交林时,层次和树种不宜过多,要合理选择混交树种和混交方式,处理好不同混交树种的种间关系,既满足景观设计的要求,又能保持森林群落稳定、功能持久。如以阳性的常绿针叶大乔木为主要树种,构成上层林冠;以半阴性的落叶阔叶树种(可观形、观叶、观花)为伴生树种,构成中层林冠;以耐荫的花灌木为第三层下木;不同树种相互协调,可形成林冠层次较丰富、观赏价值较高且长期稳定的风景林。

(三)造林设计与施工

在风景林区总体规划的基础上,做好每个造林地段的造林作业设计。为每个风景林小班设计造林图式,确定树种组成、整地方式、造林密度、配置方式、造林方法、幼林抚育措施等。对风景林的造林设计要充分考虑景观因素,设计要求较高,风景林设计图的比例尺应大于一般造林。

风景林的造林施工比较细致,特别是较复杂的混交林,要先进行现场定点,再按设计要求施工。造林技术应保证林木成活、成林,并尽早实现景观设计意图。在细致整地的基础上,应选用大苗、壮苗精心栽植,有条件时使用带土的容器苗,造林后随即浇水。幼林期间及时进行松土除草、踏穴、扩穴及灌溉、施肥等抚育措施。

三、风景林的抚育

风景林抚育的目的是调整风景林的树种组成和林分结构,改善林木生长的环境条件,提高风景林的质量及观赏价值。风景林的抚育措施有抚育采伐、修枝、土壤管理等,这些措施除一般的营林技术要求外,还具有风景林的技术特点。

(一)抚育采伐

风景林的抚育采伐主要是在森林的水平和垂直分布上调节林分结构和树种组成,改善林木生长环境,增强林分稳定性,形成景观效果良好的森林群落。选择采伐木时,应考虑林木的生长状况、景观价值等因素,还应注意保护珍贵树种的幼树、下木。在复层林中抚育采伐时,应在各层次中同时选择采伐木。抚育采伐的时间、方法、采伐强度等都要服从改善景观的需要。

按照抚育采伐的主要作用,可分为卫生抚育、透视抚育、综合抚育等。①卫生抚育。主要伐除枯立木、濒死木、风倒木、风折木、火烧木及病虫感染严重的林木,以改善林地卫生环境,减少病虫害孳生蔓延,也改善林内的视感。②透视抚育。选取适当地段,对密度大的郁闭林分进行适当的抚育采伐,以增加透视度,为观察森林内部和眺望远景创造条件。抚育采伐强度视林分结构和游览观景的需要而定,强度不宜过大,可实行短周期、小强度、多次数的抚育,以免引起林相的剧烈变化而破坏森林环境和有碍观赏。③综合抚育。先将林木划分为优良木、有益木、后备木和有害木,然后伐除有碍于优良木、后备木生长的有害木,从而改善树种组成、林分结构，提高观赏价值。各种抚育采伐都应合理确定采伐对象和采伐强度，采伐作业前先由技术人员按设计要求进行现场标号，并严格按标号采伐。

在风景林的不同年龄阶段，其抚育采伐目的和采伐木的选择原则有所不同。例如在树种组成较复杂的次生林中，幼龄林的抚育采伐主要是为了改善树种组成，去除观赏价值低的非目的树种林木和部分下木。中龄林的抚育采伐可改善目的树种林木的生长条件，并进一步调整树种间的数量关系和空间配置状态。从而逐步形成乔灌木的不同层次，按预定的景观要求构成复层林。同时，应兼顾林缘景观的形成，林中空地的外貌等。近熟林的抚育采伐，要清除目的树种中枯损者和生长落后者，为观赏价值大、有发展前途的树木个体创造充足的生长空间，保证其最大的寿命，以形成高大、壮观的主林层。最终可形成与生态环境协调的、稳定的异龄林。

（二）修枝整形

风景林的修枝是根据树种生物学特性和森林美学原理，对部分林木树冠下部或内部的枝条进行不同程度修剪，调整相对冠高，塑造良好的冠形与树冠结构。

风景林的树木一般应保持其自然的冠形，只修去有碍美观和卫生的枯死、衰弱、机械损伤、病虫危害的枝条，使林内整齐、洁净，枝下高一般保持在 3m 左右为宜。为了提高密林下的透视率，并使林内较阴暗潮湿的小气候得以改善，使游人感到舒适，也可适当修去下层活枝，使枝下高达到 5m 左右。

部分景点还可采取一些特殊的树木整形方法，如修剪、弯曲、嫁接、拼合等，培养一些形象树、连理树等特殊的景观树。

对游憩型风景林的修枝整形，应注意以下几点：一是为了提高游道两侧林木的观赏性，对游道两侧林木的树冠进行整形、修剪；二是为了提高游人在游道、赏景点的赏景质量，对有碍于赏景的近前方林木的树冠枝条进行修剪，对视域近距离内林木的树冠进行整形、修剪；三是为了减少个别林木树枝对整体景观协调性、特色性的影响，对该林木的树枝进行修剪。如对个别老化的刺槐林木、山桃林木进行截枝截干处理，促进萌发新枝、形成新冠型等。

（三）割灌

割灌是风景林常用的一项抚育措施。通过割灌来控制、引导灌木层的有效生长，能够提高林内景观质量与林分的可及度。风景林适于选择性割灌，不提倡全面割灌。在游道两侧及其他游憩区域内，当灌木遮蔽并影响重要树种的幼树生长时，应割除幼树周边 1m^2 左右范围的灌木、杂草。对荆条、三桠绣线菊、溲疏、悬钩子等有观赏价值的灌木，应有选择地进行修剪促萌。

（四）土壤管理

包括松土、灌水、施肥等措施。主要用于重点景区较珍贵稀有的树种，一些对水、肥条件要求较高的树种，因人为干扰或自然灾害使树木生长衰弱，亟待增强长势的树木。

在游人集中的景区、景点，游人践踏林地土壤是风景林退化的重要原因。过度践踏首先会损伤幼树、下木、地被物；进而使土壤板结，土壤透水性、透气性降低，根系生长受阻；导致立木生长衰退，甚至枯梢和死亡。对这些林木除采取设围栏、铺设步道等保护措施外，应加强各项土壤管理措施，恢复树木长势，保持原有景观。

风景林的土壤管理措施一般在深秋、初冬进行。松土时要避免损伤树根。施肥以树冠外围开沟施有机肥为宜，施肥后树盘灌水、培土。春旱时应及时灌水，视地形及水源情况，可用树盘灌、沟灌等方法。

四、风景林的改造与更新

(一)林相改造

风景林改造主要是对观赏价值较低的林分进行林相改造，可在幼、壮龄的乔木林、灌木林及疏林中进行。通过调整树种组成和林分结构，丰富森林形态，增加季相变化，提高观赏价值。林相改造的主要措施是景观伐和景观补植。

1. 景观伐

景观伐的任务是通过采伐来改造林相或塑造新的景观。景观伐可结合抚育采伐进行，采伐一些过密、生长衰弱和观赏价值低的树木。通常用于以下场合：第一，大面积的单纯林，景观单调，且无林中空地。通过景观伐可开辟林中空地，形成镶嵌性。第二，修饰林缘，使景观具有立体感。第三，风景林干道的入口处，宜伐开林木，造成开阔、明亮的空间。沿干道或步道两侧，通过景观伐形成特殊的景致。第四，在景点周围的风景林，应适当伐开，以开阔游客的视野。

2. 景观补植

景观补植是一种在林中空地、林窗地栽植目的树种来提高林分郁闭度或林分景观效果的林分改造措施，一般与景观伐结合进行，在采伐一部分观赏价值较低的林木后，多补植一些观赏价值高的常绿树、观赏树和花灌木，达到调整、补充树种，丰富林相，提高观赏价值的作用。多采用小面积不规则的块状、团状择伐后引进观赏树种的方法，对原有风景林进行局部改造。景观补植的树种要因地制宜、因景制宜，既能形成稳定的森林群落，又能形成良好的景观。景观补植时要细致整地，使用大苗、壮苗，加强幼林抚育，尽快发挥改善景观的效果。景观补植后可形成不同树种的混交林，增加景观的空间层次性与季相色彩变化，使林分更具美学观赏价值。

(二)更新改造

风景林的更新以人工更新为主，辅以人工促进天然更新。对老熟衰败的林分，应伐除衰老林木，重新营造风景林。

　　风景林的伐期龄以林木衰老、枯萎，景观效果开始明显下降为标志，即按照风景林的景致成熟龄来确定景致伐期龄。由于林龄大的风景林常能显示其雄浑风格，有更高的观赏价值，因而风景林的伐期龄一般远高于用材林的采伐年龄。有些长寿树种，如银杏、松树、柏树等，其景致成熟龄甚至可延续至自然生长的最大年龄，达到数百年之久。

　　风景林的更新采伐方式，一般采用群状择伐或群状渐伐。这两种采伐方式可以保持森林景观，且符合复层异龄混交林对森林更新的要求，更新后仍可形成景观价值高的异龄复层林相。

　　采伐后，清理采伐迹地，按规划设计重新造林。对迹地上原来生长的目的树种幼树及观赏价值较高的灌木，可选择其中生长良好者适当保留。

（三）价值低劣林分的改造

　　有些林分的树种组成及结构不符合风景林的要求或不适应所处的立地条件，有的因受自然灾害而林相残破，属价值低劣的林分。这类林分应该有计划地伐除，然后重新营造风景林。

　　一般可采用小面积皆伐的方式予以改造。伐区的大小和形状，应能缩小采伐可能对景观带来的不良影响。可采用环形小面积皆伐或间隔带状皆伐，利用保留带遮掩伐区。采伐面积可控制在几百平方米至 $2hm^2$ 的范围内，若改造面积过大，需分区采伐。如能结合地形的起伏控制伐区的形状和大小，利用地形遮掩伐区，能有较好的景观效果。采伐后及时清理迹地进行人工造林，使用生态适应性好、观赏价值高的树种，改造成美观、稳定的风景林。

五、古树名木的养护

　　在一些风景林区，保存有部分古树名木。古树名木具有重要的景观价值、历史文化价值和科研价值，是宝贵的树木资源。对古树名木要加强管理和养护，使其增强树势，延长寿命，更好的发挥作用。古树名木的养护措施主要为土壤管理、树体管理和防治病虫害。

（一）土壤管理

　　古树在某一环境条件下生活几百年甚至上千年，说明环境对树木是适合的。但有些古树生长地点的土层较薄；许多古树名木因游人密集，践踏树周围的地面，造成土壤板结，透气性差，土壤微生物活动减少，影响根系的生长和吸收作用；古树长期生长在固定地点，经过多年的选择吸收，某些土壤养分相对不足；古树旁的建筑物及堆放物料、垃圾会引起环境恶化。针对上述情况，应采取松土、改土、施肥、灌溉等各种提高土壤肥力的措施。

1. 松土与覆土

　　对板结的土壤可进行深松土，松土范围应大于树冠幅，深度在 $30 \sim 40cm$，要避免伤害古树的大根。在山区土层浅薄处，尤其是露出树根的古树，应垒砌树穴，客土覆土。

2. 浇水施肥

　　春、夏季浇水防旱，秋、冬季浇水防冻，浇水后松土保墒。根据树木对养分的需要和土壤养分的丰缺程度，确定施肥种类和数量。有机肥含多种养分，能改良土壤结构，应作为主要的肥料种类，一般可放射状沟施。古树发生缺素症状时，可适量追施含该种元素的化肥。

3. 埋树枝

为缓解土壤板结，改善土壤通气状况，可在地下埋树枝。一般用放射沟埋条法，在树冠投影外侧挖放射状沟4~8条，再把剪好的树枝绑成捆，平铺一层，覆土10cm后放第二层树枝捆，最后覆土踏平。在埋树枝的同时施入粉碎的饼肥和尿素，还可补充适量磷肥。

4. 地面铺梯形砖或草皮

埋树枝和施肥后，在古树周围地面上铺置上大下小的特制梯形砖，砖与砖之间不勾缝，留有通气道，下面用石灰砂浆衬砌，砂浆用石灰、砂子、锯末配制比例为1∶1∶0.5；或在其上铺带孔的或有空花条纹的水泥砖。还可在古树周围种花草并围栏杆，防止游人践踏。

5. 挖壕沟

一些山坡上的古树，经常受旱灾。可以在树上方10m左右处的缓坡地带挖水平壕，深至风化的岩层，深1~1.5m，宽2~3m，长5~10m，向外沿翻土，筑成截流雨水的土坝，底层填入树枝、杂草、树叶等，拌以表土。这种土坝在正常年份可截流雨水，填充物腐烂后可改良土壤结构，更多地蓄积水分，使古树根系长期处于较湿润状态。遇到大旱之年，则可人工担水灌入壕内。

6. 换土

若古树所处环境的土壤瘠薄、土壤板结或因填埋垃圾而受污染，导致树势严重衰退，可选用肥沃的土壤来更换原土，是有效的古树复壮措施。

若古树所处土壤粘重、板结、排水不畅，可在古树周围更换腐殖质丰富的沙质土壤，并在树冠投影范围以外挖排水沟（深可至4m）。排水沟下层填以大卵石，其上填以碎石和粗砂，再往上以细沙和原土填平，使排水顺畅。

（二）古树树体管理

古树在漫长的生长过程中，难免遭受一些人为或自然的损伤，有些古树树干形成空洞，有些枝梢枯萎。应采取必要的树体管理技术措施，以保护古树和促进古树复壮。

1. 支架支撑

古树树体衰老，枝条容易下垂，主枝常有死亡，或有树干中空，造成树冠失去均衡，树体容易倾斜、折断、倒伏。对这类古树需设支架支撑，树干可加围腰。

2. 堵树洞

树洞多因皮层受人为创伤，继而被雨水侵蚀，引发真菌危害，日久形成空洞。对于大部分木质部完好的局部空洞，可用水泥拌沙石填充捣实。操作时要将树洞修削平滑，并成竖直的梭形；水泥涂层要低于树皮，水泥等污染物要冲洗干净，以利皮层的生长愈合。

3. 合理修剪

对古树的病虫危害枝、衰弱枝，应进行合理的回缩修剪，促生新枝。

（三）防治病虫害

古树的树体衰弱，易受病虫危害。如双条杉天牛、柏肤小蠹常侵害衰弱的松、柏树，一旦入侵很难防治，会导致古树进一步衰亡。防治病虫害是古树养护的一项重要工作，要针对危害古树的各种病虫害，采取相应的防治措施。首先要加强土、肥、水管理和改善光照条件，增强树势。经常检查树木受侵害情况，修除病虫枝，对枝、干的伤口涂防腐药剂。古树周围的林木要及时进行修枝、间伐，清除古树周围的被害木、风倒木、风折木，及时运至林外销毁。在重点保护区可于早春设饵木，诱杀双条杉天牛、柏肤小蠹等害虫的成虫。在害虫产卵期向古树喷氧化乐果、菊酯类农药，防止害虫产卵或幼虫蛀入。对已发生的食叶害虫，可于幼虫期集中进行化学防治。

六、山东半岛重要风景林区

山东半岛沿海地带有众多风景林区，其中具代表性的有崂山风景林区、昆嵛山风景林区、长岛森林公园和日照海滨森林公园等。

（一）崂山风景林区

崂山位于青岛市东北部，濒临黄海。崂山气候属暖温带季风型海洋性气候，年平均气温12.1℃，年降水量为700~800mm。崂山主要由花岗岩构成，坡度较陡，地形复杂多变，崂山主峰崂顶，海拔1133m。土壤主要是在花岗岩成土母质上发育形成的棕壤，厚度一般在50cm以下。崂山三面环海，山海相连，峰雄壑险，植被茂密，又有众多名胜古迹，是国家级风景名胜区，在国有崂山林场的基础上成立了崂山国家森林公园。

崂山的地带性森林植被类型为赤松林和落叶栎林。赤松林曾是崂山的主要森林类型，后来因虫害严重而大面积死亡。在海拔500m以下地段，面海山坡和海滩沙地，赤松常为人工栽培的黑松所取代。在海拔较高的地方，多栽植较耐寒的日本落叶松。崂山原有的落叶阔叶林以麻栎林为主。自刺槐引入崂山后，因其适于当地的环境，繁衍为崂山的主要阔叶林树种。落叶阔叶杂木林在崂山也较常见，树种有臭椿、小叶朴、黄连木、枫杨、辽东桤木等。由于水热条件较好，崂山有天然分布的常绿阔叶树木如红楠、大叶胡颓子和山茶（*Camellia japonica*）等，引种栽培的南方常绿阔叶树木有30余种。

崂山观赏价值高的风景林集中在北九水和下清宫二处风景区。北九水地处崂山阴坡，温度较低、降水多、湿度大，土层深厚，植被茂密。由北九水至靛缸湾是风景最优美的地段。北九水风景林的主要树种有黑松、日本落叶松、水杉、日本花柏（*Chamaecyparis pisifera*）、刺槐、麻栎、枫杨、楸树、糠椴、辽东桤木、毛樱桃（*Prunus tomentosa*）、山槐、水榆花楸（*Sorbus alnifolia*）、盐肤木（*Rhus chinensis*）等。引种的日本落叶松、日本花柏、辽东桤木、水杉等树种组成的风景林生长良好，树形美观，具有较高的观赏价值。林地灌木常见种有葛枣猕猴桃（*Actinidia polygama*）、三桠乌药、宜昌荚蒾（*Viburnum dilatatum*）、溲疏、花木蓝、三裂绣线菊、小米空木、野茉莉（*Styrax japonica*）、胡枝子等。草本植物中景观价值较高的有青岛百合（*Lilium tsingtauense*）、玉竹（*Polygonatum odoratum*）、地榆（*Sanguisorba officinalis*）、耧斗菜（*Aquilegia viridiflora*）等。

下清宫地处崂顶东南海边，三面环山，南侧临海，形成背风向阳的小环境，温暖湿润，冬无严寒、夏无酷暑，是崂山植物最繁茂的地方，也是游览胜地。这里生长的常绿阔叶树有山茶、锦熟黄杨、广玉兰（*Magnolia grandiflora*）、桂花（*Osmanthus fragrans*）、红楠、络石等。落叶阔叶树有楸树、苦楝、黄连木、梧桐、刺槐、小叶朴等。另有引进的多种亚热带树种，生长较好的有茶树（*Camellia sinensis*）、檫木（*Sassafras tzumu*）、喜树（*Camptotheca acuminata*）、油桐（*Vernicia fordii*）、日本柳杉（*Cunninghamia lanceolata*）、杉木（*Cryptomeria japonica*）、金钱松（*Pseudolarix amabilis*）等，引进的国外树种有湿地松（*Pinus elliottii*）、火炬松、落羽杉（*Taxodium distichum*）等，形成了富有特色的风景林。下清宫附近还保存不少古树名木，其中著名的有：崂山汉柏，树种为圆柏，在太清宫三皇殿，相传为西汉张廉夫手植，树木高大、雄伟；在树干上又窜出一株凌霄，攀援而上，直至汉柏顶端。崂山"龙头榆"，树种为糙叶树（*Aphananthe aspera*），在太清宫三官殿院外，相传为唐代所植，树干斜卧，扭曲盘旋，宛如龙头翘首。崂山"绛雪"，树种为耐冬（山茶花耐寒的原始种），相传为明初道士张三丰所植，老干虬枝，冬季红花艳丽，因《聊斋志异》的耐冬花仙而闻名。

（二）昆嵛山风景林区

昆嵛山位于山东半岛北部，临近黄海，跨牟平区和文登市。昆嵛山属崂山山脉，主峰泰礴顶海拔923m，相对高差达800多米，区内群峰林立，沟壑交错，形成多种地貌类型。土壤以花岗岩母质上发育的棕壤为主，海拔800m以上为山地草甸土。昆嵛山属于暖温带季风型海洋性气候，年平均气温11℃，年平均降水量815.6mm。受海洋影响，气候温和，雨量充沛，又因海拔高度变化形成不同的小气候带。优越的自然环境，多种小地貌、小气候类型，使昆嵛山区有繁茂的森林植被和丰富多样的森林类型。以国有昆嵛山林场为主体，建立了昆嵛山国家森林公园，又建立了以森林生态系统为主要保护对象的昆嵛山自然保护区。

昆嵛山区大面积的赤松天然次生林和麻栎林是暖温带森林的代表性群落，一些东北树种和亚热带树种也有天然分布，以千金榆（*Carpinus cordata*）、紫椴、水榆花楸为主的杂木林也很典型。20世纪50年代以来大力开展树木引种试验，已先后引进110余种（变种），南方的杉木、水杉、柳杉（*Cryptomeria fortunei*）、华山松（*Pinus armandi*）、樟树（*Cinnamomum camphora*）、金钱松、鹅掌楸等，北方的红松（*Pinus koraiensis*）、樟子松（*Pinus sylvestris*）、长白落叶松、水曲柳（*Fraxinus mandshurica*）等，国外的黑松、日本落叶松、火炬松、湿地松等都在昆嵛山安家落户。本地树种之间、本地树种与外来树种之间的各种混交林，形成多种森林植物群落，丰富了森林景观和生物多样性。区内共有木本植物330种、草本植物600余种、苔藓类植物198种，是山东省植物种类最丰富的地区之一。许多野生植物是有较高经济价值的观赏植物、药用植物等。区内还有山东特有植物十余种，其中胶东桦（*Betula jiaodon-*

gensis)、胶东椴(*Tilia jiaodongensis*)、胶东景天(*Sedum jiaodongense*)、长梗红果山胡椒(*Lindera erythrocarpa*)的模式标本均采自昆嵛山。

昆嵛山植物种类繁多,林相丰富多样,风景林多姿多彩。昆嵛山富有特色的风景林主要有三部分:第一,赤松次生林及其混交林。赤松是昆嵛山森林植被的主要建群种,是昆嵛山风景林区的基调树种。昆嵛山的气候、土壤条件非常适合赤松林的生长,赤松从山脚一直分布到海拔800m左右,在海拔600m以下的山坡生长茂盛。20世纪60~70年代赤松遭受日本松干蚧危害而大片死亡,但天然更新情况十分良好,大部分赤松次生林改建为混交林。昆嵛山的赤松林是胶东丘陵森林植被的代表群落,与日本、朝鲜生长的赤松相比,其特征有所不同。赤松林四季苍翠,形成林海松涛,蔚为壮观。赤松与麻栎、栓皮栎、黑松、日本落叶松等针阔叶树种形成的混交林,使森林的形态、色彩更加丰富。

第二,山地落叶阔叶林。在泰礴顶、寒风岭一带,保存了大量地带性落叶阔叶林,树种有蒙古栎、槲栎、短柄枹栎(*Quercus glandulifera* var. *brevipetiolata*)、麻栎、水榆花楸、山槐、元宝槭、刺楸(*Kalopanax septemlobus*)、北枳椇(*Hovenia dulcis*)、苦木(*Picrasma quassioides*)、糠椴、紫椴等,这些树种多呈小乔木或灌木状,和海拔800m以上的山地草甸共同形成较为少见的风景林景观。

第三,引进树种风景林。沿昆嵛山森林公园主游道两侧,主要在3分场和4分场有众多引进树种形成的风景林,如南方树种的水杉林、华山松林、杉木林、鹅掌楸林、檫木林、木兰林、油桐林等,北方树种的红松林、樟子松林等,国外引进树种的火炬松林、湿地松林等,具有一定的特色,有较高的观赏价值。

此外,昆嵛山的灌木林树种主要有胡枝子、花木蓝、迎红杜鹃、郁李(*Prunus japonica*)、锦带花等。以花灌木为主,加上草本植物,野生花卉达350种。有的山沟内野生花卉集中连片,花期较长,色彩缤纷。

(三)长岛森林公园

长岛县位于渤海海峡,黄海与渤海的交汇处。地处胶东丘陵北部延伸地带,为岛链式基岩群岛,由32个岛屿组成,合称庙岛群岛,总面积56km²。地貌南北不一,南部岛屿星罗棋布,北部岛屿则多是孤峰插海。其中面积最大的岛屿南长山岛12.8 km²,面积较大的岛屿还有北长山岛、大黑山岛、砣矶岛、大钦岛等,这些岛上有多山夹谷和局部小块平地。气候为暖温带季风型半湿润气候,平均气温11.9℃,年均降水量566.6mm。地处风道,年均大风日67.8d。土壤以棕壤为主,占57.3%;其次为褐土,占41.8%。全县植被面积占岛陆总面积的55%,森林植被绝大多数为人工林。长岛的海域辽阔,岛俊礁奇,山清水秀,自然风光非常优美,被誉为世外桃源、海上仙山。长岛为国家级风景名胜区,在国有长岛林场的基础上建立长岛国家森林公园,还建立了以鸟类为保护对象的长岛国家级自然保护区。

长岛由于海风大、土层薄,造林难度大。经长岛人民多年来植树造林,并在土层浅薄地段采用挖大穴、栽大容器苗等技术措施保证林木成活生长,在岛上建成较大面积的森林植被，森林覆盖率已达到 40% 以上。主要森林类型有针叶林、落叶阔叶林和灌木林。代表树种以黑松为主，刺槐、赤松次之；灌木和草本植物主要有紫穗槐、麻栎（矮林）、胡枝子、酸枣、黄荆、野谷草、披针叶苔草、白草（Pennisetum flaccidum）、菅草、百里香、艾蒿、黄花菜等。岛上的森林与海天相映，形成特色风景林景观。长岛素有"鸟类海上乐园"和"候鸟旅站"之称。每年春秋季途经长岛的候鸟有 240 多种，10 万余只。其中列入国际或国家重点保护的珍稀鸟类有 50 多种。岛上建有候鸟馆和鸟类公园，成为保护野生动物的宣传窗口。

（四）日照海滨森林公园

日照海滨森林公园位于日照市区以北 15km 处，地处风光秀丽的黄海之滨。1992 年在原日照大沙洼林场基础上建立森林公园，占地面积 788hm^2。该地属暖温带季风型海洋性气候，具有湿度较大、多海风等气候特点。年均温 12.2℃，夏季均温 23.9℃，冬季 0.5℃，无霜期 213d，年降水量 868.5mm，年平均湿度 72%。公园西南角一隅是丝山支脉岭脚，其余均为黄海退潮沉积地，地势平坦。土壤多为海滩沉积的潮土类细沙土。地下水位较浅，在 0.5 ~ 1.5m 之间。淡水资源丰富，肖家河、西城河横跨林场入海，河床稳定，水质好。森林公园内有长达 7km 的海岸线，沙滩宽阔，坡缓沙细，海水洁净，适合建海水浴场和开展各种海上娱乐项目。森林公园南接日照海滨大道，北通青岛，交通十分方便。

日照海滨国家森林公园既有清净幽雅的森林景观和较丰富的生物多样性，又有蓝天、碧海、金沙滩相伴，还提供了便利的旅游服务设施，现已成为山东半岛南部重要的森林旅游胜地和海滨休闲度假区。

日照大沙洼林场自 20 世纪 60 年代开始造林，临海沙滩营造大面积以黑松为主要树种的沙质海岸基干防护林带；后来在基干林带后部陆续营造了刺槐林、杨树林、水杉林和小面积的经济林。20 世纪 90 年代，随着山东经济社会的发展、森林旅游业的兴起和国有林场体制改革的深化，在原来国有大沙洼林场的基础上成立了日照海滨国家森林公园。自成立森林公园以来，按风景林的经营目的和技术要求对原有森林加强了抚育管理，对部分黑松林进行了改建，新栽植了一些雪松、圆柏、龙柏、火炬松、旱柳、麻栎、黄山栾树（Koelreuteria inte-grifoliola）、白蜡、女贞、紫薇、淡竹等绿化观赏树种的林木。现在森林公园的森林覆盖率为 73.5%，集中连片的森林充分发挥了观赏休憩功能和生态防护功能。

日照海滨森林公园的风景林主要有黑松林、水杉林、落叶阔叶林等类型。

1. 黑松纯林和混交林

黑松是该森林公园的主要树种，现有的黑松林大多营建于 20 世纪 70 ~ 80 年代，黑松纯林林相较整齐，树高 9 ~ 12m、平均胸径 12.0cm、郁闭度 0.7，林下伴生有紫穗槐、白茅、结缕草等。为了改良土壤，恢复地力，提高林分生态稳定性，在黑松纯林中逐步引入部分麻栎、刺槐、旱柳、紫穗槐等阔叶树种，形成以黑松为主的针阔混交林，林相整齐，林木生长状况良好，林内生物多样性较丰富。

近几年，公园为发展森林旅游和海滨度假，提高森林的景观观赏价值，选择部分景点、旅游线路两侧对黑松林实行景观采伐，然后补植绿化美化树种，如雪松、龙柏、圆柏、火炬松、刚松、麻栎、旱柳、白蜡、栾树、合欢、龙爪槐(*Sophora japonica* var. *pendula*)、紫薇、黄栌(*Cotinus coggygria*)、木槿、紫丁香、冬青卫矛、淡竹等，形成黑松与诸多树种的混交林，丰富了森林景观。

2. 水杉林和池杉林

由于当地气候较温暖湿润，地下水位浅、水质好，南方水网地区常见的水杉和池杉(*Taxodium ascendens*)在这里都生长良好。1975～1976年栽植的水杉林，平均树高20m左右、平均胸径20cm左右，郁闭度0.8～0.9，树干挺拔，冠型优美，森林茂密，并是公园内喜鹊的主要栖息地，成为森林公园重要的风景林景观。栽植较晚的池杉林，平均树高15m左右、平均胸径12cm左右，树形美观，林相整齐，是北方少见的特色风景林。

3. 落叶阔叶林

主要树种为刺槐、杨树，分布在离海边较远、立地条件较好的地段。林龄多在20年以上，林相整齐，林木生长良好。刺槐平均高15m、平均胸径12cm，杨树平均高20m、平均胸径20cm，郁闭度均在0.7～0.8之间，森林繁茂，树荫浓密。

4. 果园

主要分布在靠近农田、土质较好的地段，主要树种为苹果、山楂，已进入盛果期，长势良好。苹果、山楂均为观花、观果树木，一年四季所呈现出的春花、夏荫、秋果、冬姿均给人以美感。

第七节　村镇绿化

一、村镇绿化概况

(一)村镇绿化的重要作用

村镇绿化是沿海防护林体系的组成部分，在防风固沙、保持水土，减轻自然灾害，改善生态环境方面具有重要作用。村镇绿化能调节空气温度湿度，净化空气和水体，绿化美化环境，为农村居民创造良好的居住条件。村镇绿化是农村民用木材的重要来源。利用宅旁院内的空隙地栽植用材树和经济树木，发展庭院经济，增加了农民收入。随着农村经济的发展和农民生活水平的提高，对村镇环境和村镇面貌要求更高，村镇绿化美化作为新农村建设的重要内容和文明村镇的标志，更加受到重视。

(二)村镇绿化的发展

农村居民历来就有在房前屋后及空隙地植树的习惯，村镇植树一直是农村林业生产的重要内容之一。自1956年，《1956～1967年全国农业发展纲要(草案)》要求全国各地"在一切宅旁、村旁、路旁、水旁，只要有可能，都要有计划地种起树来"，山东各地也广泛开展了"四旁"植树活动。1977 年 9 月，农林部召开华北中原地区平原绿化现场会，促进我国四旁植树和平原绿化的新发展，山东的农村"四旁"植树也蓬勃发展。到 1991～1995 年的"八五"计划期间，山东各地均达到或超过了山东省"八五"绿化标准的要求，山区村镇驻地林木覆盖面积占驻地总面积的 25% 以上，平原村镇驻地林木覆盖面积占驻地总面积的 35% 以上，村镇绿化发挥了显著的生态、经济、社会效益。但以往山东村镇植树的树种较少，大部分是杨树、柳树、刺槐、泡桐等用材树种；不少地方的村镇植树缺乏统一的规划设计，较普遍存在密度过大、林相不整齐、管理粗放等问题。自 20 世纪 90 年代以后，山东各地在村镇绿化中注意科学规划，把改善生态条件、增加经济收入、绿化美化环境等目标合理兼顾，增加经济树木和园林树木的比例，采用合理的密度与配置方式，加强抚育管护，提高村镇绿化的水平和效益。进入 21 世纪以来，山东半岛地区的经济社会快速发展，农村面貌发生了巨大变化，村镇绿化的内容更加丰富，水平逐步提高。特别是一些进行新村规划的村镇，对道路、房屋的建设和村镇绿化的统一规划，合理布局，科学配置庭院植树、行道树、街心花坛、绿篱、小游园、围村林等，使村镇绿化向园林化的方向发展，充分展示社会主义新农村的风貌。

(三)村镇绿化的类型

因不同村镇的自然条件和经济条件有所差异，其村镇绿化的内容和技术也有差别。山东半岛地区的村镇绿化可大致分为以用材林为主的类型、庭院经济型及园林绿化型。

1. 以用材树木为主的类型

这是一种常见的村镇绿化类型。农村居民在宅旁院内和村庄周围栽植散生树木或小片林，以栽植用材树木为主，也栽一些经济树木。

平原地区的村镇绿化，一般在村镇周围栽植杨树、刺槐等高大乔木，形成遮蔽村庄、防风固沙的围村林；在村镇内的道路两旁，栽植杨树、柳树等高大乔木作行道树；房前屋后多栽植杨树、泡桐等速生用材树木，也栽植一些苹果、梨、柿等经济林木。

山区的村镇绿化，因地形条件有所不同。在村外的山坡上，一般栽植黑松、刺槐等树种的护村林，可保持水土，防止山洪对村庄的侵袭；在山沟两旁，栽植杨树、泡桐、刺槐等速生用材树种；在村旁，栽植一些黑松、赤松、刺槐、麻栎等耐干旱瘠薄的树种；在村内，常栽植一些山楂、樱桃、板栗、柿等果树。

滨海村镇的绿化，对防御海风的侵袭更加重要。一般在村庄外营造防护林带，树种以黑松、刺槐、紫穗槐等为主。村内栽植用材树木和果树，主要为刺槐、杨树、苹果、山楂等。

2. 庭院经济型

为了增加经济收益，农户充分利用宅旁院内的隙地，提高庭院绿化的集约经营水平，多栽植一些果树和经济林木，如樱桃、石榴、柿、葡萄、香椿等，林下可种植蔬菜、药材及花卉。村庄周围除栽植速生用材树木外，也增加苹果、梨、板栗、山楂等果树的种植。

3. 园林绿化型

在一些经济条件好的村镇，特别是一些统一规划的新村，对庭院、道路、村内空地、村镇周围都进行科学的绿化设计，使乔、灌、草、花、果合理配置，按园林绿化的要求进行村镇绿化，以花园式村庄为建设方向。

二、村镇绿化的组成和配置

村镇绿化一般包括宅旁庭院绿化、街道绿化、村内空地绿化、围村林等，各组成部分都有不同的配置要求。村镇绿化规划要同村镇建设的总体规划密切结合。

（一）宅旁庭院绿化

1. 居民的庭院绿化

农民庭院的绿化因住宅院落大小、住宅类型及经济条件的不同而异，有乔木型、花灌木型、棚架型等。适宜树种有杨树、泡桐、槐树、臭椿、苦楝、香椿、枣树、柿树、石榴、桃、杏、葡萄、海棠、月季、迎春、蜡梅、紫荆、木槿、丁香、紫藤、爬山虎等。乔木应离住房较远，窗前宜栽灌木，以利于采光。院内可多栽植几种经济树木和花灌木，并使色彩和季相变化较为丰富。沿墙和棚架可栽植攀援树木。院墙周围宜栽植一些高大乔木。宅旁没有围墙的，可种植带刺或有花的绿篱，起到围护和美化作用。宅旁的空地可栽植速生用材树种或果树，用材树的株行距不小于 3～4m，树木下面可种植耐阴的经济作物、蔬菜、药材等，有条件的可经营小型花圃，发展庭院经济。

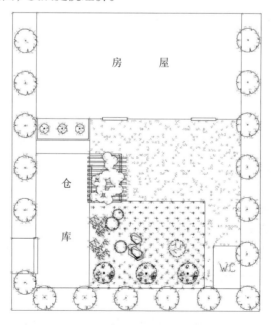

图 2-5　农村庭院绿化示意图

2. 企事业单位的院落绿化

企业单位和学校的绿化，应创造清净、优美、舒适的环境。一般在院落周围栽植高大乔木，院内人行道两侧可栽乔木及灌木，房屋的窗前栽花灌木。大的院落要丰富前庭绿化，可栽植常绿观赏性树木或设置花坛、绿篱、草坪。学校的运动场地周围可栽一些浓荫的乔木。学校如有较大面积的空地，可建立果园、花园。

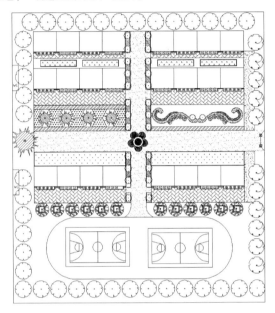

图2-6 农村学校绿化示意图

（二）街道绿化

街道绿化是村镇绿化的骨架，应根据道路的宽窄进行统一规划。一般道路可每侧植树1～2行，树种以杨树、柳树、悬铃木、槐树、臭椿、苦楝、银杏等乔木为主，乔木的株行间还可适当配置耐荫的花灌木。村镇的干道绿化可采用一板两带式或两板三带式。一板两带式在道路两侧各设一绿化带，以毛白杨、悬铃木等高大乔木行道树为主，配合圆柏、女贞等常绿小乔木和花灌木。两板三带式在道路两侧各设一绿化带，以高大乔木行道树为主；道路中间设一条分车绿带，栽植花灌木和常绿小乔木，还可设绿篱、铺草坪。

（三）村内公共空地绿化

对村内闲置的公共场地、四旁隙地、坑塘洼地等进行合理地开发和利用。面积较大的公共场地可设置小游园，作为居民游憩、健身、交流的场所。小游园中可栽一些观赏价值较高的乔灌木，采用孤植、丛植、群植等配置方式，做到层次分明、错落有致；可布置花坛、草坪、绿篱，还可设置亭廊、山石；游园中留出活动场地，安装一些健身用的体育器材，还可设置椅凳。小游园周围及园内可铺设游步路。

坑塘洼地周围宜栽植旱柳、垂柳、杨树及簸箕柳等，既可绿化美化，又能生产木材、编条。村内的零散隙地以栽植速生用材树为主，可发挥较高的防护与生产功能；也可栽植一些花灌木，起到美化作用。

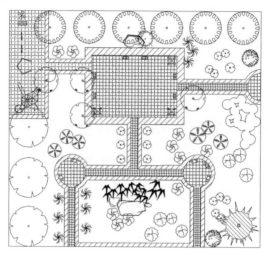

图 2-7　村镇游园绿化示意图

（四）围村林

村镇周围应规划宽度不等的围村林，一般以杨树、刺槐、柳树、紫穗槐等树种为主，营造乔灌木混交林，主要发挥绿化和生态防护功能。在风沙和干热风危害较重的地区，围村林的宽度和结构应按骨干防护带的要求。在一些土地条件好、风沙危害轻的村镇，村镇周围也可栽植部分苹果、梨、柿、板栗等果树。

三、村镇绿化的造林技术

（一）加强造林规划设计和技术指导

村镇绿化要兼顾生态防护、经济收入和绿化美化等多种经营目的，有多个组成部分，采用较多的树种和配置方式，而且不同村镇的自然条件、经济条件和土地利用状况各不相同，还要涉及众多的农户；因此，村镇绿化必须进行科学的造林规划设计，才能使树种的选择和搭配合理，密度和配置方式得当，造林技术先进，绿化效益显著；从而避免以往部分村镇植树杂乱拥挤，管理粗放，水平低，效益差的状况。对村内的道路、小游园和围村林，必须由村镇进行统一规划设计，保证林相整齐。对农户的宅旁、院内植树，村镇应提出技术指导意见。

（二）造林施工技术要点

1. 细致整地

整地方式要根据立地条件、造林树种特性、苗木大小及树木配置方式而定。如围村林和宅旁小片林应全面深翻后再挖植树穴，乔木的植树穴径、深80~100cm，灌木的植树穴径、深40~60cm，行道树和孤植的树木宜大穴整地，绿篱宜条带状整地。沙土的整地深度可较浅，粘土的整地深度应较深，涝洼地可挖沟台田，盐碱地可客土和设隔离层。在村内经常受践踏的地方和埋有建筑垃圾、生活垃圾的地方，应加大整地规格，更换好土。

2. 良种壮苗

在村镇绿化中，应选用优良树种、品种的健壮苗木。围村林一般使用二年生大苗，街道绿化可使用苗龄更大的苗木，绿化用大苗、针叶树和花灌木应使用带土球的苗木，果树用优良品种的嫁接苗。使用的苗木均应苗干粗壮、根系发达、无病虫害及机械损伤，并且新鲜湿润，生活力强。

3. 栽植技术

按立地条件和造林树种，采用适宜的栽植技术。阔叶树一般春季或秋季栽植，针叶树可春季或雨季栽植。先划线定点，挖植树穴后施基肥，苗木应随起随栽，并采用苗木修剪、蘸泥浆等措施，栽正踏实、灌水培土，大苗可以设支架。

（三）抚育管理

村镇植树一般立地条件较好，管理方便；应集约经营，加强抚育管理，提高绿化效益。对用材树种、果树、园林绿化树种等，应根据树种的要求分别采取相应的松土除草、灌水施肥、整形修剪、防治病虫害等抚育措施。

村镇绿化应加强管护，防止人畜对树木的破坏，必要时可采取设护栏、篱笆，树干涂白、绑草绳等措施。在防治林木病虫害时严禁使用剧毒农药，以免伤害人和畜禽。

村镇内的大树具有较高的生态防护作用和绿化美化功能，还是益鸟的栖息处，应尽量多保留一些高龄的大树。有的村镇保存有珍贵的古树名木，成为历史的见证和村镇的标志，更应严加保护，精心抚育管理，以增强树势，延长寿命。

第八节　公路绿化

山东半岛经济发达，交通便捷，已构成四通八达的公路网络。公路绿化也是沿海防护林体系建设的重要组成部分，不仅形成大型林带，起到防御自然灾害、改善生态环境的作用，"绿色通道"还充分发挥绿化美化作用，为沿途构成优美的景观，提升山东半岛地区的形象。

一、普通公路

普通公路包括国道、省道和县乡级道路。不同等级的公路，常有不同的绿化内容和要求。同一公路不同环境的路段，也有不同的绿化类型和技术措施。普通公路的绿化一般包括路旁的绿化带、公路边坡绿化以及交叉路口绿化等部分。

（一）县乡级公路绿化

1. 公路绿化的配置

县乡级公路是通往乡镇和村庄的乡村公路，其公路长度可占全部公路的70%～80%。县乡级公路路面较窄，不设分车带。路旁每侧绿化带的宽带一般为5m左右。

在平原地区，地势平坦，公路顺直。一般可在公路两侧边坡或边坡与农田之间各栽植1行至多行乔木，常用生长健壮、高大挺拔的乔木，也可在边坡上种植灌木，要注意乔木和灌木、常绿树种与落叶树种的结合。常用绿化树种有杨树、悬铃木、圆柏、紫穗槐、簸箕柳等。交叉路口或桥涵两头，在不影响行车视线的条件下，可栽植树丛以美化路容，并起到安全标志的作用。

在山区，道路常呈路堑形式或半挖半填形式，两侧多是山坡。这种路段宜采用小乔木和灌木为公路边坡固坡，并在公路两侧的山坡上营造风景林、经济林或水土保持林。

2. 公路绿化的类型

按公路绿化带的设置及主要功能的差别，可将县乡级公路绿化分为行道树式绿化、防护林式绿化、用材林经济林式绿化、风景林式绿化。

行道树式绿化是设计较简单的公路绿化。一般在公路两侧各栽植1～2行乔木，树种以杨树、柳树、悬铃木等速生树种为主，可用灌木与乔木间植。树木栽植位置应在路肩外50cm处，以免损伤路基。如公路经过路堑地段，则应栽植在边坡上，不能栽在边沟底上。

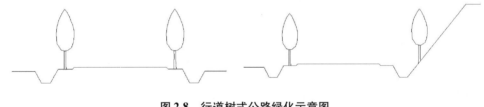

图2-8 行道树式公路绿化示意图

图2-9 防护林式公路绿化示意图

通过农田的县乡级公路，其绿化带与农田防护林带相结合。因林带宽度和树种组合不同而形成不同结构的林带。例如：由4～6行乔木和灌木共同组成的林带，可形成防风效能较较高的疏透结构林带；只由2～4行乔木组成的林带，可形成下部通风性强的通风结构林带。

县乡公路绿化还可与生产性的用材林或经济林相结合。在近年来的"绿色通道"建设中，有些地方沿公路两侧设置十几米至几十米宽的绿化带。平原地区沿县乡级公路的宽绿化带，多为以杨树作主栽树种，结合生产木材的林带；山岭地沿公路的绿化带，多为板栗、苹果、山楂等树种的经济林带。

在城市郊区及旅游区，沿公路两侧营建风景林式绿化带。路边栽植观赏价值高的乔木和花灌木树种，形成美观的风景林带，并与周围的大面积风景林、果园等景观融为一体。

（二）国道、省道绿化

国道、省道干线公路的车流量大、路面宽，公路绿化的要求也较高。除发挥生态防护作用外，还要求形成观赏价值较高的绿色景观。

国道、省道路旁每侧绿化带的宽带一般为 10～30m。应按绿化带的宽度，合理配置落叶大乔木、常绿乔木、灌木及草坪（图2-10）。选择适应性强，生长健壮，方便管护，抗尘、降噪能力强的树种，常用树种有毛白杨、欧美杨、悬铃木、槐树、雪松、圆柏、水杉、栾树、紫薇、连翘、金银木、紫穗槐、铺地柏等。

干线公路的部分较宽路段设有分车绿带，可栽植常绿小乔木、花灌木及草坪，采用不遮视线的开敞式种植，设计成规则式或自然式的绿化图案。

图 2-10　干线公路 20m 宽绿化带示意图

为组织环形交通，在大的交叉路口可设置环形交通岛（俗称"转盘"），车辆绕岛行驶。交通岛通常以草坪、花坛为主，或以低矮的花灌木组成简单的图案，不能栽乔木或较高的灌木，以免影响视线。

二、高速公路

高速公路是用于大城市远距离相互联系的主干道，山东半岛已有青银高速、沈海高速、荣乌高速、青兰高速、日东高速等多条高速公路通过，加强了青岛、烟台、威海、日照等沿海城市与外界的联系。高速公路绿化通过选用乔木、灌木、草本植物等多种植物材料，进行科学合理的配置，形成立体的植物群落；充分发挥改善生态环境，丰富沿途景观，保障交通安全、舒适、快捷的作用。

（一）高速公路绿化的一般要求

1. 合理配置

高速公路绿化包括中央分隔带、边坡绿化、路旁绿化带以及立交区绿化、服务区绿化等部分，应本着"因地制宜、防护道路、美化环境"的原则来合理配置。要实行、乔、灌、草相结合，防止树种单一与布局单一。

2. 选择适宜的树种

公路绿化的树种要求生态适应性强，生长稳定，形态美观，耐汽车尾气污染，抗病虫害，耐修剪。树种应多样化，注意乔木与灌木树种、常绿与落叶树种、阔叶和针叶树种相结合。每隔一定距离可更换主栽树种，使公路绿化景观有更多变化。

3. 公路绿化与周围环境相协调

当公路穿过田野、山林时，应使公路绿化与周围环境相协调。公路两侧一定范围内的土地与公路绿化统一布局，全面绿化。使公路绿化与沿途两侧的防护林、用材林、经济林相结合，融入周围的整体绿化之中。要充分利用当地的自然植被，维护原有的生态环境。

（二）植物材料配置

1. 中央分隔带绿化

中央分隔带绿化的功能是防眩、诱导视线、丰富路域景观，创造舒适、安全的行车环境。设计模式多为常绿树种和花灌木相结合，并辅以草皮覆盖地表。由于中央分隔带土层薄、立地条件差，选用树种多为树体较矮、抗逆性强、枝叶浓密、四季常青的蜀桧、龙柏、冬青卫矛等；并配合紫叶李、月季、紫薇、小檗等色彩浓艳的花木，组成相互交错的彩色景观，提高观赏性，消除行车的枯燥感。栽植方式多为双行平行疏植。蜀桧、紫薇等通过修剪，将高度控制在 1.6 ~ 1.8m。中央分隔带的地被，多用适应性强、绿期较长、耐修剪的结缕草、野牛草等建植多年生草坪；也可用小龙柏、金叶女贞等低矮灌木替代草坪，绿化美化效果好，易养护。

2. 边坡绿化

边坡绿化的主要功能是固土护坡，防止土壤侵蚀，同时也美化景观。边坡绿化的植物配置，要根据边坡的具体情况进行合理安排。对于较矮的土质边坡，可栽植低矮的花灌木、种植草皮或栽植匍匐类植物，每丛花灌木的间距以 5 ~ 6m 为宜。较高的土质边坡，可用草皮和灌木相结合，增强固土护坡能力。如在边坡上部 2m 范围内栽植适应性强、根系发达的结缕草、狗牙根、野牛草等组成的草皮，在边坡下部栽植 2 ~ 4 行根系发达、枝叶繁茂的紫穗槐，有良好的护坡效果。对于陡峭的土质边坡，可用混凝土框格种植草皮。可选用的护坡植物还有迎春、忍冬（*Lonicera japonica*）、铺地柏、三裂绣线菊、五叶地锦（*Parthenocissus quinquefolia*）、爬山虎（*Parthenocissus tricuspidata*）、扶芳藤（*Euonymus fortunei*）、凌霄（*Campsis grandiflora*）、马蔺（*Iris ensata*）、麦冬、白车轴草（*Trifolium repens*）、萱草等多种。

挖方地段的护坡，一般在坡脚和第一级平台砌种植池，栽植花灌木及攀援植物。在护坡顶部宜栽植低矮树木或垂挂植物，如连翘、迎春等。对砌石边坡，可用五叶地锦等攀援植物进行覆盖。

此外，公路的防护网可用蔷薇、凌霄、扶芳藤等攀援植物加以绿化美化。在隔离栅内侧，可选用分枝密、带刺、有花果的灌木树种如枸橘（*Poncirus trifoliata*）、枸骨、火棘、多花蔷薇等栽植绿篱，形成植物封闭围栏。

3. 公路两侧的绿化带

高速公路两侧的绿化带具有防护道路、改善环境、美化景观及隔离外界干扰等功能。绿化带的宽度一般为每侧 30~50m。一般模式为：从隔离栅外侧，依次栽植花灌木、常绿乔木、落叶大乔木。常用的乔木树种有悬铃木、毛白杨、槐树、合欢、白蜡、雪松、圆柏、水杉等。常用的小乔木和花灌木树枝有蜀桧、云杉、紫叶李、紫薇、金银木、女贞、月季等、栽植的花灌木每 3~5km 应变换一次树种。

图 2-11　高速公路绿化示意图

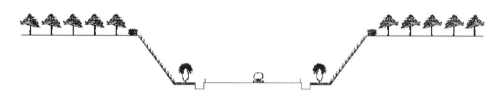

图 2-12　高速公路山区坡段绿化示意图

4. 立交区绿化

立交区绿化的主要功能是防护道路、美化环境以及诱导驾驶员视线。高速公路立交区绿化主要在互通式立交桥的主线和匝道之间围合而成的绿岛区及立交桥外侧实施。高速公路立交区通常是一个城市、地区的出入口，为了树立城市形象，是高速公路绿化的重点区域。

高速公路立交区绿化的规划设计原则是：第一，注重交通安全要求，为司机留出足够的视距和视野范围，并注重对行车的引导性。第二，与公路绿化的总体相协调，注意在植物选择、色彩搭配上与道路的绿地景观形成一个整体。第三，注重立交区绿地的观赏作用，并突出城市特色，为过往乘客留下美好而深刻的印象。

根据立交区所处的地理位置、服务城市性质、当地文化特色、立交桥的平面和立体形式等因素来进行立交区绿化的设计。一般采用园林式绿化，应用乔灌木和花卉、草坪相结合，根据不同植物的生态特性和观赏特性，结合周边环境进行合理的布置，从总体上组成各种绿化图案造型，以丰富的植物层次、多彩的季相景观、茂盛的地被植物形成优美的植物景观。

为保证交通安全，立交区绿化中还应划分指示栽植区、缓冲栽植区、诱导栽植区、禁止栽植区(图 2-13)。指示栽植区设在环圈式匝道和三角地带内，栽植少量高大乔木，用来为驾驶员指示位置。缓冲栽植区多设在主线和匝道相交处用来缩小视野，间接引导驾驶员降低车速，一般栽植灌木。诱导栽植区设在变速车道及匝道平曲线外侧，预告匝道线形的变化，引导驾驶员视线，一般栽植小乔木。禁止栽植区在互通式立交的各合流处，为保证视线通透，不能栽植树木，但可以栽植高度在 0.8m 以下的花丛和地被植物。

立交桥的垂直立面多，可供垂直绿化的面积大。应以桥体为依托，栽植五叶地锦、爬山虎等攀援植物，以覆盖桥体，增强绿化美化效果。

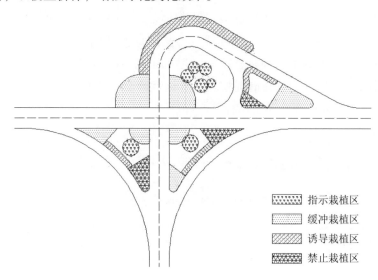

指示栽植区
缓冲栽植区
诱导栽植区
禁止栽植区

图 2-13　立交桥绿地示意图

5. 服务区绿化

服务区是为驾驶人员和乘客休息、活动及加油、维修等而设立，应通过园林式绿化创造优美舒适的环境。一般采取大树围合周围，精心布置内部小环境的设计方法。在服务区的边缘栽植成排的高大乔木，可以起到隔音、防尘、遮荫等作用。服务区和过境道路之间设置绿化分隔带。停车场绿化应以高大乔木为主，以形成荫凉的环境。加油区周围应通透，便于驾驶员识别，以栽植低矮灌木和花卉为主。休息室和餐厅外的空地，种植观赏庭荫树，并设置花坛。

二、园林景观路

随着城市的发展，城市绿化水平的提高，在城市郊区和旅游区把一些重点路段修建成园林景观路。这些园林景观路在发挥防风、吸尘、净化空气、调节小气候等生态防护作用的同时，更注重道路的美化，以富有艺术性和创新性的绿化景观，体现城市和旅游区的良好风貌，并为市民和游客提供更多的游憩空间。园林景观路是城市景观和道路景观的重要组成部分，是旅游区道路的基本要求，是道路景观建设的发展方向。

（一）园林景观路的景观特点

1. 园林景观路的植物应选择观赏价值高、能体现地方特色的植物，要反映出这个地区或城市的绿化特点。

2. 园林景观路的植物配置要丰富，空间层次、树形结合、色彩搭配和季相变化要协调。同一园林景观路的绿化风格要统一，不同路段有所变化。

3. 园林景观路和周围的山、海、河、湖等自然景观相结合，突出自然景观特色，并使自然景观与人文景观和谐统一。

(二)园林景观路的绿化设计

1. 各类绿地的绿化设计

园林景观路的绿化一般由分车绿带、道路两侧绿化带、路旁小游园等部分组成。

(1)分车绿带　较宽的路面上可设置两条分车带,用来分隔快车道和慢车道。较窄的路面上可设置中间分车带,用来分隔上行与下行车辆。分车带主要栽植花灌木和草坪,多组成规则美观的图形。宽的分车带也可稀疏地栽植常绿或观花的小乔木,但不要遮挡视线。

(2)道路两侧绿化带　园林式景观路的路旁设较宽的绿化带,一般为每侧20~30m,宽的可达50m。绿化带中合理配置乔木、灌木、花卉及草坪植物,应用丛植、群植、环植、林植等不同配置方法,形成层次丰富、图形美丽、富有景观的绿色景观。

(3)路旁小游园　为方便游人休憩和观赏风景,可在路旁设置一些小游园。小游园内以观赏花木和草坪为主,并以叠石、雕塑等相配合。园内设置游路,安置座椅。在朝向山、海、河流的适宜观景位置,辟为视线开阔的观景平台。

2. 不同环境条件的园林景观路

(1)平原的园林景观路　位于平原地区的道路,地形的纵向起伏不大。为形成较为自然的园林景观,可在原地形的基础上,将路旁绿化带外侧的地面适当抬高,在绿化带中也做一些微地形起伏,配以树丛、花丛、草坪,形成较为自然而丰富的景观。

(2)丘陵的园林景观路　位于丘陵地区的道路,地形有一定的纵向起伏变化,有的道路还邻山、滨河。绿化设计时可利用这些地形起伏变化,合理配置各种植物材料,组成层次丰富的景观。

(3)滨海、滨河的园林景观路　滨海、滨河的道路,植物配置以疏林、花丛、草坪为特色。可在面海、邻河一侧设置游步道,在风景好的地段设置观景平台,以便游人远眺和摄影。

(三)园林景观路的植物选择

1. 园林景观路的树种选择

(1)选择树种的条件

在选择园林景观路的树木时,必须使被选树种的生态学特性与造林地的立地条件相适应,做到适地适树;所选树种的枝叶量大,净化环境、调节气候等改善环境的功能较强;选择姿态优美、颜色悦目、美化功能强的树木;种类要丰富,以适应多种环境条件,更充分地发挥各种绿化美化功能。

(2)道路绿化常用的园林树木

常绿乔木:黑松(*Pinus thunbergii*)、雪松(*Cedrus deodara*)、云杉(*Picea asperata*)、圆柏(*Sabina chinensis*)、龙柏(*Sabina chinensis* cv. *kaizuca*)、蜀桧(*Sabina komarovii*)、女贞(*Li-*

gustrum lucidum）、广玉兰（*Magnolia grandiflora*）等。

落叶乔木：水杉（*Metasequoia glyptostroboides*）、银杏（*Ginkgo biloba*）、毛白杨（*Populus tomentosa*）、旱柳（*Salix matsudana*）、垂柳（*Salix babylonica*）、鹅掌楸（*Liriodendron Chinense*）、悬铃木（*Platanus acerifolia*）、海棠花（*Malus spectabilis*）、紫叶李（*Prunus cerasifera* f. *atropurpurea*）、日本樱花（*Prunus yedoensis*）、合欢（*Albizzia julibrissin*）、槐树（*Sophora japonica*）、苦楝（*Melia azedarach*）、元宝槭（*Acer truncatum*）、鸡爪槭（*Acer palmatum*）、栾树（*Koelreuteria paniculata*）、梧桐（*Firmiana simplex*）、柿树（*Diospyros kaki*）、白蜡树（*Fraxinus chinensis*）、楸树（*Catalpa bungei*）等。

常绿灌木及小乔木：小叶女贞（*Ligustrum quihoui*）、石楠（*Photinia serrulata*）、锦熟黄杨（*Buxus sempervirens*）、黄杨（*Buxus cinica*）、枸骨（*Ilex cornuta*）、冬青卫矛（*Euonymus japonicus*）、铺地柏（*Sabina procumbens*）、翠柏（*Sabina squamata*）等。

落叶灌木及小乔木：紫薇（*Lagerstroemia indica*）、木槿（*Hibiscus syriacus*）、紫荆（*Cercis chinensis*）、紫丁香（*Syringa oblata*）、雪柳（*Fontanesia fortunei*）、金银木（*Lonicera maackii*）、山楂（*Crataegus pinnatifida*）、石榴（*Punica granatum*）、小檗（*Berberis thunbergii*）、金叶女贞（*Ligustrum* × *vicaryi*）、火棘（*Pyracantha fortuneana*）、粉花绣线菊（*Spiraea japonica*）、珍珠梅（*Sorbaria sorbifolia*）、贴梗海棠（*Chaenomeles speciosa*）、棣棠（*Kerria japonica*）、月季（*Rosa chinensis*）、多花蔷薇（*R. multiflora*）、玫瑰（*R. rugosa*）、黄刺玫（*R. xanthina*）、榆叶梅（*Prunus triloba*）、四照花（*Cornus kousa* var. *chinensis*）、红瑞木（*Cornus alba*）、连翘（*Forsythia suspensa*）、金钟花（*Forsythia viridissima*）、迎春花（*Jasminum nudiflorum*）、锦带花（*Weigeia florida*）等。

2. 园林景观路的花卉及草坪草选择

（1）选择条件　在选择园林花卉时，应选择适应性较强、环境功能和美化功能高的种类。在美化功能方面，要注意园林花卉的花序、花形、花色，开花的季节、开放时间的长短以及开放期内花色的转变等，并做好多种园林花卉的合理搭配。

草坪除具有改善气候、杀菌、滞尘、水土保持作用外，在园林景观方面，又为环境增添了绿色的基调，还可为游人提供户外游憩场地。在选择草坪草时，除适应性强、生长较茂盛、绿色期长等要求外，还应注意其耐践踏能力，一般宜选择具有横走根茎和横走匍匐茎、生长低矮的禾本科多年生草本植物。

（2）道路绿化常用的园林花卉　矮牵牛（*Petunia hybrida*）、三色堇（*Viola tricolor*）、羽衣甘蓝（*Brassica oleracea* var. *acephala* f. *tricolor*）、鸡冠花（*Celosia cristata*）、一串红（*Salvia splendens*）、翠菊（*Callistephus chinensis*）、百日草（*Zinnia elegans*）、波斯菊（*Cosmos bipinnatus*）、万寿菊（*Tagetes erecta*）、孔雀草（*Tagetes patula*）、石竹（*Dianthus chinensis*）、麦冬（*Liriope spicata*）、萱草（*Hemerocallis fulva*）、鸢尾（*Iris tectorum*）、美人蕉（*Canna indica*）等。

（3）道路绿化常用的草坪植物　结缕草（*Zoysia japonica*）、白颖苔草（*Carex rigescens*）、狗牙根（*Cynodon dactylon*）、野牛草（*Buchloe dactyloides*）、草地早熟禾（*Poa pratensis*）、紫羊茅

（*Festuca rubra*）等。

（四）园林植物的栽植与养护

1. 园林树木的配置方式

园林树木的配置多种多样，在不同地点，由于不同的目的要求，可以有各种不同的配置方式；由于树木不断地生长变化，也能产生各种不同的效果。对园林树木的多种配置方式，一般可作如下分类：

（1）按配置的平面关系　可分为规则式和不规则式。

规则式：主要有中心植、对植、列植、正方形栽植、三角形栽植、长方形栽植、环植、多角形种植等方式。

不规则式：不规则式配置有多种方式，形成各不相同的自然式种植效果。如不等边三角形栽植、镶嵌式排列等。

（2）按配置的景观　可分为孤植、丛植、群植、林植等形式。

2. 园林植物栽植技术

（1）树木栽植　树木栽植包括定点放线、起苗、包装运输和假植、挖穴、栽植等工序。栽植园林树木常用带土球苗木，栽植穴应比土球直径大20cm左右，穴的深度一般比土球高度深10~20cm。裸根苗起苗应保留较完整的根系，尽量留些宿土，用蒲包、草袋、麻袋等包装，并充填湿润的稻草等。栽裸根苗时应保证根系充分舒展，然后填土踏实。植苗后24h内必须浇透第一遍水，使苗根与土壤紧密结合，以利成活。栽植较大的树木，栽后应设支柱支撑。

（2）草坪种植　对拟建草坪的土地，先整地和铺设灌排水设施，然后用播种或栽植植株的方法种植草坪。

播种法：一般用于结籽量大、采集种子容易的草种，如野牛草、结缕草、狗牙根、羊茅、早熟禾等。播种方法一般用撒播，可及早使草坪均匀。播前灌水，撒播后轻轻耙土镇压使种子入土0.2~1cm。播种后根据天气情况每天或隔天喷水，幼苗长至3~6cm时可停止喷水，但要保持土壤经常湿润。

分栽法：用栽植植株的方法形成草坪较快，管理也方便，是种植匍匐性强的草种的重要方法。分栽时可以条栽或穴栽。分栽的草要带适量护根土，栽后随即浇水。

铺栽法：草源丰富时，可将育好的草皮铺栽在拟建草坪的场地上，这可在封冻期以外的各个季节进行，且栽后管理容易，形成草坪快。

3. 抚育养护技术

园林植物的抚育养护措施主要有灌溉、施肥、整形修剪、防治病虫害等。

（1）灌溉　树盘灌是常用的方式，用水较经济，适于株行距较大的树木。畦灌时先作畦埂，顺畦浇灌，待水渗入后及时中耕松土。喷灌在园林绿化中有较普遍地应用，需要喷灌装置及输水管等设备。

（2）施肥　园林树木施肥应以有机肥为主、化肥为辅，多在秋、冬季作基肥施入。根据树木的根系分布情况，把肥料施在比根系集中分布层稍深、稍远的地方，以促进根系扩展，形成更强大的根系。常用施肥方法有环状施肥，放射沟施肥，条沟状施肥，穴施等。

根外追肥的用肥量小，发挥作用快，可及时满足树木的急需，并可避免某些营养元素在土壤中的固定或淋失。一般幼叶较老叶、叶背面较叶表面吸水快，吸收率也高。在喷施时，叶表面与叶背面都应喷匀。土壤施肥和叶面喷肥各具优点，可以互相补充。

（3）整形修剪　园林景观路树木的修剪主要是灌木类的整形修剪。园林灌木种类很多，观赏效果也不相同，有些用来观花，有些用来观赏果实，有些观赏彩色的枝条和多姿的树形。针对这些不同目的，分别采用不同的整形修剪方法。观花灌木的修剪，必须适应开花习性，利于通风透光，集中养分，开花繁茂，增加观赏效果。以观赏果实为主的灌木，如火棘、金银木等，在花后只进行轻度修剪，或者在老干近地面处去掉弱枝、密枝，以利通风透光，结出繁茂而颜色鲜艳的果实，提高观赏效果。观枝类灌木，如棣棠、红瑞木等，最鲜艳的部位大都在幼嫩的枝条上，应年年重剪，促发更多的新枝，同时逐步去掉老干，进行更新。以观赏树形为主的灌木，如雀舌黄杨、千头柏等，修剪方法应根据树形的要求。

绿篱整形修剪时应注意设计意图和要求，保持一定的高度和紧密度，起到更好的美观、防护作用。整形式绿篱需进行经常性、专门的修剪整形工作。自然式绿篱一般不宜常剪，只将病、枯枝及干扰树形的枝条去掉即可。

草坪的修剪可保持草坪整齐美观。草坪草的生长点低，再生力强，只要修剪适度，就可迅速恢复。冷季型草坪草应在生长高峰期的春、秋两季加强修剪，7～10d 修剪一次；夏季休眠期和晚秋应减少修剪，15～20d 修剪一次。每次剪掉的部分不能超过修剪前高度的1/3。在夏季、晚秋，以及处于遮阴下的草坪，应适当提高留茬。

（4）病虫害防治　园林植物种类繁多，涉及到的病虫害种类多，防治难度较大，必须从实际出发，采取合理的防治措施。增强植物的抗逆性是根本性的防治措施，应对园林植物加强抚育管理，改善环境条件，保证植物健壮生长。在采用化学药物防治措施时，要选用高效低毒农药和适宜的施药方法，特别注意避免对游人的药物毒害。

第三章 渤海泥质海岸平原区 沿海防护林体系营建技术

第一节 沿海防护林体系的建设目标和体系构成

一、渤海泥质海岸平原区的林业生产条件

(一)自然条件

渤海泥质海岸平原区位于山东省北部,渤海沿岸。自漳卫新河河口至胶莱河河口,包括滨州市的无棣县、沾化县,东营市的东营区、河口区、垦利县、利津县、广饶县,潍坊市的寒亭区、寿光市、昌邑市等环渤海的平原县(市、区)。该区的海岸类型均为淤泥质海岸。

1. 地貌

渤海平原由黄河为主的多条河流的泥沙冲填而成,形成缓缓向渤海倾斜的平原。海拔高度一般在20m以下。地面坡降很小,平均在1/6000~1/8000。河流之间形成缓平坡地、河间洼地、河滩高地、决口扇形地等微地貌类型。近海形成平缓的海滩,潮间带宽约5~8km,黄河口附近达10余公里。滩地底质松软,是典型的淤泥质海岸。现代黄河三角洲由于河口受海潮顶托及泥沙的堆积,每年向海延伸发展,淡质沉积物覆盖三角洲的表土,一般厚约1~4cm。莱州湾泥质物质的来源除弥河、潍河、胶莱河等中小河流外,黄河入海的泥沙也循海潮流向南面倾注于莱州湾,所以莱州湾的海滩自西向东由宽变窄。

2. 气候

渤海平原属温暖带季风型大陆性气候,具气候温和、光照充足、四季分明、雨热同季等特点,春季干旱多风、夏季炎热多雨、冬季寒冷干燥。本区光、热资源比较丰富,全年日照时数2750h左右,日照百分率达62%,年平均总辐射量为515~544 kJ·cm^{-2},光、热资源能满足农林业、水产养殖、制盐等多方面的需要。年平均气温12~13℃,1月平均气温-4℃,≥10℃积温4100~4300℃,无霜期195~215d。年降水量550~650mm,为全省降水量较少的地区之一。干燥度1.5~1.8,属半干燥气候区。7、8、9月降水占全年的75%,因降水过于集中,年内分配不均,旱涝灾害频率较高。夏季降水丰富,有利于作物的生长发育,但也常出现内涝;春秋季节多干旱,加之气温高、风速大、蒸发量大,促使盐渍化土壤

地表盐分积累加重，出现土壤返盐。同时，冰雹、霜冻、大风、干热风等自然灾害常有发生，还是山东受风暴潮危害最为严重的地段。

3. 土壤

渤海平原的土壤多由黄河等河流的沉积物形成，组成物质多为粉沙和淤泥。土壤类型以潮土和滨海盐土为主，黄河三角洲还有部分新积土。泥质海岸地带的盐渍化土壤面积大，土壤盐害是制约农林业生产的首要因素。由内陆向近海，土壤由潮土向滨海盐土过渡。滨海盐土和重度盐化潮土，土壤含盐量高，限制了多数植物的生存和生长，目前以盐生和耐盐的低矮草本植物和灌木为主。距海较远的潮土类耕地，因地下水矿化度高，土壤蒸发量大，以及近年来的海（咸）水入侵，土壤次生盐渍化问题十分严重。黄河三角洲的新淤地土壤含盐量较低，多为农业利用，但新淤地生态系统脆弱，一般耕种 15～20 年后即会返盐退化。

4. 水文

渤海平原降水量较少，地表水和地下水资源较贫乏，且有水资源地域分配不均、年内和年际差异大等特点。该区尽管处于徒骇河、马颊河、支脉河、弥河、淄河、潍河等河流的下游，但这些河流均为雨源型坡水河道，调蓄困难。近海地带地下水矿化度高，不宜用于农林生产灌溉。在距海较远的地段，超量开采地下淡水会引发海（咸）水入侵。黄河客水是主要的淡水资源，但黄河已处于最下游，来水量偏少，甚至出现季节性断流，制约当地农林业的发展。干旱不仅是制约农作物和树木生长及分布的重要自然灾害，又是加剧土壤次生盐渍化的重要因素。

5. 植被

按渤海平原的气候条件，植被类型属暖温带落叶阔叶林区。但受到地貌、土壤等条件的制约，限制了森林植被的发育。现存天然植被多为大面积滨海盐生灌丛和草甸及部分沼泽植被。在土壤含盐量低的地方多已开垦为农田，栽培植被是本地区的主要植被类型。

渤海平原的森林植被多为人工栽植的小片林或散生树木，主要森林类型有旱柳林、刺槐林、杨树林、绒毛白蜡林、白榆林等。主要经济林为枣树林。滨海地区有大面积天然柽柳林，多成树高 1～2m 的灌木状。黄河口附近的新淤土上，形成少量天然旱柳林。

在沿渤海湾的泥质海岸地带，多为天然状态的盐生草甸。在土壤含盐量 1.0%～1.5% 的地段，常分布着以盐地碱蓬为主的盐生草甸；在土壤含盐量 1% 左右时，以獐毛为主的盐生草甸发育良好。此外，还可见到碱蓬、二色补血草、白蒿、茵陈蒿等。在水分条件较好且含盐量 0.5% 左右的土壤上，常分布着以白茅、芦苇为主的草甸，并可见到罗布麻群落。

（二）经济状况

在 20 世纪 50 年代以前，渤海平原地区曾是山东省经济不发达的地区之一，地广人稀，农作物产量低而不稳，大面积盐碱荒地没有开发，交通不便，群众生活水平低。自 20 世纪 50 年代以后，特别是 1978 年改革开放以来，经过多年的生产建设，渤海平原地区的经济有了迅速发展，城乡面貌发生巨大变化，人民生活有了显著改善。

通过多年来大规模的水利建设、盐碱地改良和农业科技开发，渤海平原地区已建成重要的粮棉生产基地。利用当地资源优势，畜牧业和水产养殖业也都有较大的发展。棉花耐盐碱，经济效益高，是这一地区的重要农作物。枣树是当地主要的经济林树种，盛产金丝小枣和沾化冬枣。

胜利油田的开发建设，使石油和石化工业成为这一地区的支柱产业。盐业和盐化工业也是这一地区的重要产业。此外，还有食品、纺织、机械、化工、造纸等工业门类。公路、铁路及港口建设，使渤海平原地区的交通条件有了很大改善。公路建设已居全省前列，高速公路和干线公路连接沿海和内地，连同县乡公路和油田专用路，形成公路交通网络，实现所有乡镇和行政村通柏油路。滨州港、东营港、潍坊港等海港的建设，加强了渤海平原地区对国际国内的联系，促进了经济建设和改革开放。

东营市是黄河三角洲的中心城市，是综合性的、具有生态特点的现代化石油化工基地，市政建设居全省前列，已建成特色明显的"石油之城、生态之城"。渤海平原地区由东营市、滨州市、潍坊市所辖的各区、县以及乡镇的建设都有了长足进步，逐步形成规划科学、布局合理、设施配套、交通便利、环境优美的小城镇体系。

黄河三角洲地区土地资源充足，气候条件较为优越，浅海滩涂辽阔，石油、天然气矿产资源蕴藏丰富，为该地区的开发建设提供了良好的条件。近年来，通过实施"建设海上山东"和"黄河三角洲开发战略"，该地区国民经济总体呈现增速加快、效益提高、需求活跃、后劲充足的良好发展态势，人民生活水平继续提高，国民经济和社会各项事业进入一个加快发展的新阶段。种植业结构调整力度加大，粮食播种面积减少，棉花、蔬菜等经济作物播种面积增加，结构进一步优化。林业生产实现跨越式发展，畜牧业生产稳中有增，渔业生产保持较快增长，农业生产条件和农村基础设施进一步改善。工业生产持续快速增长、国内消费市场繁荣活跃，交通运输不断改善，邮电通信业持续较快增长，财政实力不断增加，各项教育事业协调发展。

位于黄河三角洲地区的渤海平原，经济虽有了很大发展，但与国内的长江三角洲、珠江三角洲等发达地区相比，还有很大差距，发展经济还有很大潜力。2009年国务院批复《黄河三角洲高效生态经济区发展规划》，黄河三角洲发展升至国家战略，为这一地区的经济社会发展带来历史机遇。依据《规划》，黄河三角洲高效生态经济区的战略定位是：建设全国重要的高效生态经济示范区、特色农业基地、后备土地资源开发区和环渤海地区的增长区域。《规划》还明确了发展目标，到2015年基本形成经济社会发展与资源环境承载力相适应的高效生态经济发展新模式，到2020年率先建成经济繁荣、环境优美、生活富裕的国家级高效生态经济区。山东省和东营、滨州、潍坊各市正在实施这一《规划》，把生态建设和经济社会发展有机结合起来，促进发展方式根本性转变，推动这一地区科学发展。

二、渤海泥质海岸平原区沿海防护林体系的现状和建设目标

（一）渤海泥质海岸平原区沿海防护林体系建设概况

渤海泥质海岸平原区因地下水矿化度高，土壤盐渍化重，适生树木种类少，造林难度大。20世纪50年代以前，除黄河三角洲新淤地上的天然旱柳、柽柳等林木外，一般仅在村庄周围有零星植树。20世纪60年代以后，随着滨海盐碱地造林技术的研究与推广，国营林场和胜利油田都开展了较大规模的盐碱地造林，并带动了周围社队的造林。

1988年沿海防护林体系建设工程列入国家林业重点生态工程。1988～2000年，山东省实施了沿海防护林体系建设工程一期工程，渤海平原区的各沿海县（区）都制定了建设沿海防护林体系的规划，各级政府对林业高度重视，把沿海防护林体系建设作为该地区进行生态建设的重要任务。根据当地林业生产条件，选育、引进耐盐树种，应用工程措施和生物措施相结合的盐碱地造林技术，"网、带、片、点、间（作）"相结合的综合防护林体系建设技术，优化林带结构技术等，造林技术水平不断提高。在沿海地区的基干林带建设、盐碱地上柽柳等植被的封育工程、耕地的农田林网与枣粮间作、城镇和村庄绿化等方面都取得显著成绩，渤海平原地区的沿海防护林体系建设对改善生态环境和城乡面貌起到重要作用。

自2001年以来，山东省实施了沿海防护林体系二期工程建设，加大了对工程的投入，并于2005年进行了沿海防护林体系建设工程规划的修编工作。渤海泥质海岸平原区以防御海风和风暴潮侵袭为主要目的，加强了沿海防护林基干林带建设；向内侧以农田林网、农林间作为建设重点；向外侧实行封滩育林，保护和恢复灌草植被资源，营造盐碱地改良林；建设完善黄河三角洲自然保护区和滨州、潍北等沿海湿地保护区，保护湿地生态系统和珍稀动植物资源；同时加强城市、村庄、道路绿化美化，建设优美的城乡人居环境。近年来，根据当地生产实际，东营市以路域、水系、农田、村庄等为载体，重点实施了路网、水网、林网"三网合一"工程，滨州市实施了路网、水网、林网、方田"四位一体"精品工程，都促进了渤海平原区沿海防护林体系的建设。

虽然渤海泥质海岸平原区沿海防护林体系工程建设取得了很大成绩，带来明显的生态、经济、社会效益，但也存在不少困难和薄弱环节。该地区沿海防护林体系工程建设尚存在的主要问题是：由于滨海盐碱地的自然条件制约，仍然树木种类少，覆盖率低；部分基干林带不闭合，特别在一些风口处、重盐碱地段尚未建成结构合理、功能完善的基干林带；有些地方的林业规划还不够完备，林种结构欠合理，造林树种较单一，树种搭配不够合理，未能很好地贯彻适地适树和乔灌草相结合的原则；防护林结构较简单，防护功能较低，综合防护林体系还不健全；随着近年来不合理的开发活动，使成片的天然柳林、柽柳林及盐生灌草植被受到破坏，黄河三角洲新淤地的次生盐渍化，使原来较脆弱的生态系统发生退化。渤海湾泥质海岸平原区防护林体系建设的现状还不能满足当地生态防护和经济社会发展的需要，其防灾减灾和改良环境等功能亟待提高。

(二)渤海泥质海岸平原区防护林体系建设目标

渤海平原区沿海防护林体系应充分发挥防灾减灾与改良生态环境的功能,改善农林业生产条件和城乡人居条件。沿海防护林体系的构成,以基干林带、纵深防护林和泥质海岸灌草植被为主,包括道路绿化、水系绿化、农田防护林网、农林间作等,并结合用材林、经济林和村镇绿化;在栽植形式上,实行"带、网、片、点、间作"相结合;在林分结构上实行乔木、灌木、草本植物相结合,组成多层次的合理结构。根据当地自然条件特点和经济社会发展的需要,加快造林绿化步伐,努力提高森林覆盖率,尽早建成综合配套、结构合理、功能强大、效益显著的沿海防护林体系,为当地的生态环境建设和经济社会可持续发展发挥更大的作用。

渤海泥质海岸平原区沿海防护林体系的营建,应贯彻"适地适树、生物多样性、土壤改良、生态防护及可持续发展"等原则,充分利用土地、光照和水、热等自然资源,确定不同土壤类型的树种配置优化模式。在树种选择时,应依据树种生物学特性,先考虑其耐盐能力,并结合考虑抗旱、耐涝能力;在土壤改良及造林技术上,选择效果良好而且操作简单、成本低的科学方法;在盐渍土上应以改土治盐为先导,先改土后造林;在林分结构配置上,强调树种合理搭配,优化群体结构,最大限度地发挥森林的生态效益,同时兼顾经济效益、社会效益;在实施造林绿化时,应按"因地制宜、适地适树、先易后难、讲求实效"的原则,按照土壤盐分的分布规律和土地利用情况,划分造林地立地类型,合理安排林种、树种,"宜乔则乔、宜灌则灌、宜草则草",并科学实施各项造林技术。沿海防护林体系建设要全面规划,统筹安排,先易后难,逐步实施,不断扩大造林绿化面积和提高造林水平。

三、沿海防护林体系的组成和布局

(一)总体构成

渤海泥质海岸平原区地势平坦、滩涂广阔,一般以县域作为沿海防护林体系规划建设范围。由海岸向内陆,土壤盐分含量、地下水位等生态因子发生变化,应根据立地因子的变化规律和土地利用情况,进行沿海防护林体系的合理布局,主要构成为:在临海一侧,营建前沿灌草植被;结合大型河流渠道、公路干线建立基干林带;内侧的农区营造农田林网、农林间作、小片林地及四旁植树;村镇绿化和城市绿化也是沿海防护林体系的重要组成部分。

(二)不同岸段的沿海防护林体系布局

由于渤海平原区海岸带不同岸段的地貌类型、自然条件和社会经济条件有所不同,各岸段的防护林体系建设也各有特点。

1. 近现代黄河三角洲防护林类型区

分布在东营市的东营区、河口区、垦利县、利津县,淄脉沟以北、潮河以东岸段。这一岸段的特点是黄河尾闾新淤土地面积较大，地广人稀，沿黄河口冲积扇地带灌草资源较丰富，有大量的天然柽柳林、旱柳林、盐地碱蓬草甸。对这一岸段要沿潮上带向内大力封护天然草甸植被，搞好封滩育林育草，严禁游垦、滥牧，保护和扩大柽柳、旱柳资源；在恢复天然植被的基础上，结合修建田间水利设施和防潮坝工程，营造基干防护林带和成片的用材防护林。在基干防护林带内侧，根据地形和土壤条件，分别设立防护林带保护下的农作区和牧草区，营建乔灌草结合的小网格农田防护林或牧场防护林，形成农林牧相结合的开发类型，控制土壤衰退。

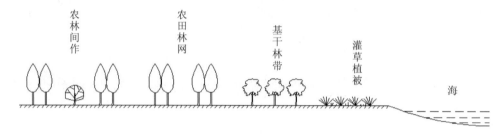

图 3-1　黄河三角洲沿海防护林体系布局示意图

2. 近现代黄河三角洲两翼防护林类型区

该类型区分为两片，西片由漳卫新河河口到潮河口，包括无棣、沾化两县的海岸带，东片由淄脉沟东延至尧河口，包括广饶县和寿光市的海岸带，是近现代黄河三角洲的两翼，分别地处渤海湾和莱州湾的沿岸，土壤盐渍化较重，植被稀疏，农作物产量低而不稳，主要以枣粮间作为主。河流较多，交通方便，盛产盐、鱼、虾、蟹。对该类型区要在潮上带保护盐生草甸植被，并结合养虾池、盐池埂坡种植耐盐灌木柽柳和白刺等，以固坡防蚀；在养虾池和盐池内侧结合岸堤、公路以及台条田工程营造基干林带，林带内侧配置大网格农田林网和枣粮间作或以枣树为主的间作区。

3. 潍北平原农田防护林类型区

该区段西起尧河口，东到虎头崖，包括寒亭区、昌邑市和莱州市的泥质海岸部分。该区段靠近鲁东丘陵，是潍河、胶莱河等河流的冲积平原，岸线平直，地形平坦，土壤条件和水利条件较好，农渔业较发达。该类型区的潮间带可保护繁育盐生植物来绿化裸露滩地；在潮上带修建防潮坝和条台田，并结合营造盐碱地改良林；在农田外缘营造基干林带，农田区营造农田防护林网，实行林粮间作。

（三）不同土地类型的造林绿化

1. 滨海盐碱荒地绿化

处于泥质海岸带的滨海地带，土壤类型以盐土和重度盐化潮土为主，土壤含盐量在 0.4%~2.0%。天然植被以盐生植物、耐盐植物形成的低矮、稀疏盐生草甸为主，盐分很重的地段形成光地板，沼泽地则以芦苇群落占优势。自然状态下，土壤盐分重、地下水矿化度高，不经过水利工程改造乔木难于生长。

该区域以封滩育林育草为主，结合人工植树种草，提高灌草植被覆盖率和土地生产力，使盐碱地得到改良。要重点加强天然柽柳灌丛的保护，丰富柽柳灌丛的群落种类组成。

在滨海荒地靠近农田一侧，或结合公路、河渠，应用水利工程措施，修筑条台田，促进土壤脱盐，并选用耐盐树种，营建大型防护林带和盐碱地改良林，构筑生态屏障。

2. 农田区造林绿化

处于滨海盐碱荒地内侧，土壤类型以潮土和轻度盐化潮土为主，土壤含盐量在0.4%以下，已开发为农田。土地的次生盐渍化、风沙、旱涝是影响农业生产的主要灾害因素。

该区域以发展农田防护林网、农林间作及村镇绿化为主，并充分利用小片隙地和退耕地发展用材林和经济林。农田防护林网结合沟、渠、路进行规划设计，一般采用"窄林带、小网格"。沿公路、河流，可营建大型基干林带。

对于距海较近、土壤含盐量较高的农田，应采用工程措施，修筑成条台田；并采用沟渠路林统一规划、综合治理，发展农田林网和枣粮间作；发挥林木改善农田小气候的作用和生物排水作用，降低地下水位和土壤含盐量，改善农业生产条件。

3. 现代黄河三角洲新淤地造林绿化

黄河泥沙填海生成的新淤地，既包括新近生成的新积土，也包括耕种多年、已趋向潮土发育、尚未发生严重次生盐渍化、土壤含盐量在0.3%以下的土地。新淤地的土地利用方式主要有3种：① 农业用地，用来种植农作物，如小麦、玉米、大豆、西瓜、花生等；② 林业用地，片林、林粮间作、果园等；③ 牧业用地，主要是天然草场。

黄河三角洲新淤地的土层厚度一般为1~4cm，地下水为高矿化度咸水，土壤存在发生次生盐渍化的潜在威胁，该区域的风沙、旱涝以及风暴潮等自然灾害也较多。因此，应实行农田防护林、农林间作、牧场防护林以及用材林、经济林相结合，在海岸带特殊地段可营造前沿防潮林，"带、网、片、间作"相结合，乔灌草结合，构建综合防护林体系，对于防止风沙、调节气候、改良土壤、改善农业生产条件都具有非常重要的作用。

4. 村镇、工矿区及道路绿化

渤海平原区人口密度较低，土地资源较丰富，村镇及工矿区都占有相当规模的土地。村镇居民的宅旁院内占地面积较大，尤其是在重盐碱地，庭院面积较少受限制。胜利油田的大规模开发和其他工业企业的发展，工矿区占地面积也相当可观。随着城镇、工矿区的发展，道路逐步增多，不同等级的地方公路及油田专用公路也占用了不少土地。按土地利用规划，村镇、工矿区及道路三者的占地可达土地总面积的10%以上，为植树造林、绿化美化提供了土地条件。

村镇应根据当地自然条件和社会经济状况，因地制宜发展庭院绿化、街道绿化、村内大型公共绿地，并在村庄周围营造围村防护林及用材林、经济林。在油田的大面积采油密集区和输油管密集区，建设大型油区防护林，改善油田生态环境。其他工厂企业都应搞好厂区的绿化美化。公路绿化可建成大型生态防护林带，发挥保护路基、改善公路景观以及防灾减灾、改善环境的作用。

四、沿海县防护林体系构成实例——以垦利县为例

(一)林业生产条件

1. 建置区划

垦利县为东营市所辖县之一，位于山东省北部，黄河入海口处。东经118°1500″~119°1954′，北纬37°2437′~37°5915′。县域呈西南、东北走向。东濒渤海，西、北与利津县隔黄河相望，南邻东营区，东北部与河口区接壤。南北长85km、东西宽60km，总面积2204km²。辖5镇2乡2个街道办事处，333个自然村，人口21.6万人。

2. 自然条件

(1)地貌 垦利县位于近现代黄河三角洲的中心地带。地面高程在3~8m之间，地势自西南向东北微斜，西南部比降1/8000，东北部比降1/10000~1/12000。受黄河尾闾摆动的影响，微地貌略有差异，主要类型有：微斜平地、河滩高地、缓岗、浅平洼地、滩涂等。

(2)河流海域 黄河流经全县，自董集乡罗家村起，由西向东在黄河口镇流入渤海，境内长110km。黄河是县内唯一的客水河和主要淡水资源，年均径流量370亿m³。人工开挖的骨干排水河道有小岛河、张镇河、永丰河、溢洪河、广利河等，河道境内总长130.5km，流域面积943.8 km²，呈东西流向。

全县海岸线长达89.75km。沿海均为泥质海岸，滩地平缓宽阔。由于黄河流路不断向东延伸和摆动，巨量泥沙填海造陆，使海岸线不断向东曲折推进。

(3)气候 垦利县属温暖带大陆性半湿润气候，四季分明，光照充足，雨热同季。春季回暖快，风大且多，主导风向为西北风和东南风，天气干燥，蒸发量大；夏季气温高，降水集中，天气湿热；秋季凉爽晴朗，多为西北风；冬季雨雪稀少，寒冷干燥。年平均气温12.1℃，极端最高气温可达39.7℃；年平均无霜期196 d，日照时数2727.7 h，≥10℃积温4222.1℃；年降水量为580.4mm。雨热同季，适合多种植物生长，但常发生春旱夏涝。

(4)土壤 垦利县大部分为退海地，土地由黄河淤积而成，成土年龄较短。因地下水位浅、地下水矿化度高，成土过程受潮化和盐化影响。县内土壤分潮土和滨海盐土两大类，潮土占53.6%，滨海盐土占46.4%。潮土主要分布在黄河沿岸和距海较远的中、西部乡镇，是县内较好的土壤类型，适于农林生产。潮土分为褐土化潮土、潮土、湿潮土、淤灌潮土、盐化潮土等类型。黄河入海口的新淤地上分布有黄河新近沉积物发育的新积土，地下水质好，土壤含盐量低，适于林木和灌草植物生长，大部分新积土趋向潮土发育。滨海盐土主要分布在近海的东部乡镇，因含盐量高，仅有少数盐生植物生长，或为盐碱裸地。

(5)植被 全县木本植物有60余种，主要有旱柳、簸箕柳、柽柳、刺槐、紫穗槐、杨树、苦楝、臭椿、绒毛白蜡、枣、桃、苹果等。草本植物主要有盐地碱蓬、獐毛、野大豆、芦苇、东方香蒲、蒿类、藜、白茅、狗尾草等。全县植被面积10.8万hm²，其中天然植被面积6.1万hm²，以盐生灌丛和盐生草甸为主，也有部分沼泽植被和水生植被；人工植被

4.7 万 hm²，有农田、果园、人工林等。全县耕地面积 3.05 万 hm²。全县有林地面积 11677 hm²、灌木林面积 16233 hm²，林木覆盖率 19.2%。

3. 经济状况

垦利县在历史上属移民开垦区域，生产活动以农牧业为主。自 1983 年建立东营市以来，垦利县的经济有了长足发展。全县的种植业、林果业、畜牧业和水产业都形成一定规模。工业有采盐、石油加工、建筑建材、纺织、木材加工、食品加工、机械制造等行业。公路交通方便，有荣乌高速公路和 315、316、227、228 等省道通过本县。自 1999 年以来实施村村通柏油路工程，现已实现了村村通车。至 2007 年，全县实现国内生产总值 107.29 亿元，城镇居民人均可支配收入 14458 元，农民人均纯收入 5146 元。

（二）沿海防护林体系的组成与布局

1. 沿海防护林体系的建设目标

垦利县位于黄河三角洲，濒临渤海，地势低平，风沙、旱涝、盐碱及风暴潮等自然灾害较严重。建设沿海防护林体系，对于防灾减灾、改善生态环境具有重要作用，是黄河三角洲高效生态经济区建设的一项基础性工程。

垦利县沿海防护林体系规划建设的基本原则是：因地制宜，因害设防，科学规划，合理布局；以防护林为主，多林种相结合；以人工造林为主，封、造、管相结合；依靠科技进步，应用先进技术，科学营林造林。

根据垦利县的林业生产条件和该县生态建设与经济建设的需求，沿海防护林体系的建设目标是：增加森林资源，优化资源配置，以沿海基干林带和柽柳林为前沿屏障，以路域林网、水系林网、农田林网为主体，并与成片的防风固沙林、盐碱地改良林、用材林、经济林以及村镇绿化相结合，形成配置上相互协调、功能上相互补充，多林种相结合的综合防护林体系，改善全县的生态环境，促进生态、社会和经济协调发展。

2. 沿海防护林体系的总体布局

根据垦利县的林业生产条件和沿海防护林体系的建设目标，垦利县沿海防护林体系包括沿海防护林基干林带、公路绿化、水系绿化、农田林网、用材林基地、村镇绿化、封滩育林、湿地保护等组成部分，在全县形成"三网、两带、三区、多点"的总体布局。

（1）三网 "三网"即：以公路、水系为骨架，实施绿色通道建设；在农田区域，营建农田林网；形成路域林网、水系林网、农田林网。公路绿化主要在市北外环路、省道 228、省道 230、省道 315、省道 316 等公路路段两侧。水系绿化主要在黄河大坝、黄河南展大坝、小岛河、溢洪河和五干渠、六干渠两侧。农田林网主要在县域中、西部，郝家、董集、胜坨、垦利、西宋等乡镇，土壤盐渍化较轻，农田集中的区域。

（2）两带 "两带"，即县域东部临海的沿海防护林基干林带和东营市北城区中心城防护林带。县域东部沿海防护林基干林带主要位于垦东办事处、孤岛林场、黄河口镇、永安镇的东部沿海防潮大坝和东八路延伸段。东营市建设宽度 300m 左右的中心城环城生态防护林带，该生态防护林带的城北段位于东营区和垦利县的边境，沿六干渠和辛安水库营建。

（3）三区　"三区"，即：用材林区、柽柳封育区、湿地保护区。用材林基地主要在黄河南展区，立地条件较好的胜坨镇、董集乡、垦利街道办事处等地。柽柳林封育区主要在黄河入海口两侧和垦东办事处境内。湿地保护区主要在黄河口两侧和县域东部，集中在永安镇、黄河口镇以东，垦东办事处和黄河三角洲国家级自然保护区的黄河口管理站、大汶流管理站境内。

（4）多点　"多点"，即：城镇村庄绿化及各类小片林地。在城区和周边乡镇、全县的村庄，实施村镇绿化。在各类小片宜林地，因地制宜营造经济林、用材林及盐碱地改良林等。

（三）沿海防护林体系的主要造林模式

1. 沿海基干林带

在东部沿海防潮大坝、东八路延伸段等地段建设沿海基干林带，规划建设100m宽的基干林带135km。建设沿海基干林带的地段，土壤类型为盐化潮土或滨海盐土，土壤质地以沙壤为主，土壤表层含盐量在0.3%~0.5%以上，地下水位1~2m，部分地段不足1m，地下水矿化度10~30g/L，而且排灌设施不配套。必须先修筑台田和水利设施，灌水洗盐或蓄淡淋盐，经改良土壤后方可造林。造林树种以绒毛白蜡、刺槐、旱柳、柽柳等耐盐树种为主，采用合理密度和混交方式，在台田面上穴状整地，使用壮苗造林。造林后，实施蓄水淋盐、松土除草等项抚育措施。

2. 公路绿化

干线公路在路两侧各设置20~50m宽的绿化带，以栽植阔叶乔木为主，并配合常绿针叶树和灌木。乡镇公路在路两侧各设5~10m宽的绿化带，每侧栽植2~4行乔木，乔木株间和公路边坡栽灌木。由于地处滨海盐渍土地区，必须采用科学的盐碱地造林技术。公路两侧绿化地带就地挖沟抬高田面，田面垫土高度20~30cm，绿化带外侧的排沟深度1.5~2m。绿化地带的田面要分段整平做畦，外侧边沿筑埂蓄水。经灌水洗盐或蓄淡淋盐，降低绿化地带的土壤含盐量。提前挖好植树穴，在植树穴内填入由客土和肥料混合成的绿化土，必要时可铺设隔盐层或隔盐袋。公路绿化树种以绒毛白蜡、刺槐、毛白杨、臭椿、紫穗槐、柽柳等耐盐树种为主。公路路面的中央分隔带栽蜀桧、木槿等针叶树和灌木。选用健壮苗木造林，植苗后随即浇水，植树穴面覆草或覆地膜。造林后进行浇水、除草、排沟养护等项抚育管理。

3. 水系绿化

水系绿化主要为河道绿化和干渠绿化。黄河垦利段的河岸和堤坝防护林宽度达150~200m，其中：黄河滩地营造15~20m宽的杨树防浪林，黄河大坝内坡面栽植草皮，坝顶80~100m宽的淤背区主要栽植杨树，大坝外坡栽植草皮，坝下柳荫地栽植3~5行杨树或旱柳。县境内各条人工开挖的排水河道，也都营造河岸和堤坝防护林，每侧林带宽度20~50m，以栽植杨树为主。干渠两侧设绿化带，以栽植乔木为主，并配合灌木，造林树种以杨树、旱柳、绒毛白蜡、紫穗槐等为主。六干渠每侧绿化带宽50~80m，以栽植杨树为主。四干渠每侧绿化带宽10~50m，条台田整地，分段栽植杨树、旱柳、绒毛白蜡等。

4. 农田林网

农田林网具有降低风速，调节温度、湿度，减少土壤蒸发，灌渠两侧生物排水，抑制土壤返盐等防护功能。垦利县近海、多风、农田易发生土壤次生盐渍化，适于窄林带、小网格。设计主林带间距200~250m，副林带间距300~400m，网格面积6~8 hm²。农田防护林带与沟、渠、路结合，每条防护林带4~6行。选用抗风、抗旱、耐盐碱，生长快，防护作用强的杨树、旱柳、臭椿、紫穗槐等为主要造林树种。在土壤含盐量较高的地段，提前整地挖穴，经过雨季淋洗，减轻土壤盐分。选择2~3a生的健壮苗木，一般在春季造林，植苗后随即灌水。幼林抚育措施主要有灌溉、松土除草、防治病虫害等。

5. 村镇绿化

为了进一步改善农村的生态环境和农村居民的人居条件，缩小城乡绿化的差距，应普遍进行村镇绿化并提高绿化水平。村镇绿化包括进出村道路绿化、村内街道绿化、庭院绿化、村内隙地绿化、围村林等组成部分。在距城市较远、经济条件较差的村镇，以栽植用材树和经济林木为主，有绒毛白蜡、旱柳、刺槐、槐树、枣树、白榆以及龙柏、木槿等适宜树种。在距城市近或经济条件好的村镇，除栽植用材树木和经济树木外，要适当增加园林观赏树木的比例，达到绿化加美化的要求，以花园式村庄为建设方向。

部分地处中度、重度盐碱地的村庄，虽经多年绿化而成效不大。这部分村庄要修筑排灌系统，采用台田整地、灌水洗盐、暗管排盐、客土与隔盐层结合等盐碱地改土措施，选用绒毛白蜡、刺槐、白榆、柽柳等耐盐力强的树种，并采用适合盐碱地的造林技术，加快这些村庄的绿化。

6. 柽柳林封育

柽柳是渤海平原滨海盐碱地的主要灌木树种，是泥质海岸带营造防风、防潮灌木林带的适宜树种。垦利县的柽柳林主要分布在黄河入海口两侧和垦东办事处境内的近海地区，比较集中连片。近几年因风暴潮等自然灾害，导致海水内侵，植被退化。规划在2010~2020年期间，主要在孤东办事处境内的盐碱荒地，采用修筑水利工程、开挖封育沟、播撒种子的方法，封护培育柽柳林3000hm²。近海盐碱荒地面积大、劳力缺乏，适合柽柳播种造林。播种前必须进行整地，采用机械或人工挖浅沟的办法，使沟内积蓄雨水，淋洗土壤盐分，并减轻杂草对柽柳小苗的竞争。以沟长5~12m、沟宽50cm、沟深30~35cm，沟间距2~2.5m为宜。柽柳播种以大雨后1~2d内，沟中还贮有较多雨水，无风的天气最为适宜。将种子均匀撒至沟内，种子随水下渗附在沟壁的湿土上，不需覆盖即可出苗。播种造林后加强封护管理，保证幼苗正常生长。

7. 湿地保护和生态修复

黄河入海口两侧有较大面积三角洲湿地，垦利街道办事处和永安镇等地有部分水库和沼泽湿地。湿地具有调蓄洪水、降解污染、生物栖息地等生态功能。在湿地区域内，有灌丛、草甸、沼生植被、水生植被等植被类型，有芦苇、柽柳等多种经济价值较高的资源植物，还是鸟类的栖息繁殖地。由于淡水资源短缺、自然灾害和盲目开发，导致湿地面积萎缩、质量下降、功能减退。为了更好地保护、利用湿地资源，采用人工修筑防潮堤坝，引黄河水补充淡水水源，制止对湿地的人为干扰破坏，加强湿地灌草植被保护培育等措施，在黄河口两侧和永安镇内实施保护和恢复湿地工程；并建立湿地自然保护小区，为野生动植物的繁衍提供适宜环境。

第二节　农田林网和农林间作

农田防护林网和农林间作是渤海平原区沿海防护林体系的重要组成部分，由于所处的立地条件较好，森林生产力较高，面广量大，生态效益和经济效益也更加显著。

一、农田防护林网建设

在渤海平原区，风沙、旱涝、盐碱等自然灾害比较频繁。在广大的农田中普遍营造防护林带，并相互交织成农田林网，对防风固沙、治理旱涝、改良盐碱、保障农业生产具有重要作用。

（一）农田林网的防护效能

1. 改善农田小气候效能

农田防护林网降低风速，改变气流状况，使农田的蒸发、湿度、温度等因素发生有益的变化，形成有利于农作物生长发育的农田小气候功能。渤海平原地区防护林网内的农田与空旷地农田相比，风速平均降低20% ~30%；水面蒸发减少20% ~30%；空气相对湿度提高5% ~10%，在刮干热风时期甚至可提高20%以上；土壤含水量增加1% ~4%；冬、春、秋季可升高气温1 ~2℃，夏季可降低气温1 ~2℃，林带并能减轻平流霜冻的危害。

2. 林带生物排水功能

农田防护林地下水位与土壤返盐有密切关系。灌区的渠道渗水，使地下水位升高，引起土壤次生盐渍化。沿渠道栽植的农田防护林带能吸收渠道侧渗水，通过枝叶蒸腾到空中，从而降低地下水位，防止或减轻灌区土壤次生盐渍化。据观测，每千米斗渠6行杨、柳林带，每年约蒸腾10万 m³ 水，可降低附近地下水位15 ~20cm；每千米农渠2行杨树林带，每年约蒸腾1.5万 ~2万 m³ 水，可降低附近地下水位10 ~15cm。

3. 林带增产作用

农田防护林网能改善农田小气候和土壤水分状况，减轻土壤次生盐渍化为农作物创造了良好的生长发育条件，保证农作物增产；与无防护林保护的农田相比，林网内的农田一般年份可增产10% ~20%，风沙严重的年份，增产作用更为显著。

（二）农田防护林带的结构和配置

1. 林带结构

不同结构的林带具有不同的防护性能，应根据对防护的具体要求来选择适宜的林带结构。农田防护林宜选用疏透结构林带，其有效防护距离较大，防风效率较高。疏透结构林带一般是由数行乔木和灌木共同组成的较窄林带，林带上层树冠部分和下层树干部分的枝叶均较稀疏，孔隙较均匀，林带疏透度0.3左右，透风系数0.5左右。风经过林带时，一部分气流透过林带，一部分气流越过林带，在林带背风面形成弱风区，以后风速随着与林带距离的加大而逐渐恢复。疏透结构林带的有效防护范围20~25H，最大防护范围可达35H，防风效率20%~40%，在紧密、疏透、通风等三种结构的林带中，其防护农田的效能较高。

只由2~4行乔木组成、没有灌木的林带，一般形成通风结构。风经过通风结构林带时，林带背风面弱风区的风速仍较大，有效防护范围和防风效率也不如疏透结构。对于只由乔木组成的农田防护林带，可适当控制修枝，降低林带树冠层的底部位置，有助于林带的防风效能。

2. 林带走向

农田防护林网的主林带与主害风方向垂直，副林带与主林带垂直，农田林网的防护作用最好。渤海平原区主要害风为东北风，可设计主林带为东西向，副林带为南北向，构成方格林网。为使林带与沟渠路结合，主林带的方向允许有较小的偏角，对防护作用影响不大，偏角不应超过30°。在有显著主害风和盛行风地区，采取主林带为长边的长方形网格。

3. 林带与沟渠路的结合

在渤海平原地区，为了农田灌溉和排涝、淋盐，建有较完备的排水和灌水系统。各级渠道和排沟把农田划成方田，农田林网的设置一般与沟、渠、路等设施相结合。沟渠路林结合的优点有：①利用沟、渠、路之间的隙地和田边地沿造林，可充分利用土地，少占或不占耕地，又有利于保护农田措施。②由于农田中沟、渠、路的间隔，可减小林木与大田作物争光、争肥等不利影响。林带一般布置在沟、渠、路等设施的两侧或一侧。如果只布置在一侧时，最好布置在这些设施的南侧或西侧，以减少林带对作物的遮荫影响。③路旁植树，交通方便，有利于对林木的经营管理。结合道路绿化形成林荫道，既美化环境，又有利于交通安全。④沟渠旁植树，可以保护沟渠水利设施，并充分发挥林带的生物排水作用，降低地下水位，减少土壤盐渍化。

沟渠路林结合的配置形式有：①林路结合，在道路的两侧栽植乔木，乔木株间混交灌木，路坡、边沟上栽植灌木。②林沟渠结合，乔木栽植在沟渠之间，乔木株间混交灌木，沟的边坡上部栽植灌木。③林沟路渠结合，乔木栽植在道路两侧，株间混交灌木，沟的边坡上部栽植灌木。或者把乔木栽植于道路南侧或西侧，可减少林带对农田的遮荫。

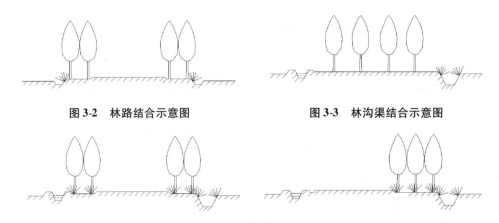

图 3-2　林路结合示意图　　　　　　　图 3-3　林沟渠结合示意图

图 3-4　林沟渠路结合示意图

4. 林带宽度

林带宽度对林带构成林带结构及林木的稳定生长有重要作用。影响林带宽度的因子有树种、林带树木行数、林木行株距等，其中林带中乔木的行数有重要作用。渤海平原区的农田林网，主林带一般由 4～6 行乔木和 2～4 行灌木组成，配合各项造林营林措施可形成防护效能较高的疏透结构林带。副林带一般由 2～4 行乔木和 1～2 行灌木组成，也可形成防护效能较高的疏透结构林带，或疏透 – 通风结构林带过渡类型；而只由乔木组成且修枝较高的林带，则常形成通风结构林带。

5. 林带间距与网格面积

林带间距关系到防护作用高低、网格大小及林带占地比率。确定林带间距主要依据林带的有效防护距离。林带有效防护距离又受土壤条件、风害状况、林带结构、林带高度等因子的影响。

在渤海平原距海较远、害风风力较小、土壤盐渍化较轻的农田，疏透结构防护林带的有效防护范围为 20～25H，通风结构的有效防护范围为 20H，主林带间距不应超过防护林带的 25 倍树高。结合当地防护林带主要乔木树种成林的高度，主林带间距一般为 250～400m。若间距过小，则增加林带占地和林木的胁地作用。在有显著主害风和盛行风地区，采取主林带为长边的长方形网格，副林带间距可加大到 400～500m。形成的农田防护林网网格面积一般为 10～20hm^2，最大不应超过 30 hm^2。

在距海较近、害风风力强、土壤盐渍化较重的农田，需要适当缩小林带间距，加强农田林网的防护功能，更好地起到防风固沙、调节小气候、抑制土壤盐渍化的作用。以主林带间距 200～250m，副林带间距 300～400m，网格面积 6～8 hm^2 为宜。

（三）农田防护林的造林技术

1. 造林树种的选择

渤海平原区农田防护林的造林树种选择应按以下条件：适应当地气候、土壤条件，具有较强的抗风、抗旱、耐涝、耐盐碱能力；生长稳定，能长期发挥防护作用。乔木树种应树体高大、树冠较窄、根系较深；灌木树种应枝叶繁茂，有较高的经济价值。为减轻农作物的病虫害，应避免采用与主要农作物有共同病虫害的树种。

按照上述条件，渤海平原区适于农田防护林的乔木树种有：107 号杨、108 号杨、鲁林1 号杨、L35 杨、毛白杨、旱柳、J172 柳、刺槐、白榆、苦楝、臭椿、绒毛白蜡等，灌木树种有紫穗槐、筐柳、沙棘、枸杞、柽柳等。

"适地适树"是树种选择的基本原则，应根据造林地条件和树种生物学特性来选择适宜的造林树种。渤海平原区的农田土壤以潮土和轻度盐化潮土为主，土壤盐渍化程度和树木耐盐能力是选择树种时应首先考虑的因素。在土壤含盐量 <0.2% 的潮土和轻度盐化潮土上，乔木以速生、干高、冠窄的杨树为主，如欧美杨优良品种 107 号杨、108 号杨、鲁林 1 号杨、L35 杨以及毛白杨等，配合旱柳、J172 柳、白榆、臭椿等树种；灌木可选择紫穗槐、筐柳等。在土壤含盐量 0.2% ~0.3% 的轻度盐化潮土上，可栽植耐盐能力较强的旱柳、J172柳、刺槐、苦楝、白榆、紫穗槐、沙棘、枸杞等。在土壤含盐量 0.3% ~0.4% 的盐化潮土上，可栽植耐盐能力更强的绒毛白蜡、柽柳等。

从树木对水分条件的要求来看，岗地宜栽刺槐，洼地和沟边宜栽旱柳，平地宜栽杨树、白榆等。

乔灌木树种的适当搭配，有利于形成疏透结构林带，发挥较高的防护效能。例如，由杨树、刺槐、紫穗槐等组成的防护林带，杨树占据上层、刺槐处于中上层，紫穗槐为下层，林带的上、中、下部都较均匀地分布着较小的孔隙，可形成疏透度 0.3 左右的疏透结构林带。

2. 造林密度

合理的造林密度对于防护林带及早郁闭、稳定生长和形成较理想的林带结构具有重要作用。农田防护林带行数少，林带两侧通风透光良好，适于较大的造林密度。在道路的每侧栽植 2 行乔木，以行距 1.5 ~2m、株距 3 ~4m 为宜；每侧栽植 1 行乔木，以株距 2 ~3m 为宜。在沟渠之间或路沟之间栽植 3 ~4 行乔木，以行距 2 ~3m、株距 3 ~4m 为宜。紫穗槐、筐柳、柽柳等灌木的株距以 1 ~1.5m 为宜。

3. 整地

凡靠近较大的沟渠，营造多行防护林带的地段，应全面机耕 25 ~30cm 深，以改善土壤的物理性状，然后分段整平，筑埂成畦，并根据地势设置小灌溉渠。在路旁、沟旁每侧栽植 1 ~2行树木。不便机耕的地段，也要分段整平，筑埂成畦。在植树畦内开挖植树穴，乔木用大穴整地，穴径 80 ~100cm、深 70 ~100cm，挖穴时将表土与底土分别放置；灌木用小穴整地，穴径 0.4 ~0.5m、深 0.5m。

在土壤含盐量较高的地段，应提前整地，使修筑的植树畦和开挖的植树穴经过雨季的淋洗，降低含盐量，利于树木成活。如有充足的水源，可提前对植树畦灌水洗盐，待土壤含盐量降到树木适生范围时再栽植树木。为了提高盐渍化土壤的造林成活率，可以采用客土措施。

4. 栽植技术

渤海平原地区冬季寒冷干燥多风，植苗造林一般在春季进行。滨海地带春季回暖较迟，造林时期也应适当延迟。

营造农田防护林的乔木一般使用 2 年生优质大苗，要求苗干粗壮、充分木质化、根系完好，无病虫害。从起苗到栽植，要妥善保护苗木，严防失水。起苗前圃地应灌水，提高苗木的含水率。苗木起运过程中要保持苗根完整和新鲜湿润，尽量随起苗随运随栽植，不能及时栽植的苗木要妥善假植。要防止裸根苗长途运输及晾晒，以免降低苗木含水量和造林成活率。栽植欧美杨品种的苗木时，可于造林前浸泡苗木根部 1~2d。栽植前要对苗木适当修剪，对各种阔叶树苗木，可剪去全部侧枝，并剪去苗木上部木质化差的部分，有利于苗木成活。

植苗时要使苗木根系舒展，栽植深度适宜。在距海较远、土壤类型为潮土，含盐量低的地段，栽植杨树、旱柳等易生根树种的苗木可以适当深栽，栽植深度 20~30cm，有利于抗风、抗旱。在含盐量较高的轻度盐化潮土上，植苗时应浅栽平埋，苗根周围回填松散湿润的熟土，埋土后踩实，然后灌水、封穴。植苗后在植树穴上覆盖地膜，能保持水分、提高地温、抑制土壤返盐，利于苗木成活、生长。

（四）农田防护林的抚育管理

1. 幼林抚育

渤海平原区春季和初夏气温回升快，干旱多风，土壤蒸发量大，土壤表层容易返盐。造林当年需要在 4~6 月干旱季节对新栽幼树灌水 2~3 次。灌水方法可畦灌或穴灌，灌水量应使灌溉湿润深度达到 0.6m 深的土层。植苗时已对树穴覆盖地膜的，可适当减少浇水次数。造林后第二、三年，春夏干旱季节也应对幼树及时灌溉。

松土除草是土壤管理的重要措施。松土可疏松土壤表层，减少地表蒸发，保持土壤水分，抑制土壤返盐。4~6 月每次灌溉以后或雨后均应及时松土，防止土壤板结。除草可与松土结合进行，雨季之前和雨季前期应以除草为主。

对农田的排灌沟渠要加强维护，及时进行清淤，把地下水位控制在土壤毛细管作用的临界深度以下，防止积涝和抑制土壤返盐。雨季要整修植树畦，培土筑埂，可积蓄雨水，有利于淋洗土壤盐分。

2. 修枝

农田防护林的修枝应有利于形成适宜的林带结构，发挥林带的较高防护效能。幼林修枝应注意保持较大叶面积和培养主干，一般只修除主干上的竞争枝，均匀枝条均应保留。林木郁闭后也要控制修枝强度，一般只修除树冠底层的衰弱枝条和少量粗大竞争枝。特别是只由 2~4 行乔木组成而没有灌木的窄林带，树干部分的通风孔隙大，一般形成透风结构林带；由于树冠底层枝条的受光条件较好，长势较强，一般应予保留，可以增加树冠底层的枝叶量，减少透风孔隙，有利于提高林带的防护效能。

3. 防治病虫害

渤海平原区的农田防护林网有多种病虫害，主要有美国白蛾、杨尺蠖、光肩星天牛、桑天牛、杨树水泡型溃疡病、杨树褐斑病等。应加强林木病虫害的预测预报工作，采用各种有效的营林措施、生物措施、物理措施、化学措施等来进行防治，防止林木病虫害成灾。

近年来，由国外传入的美国白蛾在山东省平原地区大面积发生，有的地方暴发成灾。美国白蛾为食叶害虫，一年发生三代，可危害多种树木，对杨树的危害特别严重。对美国白蛾的防控措施主要有：①剪除网幕。在幼虫网幕期人工剪除网幕。②杀虫灯诱杀成虫。在成虫羽化期，在村庄周围、林带及片林内，每相隔400m左右设置杀虫灯，将杀虫灯悬挂在树上2～3m高处，每天17时至次日6时开灯诱杀。③地面喷雾。在幼虫期，喷施无公害药剂进行全面防治。④飞机防治。在幼虫期，使用灭幼脲类、森绿、48%噻虫啉、森得保等无公害药剂实施飞机防治。⑤应用美国白蛾核型多角体病毒防治。⑥绑草把。在老熟幼虫下树化蛹前，在树干0.8～1.5m高处绑草把，诱集老熟幼虫化蛹。待化蛹结束后解除草把，将蛹拾出，就地集中存放，用纱网罩住，30天后再做无害化处理。⑦有计划地释放周氏啮小蜂。⑧树干基部打孔注内吸剂防治幼虫。

二、农林间作

农林间作是平原农区一种主要的农林复合经营方式，通过把林木和农作物按一定的空间结构和时间顺序科学地安排在同一土地上，形成农林有机结合的人工生态经济系统，在同一块土地上同时经营农业和林业，同时或交替获得农产品和木材、果品等林副产品。这种农林复合经营方式能在大面积耕地上发挥树木改善农田生态环境的作用，提高林木覆盖率和增强农业抗灾能力；能充分有效地利用地力、空间和时间，提高单位面积上的生物量，持久地提高土地生产力；能使农林业协调发展，开展多种经营，提高经济效益。

合理的农林间作要有利于林木与农作物的共生互利作用，有效提高土地和空间的利用率，又尽量减少林木与农作物对光、热、水、养分的争夺。既要提高林木的防护效益，又要通过合理配置，长短结合、交替开发，增加经济收入。为此，需选择适宜的间作树种、品种，确定适宜的组成、密度及栽植形式，采取科学的经营管理措施。

选择间作树种，要做到适地适树，并应选用冠窄枝疏、根深、速生优质、收益快、效益高的经济林树种或用材树种为间作树种。渤海平原区可农林间作的树种有金丝小枣、冬枣、杨树、香椿、桑树、梨等。间作作物宜选矮秆、较耐荫、经济价值较高的经济作物或粮食作物，如间作前期可间种花生、西瓜、小麦、棉花等，后期可间种大豆或牧草等。

(一)农枣间作

在渤海平原地区，本着适地适树和提高生态经济效益的原则，农林间作的主要模式是农枣间作。枣树具有较强的抗旱、抗涝、耐盐碱能力，易栽培，收益高，在盐碱地上具有较大的发展潜力。枣树发芽晚、落叶早、遮荫少，适合于农林间作。通过枣粮间作，能充分利用土地、空间和日光能，提高单位面积土地的产量和产值；可降低风速，减少田间蒸发量，调节气温和相对湿度，避免或减免干热风危害；可提高植被覆盖率，减少土壤蒸发，起到较好的抑制土壤返盐效果；同时枣树根系和枯落物的存在对压碱抑盐、增加土壤有机质含量、改善土壤理化性状等起到较好的作用。枣粮间作形成了农林互利的生态经济系统，具有较高的生态、经济效益。

目前该地区枣粮间作的枣树品种主要以适合盐碱地栽培的金丝小枣和沾化冬枣为主。金丝小枣适于在渤海平原地区生长，耐一定程度的盐碱，结果早、优质丰产，果实含糖量高，还含有丰富的氨基酸、维生素和多种矿质元素，是晒制红枣的主要品种。沾化冬枣是一种晚熟鲜食果品，9 月下旬成熟，果皮红亮、香甜酥脆、营养丰富、品质佳。

1. 农枣间作的生物学基础

在渤海平原区，枣粮间作比其他林粮间作更具优势，是与枣树的生物学特性分不开的。

(1)枣树的物候期与农作物的生育期互相错开

枣树的物候期与小麦、棉花等多数粮油作物交错，相互间争夺肥、水、光照的矛盾较小。以小麦为例，由播种到返青期，枣树正处于落叶休眠状态；等到小麦返青后到拔节、孕穗、扬花、灌浆、乳熟各个阶段，枣树才慢慢萌动、发芽、开花、展叶、落花；直至枣树叶盛期两者生育期基本上互相错开。只有当小麦到了乳熟期，才在树冠下遮荫处稍有影响。但这一时期往往是干热风发生时期，茂密的枣粮间作群体，能充分发挥枣树防御干热风和改善小气候的功效，保障小麦稳产增收。

(2)枣树与农作物的根系分层分布，能充分利用土壤养分

枣树的主要侧根扎于土壤深层，最深达 3~4 m 以上，一般可深达 1.5 m 左右。其水平吸收根在 40~60 cm 深处约占 70%，在耕作层的占 15%，其余 15% 在 70 cm 深度以下。枣树水平根分布范围广，但比较稀疏，吸收面积只有分布面积的 30% 左右。小麦属于须根系，主要分布在耕作层中。枣树与小麦间作，根系分层分布，对于合理利用土壤中的水分与养分有良好的作用。

(3)农枣间作可充分利用光能

枣树枝疏叶小，萌芽晚，落叶早，通风透光好，因此枣树的遮荫轻，间作的农作物可以得到较充足的光能。枣树稀植情况下，粮食作物一般可得到充分光照，枣粮间作在一般年份稳产，干旱年份增产，而在多雨年份则往往减产；大豆和棉花也有类似的情况。

(4)农枣间作有利于水分的调节作用

枣树有防风、抗旱、抑盐的功能，有利于农作物生长发育。枣树根系吸收土壤水分，通过蒸腾作用散发到田间，能提高空气湿度。枣树枝叶降低风速，减少蒸发，能提高空气湿度和土壤含水量，减轻土壤返盐。

(5)枣叶肥田改土，有利于农田生态的良性循环

枣树叶中含有较丰富的氮、磷、钾元素，落叶可以肥田。据测定，枣叶含粗蛋白16.8%、粗脂肪2.9%、灰分7.1%、磷0.81%。平均每公顷间作 375 株枣树，10 年生时年

产干叶可达 200~250kg，相当于 100~125 kg 豆饼的含氮量。

2. 农枣间作的类型

枣粮间作的群体结构主要受以下因素影响：枣树与农作物的生物学特性，枣树的密度，枣树与农作物的排列和配置。依据农枣间作的经营目的和农枣间作的配置，可分为两种类型。

（1）以农为主型 主要分布在土壤条件较好、自然灾害较轻的地区，通常为地形平坦，排水良好，地下水位 2 m 以下，盐碱较轻；但常受干热风的危害，造成小麦减产。一般每公顷栽植枣树 135~225 株，株距 3~6 m，行距 13~20 m。通过排、灌、路、林配套，实行农枣间作与农田林网相结合，能更好地起到改善农田小气候的效应。

（2）以林为主型 主要分布在土壤条件较差、自然灾害也较明显的地区。通常为地下水位 2 m 以上、土壤含盐量较高、风沙较重。这类耕地一般每公顷栽枣树 300~600 株，株距 3~5 m、行距 5~7 m，能较好的起到以枣树改善环境、以枣促农、以枣致富的经济效果。

3. 枣粮间作的栽培技术要点

作为一个农林复合生态经济系统，农枣间作在栽培技术方面要求从枣树和农作物两个方面考虑，注意以下技术要点：

（1）枣树的合理密度与配置 农枣间作时，枣树宜南北向单行配置。在较好的土壤条件上，金丝小枣株行距以 3m×(15~25)m，每公顷栽植 135~225 株为宜。行距小于 10m，农作物减产明显；行距大于 25m，作物增产幅度不大，但单位面积枣树株数减少，枣产量降低。

（2）枣树合理整形修剪 通过对枣树的合理整形修剪及适度断根等措施，控制枣树高度在 5~6m，干高 1.5m 左右，冠径 3m 左右，既可使树体充分发育，又可以改善行间光照条件。枣树的修剪应冬剪与夏剪相结合，使枣树有适宜的枝量，既保证担负枣产量的需要，又要留给作物足够的空间和光照。应防止因枝叶过密而影响枣树和农作物的生长发育。

（3）选用适宜的农作物 农枣间作一般选择矮秆、较耐荫、成熟较早的农作物。选用的农作物也因距枣树行的距离和枣树密度不同而有较大差异。近树冠区宜间作较耐荫、浅根的矮秆作物，如豆类、花生、小麦、棉花、蔬菜等；远树冠区除间作以上农作物外，也可种植秸秆较高的玉米等。

（4）加强水肥管理 农林间作时，枣树与农作物之间争肥争水的矛盾不可避免。只有加强水肥管理，才能满足枣树与农作物的需要。掌握枣树与农作物生长发育的规律，抓住双方需水需肥的关键时期来巧施水肥，是获得枣粮双丰收的关键。

（5）加强病虫害防治 枣粮间作条件下，空气湿度增大，导致一些病虫害的发生；农作物和枣树的共同病虫害也会给枣树的病虫防治带来困难。应加强病虫害的检测，掌握虫情，及时有效地防治。

（二）农杨间作

农杨间作是一种杨树集约栽培形式，通过对农作物的耕作、施肥和灌溉，改善杨树生长条件，促进林木速生丰产，又能在林分郁闭前，充分利用土地，获得农产品收入，实现以短养长，提高经济效益。杨树用材林的轮伐期较短，每次采伐由林地带走大量木材、枝叶、树皮和根桩，也带走了大量营养元素。林地土壤养分流失，导致林地土壤肥力下降。实行农林间作，通过为农作物施入大量的有机肥和化肥，对恢复和提高土壤肥力有重要作用。农杨间作在山东平原地区广泛采用，以杨树用材林和农作物的短期间作形式为主，鲁西北平原风沙较严重的地方也实行农杨长期间作。

1. 短期农杨间作

短期的农杨间作，造林密度较大，一般在造林后的 2～4 年之前间种农作物，随着林木长大和林冠逐渐郁闭，则逐步停止间种农作物。

间作的杨树应选择适应当地气候、土壤条件，速生、冠较窄、根深的优良品种，如 107 号杨、108 号杨、L35 杨、鲁林 1 号杨等。实行间作的土壤条件应适于杨树生长的要求，在渤海平原区应选潮土和轻度盐化潮土，土壤含盐量 <0.2%，地下水位 >1m。单位面积栽植杨树的株数应根据培育的林种而定，如培育小径材，以每公顷栽植 1110～1665 株为宜，如培育中径材，以每公顷 55～840 株为宜。为了间作方便和延长间作年限，可适当加大行距、缩小株距，如采用株行距 4m×2m、5m×3m、6m×3m 等。

间作农作物宜选矮秆、较耐荫的小麦、棉花、花生、豆类、瓜菜等，不宜种高秆作物。在杨树林龄增加，林冠有较多遮荫的情况下，可间种较耐荫的蔬菜、药材、绿肥牧草作物及食用菌等。间种农作物与杨树树行之间应保持 0.5m 以上的距离，以免妨碍抚育管理和在耕作时损伤幼树。

2. 长期农杨间作

长期农杨间作，杨树的行距大，一般为 15～20m，间种农作物年限达 8～10 年以上，可在杨树的整个生长周期内都间种农作物。如惠民县在农田里栽植窄冠白杨 3 号等优良品种的杨树，行距 15～20m，株距 4m。杨树 11 年生时，树高达 19.7m、胸径 31.8cm。在行距 20m、株距 4m 的条件下，平均遮光率仅 15% 左右；5～6 月份适当遮阴和降低气温有利于小麦灌浆成熟，小麦增产 225kg/hm²；7～8 月份的遮阴对玉米生长略有影响，有轻微减产。

长期农杨间作，多在风沙较重的沙质潮土上。选用窄冠型杨树优良品种，如窄冠白杨 3 号、窄冠白杨 5 号、窄冠白杨 6 号、107 号杨、L35 杨等。根据立地条件和种植习惯合理安排间作作物与耕作措施。树木两侧宜选矮秆、耐荫作物。间种作物与林木不能太近，要留出一定的距离。耕地时在距树较近处宜耕浅一些，以免损伤树木的大根。

第三节　公路绿化和水系绿化

公路绿化和水系绿化是渤海平原区沿海防护林体系的重要组成部分。其中干线公路绿化和大型河流干渠的绿化可构成基干林带，是沿海防护林体系的骨架。

一、公路绿化

渤海平原区有东青高速、长深高速、荣乌高速等高速公路和 220 国道、205 国道等通过，有通往各县(区)和沿海港口的多条省道，还有众多的乡镇公路和油田公路，共同构成了公路网络。由公路绿化形成的大型林带，在保护公路免遭风沙、雨雪危害的同时，还对邻近地区起到防风固沙、调节小气候、降低地下水位，减轻盐碱危害以及绿化美化等多种作用。在渤海泥质海岸平原区的滨海盐碱地上，结合干线公路绿化构成的基干防护林带，在沿海防护林体系中起到重要作用。

(1)公路绿化的配置

高速公路和国道、省道　一般在道路两侧各设置 20～50m 宽的绿化带，以栽植阔叶乔木树种为主，并配合常绿针叶树和灌木。道路中央隔离带，栽植常绿针叶树种和灌木。路坡用灌木或草皮护坡。立交区绿化多采用乔木、灌木和草坪相结合，组成绿化图案造型，丰富植物层次和绿地景观。

乡、镇公路和油田公路　道路常与沟、渠相配合，一般在公路两侧各设置 5～10m 宽的绿化带，每侧栽植 2～3 行乔木，公路边坡和乔木株间可栽植灌木。有的道路只在路面外侧栽植行道树。

图 3-5　干线公路绿化示意图

(2)造林技术

由于渤海泥质海岸平原区土壤盐渍化严重，加以路面抬高，空旷多风，淡水缺乏，公路绿化的造林难度大、投资高、见效慢。必须采用科学的滨海盐碱地造林技术，才能保证林木成活和正常生长。

1. 整地改土

在滨海盐碱地上进行公路绿化，首先要整地改土，达到耐盐树木能适应的生长条件。造林前，先采用水利工程措施改良土壤，修建台田、沟渠等设施，建立完善的灌排系统，降低地下水位和土壤含盐量；灌水洗盐或蓄淡压盐，均能较快地淋洗土壤盐分。对高标准的公路绿化，可进行客土并在林木根系主要分布层以下建造隔离层，抑制地下盐分的上升和积累。造林前要平整土地，深耕晒垡，提前进行小畦整地或大穴整地，以及绿肥压青、用杂草或地膜覆盖地面，从而调控土壤水盐运动，改善土壤的理化性状，促进土壤脱盐和防止土壤返盐。

(1)台田整地　一般采用就地挖沟取土抬高地面，将公路两侧的绿化地带修成台田。台田面宽一般为 20～50m，田面垫土高度 20～30cm，排沟深度 1.5～2m。为抬高田面和改良土壤，必要时可进行客土。台田边沿筑埝，田面要分段整平做畦。

(2)淡水洗盐　在有淡水水源的地方，修筑台田后用淡水灌溉洗盐，掌握好合理的灌水量和灌水次数，能较快地降低土壤含盐量。在无灌溉水源的地区，可围埝积蓄雨水淋洗土壤盐分，也有较好的脱盐效果。在造林前提前挖出植树穴，穴径可采用(0.6m×0.6m)～(1m

×1m)，对植树穴提前灌水或雨季蓄水，可有效降低植树穴周围的土壤含盐量。

(3)微区改土措施　植树前，可提前一年挖出穴径 1m×1m 的大穴，晒垡疏松土壤。植树穴底部铺设 20~30cm 厚的炉渣、麦糠、稻草等材料作隔盐层，隔盐层以上填入含盐量低的农田耕层土，并与有机肥(30~50kg)、过磷酸钙(1~2kg)以及适量稻草混合，使绿化土的含盐量降到 0.2%~0.3% 以下、土壤 pH 值降到 8 以下。在不铺设隔盐层的植树穴中，也可放置塑料薄膜隔盐袋，袋中装入由客土和肥料混合好的绿化土。

2. 造林树种选择

(1)选择造林树种的原则

滨海盐碱地公路绿化的造林树种必须具有较强的抗盐能力和抗旱、耐涝能力，易繁殖、生长比较快，并且根系发达，改良土壤性能好；能较早形成稳定的防护林带，起到防风固沙、抑制土壤返盐等防护作用。要根据土壤含盐量和树种的耐盐能力，因地制宜地应用乡土树种和已引种成功的外来树种，切忌不经试验盲目引进外来树种。要充分利用各种适生乔灌木树种，加大混交林比例，以乔木为主体，乔灌草相结合，形成树种丰富、多层次的林带，增强生态防护效能。在注重树木的适应性和防护作用的基础上，可兼顾绿化美化效果。由于滨海盐碱地特殊的立地条件，防护林带的建设要宜乔则乔，宜灌则灌。在地下水位浅、盐碱重，尚不具备乔木树种生长条件的地段，可先栽植柽柳等耐盐灌木；待土壤得到改良后，再逐步栽植适生的乔木。

(2)公路绿化的主要造林树种

绒毛白蜡：喜光，耐盐碱及低湿，寿命长，生长稳定，是良好的用材防护及绿化美化树种，是渤海平原区公路绿化的主要乔木树种。

刺槐：速生，耐干旱瘠薄，耐盐碱，根系发达，能抑制杂草、改良土壤；不耐涝，不适于低湿地。

旱柳：速生，耐盐碱，耐涝，是低湿地的适生造林树种。

毛白杨：树体高大，生长快，寿命长，是重要的用材防护林树种。较耐盐碱，在土壤 pH 值 8~8.5、土壤含盐量 0.2% 以下的地段能正常生长。

欧美杨 107 号和欧美杨 108 号：是由意大利引进的 2 个欧美杨品种，经引种试验，适宜在山东栽植。树体高大、速生，适应性较强，为山东重要的用材防护林树种。耐轻度盐碱，在土壤含盐量 0.2% 以下的地段能正常生长。

白榆：生长快，适应性强，耐干旱、耐盐碱能力强，是道路绿化的乔木组成树种。

臭椿：生长较快、适应性强，根系发达，耐干旱瘠薄，耐盐碱，在土壤含盐量 0.3% 的土地上能正常生长，是道路绿化的乔木组成树种。

槐树：寿命长，生长稳定，适应性强，耐盐碱，在土壤含盐量 0.3% 的地段生长正常。

沙枣：落叶小乔木和灌木，抗风沙、耐干旱，有根瘤，能改良土壤，耐盐能力强，在土壤含盐量 0.4%~0.6% 的土地上可以正常生长，是滨海盐碱地的适生造林树种之一。

侧柏：是渤海平原地区常绿针叶树种之一，耐干旱瘠薄，耐盐碱，在土壤含盐量 0.3%

以下的地段生长正常，对土壤酸碱度的适应范围广。

柽柳：落叶小乔木或灌木。耐盐能力强，耐低湿，是优良的滨海盐碱地造林树种，在低洼盐碱地带广泛栽植。柽柳在林带中可作为灌木与其他树种混交。在滨海重盐碱地的公路上，若乔木树种不能正常生长，可将柽柳作为主要造林树种，分别按乔灌式、自然式、绿篱式等树形培养，可取得较好的绿化效果。

紫穗槐：优良灌木树种，生长快，繁殖能力强，适应性广，耐干旱、耐水湿、耐盐碱，根系发达，有根瘤菌，可以改良土壤。在公路绿化中适于与乔木树种混交。

白刺：矮生小灌木，枝条多匍匐地面。为旱生型阳性树种，耐干旱、耐盐碱能力很强，在土壤含盐量0.8%～1.0%的土地上能够生长。适于在滨海重盐碱地的公路上作护坡树种。

近年来，在沿海地带的公路绿化中，为了增强绿化美化效果，还选择应用了一些耐盐碱力较强的常绿树种与花木树种，如圆柏、龙柏、凤尾兰（*Yucca gloriosa*）、海棠花、紫叶李、石榴（*Punica granatum*）、紫荆、紫薇、冬青卫矛等。

(3)合理营造混交林

滨海盐碱地的立地条件差，纯林不利于土壤改良。合理营造混交林，可以充分利用光热和土地资源，林分提早郁闭，抑制杂草生长和土壤返盐，有利于林分的稳定和防护功能的持续发挥。混交方式要根据立地条件和树种等因素确定，可采用乔木混交（如毛白杨×刺槐）或乔灌混交（如绒毛白蜡×紫穗槐、白榆×紫穗槐）。

3. 造林密度

造林密度要根据树种特性、林地土壤条件等因素来确定。生长慢、树冠小的树种要密些，反之则稀些（表3-1）。盐碱重、立地条件差的地段，造林密度要适当大于立地条件好的地段。

表3-1　渤海平原区公路绿化主要树种造林密度

树 种	株行距(m)	树 种	株行距(m)
绒毛白蜡	3×3～3×2	槐树	3×3～3×2
刺 槐	3×3～3×2	臭 椿	3×3～3×2
旱 柳	3×4～3×3	沙 枣	1×2～1×1.5
白 榆	3×3～3×2	紫穗槐	1×2～1×1
毛白杨	3×4～3×3	柽 柳	1×2～1×1
侧 柏	2×2～1.5×2	白刺	1×1.5～1×1

4. 造林方法

公路绿化一般用植苗造林。造林季节以早春和晚秋为宜，部分树种雨季造林也获得良好效果。应选用生长健壮、根系发达的优良苗木，尽量缩短起苗到栽植的时间，可采用浸水、沾泥浆、短截疏枝、截干等保护苗木措施，用ABT生根粉处理苗根，可提高苗木成活率。滨海盐碱土一般是底土盐分重，植苗时要浅栽平埋，覆土与地面相平或稍低。苗木的覆土不要高于地面，以免盐分聚积。栽植后随即浇水，地表稍干时立即松土，以保墒和防止返盐。

树坑周围筑埝，以便灌水或蓄积雨水淋洗盐分。为减轻地面蒸发返盐，在植树穴表面铺设锯末、稻草或塑料薄膜等材料，能降低土壤盐分，改善幼树根际土壤的水分、热量和通气条件，有利于幼树成活、生长。常用塑料薄膜覆盖树穴，比较简便易行，且效果良好。

5. 抚育管理

公路绿化的林木抚育管理包括松土除草、排沟养护、灌水施肥、修枝间伐、病虫害防治等。松土除草是提高造林成活率和加速成林的重要措施。松土与除草常结合进行，但又有区别。松土可疏松土壤表面，切断毛细管造成的盐分上行通道，抑制土壤盐碱的累积，除草是解决杂草与树木争肥争水的矛盾。幼林期间实行农林间作，可尽快覆盖地面，减轻土壤返盐，改善土壤的理化性状，促进林木生长。间作作物以豆类和绿肥作物为宜。排灌沟渠对改良盐碱地具有十分重要的作用，由于易淤积、塌方和渗漏，要加强管护和维修，保证沟渠的畅通。合理灌溉不仅满足林木生长对水分的需求，而且起到洗盐的作用。灌水要适量，大水漫灌易提高地下水位，使土壤次生盐渍化，还破坏土壤结构和损失养分；灌水不足则达不到应有的效果，而且造成地表盐分的集结。施肥以绿肥和有机肥为主，以利改善土壤结构，提高土壤肥力，有利于林木生长。

（三）渤海平原区公路绿化实例

1. 东青高速公路绿化

东青高速公路是贯穿东营市南北的主要通道。道路中央隔离带采用蜀桧、紫叶李绿化，路坡用耐盐碱的狗牙根护坡，道路两侧选用绒毛白蜡、旱柳、杨树等树种营造 20～50m 宽的防护林带。

2. 316 省道东营段公路绿化

316 省道东营段位于东营市北郊，沿线为滨海盐渍土。路面宽 30m，每侧绿化带宽 15m。绿化带先经抬高田面，整地改土，淋洗土壤盐分。在路两侧各栽植 1 行龙柏、5 行绒毛白蜡，行株距 2×2m。

3. 黄河路绿化

黄河路是连接东营市东西两城的交通动脉，是东营市区的骨干道路，也是展现东营市城市风貌的窗口。黄河路全长 16.2km，双向 8 车道，每侧绿化带宽度 6～20m，主要栽植耐盐性强的绒毛白蜡和花石榴，地面自然生长杂草或种植耐盐草坪草。修建畦田，应用客土和隔盐措施，配备灌溉设施。

4. 南二路绿化

南二路是一条连接东西城的交通干道，全长 25km，两侧绿化宽度各 20m，全部采用换土措施，绿化带外侧 10m 以绒毛白蜡、臭椿间隔栽植，组成外层防护带，内侧栽植花灌木和常绿树，林下草皮为绿期长的白车轴草。

5. 青垦路绿化

青垦路是东营市重要的交通干道，连接城区到黄河入海口。永丰河至溢洪河路段长

8.2km，立地条件很差，多是涝洼盐碱地。路肩上栽植柽柳。公路两侧修筑台田，台田宽度20~50m、高度2m。由于台田土壤含盐量多在0.6%以上，第一步先栽植耐盐碱的柽柳、枸杞等灌木，改良土壤；待土壤条件改善后再栽植绒毛白蜡、旱柳等耐盐碱乔木。

二、水系绿化

渤海平原区河流众多，另有引黄灌渠、排沟和一些平原水库，构成了密布的平原水系。黄河是渤海平原的主要过境河流。黄河以北的河流属于海河流域，主要河流有马颊河、漳卫新河、德惠新河、秦口河、徒骇河、潮河、马新河、沾利河等。黄河以南的河流属小清河流域和潍河流域，主要河流有支脉河、山清河、弥河、白浪河、虞河、潍河、胶莱河等。沿黄河两岸的引黄灌溉区，由黄河和排灌沟渠形成了引黄灌区水网。东营、滨州等地还建有一些平原水库，东营市就有大型平原水库11座、中型平原水库17座、小型平原水库530座。

水系绿化包括河流绿化、渠道绿化、水库绿化等组成部分，在护岸固堤、减轻水土流失，防风固沙、调节农田小气候、减轻土壤盐渍化、提高土壤肥力等方面发挥显著的生态效益。同时，水系绿化对于形成优美的滨河景观，改善人居条件，以及生产林副产品等方面有重要作用。通过水系造林绿化，构建水系生态保护体系和绿色廊道，也是渤海平原区沿海防护林体系建设的重要内容之一。

（一）水系绿化的配置

水系绿化要本着生态效益优先，兼顾社会效益、经济效益的原则，由林业、水利等部门共同制定完善的造林规划设计。要依靠科技，实施工程造林，提高造林绿化的质量。造林绿化要与水利设施的维护相结合，既充分发挥森林的生态效益，又方便防洪、排涝和清淤。

河道绿化应重点营造河岸和堤坝防护林。在河流岸边栽植能防浪护岸的耐水湿灌草植物，如芦苇（*Phragmites australis*）、东方香蒲（*Typha orientalis*）、簸箕柳等；河滩地栽植杨树、旱柳等乔木为主的防浪护滩林。堤坝绿化应做到乔灌草植物的有机结合，并与水利工程措施相配合。堤顶部位以杨树、刺槐、旱柳、绒毛白蜡等乔木为主，主要起到防风和固堤的作用。堤坡种植耐旱、耐盐的灌木和草本植物，如紫穗槐、柽柳、狗牙根、结缕草、獐毛等，起到防止水土流失的作用。背水坡脚栽植乔灌木混交林带，可降低地下水位，减轻土壤次生盐渍化。

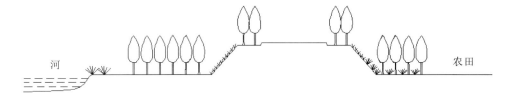

图3-6　河滩堤坝绿化示意图

干渠绿化一般在干渠两侧设绿化带，带宽可由十几米至数十米，以乔木为主，乔灌混交。干渠防护林能发挥防风固沙、调节农田小气候的作用；还能起到生物排水作用，降低地下水位，减轻土壤次生盐渍化。

水库绿化包括水库岸带绿化和水库堤坝绿化。水库岸带可在洪水线以下、常水位以上的部位，栽植耐水湿的灌木和芦苇等，以防止波浪的冲击，保护库岸。水库堤顶以栽植乔木为主，堤坡栽植灌木和草本植物，堤脚栽植较耐水湿的乔灌木林带。

（二）造林技术

1. 树种选择

（1）对造林树种的要求

水系绿化的树种应能适应造林地立地条件，并具有较强的保持水土、防风固沙、改良土壤等功能。要求适应性强，能耐盐碱、耐干旱或耐水湿；生长较快，能迅速郁闭成林，发挥防护作用；根系发达，能固持土壤；树冠浓密，落叶较丰富，能抑制盐碱，改良土壤。此外，还应兼顾树种的美化功能和经济效益。

（2）主要造林树种

根据造林地小地形的差别，按土壤含盐量和土壤水分条件来选择适宜造林树种。

欧美杨 107 号和欧美杨 108 号：速生，树体高大；有较强的耐干旱、耐水湿和耐盐碱能力；根系发达，树冠浓密，落叶丰富；是河道绿化和干渠绿化的主要造林树种之一。

毛白杨：速生、长寿、树体高大、根系发达，耐干旱、耐盐碱能力较强，是河堤和干渠两侧的主要造林树种之一。

旱柳：速生、树冠浓密、根系发达，耐盐碱、耐水湿，是河滩、堤脚和干渠两侧的主要造林树种之一。

绒毛白蜡：生长较快，耐盐碱能力强；树冠浓密，树形美观，具有较强的生态防护和绿化美化功能；适于滨海盐碱地的河堤、干渠绿化。

刺槐：速生、树冠浓密，根系发达，耐干旱、不耐水湿、耐盐碱能力较强，具较好的改良土壤功能，适于堤坝顶部栽植。

紫穗槐：为速生灌木树种，易繁殖，根系发达，耐干旱、耐水湿、耐盐碱，具有较好的改良土壤功能；适于河滩、堤坝、渠道两侧栽植，同乔木树种混交。

簸箕柳、筐柳：速生灌木树种，耐盐碱、耐水湿，适于河滩、堤脚、渠边、水库岸带等低湿地段栽植。

柽柳：耐盐能力强，耐水湿，适于重盐碱地的水系绿化。

此外，适于渤海平原水系绿化的树种还有白榆、臭椿、桑树、沙枣、枸杞等乔灌木树种。在城区的水系绿化中，还可应用垂柳、圆柏、海棠花、紫叶李等绿化观赏树种。

2. 整地

根据造林地段的地势和土壤条件，选用适宜的整地方式。在地势平坦的造林地段，应平整地面，周边围埝，做成畦田，然后大穴整地。堤坡植树时，整地后要修好穴沿，便于蓄水。堤脚的低洼积水地段，可以修成台田。

在滨海重盐碱地上，需提前整地，用淡水灌溉洗盐，或积蓄雨水淋洗土壤盐分，并应用客土、设隔离层等改土措施，待土壤含盐量降低后，再选择适宜的耐盐树种造林。

3. 造林密度

确定造林密度要根据树种特性和立地条件，保证林木正常生长和林分稳定。河滩与堤坝造林，还应保证河流行洪和方便清淤。杨树、旱柳、刺槐等速生乔木树种，一般以株行距 3m×3m～3m×4m 为宜；灌木树种的行距 1.5～2.0m、株距 0.5～1.0m 为宜。

4. 造林方法

栽植乔木一般在春季植苗造林。选用壮苗、大苗、保持苗木新鲜湿润。植苗时宜浅栽平埋，树穴周围筑埝。栽植后随即浇水，地表稍干时松土保墒。在盐碱地上，对植树穴覆草或覆盖地膜，可减轻土壤蒸发，抑制土壤返盐。

萌蘖性强的刺槐、紫穗槐等树种，常用截干造林方式，能显著提高造林成活率。截干造林后，需及时进行除萌定株。

（三）水系绿化实例

1. 黄河东营段绿化

黄河自利津县南宋乡进入东营市，由西向南流向东北，至垦利县东境入渤海，长度 130 余 km，年平均入境水量 350 多亿 m³。黄河年输 12 亿 t 泥沙，河床淤积，一般高出地面 6～7m，成为"悬河"。黄河绿化包括临河防浪林、淤背区顶部造林、背河柳荫地造林等组成部分。在黄河大堤临河一侧，栽植杨旱柳为主的防浪林，宽度视河道情况而定，一般为 30～50m。对黄河大堤加高帮宽，放淤固堤，完善堤防道路。在淤背区顶部，因地制宜地营造用材防护林或经济林。堤顶道路两侧，栽植杨树、刺槐、绒毛白蜡等树种的行道林。大堤堤坡上种植耐旱耐盐且根系发达的结缕草、狗牙根、獐毛等，形成保持水土的草皮。背河柳荫地栽植杨、旱柳等，林带宽度一般 10～30m。在一些庭院、险工地段，还进行乔灌花草相结合的庭院绿化和设苗圃培育苗木。

2. 东营市胜利干渠绿化

胜利干渠是东营市郊北部的黄河水入城通道，全长 34.84km。干渠二侧绿化宽度各 250m，造林面积 830hm²。对干渠二侧的渠坝营造防护林，树种有绒毛白蜡、旱柳、杨树、刺槐等；坝下农田以经济林木为主，树种有枣树、桑树、白蜡等。规划区内林木覆盖率由 8.3% 提高到 50.8%，土地综合利用率由 45% 提高到 80.8%。

3. 东营市东城水系绿化

东营市东城水系宽 50～100m、深 3m 以上、长 15km，除用于城市排洪等防灾减灾功能外，还是城市的一条风景线。东城水系的绿化向乔灌草多层次发展，每侧绿化带宽 30～50m，乔木树种以绒毛白蜡、旱柳、臭椿、苦楝为主，并配合花灌木和常绿树木，林下草本植物为紫羊茅、结缕草、白车轴草、石竹等。采用客土措施，铺设灌溉水网。

第四节　滨海盐碱地造林技术

渤海泥质海岸平原区分布着大面积滨海盐碱地,适生树种少,造林困难。了解滨海盐碱地的特点,掌握盐碱地造林技术,才能有效地开展滨海盐碱地造林,完成该区的沿海防护林体系建设。

一、滨海盐碱地的形成与分布

(一)滨海盐碱地的类型及分布

盐土、滨海盐土、碱土及各种盐化、碱化土壤统称为盐渍土或盐碱土,这部分土地称盐碱地。渤海泥质海岸平原区滨海盐碱地的土壤类型主要有滨海盐土和盐化潮土。在《山东土壤》土壤分类系统中,依据土壤的成土过程和土壤属性划分土类;主要依据成土过程的不同阶段或附加成土过程的特征划分亚类。盐渍土中的各亚类,根据水文地质、地下水化学性质等因素所造成的土壤盐分离子组成的差异来划分土属(表3-2)。

表3-2　山东滨海盐碱地的主要土类、土属

土类名称	亚类名称	土　属	
		连续命名(曾用名)	名　称
滨海盐土	滨海盐土	滨海盐土	卤盐土
	滨海沼泽盐土	滨海沼泽盐土	黑盐土
	滨海潮滩盐土	滨海潮滩盐土	盐滩土
潮土	盐化潮土	氯化物盐化潮土	油盐潮土

(据《山东土壤》,1994)

在盐渍土的各个土属中,主要根据土壤质地、土体构型和含盐量划分土种。盐化潮土依据0~20 cm(表土层)土壤含盐量和盐分组成,划为轻度盐化和重度盐化。氯化物轻度盐化,含盐量为0.10%~0.40%;氯化物重度盐化,含盐量为0.41%~0.80%。油盐潮土土属划分为重油盐夹粘两合土、轻油盐小红土、轻油盐夹沙小红土等3个土种。

不同类型的盐渍土,其适生树木种类及造林技术措施有较大差异。滨海盐土的盐化程度高,各种树木均难生长;重度盐化潮土只适于一些耐盐的灌木树种及少数耐盐的乔木树种生长;轻度盐化潮土适于较多的耐盐乔灌木树种生长。不同的土壤质地及土体构型,对土壤水盐运动的影响也有差异。在泥质海岸盐碱地造林时,首先应调查了解盐碱土的类型及其性质,才能因地制宜地采取合理的造林技术。

山东的滨海盐碱地主要分布于沿渤海湾和莱州湾的渤海平原区。其中东营市有滨海盐土23.45万 hm²、盐化潮土18.86万 hm²,滨州市有滨海盐土8.45万 hm²、盐化潮土20.29万

hm²(《山东土壤》，1994)。滨海盐碱地海拔低，地下水位埋藏浅(约1~3 m)；地面坡降平缓(约1/10000左右)；地下水矿化度高，一般为20~35 g/L，在地面高程低于4 m的地区，矿化度高达70~80 g/L，远远超过海水的含盐量。深层淡水一般埋藏在400~500 m以下，矿化度1 g/L左右，多含碳酸氢钠，pH值9左右。土壤和浅层地下水的盐分以氯化钠为主，约占全盐量的70%，土壤盐分在土壤剖面上的分布，呈现土壤表层和下层的含盐量都较高。

(二)滨海盐碱地的形成及水盐运动规律

1. 土壤盐渍化过程

土壤盐渍化过程由季节性地表积盐与脱盐两个方向相反的过程构成，分为盐化和碱化两种过程。主要发生在气候干旱、半干旱地区和滨海地区。

(1)盐化过程

盐化过程是指地表水、地下水和母质中的盐分，在蒸发作用下，通过土壤毛管水的垂直和水平移动，逐渐向地表积聚。土壤盐化的三个条件是：有盐分来源；地下水位高；蒸发量大。影响积盐的主因素不同，积盐特点也不同。海水浸渍下的积盐特点是，土壤积盐严重，心、底土层含盐量接近于海积淤泥，并以氯化物为主要成分；地下水与地表水双重影响的积盐特点是，盐分表聚性强，盐分主要成分可有氯化物、硫酸盐、苏打等积盐类型；地下水影响的积盐特点是气候愈干旱，积盐程度愈重，积盐土层愈厚，土壤盐分组成与地下水盐分组成基本一致。

(2)碱化过程

碱化过程是指土壤中的交换性钠离子伴随土壤积盐或脱盐不断进入土壤吸收复合体的过程。土壤碱化的两个条件是：有显著数量的钠离子进入土壤胶体；土壤胶体上交换性钠水解。当土壤中积盐和脱盐过程频繁交替发生时，促进钠离子进入土壤胶体以取代钙、镁离子，土壤即发生碱化。黄河冲积平原区，每降一次大雨，就淋洗一次土壤盐分，天晴后地表又因蒸发而重新积盐。在这样盐分反复地淋洗、积累的过程中，土壤易发生碱化。

2. 土壤水盐运动规律

土壤中的盐分溶解于水，并随水的运动而移动，即"盐随水来，盐随水去"，这是盐分活动的基本规律。土壤水盐运动的方式有垂直移动、水平移动以及所带来的土壤返盐和脱盐，这些现象的发生主要受降雨、蒸发、地形、土质及地下水等因素的影响。

(1)土壤盐分变化的季节性

当降雨或灌溉时，水向土里下渗，可溶性盐分也随水而下渗；天旱时水分蒸发，盐又随毛管水上升而向地表聚积。山东的气候特点是春旱秋涝、秋后又旱，所以盐分的季节性变化规律一般是：在七、八月汛期，土壤表层普遍出现脱盐层；通常地下水位深，土壤透水性好，雨量大时，脱盐层就厚。到雨季后期，地下水位升高，脱盐就变慢。为加速土壤脱盐，在汛期或灌溉时保持排水的通畅是十分重要的。九月、十月一般是秋旱期，土壤盐分随水分蒸发而向上回升，使雨季造成的脱盐层不断减少。这时底层土壤的盐分向上运动，也为春季表土返盐准备了条件。进入冬季后，土地封冻，蒸发减弱，盐分一般也趋于稳定状态。春季蒸发量增大，盐分向表土积聚，是返盐最重的时期。

（2）水盐移动与地形的关系

盐分的水平活动是由地下水、地表水在不同地形条件下相互影响的结果。在大范围内，洼地、盆地的水出流不畅，往往成为盐分聚积的地方。在中等地形上，由于地面水集中于洼地，洼地积水补给坡地地下水，因而在坡地上土壤盐化比较严重，这在黄泛平原表现得特别明显。在同一地块上，其地下水和土质条件是大体一致的，盐分的水平移动取决于降雨、灌溉时所承受水量的多少。地面较低处受水多，淋盐作用强；地面较高处受水少，而蒸发量大，蒸发的水分受低处补给，就产生"盐往高处爬"，出现露头地盐渍化比较严重的现象。因此，整平土地是盐碱地改良的一项基本要求。

（3）土壤盐化与土壤质地的关系

盐化土壤多发生在黄泛平原的沙壤土，一般称"白土"。形成沙壤土的土粒细，粘性不大，有机质含量低，土壤结构多为密实的单粒结构。其土壤孔隙度小，一般为45%～50%，毛管孔隙多，占总孔隙的97%以上，形成了毛管性能强，释水率小，透水性弱的特性。沙壤土的毛管水强烈上升，一般上升高度达1.7 m左右，而粘土仅为0.7 m左右；沙壤土的毛管水蒸发量大，在相同地下水埋深的情况下，蒸发量为粘土的1.4～2倍。这种毛管水活动特点，是沙壤土返盐快的根本原因。再加上沙壤土释水率低、透水性弱，更增加了盐碱地改良工作的难度。

（4）土壤水盐运动与地下水位的关系

地下水位的高低与土壤水分的蒸发和土壤返盐有密切关系。地下水浅，蒸发量就大，土壤愈易盐化。在渤海平原地区的滨州市、东营市，大部分土地的地下水位较高（多为1～3 m），盐渍化土壤的面积大。

在土壤的水盐运动过程中，地下水临界深度是一项重要指标。临界深度是指在一年中蒸发最强烈季节，不致引起土壤表层积盐的最浅地下水位。影响临界深度的因素主要有气候因素、土壤的毛管性能、地下水的矿化度以及人为措施等。沙壤土的地下水位在1.5～1.8 m时，表层土壤的含盐量高；地下水位低于1.8 m，土壤含盐量逐渐减少；地下水位低于3.0 m，就不会引起土壤返盐。粘土的地下水位1.2～1.5 m，表层土的含盐量高；地下水位低于2.0 m，土壤就不会返盐。降低地下水位是防止土壤返盐的有效途径。

（三）盐渍土对树木的危害

土壤中的盐分过多，妨碍树木正常的生理活动，对树木造成危害。盐碱的危害主要表现在以下方面：第一，土壤中过多的盐分提高了土壤溶液浓度和渗透压，使树木根系吸收水分困难，形成"生理干旱"，破坏了树体内水分的正常代谢，从而发生枝叶失水萎缩现象。第二，土壤中过多的盐分可以破坏叶绿体内蛋白质的合成，减少蛋白质的数量，以致使叶绿体分解，同时叶绿素的合成也受到干扰，结果使树木叶片失去绿色。第三，土壤中过多的盐分破坏植物的一些生理活动。如氯化钠可减少树木的叶绿素含量和光合速率，还能降低光合产物的外运。第四，由于过量的盐分使氮代谢受到干扰，一些多胺、生物碱及游离氨等有毒物质发生积累，是造成盐害的重要原因。第五，土壤溶液中过量的钠盐，可使土壤胶体吸附大量钠离子。钠离子表面有一层厚水膜，具有很强的分散作用，使土壤呈高度分散状态，造成土壤板结，透水性和透气性差，从而妨碍树木生长。第六，盐碱地上植被少、生长差，以致土壤中有机质积累少，土壤肥力低。盐碱土中钠、镁的含量多，影响树木对钾、钙等元素的吸收，造成树木吸收营养元素的比例失调。

不同化学成分的可溶性盐对树木的危害程度有差别，其危害大小的顺序是：氯化镁＞碳酸钠＞碳酸氢钠＞氯化钠＞硫酸镁＞硫酸钠。不同盐分对树木的危害症状也不相同，如八里庄杨苗木水培试验，受氯化钠的危害症状主要表现为叶片失绿、黄化，尖端呈钩状，严重时叶片尖端干枯变黄褐色，直至整个叶片干枯脱落；硫酸钠在较高浓度时使叶片变小，并出现褐色斑点，叶尖和叶缘干枯，直至全叶干枯呈黑褐色；碳酸氢钠主要使叶片变小，并使顶叶呈筒状卷曲，严重时叶柄基部失绿变黄褐色，并向叶片扩展（叶尖端仍呈绿色），直至叶片脱落。

二、滨海盐碱地造林的改土措施

滨海盐碱地立地条件差，造林难度大。为了提高造林成活率，保证林木正常生长，必须根据土壤水盐运动规律，先进行改土脱盐，并使土壤的水、肥、气、热状况得到改善。实践证明，大面积的滨海盐碱地造林，要采取水利工程措施、农业耕作措施与生物措施相结合的综合改土措施，才能获得较理想的效果。对局部造林，特别是盐碱地的城镇绿化，除因地制宜采用上述措施外，采取微区改土措施，能获得较快、较好的改良效果。

（一）水利工程改土措施

水利工程措施是改良盐碱地的重要措施，根据"盐随水来，盐随水去"的水盐运动规律，采取修建排灌系统和条台田，灌水洗盐、蓄淡压碱、暗管排水等措施，把土壤中的盐分随水排走，并将地下水位控制在临界深度以下，达到土壤脱盐和不易返盐的目的，以利于林木成活和生长。

1. 修建排灌系统和条田台田

盐碱地一般具有地下水位高，地下水矿化度高，土壤含盐量高等特点，形成盐涝双重危害。为此，应在全面规划的基础上，开沟筑渠，修建完整的排水和灌水系统（图3-7）。在开挖沟渠的同时，修筑条田或台田。条田的宽度较大，地面不抬高，台田的宽度较小，并且抬高地面。在完善的排灌系统条件下，条田、台田是促进土壤脱盐，改良盐碱地的有效治理模式，已广为采用。

（1）条田　农排沟是修建条田的基础。农排沟应达到一定深度，才能排出沥涝和地下水，并把条田内地下水位降低或控制在临界深度以下，以保证土壤稳定脱盐和防止返盐。农

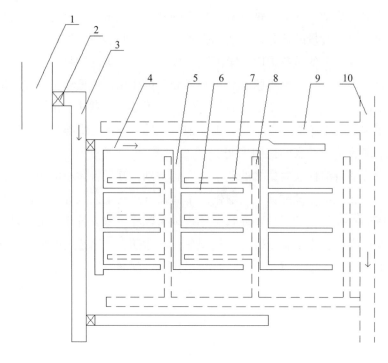

图 3-7　盐碱地排灌系统示意

1. 河道　2. 进水闸　3. 输水干渠　4. 支渠　5. 斗渠　6. 农渠　7. 农排　8. 斗排　9. 支排　10. 干排

排沟的适宜深度一般为 1.5～2.0 m，因各地的土质、土壤含盐量、地下水位及矿化度的不同而异，如：粉沙壤土的毛管水上升高度大，排沟应深一些；粘质土的毛管水上升高度低，排沟可以浅一些；地下水矿化度高的地区，易使根层土壤盐分达到危害程度，排沟也应深一些。

条田宽度是修筑条田的一个重要技术指标。条田的宽度与土壤脱盐快慢密切相关，条田越窄灌溉需水定额越小，蓄水淋盐年限越短，土壤脱盐愈快，因此条田宽度应适当窄一些。据寿光盐碱地造林试验站进行的不同宽度条田脱盐试验，对 50m、75m、100m 三种宽度的条田经过 3 年的蓄水脱盐，脱盐率分别为 52.5%、45.0%、39.5%。表明这 3 种规格条田脱盐效果都比较好，又以 50m 宽条田的脱盐最快。通过条田工程改碱试验还可看出，在条田面上距沟不同的距离，土壤脱盐效果是不同的。一般距沟愈近，土壤的脱盐速度愈快。在宽幅条田上，常因田面距沟远近而形成土壤含盐量差异，可使条田面上的林相形成凹形。这进一步说明在重度盐碱地上修筑窄幅条田，其土壤脱盐效果更好。但是条田过窄，挖沟占地多，并需增加工程量和投资。据滨海地区试验，1.7～2.0 m 深的排沟，单侧控制条田脱盐范围为排沟深的 20～25 倍，条田宽度以 70～100 m 为宜；在重盐碱地上，条田宽度可以 50m。由于各地的土质、盐分、地下水状况及管理措施不同，条田适宜宽度也有较大差异。

农排沟的任务是排水排盐，只有沟形稳定，畅通无阻，才能达到预期改土目的。为了保持沟的稳定、畅通，应有适当的边坡比。粘质土结持力强，不易坍塌，边坡比可以小一些，一般采用 1 : 1.5 ~ 1 : 2.0；沙质土的粘结力差，边坡比应大一些，一般采用 1 : 2.5 ~ 1 : 3.0 为宜。

（2）台田　在一些地下水位较高，土壤含盐量较重，排水不畅的涝洼地区，为加速土壤脱盐，可修筑台田。修台田时把排沟挖上来的土撒在田面上，将地面抬高到一定高度。台田相对降低了地下水位，减轻了地表返盐；还疏松了上层土壤，改善了土壤的通气性。台田也是在开挖排水系统的基础上形成的，如有灌溉条件，也应修灌水系统，并结合修建田间道路，以便更好地发挥台田的改土作用。台田宽度多采用 20 ~ 30 m，改良土壤效果较理想，经 2 ~ 3 年雨水淋洗，1m 深土层的含盐量可由 0.8% ~ 1.0% 下降到 0.2% 左右。台田面垫土的高度，应以抬高地面后能把地下水位控制在临界深度以下，使土壤不易返盐为原则，并要考虑土方量、用工、投资等因素。各地多采用抬高地面 20 ~ 30 cm 的台田，能收到较好的改土效果。台田的长度应根据地形等情况而定。如修渠不便，采用漫灌，则台田不易过长，一般 200 ~ 300 m 为宜；如蓄存雨水洗盐，地面又较平坦，台田长度可达 400 ~ 500 m；如地面起伏不平，则应短一些。

2. 灌水洗盐

在有淡水水源的地方，一般在条、台田上用淡水灌溉洗盐，使土壤中的盐分溶解，从排沟里排走，能较快地降低土壤含盐量。在一些排水不畅的地方，可以修建扬水站，将盐分排到有排水系统的地方。据试验，50m 宽条田，3 年内每公顷共灌水 3750 ~ 4500m^3，分 3 ~ 4 次灌入，土壤盐分由 0.5497% 降到 0.0467%，造林成活率达 90% 以上；70m 和 100m 宽条田，3 年内冬春季共灌 4 次水，每公顷用水量为 5400 ~ 6000m^3，1m 深土层含盐量均能降到 0.1% 以下，即可造林。

灌水洗盐应根据当地的气候、土质、土壤含盐量、地下水位与水质，以及林种、树种等因素，掌握好以下几个技术环节。

（1）灌渠的设置　干、支渠主要用来输水。斗渠是从支渠分水引向条田，其控制灌溉面积以 200 hm^2 为宜，间距通常为 500 ~ 1000 m。农渠可直接放水入条田，条田面积在 13 ~ 20 hm^2 之间，农渠间距在 100 ~ 200 m。

（2）洗盐标准和洗盐定额　洗盐标准包括冲洗以后的脱盐层允许含盐量和脱盐层的深度。脱盐层允许含盐量依造林树种的耐盐能力而定，在栽植乔木时氯化物盐渍土的土壤含盐量一般应 < 0.2%，耐盐能力强的绒毛白蜡等可以 < 0.3%；脱盐层深度依据树木根系集中层次，一般不少于 60 ~ 100 cm。洗盐灌水定额是单位面积土地上，使脱盐层的盐分降到洗盐指标所需的水量。洗盐用水量的多少与土质、含盐量、条田或台田宽度以及洗盐指标有密切关系。土壤质地越粘重、含盐量越高、条台田越宽，灌水量就大，反之则小。若洗盐用水量过大，不仅浪费水，还会升高地下水位，并使土壤中的养分大量流失。因此洗盐用水量应掌握在将土壤中的盐分冲洗到不致危害造林树种并能保证林木正常生长的程度即可。据各地实践，洗盐定额一般为 4500 ~ 6000 m^3/hm^2 为宜。

（3）洗盐季节　可因地制宜选用春洗、伏洗和秋洗。经过秋耕晒垡的土壤，春季地下水位低，土壤排水排盐快，春洗效果好。应在土壤解冻后立即灌水洗盐，再浅耕耙平造林。若造林前来不及洗盐，也可于造林后结合灌水进行洗盐。春季洗盐后，蒸发量日渐增加，应及时松土保墒，防止土壤返盐。新开垦的重盐碱地，可在雨季前整地，在夏季雨水淋洗的基础上，利用水源丰富、水温高的条件，再进行伏洗，以备秋季造林。新开垦的盐碱地或计划翌春造林的盐碱地，都可在秋末冬初进行灌水洗盐。这时农用水减少，水源比较充足，地下水位低，土壤蒸发量小，脱盐效果较好。但秋洗必须有排水出路，否则会因洗盐而抬高地下水位，引起早春返盐。

（4）洗盐方法　为达到既省水、脱盐效果又好的目的，洗盐应采取畦灌和分次灌水的方法。畦灌的优点是能准确的控制水量，节约用水；同时地面水层均匀，避免出现"露头地"，防止地表盐斑的形成。分次灌水是按照拟定洗盐定额，分多次灌水洗盐。由于洗盐灌水定额的水量大，如果一次灌入田内，水深要达几十厘米。不仅管理困难，而且易引起地埂和排沟塌坡，使排沟淤塞，影响洗盐排盐效果。因此应分次灌水，一般以 3~4 次为宜。第一次灌水，由于土地干旱，吃水量大，水量可适当放大，约 1800~2250 m^3/hm^2，使地表水深 10~25 cm 为宜。此后视土壤质地和渗水情况每隔 3~5 天灌水一次，直至按洗盐定额灌完为止。在滨海的光板盐碱地上，灌水后表土呈糊状，渗水困难，影响脱盐。应待第一次灌水渗完后，落干 2~3 天，使表土收缩，形成一定裂隙，再进行第二次灌水，能加快渗水，提高脱盐效果。灌水洗盐后，在人和机械能进地时应适时进行耕翻，防止水分大量蒸发，引起土壤返盐。

3. 蓄淡压盐

蓄淡压盐是围埝积蓄雨水来淋洗土壤盐分的方法。它是无灌溉水源地区进行盐碱地改良的有效办法。即使是有灌水条件的地区，再借助雨水蓄淡压盐，可加快土壤脱盐。由于降雨量的限制，蓄淡压盐的脱盐速度一般不如灌水来得快，而且费时长，所以蓄淡压盐的条、台田不宜过宽。山东省林业科学研究所寿光盐碱地造林试验站在滨海盐碱地的试验发现，30m宽的窄幅条田脱盐快而且均匀，一般经过 2~3 年雨水淋洗，1m 深土层含盐量可由原来的0.8%~1.2%降为 0.1%左右。50m 宽条田经过 5~6 年雨水淋洗，70m 宽条田经过 7 年雨水淋洗，也能达到大致相同的结果（表3-3）。而 100~150m 宽的条田，由于距沟远的条田中部脱盐率低，林木生长仍受到影响，林相也出现凹形现象。在窄幅条台田上进行蓄淡压盐造林效果虽好，但台田不宜过窄。如台田宽 10m 左右，因排水过快，易干旱缺水，与 30m 宽的台田相比，林木生长量明显下降。

表3-3　不同宽度的条台田蓄水洗盐所需年限

（寿光盐碱地造林试验站，1980）

条台田宽度 （m）	排沟深度 （m）	蓄水前含盐量 （%）	蓄水洗盐后含盐量 （%）	需用年限 （a）
70（条田）	1.7~1.9	0.80	0.09	7
50（条田）	1.5~1.6	1.04	0.09	5
30（台田）	1.5	0.78	0.12	2~3

蓄淡压盐的土地要在蓄淡前做好深耕晒垡、筑埂作畦、平整土地等项工作。地埂要牢固，以免蓄存的雨水外流。降大雨时应及时察看并维修地埂。蓄淡压盐一般需时较长。在雨季过后，要及时深耕松土；第2年的雨季前，再将地埂重新修好，继续蓄雨水。

4. 暗渗管排水洗盐

使用滤水陶管或混凝土管等排水管材进行暗管排水洗盐是盐碱地城镇绿化常用的一种改土措施。由于城镇绿地不可能按条、台田的形式挖沟把盐分排走，可铺设一定数量的暗管把土壤中的盐分渗透到管中随水排走，并将地下水位控制在临界深度以下，达到土壤脱盐和防止返盐的目的。这种措施虽然造价较高，但改土效果好，在重盐碱地城镇绿化中较广泛地采用。如东营市供水公司院内，1987年挖深1m，埋直径20cm的陶瓷滤水管160 m，并与主排沟连通。管外先填2cm直径的石子厚约20cm，再填10cm厚的粗沙层，然后将原土填回，顺沟筑埂作畦，灌水洗盐3次。1988年植树时，0～80cm土层的含盐量已由原来的1.3%降到0.24%，栽垂柳55株，根部少量客土，全部成活且生长旺盛。在较大范围内暗管排盐，可建立由集水管、排水管、检查井、集水井、出水口组成的暗管排水系统，具有良好的改土效果。

5. 暗管排碱工程技术

(1)暗管排碱工程技术的引进

自1999年以来，黄河三角洲地区引进了荷兰的"暗管改碱工程技术"，这是一项使用先进的塑料管材和专业设备，适于大规模机械化施工的现代化暗管排水脱盐改碱技术。

地下排水技术在世界上已有悠久的历史。近代的暗管排水技术始于17世纪的英国。最早的陶管是在1810年开始使用的，随后几十年出现了混凝土管。1940年前后出现了直壁塑料管，1960年以后波纹聚氯乙烯(PVC)管或高密度聚乙烯(PE)管出现。在这一系列发展中，欧美国家起到决定性作用。其中，荷兰更是在将暗管排水从工艺发展为工程技术，并在发展大规模改良低洼盐碱地的现代化机械施工技术中起到了主力作用。

荷兰地处欧洲莱茵河三角洲，地势低洼。为了改良低洼地的滨海盐土，自20世纪50年代起就开始应用机械埋设暗管技术。经过土地排水和土壤盐分控制方面的科学研究，技术的不断发展与完善，暗管排碱工程技术已成为一项施工效率高、成本较低、治理效果显著的成熟技术。荷兰已向不少国家输出了这项先进的水利技术。20世纪80年代我国新疆、黑龙江、宁夏、山东(禹城)等地均实施了暗管排碱实验工程或项目，其中宁夏银北灌区工程规模较大，且效益明显。

1999年10月，由胜利油田、东营市、荷兰荷丰公司三家联合组建了从事盐碱地改良的"东营金川水土环境工程有限公司"(以下简称金川公司)，自2000年起在黄河三角洲地区实施了黄河三角洲暗管改碱实验工程。自2000～2004年，金川公司先后实施暗管排碱工程项目11项(表3-4)共铺设改碱暗管77万m，改良盐碱地控制面积6.9万余亩(4600hm²)，通过对荷兰暗管改碱工程技术的引进、吸收和实践创新，取得了明显的改良盐碱效果和良好的生态、经济、社会效益。

表 3-4　暗管排碱工程统计

（彭成山、杨玉珍等，2006）

编号	项目名称	实施时间 （年·月）	工程量 （m）	控制面积 （hm²）	投资 （元）	单位面积投资 （元/hm²）
1	莱州湾 16#－19#地暗管改碱工程	2000.10	42909	210.4	2856385.00	13575.9
2	莱州湾 14#、15#、20#地暗管改碱工程	2000.10	23453	98.5	1441074.00	14630.2
3	孤东仙河农场暗管改碱工程	2000.11	148847	827.0	4871241.52	5890.3
4	孤东农业开发Ⅳ区暗管改碱工程	2002.03	41813	279.4	1890507.00	6776.3
5	垦利六干渠绿化改碱工程	2002.03	4016	20.5	167475.00	8169.5
6	垦利县森林公园暗管改碱工程	2003.03	3125	13.3	186885.00	14051.5
7	孤东农业开发Ⅰ区暗管改碱工程	2002.10	173906	1158.7	9849191.15	8500.2
8	孤东农业开发Ⅱ区暗管改碱工程	2003.05	80031	624.3	3850597.54	6167.9
9	孤东农业开发Ⅱ区暗管改碱二期工程	2004.03	58486	453.3	2772395.46	6116.0
10	河口区万亩盐碱地暗管改碱工程	2004.04	83676	466.7	3850000.00	8249.4
11	孤东农业开发Ⅱ区三期及Ⅲ区暗管改碱工程	2004.11	109480	466.7	5236132.67	11219.5
合计			769742	4618.8	36971884.34	

（2）暗渗管排水脱盐改碱的基本原理

暗渗管排水脱盐改碱的基本原理也是遵循"盐随水来，盐随水去"的水盐运动规律，将充分溶解了土壤盐分而渗入地下的水通过管道排走，从而达到有效降低盐碱地土壤含盐量的目的。同时，暗管有效地调控盐碱地的地下水位，降低土壤毛细管作用引起的土壤返盐。

暗管排碱工程技术在具体的实施过程时，在所要改造的盐碱地一定深度的平面上，沿排水方向布设一定间距、平行的、相互连系的排水管网系统，通过该系统长期地发挥作用，使盐碱地不断地进行排水脱盐改碱，从而得到有效的改良。

暗管排碱工程技术的"暗排"方式和开挖排水沟系统并修筑台田、条田的"明排"方式改碱的基本原理一致。"明排"方式的开挖技术较简单，维护技术也较简单；但是具有排盐碱速度慢、土地损失率较高等缺点（表3-5）。"暗排"方式具有排盐快、无土地损失等优点；但暗管排碱工程技术需引进专业的机械设备，暗管系统的铺设和维护都有较高技术要求，要有专业工程公司技术人员来完成；另外，该项技术在大面积应用时可降低成本，若小规模应用则成本偏高。

表 3-5　明排与暗排的优劣比较表

(彭成山等，2006)

排碱方式	优　　点	缺　　点
明排	①开挖技术简单，易于操作； ②维护技术简单	①排沟布设间距大，排碱速度慢； ②土地损失率较高； ③阻碍现代化农业的机械化； ④需要很多排水沟、桥梁和闸涵； ⑤因排沟较深、成本较高； ⑥沟渠边坡易塌陷，排沟难以保持足够深度； ⑦维持费用高
暗排	①暗管可深埋密设，排盐快，调制效果好； ②无土地损失； ③对农业机械化没有影响； ④无需桥梁、闸涵和许多排水沟； ⑤如大规模应用比明排成本低； ⑥无边坡塌陷问题； ⑦维护费用低； ⑧适于大规模机械化施工	①需引进专业机械； ②小规模应用成本较高

（3）暗管排碱工程的管材和机械设备

"暗管排碱工程技术"使用的管材，现已发展为 PVC(或 PE)打孔波纹塑料管，管外的包裹材料有砂滤料和人工合成材料。铺设暗管的机械为专业的大型埋管机械设备，配以先进的"激光水平仪"控制埋管的深度、坡度和走向，保证埋管质量。为防止管道淤塞，使用管道清洗机进行定期清淤。

（4）暗管改碱工程技术的组织实施

在"暗管改碱工程技术"的实施中，铺设暗渗管系统要和修建灌排水利工程、土地整平和土地深松工程相结合，才能进一步发挥暗管排水洗盐改碱的功效。因此，"暗管排碱工程技术"是一项以暗管排水洗盐为核心的系统工程。

灌排水利工程是暗渗管能够发挥排水洗盐功效的保证。灌溉工程包括各级渠道、泵站、桥、涵、闸等。灌溉工程保证铺设暗管的土地有充足的淡水供应，使土壤得到有效淋洗。另外，充足的降雨也能起到淋洗土壤的作用。排水工程包括各级排沟、承泄区、排水泵站、桥、涵、闸等，能够把淋洗土壤盐分后汇入暗管的高矿化度废水排出，并降低地下水位，使铺设暗管的土地逐步降低盐分。

在实施"暗管改碱工程技术"的同时，结合进行精细地整平土地和深松土壤，有助于淋洗土壤盐分和改善土壤物理性状，能够加快盐碱地改良的速度。

"暗管排碱工程技术"的组织实施包括以下主要环节：

a. 田间调查、排水设计：首先要对改造的土地进行土壤调查和地表勘察，掌握土层的构造、渗透性、地下水位和土壤盐碱的含量。根据调查和勘察的结果，进行管网设计，确定吸水管的口径、走向、埋深、间距，集水管道的走向、观察井和集水井的布点等。

b. 灌排配套：在荒碱地及一些农田灌排水利设施缺乏的地区，在实施暗管改碱工程前，要对整个项目区按照实施暗管改碱工程的特点进行灌排水利工程的重新规划和修建，为下步实施暗管改碱奠定基础。

c. 激光控制、专业施工：暗管的铺设采用开沟埋管机铺设，开沟、埋管、裹砂、覆土一次完成。埋管机械可通过激光制导仪自动控制，把暗管按照设计要求铺设到地下一定的深度，通常位于地下 1.5~2m 深，并使暗管形成要求的坡度，以利于地下水的排出。在埋管的同时，开沟埋管机把砂滤料包在暗管的周围一起埋于地下。利用开沟埋管机铺设排碱暗管的自动化程度、施工精度、生产效率均得到极大地提高，一台机械日可铺管 1500m。这就使大规模铺设暗管进行大面积的治理和开发盐碱地成为可能。

d. 激光控制精细平整土地：激光控制平地技术是利用激光束产生的平面来控制平地机具刀口的升降高度，土地平整的精度高，可达到正负 1.0~1.5cm。且工作效率高，达到 5~83km/h。

e. 深松土壤：土地深松是利用新型的土壤深松机疏松土壤而不翻转土层，深松深度可根据耕种改良土壤的需要，最深可达到 0.7m。通过深松，可以打破粘土不透水层和板结层，可有效地改善土壤的理化性状，增强土壤的蓄水蓄热和保墒培肥能力。

f. 灌水淋洗、排水脱盐：灌溉或降雨时，渗入土壤的淡水将盐分带向深层，经由暗管收集排除，使一定深度的土壤中含盐量降低到植物耐盐限度以内。

g. 维护管理：暗管改碱工程实施后，要加强暗管系统的维护管理，使暗管排水正常；同时，在强返盐季节灌溉淋洗，避免土壤的次生盐渍化。为此，要合理安排项目区灌溉制度，保证灌水淋洗，暗管排盐；及时疏通排水通道，保持排沟水位低于暗管埋深，使暗管出流正常；强化暗管系统的维护，排水期注意察看管道出流情况，管道淤堵后要及时清理；合理布置地面种植结构，使植物改良土壤和暗管改碱相结合。

暗管铺设后，如果暗管被泥沙淤堵，可以通过专门清洗机进行清洗。冲洗暗管内壁及孔隙的自动推进喷嘴，可自动以高压水流冲开被堵塞的管壁渗孔。每隔 2~3 年可冲洗一次，从而使暗管改碱设施长期使用，埋于地下的 PVC 暗管使用寿命可达 50 年之久。

(5) 暗管改碱工程技术的成效

金川公司于 2000~2004 年在黄河三角洲地区实施暗管改碱工程 11 项，总控制面积 6.9 万亩，机械化程度高，改良盐碱效果好，生态、经济效益显著。如垦利县北部的 200 亩重盐碱地，拟建垦利县森林公园，造林之前预先实施了深埋方式的暗管改碱工程。经过一年运行管理后，栽植的绒毛白蜡成活率高、长势旺。三年后，土壤得到明显改良，栽植的树木已经蔚然成林。山东省林业科学研究院东营分院，2005 年在东营区的 $10hm^2$ 重盐碱荒地上实施暗管排碱工程。经过 3 年的排水洗盐，土壤含盐量由改造前的 0.8%~1.2% 下降到 0.2%~0.3%。栽植了绒毛白蜡、刺槐、沙柳、杜梨、紫叶李、木槿、紫藤、金银花等十几个树种的试验林，均生长良好。

6. 控制地下水位，减轻土壤返盐

（1）挖沟截渗

滨州、利津、东营、垦利等城区位于黄河之滨，由于河床高出地面 6~7m，河水侧渗量大。据断面观测，滨州市黄河侧渗量为：低水位期 0.59m³/m·d，高水位期 1.29 m³/m·d⁻；高水位期年平均 150d，堤面单侧长 8250m，年总侧渗量达 264.29 万 m³。大量的渗水抬高了地下水位，加重了土壤盐渍化。为堵截渗水及排除渗水，滨州市沿大堤下挖宽 10m、深 5m、排水能力达 11.6 m³/m·S 的截渗沟，沟尾与地下河—潮河相通，直流入海，基本控制了黄河水侧渗抬高市区水位的问题。利津、垦利、东营 3 县市也有类似的截渗排水措施。

（2）改地上渠自流引黄灌溉为地下渠提水灌溉

河口区建有引黄涵闸和虹吸式工程 18 处，引水能力 350m³/S，年总引水 9.5 亿 m³，目前所有引水渠多为地上渠自流灌溉，侧渗量达 27%。如张肖堂虹吸灌区，渠首在滨州市区，年过境水 1000 万 m³，侧渗系数高达 31%，年渗水 310 万 m³。据小开河地下渠提水灌溉试验，改地上渠为地下渠是解决渗水和降低潜水位的有效方法之一。

（3）改地上水库为衬砌型地下防渗水库

黄河三角洲地区属无浅层地下淡水，人畜用水、工农业用水以水库蓄存黄河水为主。1980 年以前多为无衬砌地上水库，侧渗量大。如滨州市第二水库，总面积 1400km²，水深 2.5m，常年容水 3500km³，水面高出市区 4m，侧渗量为 0.59m³/m·d，年总渗水量达 64.6 万 m³。1980 年以后所建水库，如 1989 年建成的沾化县城东自来水水库，1996 年建成的滨州东郊水库，1998 年建成的东营市广北水库等，均为半地下有衬砌型水库，有效地防止了黄河水的侧渗。

（4）打井排水降低地下水位

滨州市区打井排水降低地下水位效应显著，已纳入城区环境治理的总体规则。如原滨州市府大院 66000m²，钻挖 10m 深机井两眼，排水量 50m³/d，定期抽水，使潜水位控制在 2m 以下，达到了限制毛细管水上升、抑制地表返盐的效果。滨州城区年均降水 9944 万 m³，除地表径流 2288 万 m³，其余均补充为地下潜水，该市规划由驻地机关单位自行打井排水 360 万 m³，街道路口由城建部门定距离打井 200 眼抽水排水，可基本控制城区的潜水位。

（二）耕作措施

改良盐碱地的耕作措施主要包括深耕晒垡、平整土地、适宜的整地方法及中耕松土等，可改善土壤物理性状，调控土壤水盐运动，防止土壤返盐和促进土壤脱盐。

1. 深耕晒垡

深耕晒垡是加速土壤脱盐的一项有效措施。寿光林场在新垦的重盐碱地上试验，经深耕暴晒干透的垡块，土壤盐分多集聚于垡块表面，当雨季来到，积于垡块表面的盐分首先溶解随水渗入地下，从而加速了土壤表层脱盐。经测定，暴晒干燥的垡块表面氯根含量为 0.71%，垡块内部是 0.2%；经 18.1 mm 的雨水淋洗后，垡块表面的氯根含量降到 0.06%；

垡块内部降到 0.16%，整个垡块的氯根含量由 0.45% 降到 0.12%，脱盐率达 74%。未晒垡的土地，虽经 50.4 mm 的雨水淋洗，氯根含量由 0.41% 降到 0.31%，脱盐率仅为 25.3%。

深耕晒垡时间，以春末夏初最好。这时天气干燥，气温升高，深耕后垡块容易晒干，深耕还能结合消灭杂草。当垡块晒干后，逢雨季来临，无论是蓄水洗盐还是引水伏灌，都是最好时机。雨季过后，天气渐转干爽，地下水位也处于回升时期，地表开始秋季返盐，进行秋季深耕也较适宜。秋耕一方面可以起到防止秋季土壤返盐的作用，另一方面当垡块晒干后正是冬灌季节，或者积蓄雨雪，促进土壤脱盐。

深耕晒垡的深度一般为 20 cm。如果机耕，耕深可达 25~30 cm，但 20 cm 以下只松不翻。因为 0~20 cm 土层一般为杂草根系盘结，有机质含量高，耕翻后易形成较大垡块，有利于晒垡淋盐。其下部多为生土，含盐量高，不宜翻到表层来。耕深要一致，使土壤疏松层受水均匀，脱盐效果好；否则，疏松层厚薄不均，吸水量大小不等，就会影响脱盐的均一性，而出现盐斑。

进行深耕时要有适宜的土壤湿度。对于含盐量高的土壤和粘质土，如果土壤湿度过大，翻了"明垡"（翻起的土块底部呈明亮状态），垡块干后不易打碎，对耕作十分不利。盐碱地耕地时要"耕干不耕湿，严禁翻明垡"。

2. 平整土地

整平土地是加速土壤脱盐，消除盐斑地，提高造林成活率，保证林木生长一致的重要措施。据寿光盐碱地造林试验站试验，在条田内较高的"蘑菇顶"（局部高地），经 8 年的雨水淋洗，由于积水层较薄，土壤含盐量只降低了 0.1%；当整平 3 年后，盐分含量由 0.65% 降低到 0.048%。另据对灌水后"露头地"（露出水面的局部高地）的观测，由于受蒸发和洼地渗水的影响，灌水后土壤含盐量不仅没有降低，反而由原来的 0.13% 上升到 0.57%，出现积盐现象。

大面积土地整平要因地制宜采用不同措施。如条、台田过长，遇高差 30~40 cm 的坡地，即采取分段筑埂作畦、分段灌水，使各段受水均匀，达到脱盐一致。在有条件的地区，可采用推土机等机械，进行大面积土地整平，达到更理想的改土效果。

3. 整地方法

（1）全面整地　在盐碱地上成片造林，应进行全面机耕整地。既能把"瘦、冷、死、板"的盐碱地表层变成活土层，使土壤的水分、空气、温度状况得到改善，加速淋盐和抑制返盐；又能将杂草翻入土中，增加土壤有机质；还能促进土壤微生物的繁殖，有利于有机质的分解。整地深度应根据土壤情况而定。如土质粘重，干硬湿泞，通透性差，或表土含盐量重，下层含盐量轻，宜深耕 30~50 cm，以改善土壤物理性状和盐分状况。底层含盐分较多的盐碱土可以套 2 型，即耕翻上层 15~20 cm 活土层，下层土只松不翻，"深耕浅翻，上翻下松，不乱土层"。这样，既防止将下层土中的盐分翻上来，又能疏松土壤。沙质土地较松散，底土瘠薄，不宜深耕。

粘质土的整地时间，一般春、秋、冬均宜早耕。春季早耕可以防止土壤返盐，并能提高地温，但耕后要耙细、耙实，以利保墒。秋耕在雨季后天气转向干燥时及早进行，耕翻有利于抑制土壤盐分回升，并能掩埋杂草。冬耕应在封冻前。沙质土与粘质土的耕性不同，冬耕宜早，春耕宜晚。冬季早耕可以及早切断土壤毛细管，防止土壤返盐；经晾墒后可形成土团，也有利抑制土壤返盐。春季晚耕，地面较干，耕后可以形成一层土团抑制返盐；此时气温已回升，耕后可使地温迅速提高，耙 2~3 遍，使土壤塌实返墒，即可造林。

（2）小畦整地　在道路绿化时，可用小畦整地。在路的两侧做低床，一般在低床靠排水沟的一面做成土埂。低床宽度视具体情况而定，每隔 10~15 m 长打一横埂，形成小畦。雨季汇集路面雨水流入畦内，使淋溶的土壤盐分排入沟内，脱盐快，林木成活生长良好。如系柏油路面则淋盐效果更佳。营造农田防护林带，亦可采用小畦整地。河堤、洼地四周，可呈水平方向小畦整地，以便保持水土，促进土壤脱盐。

（3）大穴整地　城镇、村庄及庭院绿化，往往无挖沟排水条件。如果地势较高，地下水位较低，可采用挖大穴整地的办法。穴径 80~100 cm，深 70~100 cm，挖穴时除去盐结皮，熟土、生土分别放置。栽树时，用生土在穴的四周围埝，用熟土栽树。有条件的地方，可进行客土。大面积造林时，挖穴整地要与其他整地措施配合，即在全面整地或小畦整地之后，在条田、台田或小畦内再挖植树穴，以利蓄淡洗盐或灌水洗盐，提高造林成活率。

4. 中耕松土

盐碱地造林后，要及时中耕松土。中耕能疏松表层土壤，切断土壤毛细管，减少水分蒸发，有利于防止土壤返盐和加速土壤脱盐。据测定，松土后 18 天的耕作层土壤含水量，比未经松土的高 1 倍多。不松土的表层土壤氯根含量达 0.2%，而松土的为 0.1% 以下。松土能把盐分控制在土壤下层，如遇降雨或灌水，可以使盐分进一步下渗。

（三）生物改土措施

经过水利工程和耕作改土措施，土壤中的盐分一般会显著降低，但土壤中的养分也随着淋洗而降低；有些地方的土壤盐分虽有减少，但 pH 值却升高，土壤酸碱度由近中性变为强碱性。所以在水利工程措施改良的同时，要密切配合生物措施，特别是种植绿肥作物，对培肥地力和防止土壤 pH 值升高具有良好作用。

种植绿肥作物，可以形成良好的植被覆盖，对改善近地面小气候，减少水分蒸发，调控土壤水盐运动十分有利。据寿光盐碱地造林试验站在田菁地内观测，其地上 1 m 高处的气温和近地面的气温比空旷区分别降低 1.3℃ 和 8.9℃，空气相对湿度提高 4.5%，地面水分蒸发减少 10.8 倍，减轻了土壤表层返盐，促进了脱盐。在雨后，空旷地虽经雨水淋洗，但因地面裸露，蒸发强烈，土壤返盐，含盐量比雨前有所提高；而田菁地有植被覆盖，雨水淋洗作用好，土壤表层的蒸发及返盐轻，含盐量明显降低（表3-6）。

表 3-6　田菁地与空旷地土壤盐分对比

（寿光盐碱地造林试验站，1979）　　　　　　　　　　　　（%）

试验地	取土时间	离子总量	HCO_3^-	Cl^-	$SO_4^=$	Ca^{++}	Mg^{++}	$K^+ + Na^+$
空旷地	9 月 5 日（雨前）	0.4152	0.0947	0.1255	0.0463	0.0073	0.0032	0.1356
	9 月 15 日（雨后 8 天）	0.5811	0.0444	0.2259	0.0402	0.0054	0.0044	0.1334
田菁地	9 月 5 日（雨前）	0.1679	0.0955	0.0195	0.0080	0.0076	0.0018	0.0414
	9 月 15 日（雨后 8 天）	0.1143	0.0598	0.0184	/	0.0037	0.0005	0.0323

　　绿肥作物是含氮量高的有机肥料。田菁（*Sesbania cannabina*）、紫穗槐、紫花苜蓿、草木樨（*Melilotus suaveolens*）等绿肥作物的枝叶，都含有丰富的氮、磷、钾等养分。广种绿肥作物，合理翻压绿肥，可以明显改良土壤结构，提高土壤肥力。种植绿肥作物改土通常采用压青、"先灌后乔"等方式。寿光林场在经过水利工程措施初步改良的盐碱地上播种田菁，当年压青，土壤有机质提高 0.07% ~ 0.1%，含氮量增加 0.027%；连续翻压两年，含盐量高的土地面积减少 30% ~ 40%。先灌后乔，即在土壤初步脱盐后，选择抗盐性较强的紫穗槐等灌木作为先锋树种，密植 3 ~ 4 年后土壤含盐量大幅度降低，然后去掉灌木，栽植乔木。如寿光林场在盐碱地上栽植紫穗槐 5 年后，土壤含盐量由原来的 0.4% ~ 0.5%，下降到 0.1% ~ 0.2%；除去紫穗槐后营造榆树林，成活率达 95% 以上。

　　在渤海泥质海岸带的盐碱荒滩上，只有一些盐生植物能够生长，如盐地碱蓬、柽柳、白刺的耐盐能力可达 2.0% ~ 2.5%，中亚滨藜的耐盐能力可达 1.0% ~ 1.5%。这些盐生植物都有改良盐碱地的作用。保护利用这些盐生植物的天然植被，或人工栽植盐生植物，是滨海盐碱地生物改土的一项重要措施。

（四）微区改土措施

　　微区改土是在盐碱地城镇绿化中总结出的改土技术，不仅投资少、见效快，而且简便易行。微区改土是指局部的土壤改良，小至一个树穴，大至一条绿化带乃至一片绿地，通过客土抬高地面、客土底部设置隔盐层、地面设覆盖层以及化学改良等措施，使树木根际土壤的理化状况、营养条件得到改善，明显抑制了土壤返盐，促进了脱盐，从而有效地提高了树木的成活率和生长势。

1. 抬高地面改土

　　抬高地面，修建地上植树池，相对降低地下水位，防止土壤返盐，是一种经常采用的改土措施。如中国石油大学和胜利油田供水公司，建植树池 1200 个，绿篱带池 2000m。根据本区地下水位及盐化情况，一般抬高地面 60 cm 左右，池底垫稻草、生活垃圾及碎石等作隔离物，并客土栽植龙柏、蜀桧、冬青卫矛、黄杨、紫荆、榆叶梅等花木，成活率均在90%以上，且生长旺盛。

2. 隔盐袋改土

在植树穴内放置大小适合的塑料薄膜隔盐袋，袋中装入客土，再拌上适量过磷酸钙、腐殖酸营养土，保证苗木有足够营养。将树苗定植在袋内，填土后高出地面1 cm左右。为避免袋内的土壤水分过多，在薄膜袋底部打若干筛孔，孔径 > 0.1 mm，使重力水向袋下移动。孔径大于0.1 mm的孔隙不具毛细管作用，地下水分沿土壤毛细管上升时遇到隔盐袋就停止，同时也切断了土壤盐分横向入侵的通路。树苗定植后，要使袋内土壤相对湿度保持在70%左右。隔盐袋必须位于地下水可能上升的高度以上，否则因地下水浸泡，筛孔失去作用，盐分就会侵入袋内。

树苗定植后靠袋内的土壤发芽生根。随着树龄增加，耐盐能力也逐渐提高，当根穿透塑料袋解脱其束缚时，树木即可转入正常生长。

3. 隔盐层改土

为了控制微区土壤盐分上升，防止客土迅速盐渍化，在植树穴、种植带或植树池底层可铺设隔盐层。使用的材料有炉渣、鹅卵石、石子、粗沙或锯末、马粪、稻草、麦糠等。以麦糠、马粪为材料的隔盐层，一般5~10 cm厚为宜；其他材料的隔离层，以10~20 cm左右为好。有机物隔盐层之上需有25~30 cm厚的土壤保护层，以防止有机物发酵散热烧坏苗根。铺设有机物隔盐层，不仅有效阻止地下盐分上升，而且有机物腐解后还能增加土壤有机质，降低土壤酸碱度。

4. 覆盖层改土

为了防止地面蒸发返盐，在植树穴或绿地地表铺设锯末、粗沙或塑料薄膜等材料，也能取得较好的抑制蒸发、改良土壤效果。

如东营、滨州在城市道路绿化中采用塑料薄膜覆盖植树穴，在浇过透水的植树穴内围绕苗干基部铺设长、宽为0.8~1.0 m的薄膜，用土压严四周，并筑高30 cm的穴埂。经测定，盖膜植树穴内40~50 cm深的土壤含水率比未盖膜的提高19.7%，含盐量降低21%，地温高3℃，造林成活率提高16.6%~22.6%。盖膜能有效减少地面蒸发，保持土壤水分，减轻地面返盐，是一项节约投资、简便易行的有效措施。

5. 客土、隔盐与覆盖相结合

地上植树池只适宜栽植较小型的花灌木和绿篱，高大乔木因池小土少则不太适合。为此，中国石油大学在植树中采用了大穴换土、下隔上盖、穴周设挡水板等综合改土措施。做法是：在植树点挖0.8~1.0 m的大穴，底部铺20 cm厚、直径为2~3 cm的石子，石子上面铺10 cm厚粗沙，再客土植树；栽后踏实灌以透水，穴周围挡上高30~40 cm、厚10 cm、长80~100 cm的水泥板，地上露15~20 cm，成一方形穴面，用以阻挡雨后刷洗地面的咸水进入树穴。树穴的面上再盖一层10 cm厚的粗沙或稻草等桔秆，并用沙压住，以防被风吹走。上述多项措施综合应用，使土壤盐分不易进入穴内，不仅使穴内的客土不致盐化，且随着浇水灌溉使树穴周围脱盐的土壤范围不断扩大。该校栽的槐树、垂柳、绒毛白蜡，成活率均达85％以上，并且生长旺盛。表明这是盐碱地城镇绿化的一项成本低、效果好的改土措施。

据秦宝荣等对城镇园林绿化中采取微区改土措施的效果分析，客土质量和抬高的高度、隔离层材料和绿地管理精细程度对绿地内客土含盐量的影响很大，而绿地建成时间对绿地内客土含盐量的影响不大。因此，只要所采用的微区改土措施合理，加之科学的养护管理，客土就会在较长期内不发生盐渍化，园林植物便可正常生长。

（四）化学改良措施

1. 施用酸性化学制剂

在盐碱地上施用过磷酸钙等酸性化肥，可以降低土壤 pH 值，减轻盐碱对树木的危害。腐殖酸复合肥料具有活化磷素、提高磷素利用率的作用，对钠、氯等有害离子有代换吸收作用，还能调节土壤酸碱度。

矿化度超过 2g/L 的水即为咸水，不适于灌溉。如果用矿化度高的水灌溉，数月之后土壤会变成碱性土。过去多用硫酸亚铁改良水质，但单纯浇灌硫酸亚铁会使土壤含硫及有效铁过多，容易造成植物中毒。磷酸二氢钾、磷酸、柠檬酸等对改善水质有良好作用，如池塘水加 0.2％磷酸二氢钾可以使水的 pH 值由 8.4 降至 6.2。

2. 施用土壤盐碱改良剂

近年来，国内外研制生产了一些土壤盐碱改良剂。张凌云（2004）根据黄河三角洲的土壤情况，使用了 4 种土壤盐碱改良剂进行试验，分别是中国农业大学研制的盐碱地土壤改良剂—康地宝、北京飞鹰绿地科技发展有限公司开发研制的禾康盐碱清除剂、日本研制的嫌气性微生物制剂德力施、青岛海洋大学生命科学院利用贝壳、海产品加工的废弃料研制的盐碱土壤修复材料。通过在中度和重度盐渍土上的试验，选出了改良效果较好的改良剂—盐碱土壤修复材料。在此基础上，研究了盐碱土壤修复材料对土壤理化性质（包括土壤容重、孔隙度、土壤含盐量、pH 值、土壤有机质、土壤速效 N、P、K 含量）、土壤微生物数量和微生物活性的影响，明确了改良机理，进而研究了盐碱土壤修复材料的施用技术。试验结果表明：①盐碱土壤修复材料是适宜于滨海盐渍土壤的改良剂。②盐碱土壤修复材料能改善土壤的物理性质，主要表现在降低土壤容重，增加土壤孔隙度，从而可以改良土壤结构，协调土壤中的水气状况，使土壤有好的通气性，有利于植物的生长。③盐碱土壤修复材料能改善土壤的化学性质，主要表现在降低土壤含盐量和 pH 值，提高土壤速效 N、P、K 含量和土壤有机质含量，从而提高了土壤肥力，保证作物生长对土壤养分的需求，为作物的生长创造适宜的土壤环境。④盐碱土壤修复材料能增加土壤中有益微生物的数量，增强微生物活性，使土壤养分供应协调，在耕作层形成淡化肥沃层，可以促进作物根系生长，提高作物产量；同时可以抑制土壤水分蒸发，降低土壤含盐量，达到改良盐碱的目的。⑤盐碱土壤修复材料用量 900kg/hm² 较为适宜，在播前 15d 一次施用，改良土壤效果较好，作物出苗率高、产量高。

　　土壤盐碱改良剂在一定程度上能够起到松土、保湿、改良土壤理化性状的作用，促进植物对养分和水分的吸收。此措施与传统的水利工程和生物改良措施相比，简便易行、成本低、效果好，可较好的解决滨海盐渍土"盐、板、瘦"的问题，是一项改良治理滨海盐渍土的新措施。

三、滨海盐碱地耐盐树种的选择

(一)树木的耐盐能力

　　盐分胁迫可以对树木产生伤害作用，使树木的生长发育受到抑制。不同树木对盐分胁迫的适应能力有所差别，即具有不同的耐盐能力。树木的抗盐力一般是用树木生长已受到盐碱的抑制，但不显著降低成活率和生长量时的土壤含盐量表示。如滨海盐碱地的造林试验表明，紫穗槐在 0～60 cm 土层(下同)含盐量为 0.34% 时，生长正常；在含盐量 0.45% 时生长开始受到抑制，但影响不大；当土壤含盐量达到 0.71% 时，生长明显受抑制。因此，紫穗槐的抗盐力可达到 0.45%。又如刺槐在土壤含盐量为 0.55% 时，干枯死亡；在土壤含盐量0.28% 时，当年成活率 70%，生长中等；在土壤含盐量为 0.20% 时，成活、生长良好。因此，刺槐的抗盐力可达 0.3%。当紫穗槐在含盐量为 0.45% 的土壤上和刺槐在含盐量为0.3% 的土壤上，盐碱对它们的生长虽有一定的抑制作用，但经合理的抚育管理，都能成林并有一定的产量。

　　树木的抗盐力因树种而异。同一树种的林木，其抗盐力因树龄大小、树势强弱以及土壤盐分种类、土壤质地和含水率的不同而有差别。山东大部分树木的抗盐力为 0.1%～0.3%；少数抗盐力较强的树种可达 0.4%～0.5%，甚至更高。

　　树木的抗盐力随着树龄的增长与树势的增强而提高。一般将某个树种 1～3 年生幼树的抗盐力作为该树种的抗盐力指标，用于盐碱地造林的树种选择。大树的抗盐力不能作为盐碱地造林选择树种的依据，仅能作为参考。

　　许多树种在种子发芽出土阶段有较高的抗盐极限；而在幼苗生长的一定时期对盐分特别敏感，称为"盐反应敏感期"；此后抗盐力又逐渐稳定提高。不同树种盐反应敏感期开始的早晚、持续时间的长短各不相同，一般在出苗后 1～2 个月之间。如紫穗槐是 9～59 天，合欢 18～32 天，沙枣 14～26 天，枣树 10～73 天。如果在雨季播种育苗或造林，使土壤脱盐期与苗木盐反应敏感期相一致，就能在很大程度上避免幼苗的盐害，提高育苗和造林的成活率。

　　不同的盐分组成对树木的危害程度有差别。土壤物理性状也影响盐碱对树木的危害程度。在土壤含盐量相同时，若土壤含水量大，则土壤溶液浓度小，盐分危害轻；含水量小，土壤溶液浓度增高，树木就容易受盐害。土壤沙性大，土壤疏松，通气性好，树木根系发达，也能相对减轻树木的盐害。

　　综上所述，树木的耐盐能力受多种因素影响。在选择造林树种时，应根据各地的具体情况分析确定。

（二）盐碱地造林树种的选择原则

盐碱地造林难度较大，造林投资较多，如果树种选择不当，会造成较大损失。应在调查研究的基础上，慎重选择适于盐碱地的造林树种，一般应遵循下列原则：

1. 抗盐能力强

造林树种首先要能适应造林地的土壤盐分，也就是树种的抗盐力与造林地的土壤含盐量相一致。如滨海盐碱地，土壤含盐量在 0.4% 以上的造林地可选柽柳、沙枣、沙棘、枸杞等树种；土壤含盐量在 0.2% ~ 0.3% 的造林地可选刺槐、白榆、旱柳、臭椿等树种。同时，还要考虑到树木对不同盐分组成的适应性差别。

2. 抗旱、耐涝能力强

山东的滨海盐碱地上，易发生春旱、夏涝，旱涝盐碱共存，又互为制约。选择盐碱地造林的耐盐树种，还应注意它的抗旱和耐涝能力，才能造林成功。

3. 易繁殖，生长快

尽量选择繁殖容易、生长快、树冠大的树种，能够尽快覆盖林地，减轻土壤返盐。

4. 改良土壤性能好

应多选择根系发达或具有根瘤，且落叶多的树种，能起到改良土壤，提高土壤肥力的作用。

5. 经济价值较高

在土壤条件许可的条件下，多选择经济价值较高的树种。如材质较好的白榆、白蜡、苦楝等用材树种，枣、枸杞等经济林树种。

（三）滨海盐碱地造林的主要树种

通过抗盐树种选育工作，为滨海盐碱地造林提供了适生树种、品种。在乡土树种的选择方面，通过在不同类型、不同含盐量的盐碱地上进行育苗试验和造林对比试验，选出白榆、旱柳、毛白杨、臭椿、槐树等抗盐力较强的乔木树种，选出柽柳、白刺等抗盐力强的灌木树种，已在山东的盐碱地造林中普遍应用。引进外来树种，是丰富盐碱地树种资源的重要途径。山东从国内外引进，通过盐碱地造林试验，已经造林成功的树种主要有刺槐、绒毛白蜡、新疆杨、沙枣、宁夏枸杞、紫穗槐等。如刺槐、紫穗槐从 20 世纪 60 年代起已成为盐碱地造林的主要树种；绒毛白蜡耐盐力可达 0.4% ~ 0.5%，树干挺拔、枝叶浓密，从 20 世纪 80 年代起已成为滨海盐碱地造林绿化的主要树种之一。东营市苗圃在土壤含盐量 0.32% 的滨海盐碱地上栽植的 8 年生新疆杨，树高 9.44 m、胸径 17.62 cm；辛安水库在土壤含盐量 0.45% 的滨海盐碱地上栽植的 12 年生沙枣，树高 7.52 m、胸径 18.78 cm。这些引进树种在山东盐碱地造林中已较普遍应用，发挥了重要作用。

表 3-7　山东滨海盐碱地主要造林树种

土壤含盐量(%)	树 种
0.1~0.2	毛白杨、107号杨、108号杨
0.2~0.3	刺槐、旱柳、垂柳、J172柳、白榆、臭椿、苦楝、桑树、新疆杨、侧柏、圆柏、铅笔柏、龙柏、杜梨、枣树、筐柳、簸箕柳
0.3~0.4	绒毛白蜡、槐树、构树、紫穗槐、沙棘、珠美海棠
0.4~0.6	沙枣、枸杞、凤尾兰
0.6~1.0	柽柳、白刺

为适应盐碱地城镇绿化的需要，丰富当地绿化树种，东营市林业局、胜利油田胜大集团园林公司等单位都开展了盐碱地城镇园林树种选择的试验研究。如胜大集团园林公司在东营市的公园、居住区采用"下铺隔离层、暗管排水、上客土"的改土措施，选用66种树木试用于园林绿化。经全面调查，按树木的生长情况分为4类：第一类有鹿角桧、柽柳、旱柳、刺槐、沙枣、多花柽柳、多枝柽柳、龙柏、圆柏、凤尾兰10个树种，栽植成活率和保存率均在95%以上，生长旺盛。第二类有垂柳、金丝柳、槐树、合欢、冬青卫矛、紫荆、紫薇、火炬树、连翘、海棠花、紫叶李、蔷薇、月季、红瑞木等42个树种，栽植成活率和保存率分别在80%和60%以上，生长正常(康俊水等，1998)。这些树种在洗盐改土和加强管护的条件下可用于滨海盐碱地的城镇园林绿化。

四、滨海盐碱地造林技术

(一)造林方法

1. 植苗造林

植苗造林容易成活、容易管护，是盐碱地的主要造林方法。在盐碱地植苗造林应着重注意以下两个技术要点：

(1)苗木的保护和处理 植苗造林成活的关键是保持苗木地上部分的蒸腾与根部吸收水分的动态平衡，在盐碱地上造林尤为重要。要尽量缩短从起苗到栽植的间隔时间，注意保护苗木，采用各种改善苗木水分状况的措施，如截干、短截疏枝以及浸水、沾泥浆等。截干处理常用于刺槐、紫穗槐等萌蘖性强的阔叶树种，一般能提高成活率20%~30%。短截疏枝可减少苗木地上部分的蒸腾面积，浸水和蘸泥浆可保持苗木湿润，对提高造林成活率都有显著作用。

(2)栽植技术 滨海盐碱土一般是底土盐分重，地下水矿化度高，植苗时要浅栽平埋。一般是使苗木的原根径处比地面高出1~3cm，覆土与地面相平。苗木的覆土不能高出地面，以免盐分在苗根部聚积；但也不要低于地面。

为了提高造林成活率，苗木栽植后应在树坑周围筑埂，以便灌水和蓄积雨水淋洗盐分。栽植后随即浇水，使根系与土壤密接，还能起到压盐作用。地表稍干时，立即松土或盖一层干土,可保墒和防止返盐。栽植大苗时,可于植树穴面覆盖地膜,能起到减少蒸发、保墒、增温、抑制土壤返盐的作用,利于苗木成活生长。苗木成活后要加强幼林抚育管理。雨季经常整修地埂,蓄积雨水,淋洗盐分。

(3)容器苗造林 滨海盐碱地上用大规格容器苗造林,能提高苗木抗盐能力和造林成活率。如寿光盐碱地造林试验站在含盐量0.4% ~0.5%的盐碱地上,用绒毛白蜡容器苗造林,成活率达95%以上。

2. 播种造林

滨海盐碱地上播种造林,应选用种子多、生长快、根系发达、抗盐碱的树种,并选择盐碱较轻的造林地。山东滨海盐碱地播种造林的树种有刺槐、紫穗槐、柽柳等。刺槐和紫穗槐适于在河道堤坡、沟渠边坡等处直播造林。提前整地,大雨后将已催芽处理的种子进行沟播或穴播。刺槐的播种量45~60 kg/hm²,紫穗槐75 kg/hm²左右。播种后覆土2~3 cm,轻轻埋压,便种子与土密接,以利于种子发芽出土。

柽柳亦可播种造林,需提前沟状或穴状整地,经雨水淋溶降低土壤盐分;以大雨后1~2天内无风天气播种最好,将种子均匀撒播到沟穴内的湿土上,10天左右即可出齐苗。近年来在滨海盐碱地上利用柽柳天然下种开沟造林已广为采用,简便易行,效果显著。具体方法是:在稀疏分布野生柽柳的盐碱荒地上,按2.0~2.5 m行距,横坡向水平开沟。沟内每隔一定距离筑一土埝,使每段沟底平整,以便拦蓄雨水。开沟深度20~50 cm,土壤盐分愈重则开沟愈深。开沟时向两边翻土容易施工。应于雨季前开好沟,以备柽柳天然下种。柽柳多分枝,由上年生枝条上产生的总状花序于4月开花,当年生枝条则继续开花至9月份。果熟期6~10月,种子成熟期不一致。蒴果成熟后开裂,种子细小、具毛,可被风吹到几十米甚至千米以外。落在犁沟内的种子,遇大雨便漂浮水面,容易被固定在沟边上。盐分重的表土层被翻到沟的外边,沟内土壤受雨水的淋洗作用进一步脱盐,在水线外被固定的种子容易发芽出苗。如果6月即降大雨,当年苗高可达20 cm以上;7月底降大雨,当年苗高不到10 cm,但根系可深达30 cm;即使苗木较小,其根系不会冻死,能安全越冬。若在麦收前开好沟,沟内撒落种子的时期长,种子多,当年出苗就多。按2.0~2.5 m的行距开沟下种,4~5年后即可郁闭成林,郁闭度可达0.8~0.9。2~3年生树开花结实,种子进一步飞散。如果原有母树稀少,第一年尚有缺苗断垄现象,第三至四年则苗木布满沟内,沟间也会产生大量二代苗。柽柳开沟下种造林是加快滨海盐碱荒地绿化的有效方法。

(二)选择适宜的造林季节

适时造林是保证滨海盐碱地造林成活的重要一环。要根据土壤盐分随季节变化的特点以及造林树种、造林方法的不同。一般选择土壤处于脱盐和返盐较轻的时期,种子、苗木容易发芽生长的季节进行造林,可提高造林成活率。渤海平原区春、夏、秋三季均可造林,各有其优缺点。

1. 春季造林

早春土壤湿润、蒸发量不大,苗根的再生能力强,栽后易成活。大部分树种在滨海盐碱地春季造林宜早不宜迟。若错过适宜季节，气温升高，土壤返盐强烈，会造成造林失败。刺槐、枣树等，早栽容易枯梢，成活率低，宜在芽开始萌动时栽植。

2. 秋季造林

秋季土壤湿润、含盐量较低，造林易成活，且造林时间长，便于安排劳力；第二年春季能提早发芽生长，有较强的抗盐和抗旱能力。但冬季严寒多风，新栽幼树易干梢。秋季造林必须选用抗寒的健壮苗木，常绿树种和幼嫩的苗木不宜秋季造林。秋季造林还要对苗木剪枝、截干，栽后灌水、封土，保护苗木免受风害和冻害。

3. 雨季造林

雨季造林也是滨海盐碱地造林的好时期，适于刺槐、紫穗槐、柽柳等树木的播种造林，紫穗槐等灌木的截干造林，侧柏的植苗造林，萌芽力强、扦插易生根的旱柳等树种的插干造林。雨季造林一定要掌握合适的时机，即在7月中下旬，趁下过透地雨后或连阴天突击造林。错过雨季的有利时机，天气复转干燥，土壤开始返盐，会降低造林成活率。

（三）合理密植及营造混交林

1. 合理密植

合理密植能使幼林及早郁闭，提前形成比较合理的群体结构，减少地面蒸发，抑制土壤返盐。特别是在重盐碱并且干旱瘠薄的土地上，树木生长较慢，加大造林密度，可以提早郁闭，增强对不良环境的适应力。例如，在草荒严重的造林地上营造刺槐林，采用株行距1.5m×4m或2m×3m的较大造林密度，有利于尽快成林，可抑制白茅等杂草生长。

2. 营造混交林

（1）混交林的优点　盐碱地上营造的白榆、杨树等人工纯林，由于立地条件差及抚育管理水平低，常常生长不良，有的甚至成为小老树。而刺槐或紫穗槐与杨树、白榆、旱柳等树种混交，获得了良好的效果。如寿光林场营造的4~8年生白榆、紫穗槐混交林，胸径生长量比白榆纯林大0.54~0.79 cm，树高生长大0.65~0.8 m，每公顷蓄积量增加2.7 m³。刺槐与杨树混交，由于刺槐具有根瘤菌，能固氮改土，而且郁闭早，能抑制杂草（特别是茅草）滋生，减少水分蒸发，控制地面返盐，为混交的杨树创造了良好生长条件。

（2）混交方法　杨树刺槐混交林，以单行杨树和多行刺槐混交为好。这种混交方式，郁闭较早，刺槐和杨树互不受压，林内通风透光，林相整齐，林木自然整枝好，也便于机械抚育管理，对杨树和刺槐的生长都有利。乔灌木行间混交，乔木以稀植为好，如紫穗槐4~10行为一带，然后栽一行乔木。能使下层灌木得到必要的光照，保持稳定的林相，收益也较多。乔灌木株间混交，乔木行距4~6 m、株距3~4 m，在乔木株间栽植2~3墩紫穗槐。有利于行间机械松土除草，能利用紫穗槐就地压青，促进乔木生长。

滨海盐碱地上营造混交林，无论采用哪种混交类型和方式，刺槐、紫穗槐的比例宜大，杨树、白榆等树种的比例宜小；能充分发挥刺槐、紫穗槐对杨树、榆树等树木的促进作用，保持稳定的林相。

五、盐碱地林木抚育管理

（一）松土除草

松土除草是减缓土壤盐分上升，改善土壤物理性状，减少杂草对土壤水分、养分的竞争，提高造林成活率，加速成林的关键措施。松土除草往往是结合进行的，但在不同情况下又各有侧重。松土可破碎地表结皮，割断土壤毛细管联系，减少地表蒸发，保持土壤水分，抑制土壤返盐，并改善土壤通气状况，为吸收降水和土壤微生物的活动创造条件，促进林木生长。尤其是在干旱地区，在不具备灌溉条件的情况下，松土的蓄水保墒及防止土壤返盐作用更为重要。

松土除草贵在适时，降雨或灌水后趁土壤干湿适度时，旱情严重或杂草滋生时，均应及时松土除草。粘土的土壤物理性状不好，遇雨泥泞，板结坚硬，宜耕期短，更应适时进行松土除草。松土除草的次数，要根据树木的生长和林地环境而定。新造幼林每年4次较为合适，第一次、第二次在春季进行，以松土为主，保墒抗旱，防止林地返盐；第三次、第四次在初夏或雨季前，松土除草结合或以除草为主。滨海盐碱地上，幼林的松土除草必须连续进行3~5年，至少要到幼林郁闭为止。

（二）灌溉施肥

1. 灌溉技术

滨海盐碱地的灌溉既满足林木对水分的需要，又起到压盐洗盐的作用。灌溉要适时、适量。造林后或林木缺水时应及时灌水，春季、秋季返盐期应灌水。灌水量应保证渗透至根系分布层；同时要防止灌水过多，抬高地下水位，引起返盐。在沙质土地，一般畦面水深5~6 cm为宜，最大不超过10 cm。

在滨海盐碱地进行喷灌，应加大喷水量。防止因喷水量小，喷后地面很快变干，溶于水中的表土层盐分又集结于地表，致使树木受到盐害。

同时要注意灌溉用水的水质，如灌溉用水含盐量过高，不仅起不到供水和洗盐的作用，反会使土壤盐渍化。矿化度在1~3 g/L的地下水，即应控制灌水量；矿化度5~9 g/L的地下水，应严格控制。滨海地区深井的水一般碱性较高，用于灌溉易造成土壤物理性状变坏，故不宜用作灌溉水源。

2. 施肥技术

林地增施有机肥，可增加土壤有机质和含氮量，改善土壤结构，提高地温，减轻盐碱为害，从而促进林木生长。如在滨海盐碱地上试验，白榆幼林每公顷施厩肥30~45 t和紫穗槐鲜枝叶7.5t，林木胸径生长量比不施肥的提高10.3%~52.9%。滨海盐碱地上施用化肥，应在雨季土壤含盐量较低时追施。沙质土施肥要少量多次，可有较好的肥效。

（三）农林间作

幼林郁闭前实行农林间作，对林木起到以耕代抚的作用，还可增加经济收入。在滨海盐碱地上实行农林间作，能尽快覆盖地面，减轻土壤返盐，并改善土壤的水、热条件和营养状况，促进林木生长。在盐碱地区实行农林间作，以间种豆类与绿肥作物为宜，农作物与树木应保持一定距离，对间种的作物要加强灌溉与施肥。

（四）林地排灌系统的管护

对滨海盐碱地的排灌沟渠要加强管护，及时进行清淤，以利排水、洗盐；并把地下水位控制在临界深度以下，防止涝害和抑制返盐。排水沟若发生坍塌、淤积，会影响脱盐效果，增加清淤负担。排水沟的坍塌、淤积主要因暴雨及灌渠积水等所致，沙质土更为严重。必须采取生物护坡、工程护坡及管理护养等措施，减轻坍塌和淤积。生物措施护坡作用显著，还能增加经济收益。如用紫穗槐（3 年生，行株距 1 m × 1 m）保护坡面，冲刷沟仅占坡面的11.7%，冲刷沟深仅 4.3 cm，沟道里 2 年淤积深度为 20 cm；而没有紫穗槐保护，坡面中部的冲刷沟占到坡面的 14.4% ~ 21.6%，冲刷沟深达 7.7 ~ 13.9 cm，沟内淤积深度达 60 cm，沟坡水土流失量比栽有紫穗槐的大 2 ~ 6 倍，沟内淤积量大 4 倍。加强生物护坡是减轻或防治沟坡坍塌淤积的有效措施。

六、森林对改良盐碱地的作用

森林既受环境的制约，又给环境以重大影响。滨海盐碱地造林，对调节小气候，降低地下水位，抑制土壤返盐以及改善土壤的水、肥、气、热状况都有明显作用。植树造林是改良盐碱地的重要途径。

（一）调节小气候

风会引起土壤水分蒸发，特别是高温低湿的干热风，导致土壤水分强烈蒸发，造成盐渍化土壤的返盐，为农作物的生长发育带来危害。防护林带可以改变风的性质，降低风速。林带的有效防护距离大约为树高 20 ~ 25 倍，平均风速可降低 20% ~ 30%。

防护林带降低了风速，使近地层的水热交换减弱，进而影响到气温、湿度等小气候因子。防护林带具有夏季降温，早春、晚秋增温的作用。防护林能提高近地表层的空气湿度，在夏季防护林网内比无林区的相对湿度一般提高 5% ~ 20%。天气愈旱、土壤返盐愈重的季节，防护林提高空气湿度的作用更为明显。防护林对风速、气温、湿度的调节作用，综合反映在降低蒸发上，林带有效防护范围内的蒸发量一般能减少 20% 左右。

在成片的盐碱地改良林中，调节小气候的效果更为明显。如在黄河口地区，选高温大风天气，对 5 年生刺槐林内外的小气候因子进行观测。结果表明：刺槐林有明显的降低风速、气温和蒸发量，提高空气湿度的作用（表 3-8）。

表3-8　刺槐林内外小气候因子变化情况

(东营市林业局等, 1991)

观测时间	观测地点	风速（m/s）	气温（℃）	地面温度（℃）			相对湿度（%）	蒸发量（ml）
				平均	最高	最低		
1989 年 5 月 18 日	林内	1.2	21.4	25.9	35.2	15.5	75.2	25.9
	林外	8.4	22.0	26.4	40.2	15.5	71.2	68.7
	林内与林外差值	−7.2	−0.6	−0.5	−5.0	0	4.0	−42.6
	增减(%)	−85.7	−3.0	−2.0	−12.4	0	5.0	−62.3

(二)降低地下水位

地下水位与土壤返盐有密切关系。有些灌区由于大水漫灌，使地下水位升高，引起土壤次生盐渍化，成为灌区发展农业生产的重要障碍。沿沟、渠、路营造农田防护林，能通过林木的蒸腾作用，降低地下水位。在农田防护林带的作用下，干旱季节林内比林外地下水位一般低 20~30 cm，雨季低 10~20cm。林木对地下水位的影响在灌区更为明显。灌区地下水位受渠道渗漏水的影响，一般渠道附近的地下水位高，农田中央的地下水位低。沿渠道造林后，由于林木的蒸腾排水作用，吸收了渠道的渗漏水，并使渠道附近的地下水位下降，而农田中央的地下水位则相对较高。林木对地下水位的影响主要在树木和作物的生长季节(5~10月份)，愈靠近林带的地下水位愈低；在树木和作物的非生长季节(11~4月份)，树木蒸腾作用弱，林带附近和农田中的地下水位就趋于一致。在盐碱土地区，特别是在灌区沿沟渠营造防护林带，对排除渠道渗漏水，降低地下水位，防止灌区土壤次生盐渍化具有重要意义。

(三)抑盐脱盐作用

由于防护林改善了农田小气候，降低了地下水位，从而抑制了土壤返盐，促进了土壤脱盐，森林改良土壤结构的作用，也有利于土壤脱盐。山东省林业科学研究所寿光盐碱地造林试验站，原是一片滨海盐碱荒滩，土壤含盐量在 0.6% 以上。经过水利工程措施洗盐后，营建了盐碱地改良林。造林后，明显加快了土壤脱盐速度。造林 13 年后，1 m、2 m、3 m 深土体的含盐量分别降到 0.06%、0.11% 和 0.39%；地下水矿化度分别下降到 0.18 g/L、1.06 g/L 和 1.31 g/L。

(四)提高土壤肥力

盐碱地造林能提高土壤含水量，增加地温，改良土壤结构，培肥地力，改善土壤的水、肥、气、热状况。在防护林的保护下，由于涵蓄降水、增加积雪和减少蒸发，表土层的土壤含水率有较明显提高。在早春季节，防护林网内的表层地温一般比无林空旷区提高 0.5~0.8℃，有利于土壤微生物的活动和作物的生长。在林木根系和枯枝落叶影响下，林地土壤增加了有机质含量。在相同条件下，刺槐林地的土壤有机质含量比茅草地和光板地分别增加1.64%和1.89%；全氮量增加0.085%和0.108%。在林木的影响下，土壤容重降低，孔隙度增加，土壤结构得到改善，透水、透气性增加。如9年生刺槐林内的土壤容重比盐碱荒地和耕地分别减少20.9%～37.9%和4.0%～4.7%；土壤孔隙度分别增大16.1%～30.5%和4.6%～5.2%；大于0.25mm水稳性团粒结构分别增高72.6%和28.2%。在盐碱地脱盐的同时改善土壤的水、肥、气、热状况，提高了土壤肥力，使盐碱地得到更好的改良。

第五节　灌草植被的封护与培育

灌草植被处于渤海泥质海岸平原区防护林体系的前沿，多在泥质海岸地带的重盐渍土区，主要由盐生与耐盐植物组成。与森林相比，灌草植物群落的生产力和防护功能较低，但在滨海重盐碱地上，乔木树种生长困难，只有灌草植物群落生长较好。灌草植被对于泥质海岸地带增加植被覆盖，减少地面蒸发，抑制土壤返盐，改良土壤，以及防风固沙，调节气候等都具有重要意义。

一、渤海泥质海岸地带灌草植被的生境特点和植被特征

(一)泥质海岸地带灌草植被的生境特点

渤海山东段的泥质海岸地带分布在渤海沿岸，由海岸线向内陆延伸的较狭窄地带，海拔高度多在3m以下，常受海潮的侵袭。地势平坦，粉沙淤泥质滩地广阔。地下水位高，矿化度大，土壤含盐量高，土壤盐分以NaCl为主，土壤类型为重度盐化潮土(含盐量0.4%～0.8%)和滨海盐土(含盐量>0.8%)。土壤盐渍化限制了植物的分布和生长，除黄河口附近冲积的新淤土上可形成天然旱柳林或簸箕柳(Salix integra)林外，一般只能生长一些耐盐碱的灌草植物，形成盐生草甸和盐生灌丛。

渤海泥质海岸地带还分布有面积较大的湿地，包括浅海区域、潮间淤泥海滩、三角洲湿地、河流、湖泊、库塘等湿地类型。其中黄河口新生湿地是山东重要的湿地生态系统保护区，建有黄河三角洲国家自然保护区。在三角洲湿地和河湖库塘中生长着沼生植物及水生植物形成的沼泽植被和水生植被。

(二)泥质海岸地带灌草植被的特征

基于泥质海岸地带的生境特点，泥质海岸地带灌草植被具有以盐生禾草杂草类草甸和盐生灌丛为主，植物种类组成和植物群落结构较简单，群落稳定性差等特征。

1. 植物种类组成和群落结构比较简单

渤海泥质海岸地带的植物区系成分中，以北温带成分占优势。植物种类组成中，以禾本科、菊科、藜科的种类最多。该地带的植物以草本植物为主；天然分布的木本植物很少，仅

有柽柳、白刺和黄河口新淤地上的簸箕柳、旱柳等几种。受土壤盐渍化的限制，草本植物的种类也比较少，主要是一些耐盐能力强的禾草类、杂草类植物。

该地带的植被类型以盐生禾草杂草类草甸为主，还有灌丛、沼泽植被和水生植被等。与同一气候带的森林植被——暖温带落叶阔叶林相比，这些植被类型的结构较简单，功能较低，抵御自然灾害的能力不强，容易受到人为干扰和自然力的破坏。

2. 盐生植物或耐盐植物是主要的建群种

在泥质海岸地带的灌木和草本植物中，成为植物群落建群种的植物种类不多，主要有柽柳科的柽柳、杨柳科的簸箕柳，禾本科的芦苇、獐毛、白茅，藜科的盐地碱蓬、盐角草，菊科的茵陈蒿等十几种，大多数为耐盐能力较强的盐生植物或耐盐植物。

阎理钦，王森林等(2006)在滨州、东营及寿光的渤海泥质滩地进行植物调查，以重要值作为指标，分析植物群落的优势种(表3-9)，结果表明该地带植物群落中优势地位明显的植物有獐毛、芦苇、盐地碱蓬、茵陈蒿、蒙古鸦葱、盐角草、白茅、柽柳等。

表 3-9　渤海泥质滩地植物群落物种重要值的比较

(阎理钦、王森林等，2006)

植物种类	相对密度(%)	相对频度(%)	相对盖度(%)	重要值
獐毛	20.05	14.64	16.16	16.95
盐地碱蓬	17.33	12.56	11.65	13.85
芦苇	12.90	12.88	15.37	13.71
茵陈蒿	6.63	6.16	9.20	7.33
蒙古鸦葱	6.34	5.52	6.83	6.23
盐角草	5.53	6.56	4.50	5.53
白茅	0.44	3.76	8.67	4.30
柽柳	4.49	3.28	3.67	3.81
碱茅	5.30	0.71	4.92	3.64
碱蓬	2.06	5.20	1.05	2.77
黄花蒿	2.21	2.40	1.97	2.19
狗牙根	0.48	5.01	0.57	2.02
苣草	1.11	2.60	1.95	1.89
补血草	0.81	2.80	0.53	1.38
狗尾草	1.48	2.24	0.39	1.37
虎尾草	1.48	1.66	0.39	1.18
滨藜	0.95	0.42	1.67	1.01
苍耳	0.46	1.43	1.13	1.01
野大豆	0.37	0.92	0.65	0.65
苦菜	0.07	1.41	0.02	0.50

（续）

植物种类	相对密度（%）	相对频度（%）	相对盖度（%）	重要值
秋苦荬菜	0.74	0.61	0.12	0.49
结缕草	0.37	0.15	0.65	0.39
罗布麻	0.73	0.31	0.13	0.39
白刺	0.44	0.40	0.26	0.37
稗	0.37	0.38	0.26	0.34
拂子茅	0.01	0.07	0.20	0.32
紫苑	0.11	0.71	0.11	0.31
苦苣菜	0.11	0.72	0.02	0.28
莎草	0.23	0.37	0.13	0.24
萝藦	0.03	0.30	0.05	0.13
黄香草木樨	0.06	0.10	0.10	0.09
荆三棱	0.01	0.03	0.13	0.08

注：①调查地区为无棣、沾化、河口、垦利、广饶、寿光的渤海泥质滩地，共调查样方150个（1m×1m）②重要值＝（相对密度＋相对频度＋相对盖度）×100/3

3. 植物群落类型的地带性分布现象较明显

该地带的植物群落类型分布主要受土壤含盐量及水分的影响。在不同地貌类型上，随着土壤盐分、水分的变化，植物群落的地带性分布现象较明显：潮间带下带为裸滩，潮间带中带分布以盐地碱蓬为优势种的植物群落，潮间带中带及上带主要分布以盐地碱蓬或柽柳为优势种的植物群落，潮间带上带及潮上带则主要分布以柽柳、芦苇为优势种的植物群落，潮上带常年积水较深的地区则为水生植物群落，黄河漫滩分布有簸箕柳、芦苇、荻等为优势种的植物群落。

4. 植物群落稳定性

渤海泥质海岸地带的环境条件差，生态系统不稳定。由于常受黄河改道、引黄灌溉、海潮侵袭以及各种人为活动的干扰，使影响植物群落类型及分布的主要生态因子土壤含盐量和水分状况经常发生变化，导致植物群落发生演替。

二、泥质海岸地带主要灌草植物群落

（一）泥质海岸地带灌草植物的生态类型

在植被研究中，为了便于区分植物群落的生态学组成，以不同生态因素为基础，运用比较生态学的方法，划分植物生态类型，包括水分生态类型、温度生态类型、光生态类型、土壤生态类型等。在渤海泥质海岸地带，影响灌草植物群落组成与分布的主要生态因子是土壤含盐量和水分状况，研究植物群落时，主要应用植物的水分生态类型和土壤生态类型。

1. 植物的土壤生态类型

根据植物生长的土壤条件，植物可以划分为酸性土植物、碱性土植物（钙质土植物）、中性土植物、盐渍土植物、沙生植物和湿生植物，泥质海岸地带的植物多数为盐渍土植物。在盐渍土植物中又可细分为轻度耐盐植物、中度耐盐植物和盐生植物。

（1）盐生植物

盐生植物是能在含盐量很高的盐土里生长，具有独特形态特征和生理特征的植物，又分聚盐植物（真盐生植物）、泌盐植物和避盐植物 3 类。从海边向内陆，盐渍土含盐量呈递减的规律，盐生灌草植物的分布也呈现耐盐性由强到弱的不同类型。

聚盐植物：在植物器官中积累大量盐分（植株灰分含量高达 25% ~ 45% ），但植物不会因此而遭受损害。在生长季节中细胞不断吸水膨胀，形成了植物的肉质性，以此补偿逐渐积累的盐分，使液泡中的盐浓度保持其恒定性，细胞液中氯盐含量越高，肉质性就越发达。盐地碱蓬（*Suaeda salsa*）、盐角草（*Salicornia europaea*）、白刺（*Nitraria schooberi*）就是三种典型的肉质聚盐植物。

泌盐植物：植物根细胞对盐分的透过性很大，但它们吸收的盐分不积累在体内，而是通过茎、叶表面密布的盐腺（分泌腺），把过多的盐分排出在茎、叶表面而形成结晶和硬壳，随后逐渐被风吹或雨淋掉。如该区域分布广泛的柽柳（*Tamarix chinensis*）、獐毛（*Aeluropus littorslis var. ainensis*）、二色补血草（*Limoniu mbieolor*）、中亚滨藜（*Atriplex sibica*）及入侵种大米草（*Spartina anglica*）等。

避盐植物：植物的根细胞对盐分的透过性很小，可以生长在土壤溶液浓度很高的盐土中，但几乎不吸收或很少吸收土壤中的盐分。避盐植物的根细胞含有较多可溶性有机物质（如有机酸、糖类、氨基酸等），细胞的渗透压也很高，从而提高了根系从盐渍土中吸收水分的能力，所以这类植物也称抗盐植物。本区域该类植物以典型盐过滤类型的茵陈蒿（*Artemisia capillaris*）、猪毛蒿（*Artemisia scoparia*）和海滨香豌豆（*Lathyrus maritirmus*）为主。

（2）耐盐植物

与盐生植物相比，这一类植物的耐盐力较低。耐盐植物种类较多，如马鞭草科的单叶蔓荆（*Vitex rotundifolis*），旋花科的滨旋花（*Calgstagia soldandlls*），莎草科的筛草（*Caarex kobomuge*），禾本科的白茅（*Imperata cylindrical var. major*）、豆科的黄香草木樨（*Melilotus officnalis*）、野大豆（*Glycine soja*）等，都见于海岸带轻盐碱地上。

2. 植物的水分生态类型

植物的水分生态类型可分为陆生植物、沼生植物、水生植物。陆生植物又分为旱生植物、中生植物、湿生植物。水生植物又分为挺水植物、浮水植物、沉水植物。

（1）中生植物和旱生植物

中生植物是能适应中度潮湿生境，分布最广、数量最大的陆生植物。旱生植物是指借助形态、结构、生理和生长特性（根系发达，茎、叶肉质化，或者叶卷曲、退化等），能够长期忍受干旱并能保持水分平衡和正常生长发育的植物。渤海泥质海岸地带的陆生植物中，中生植物、旱生植物占总种数一半以上。中生植物以豆科、禾本科、菊科、苋科植物最多，其中大部分是适宜在泥质海岸地带湿润土壤环境自然生存的物种，少数是人类栽培的植物。旱生植物主要有蒺藜(*Tribulus terrester*)、苍耳(*Xanthium sibiricum*)、黄花蒿(*Artemisiaannua*)、硬质早熟禾(*Poa sphondylodes*)、小花鬼针草(*Bidens parviflora*)等。

（2）湿生植物

在潮湿环境中生长，抗旱能力很弱的陆生植物称为湿生植物。根据环境特点，又分为阴生湿生植物和阳生湿生植物。阴生湿生植物是典型的湿生植物，适应弱光和大气潮湿，主要分布在雨林中阴湿的森林下层。阳生湿生植物适应强光和土壤潮湿，主要生长在阳光充足而土壤水分经常饱和的潮湿土壤环境中。阳生湿生植物由于环境中大气湿度较低，土壤也经常发生短期缺水，阳生湿生植物的湿生形态结构并不明显。阳生湿生植物根系不发达，根部有通气组织和茎叶的通气组织相连接，这是长期适应潮湿土壤的结果。

渤海泥质海岸地带的湿生植物均为阳生湿生植物，主要为禾本科、莎草科、灯心草科、蓼科、菊科的一些耐水湿植物，如簸箕柳(*Salix integra*)、风花菜(*Rorippa globosa*)、沼生菜(*Rorippa islandica*)、鳢肠(*Eclipta prostrata*)、旋覆花(*Inula japonica*)、香附(*Cyperus rotundus*)、水竹叶(*Murdannia triquetra*)、灯心草(*Juncus effusus*)等。

（3）沼生植物

沼生植物生长在沼泽环境中，是沼泽植被的代表植物。渤海泥质海岸地带的主要沼生植物为芦苇(*Phragmites australis*)，还有东方香蒲(*Typha orientalis*)、黑三棱(*Sparganium Stoloniferum*)、泽泻(*Alisima orientale*)、藨草(*Scirpus triguter*)、酸模叶蓼(*Polygonum lapathifolium*)等。

（4）水生植物

水生植物生长在湖泊、库塘、河流等环境，为水生植被的代表植物。水生植物又分为沉水植物、浮水植物、挺水植物。

沉水植物：整个植物体沉没在水下，长期适应缺氧的环境，形成根茎叶的一整套通气组织系统。表皮细胞没有角质层、蜡质层，能直接吸收水分、矿质营养和水中的气体。黄河三角洲湿地常见的沉水植物有金鱼藻(*Ceratophyllum demersum*)、黑藻(*Hydrilla gigantea*)、狐尾藻(*Myriophyllum spicatum*)、苦草(*Vallisneria spiralis*)、菹草(*Potamogeton cripus*)、竹叶眼子菜(*Potamogeton malainus*)、篦齿眼子菜(*Potamogeton pectinatus*)等。

浮水植物：叶片漂浮在水面，根沉于水中的植物。黄河三角洲湿地常见的浮水植物有浮萍(*Lemna minor*)、紫萍(*Spirodera polyrrhiza*)、浮叶眼子菜(*Potamogeton natans*)、水鳖(*Hydrocharis dubia*)等。

挺水植物：根扎在水底淤泥中，茎叶大部分挺伸在水面以上的植物。其外部形态像中生植物，但有发达的通气组织。如莲(*Nelumbo nucifera*)、慈姑(*Sagittaria sagittifolia*)、菰(*Zizania caduciflora*)等。

有些植物种可能同时适应于两个以上的主导生态因素，可用复合的生态类型描述其性质。如：白刺为盐旱生植物，獐毛为盐中生植物，盐地碱蓬为盐湿生植物。

（二）主要灌草植物的群落类型

自然界中，植物聚集成群地生活在一起，具有一定外貌和种类组成，与一定环境条件有密切关系的植物群居结合，就称为植物群落。某一地区植物群落的总和就是植被。

植物群落的主要特征有成层现象、种类成分和多度。植物群落与环境有密切关系，某种植物群落在环境相似的不同地段上可重复出现。

在渤海泥质海岸地带，因地貌、土壤等生态因子的差别，分布着不同的灌草植物群落。根据对该地区的植被调查资料，分析植物群落的种类组成、外貌特征、生态地理特点及演化趋势，参照《山东植被》（2000），《中国植被》（1980）的植被分类系统，可将该地带天然灌草植物群落的主要类型分成4个植被型、20群系，在主要的群系内可划分出群丛。

表3-10　渤海泥质海岸地带灌草植被的分类

植被型	植被亚型	群系组	群系	群丛
灌丛	盐生灌丛		柽柳灌丛	
			白刺灌丛	
	平原湿生灌丛		簸箕柳灌丛	
草甸	盐生草甸	盐生禾草草甸	獐毛草甸	獐毛＋盐地碱蓬＋补血草群落
				獐毛＋蒿＋蒙古鸦葱群落
				獐毛＋蒿＋芦苇群落
			芦苇草甸	芦苇群落
				芦苇＋白茅群落
				芦苇＋獐毛群落
		盐生蒿草类草甸	茵陈蒿草甸	茵陈蒿群落
				茵陈蒿＋白茅群落
				茵陈蒿＋狗尾草群落
			白蒿草甸	白蒿＋芦苇＋紫苑群落
				白蒿＋蒙古鸦葱群落
				白蒿＋獐毛群落
		盐生杂草类草甸	盐地碱蓬草甸	盐地碱蓬群落
				盐地碱蓬＋獐毛群落
				盐地碱蓬＋中华补血草群落
				盐地碱蓬＋蒿群落
			罗布麻草甸	罗布麻＋白茅群落
				罗布麻＋獐毛群落
			其他杂草类草甸	中华补血草＋蒿草群落
				蒙古鸦葱＋蒿草＋中华补血草群落
	平原草甸	平原禾草草甸	白茅草甸	
			狗牙根草甸	

（续）

植被型	植被亚型	群系组	群系	群丛
沼泽植被	草本沼泽		芦苇沼泽	
			东方香蒲沼泽	
水生植被	沉水水生植被		金鱼藻、黑藻群落	
			竹叶眼子菜群落	
	浮水水生植被		浮萍群落	
			紫萍群落	
	挺水水生植被		莲群落	

（三）主要灌草植物群落的组成和分布

在植物群落的分类系统中，群丛是基本单位。同一群丛在植物群落的每一层中都有共同的优势种。具有相同建群种的植物群落组成一个群系，群系通常作为描述植物群落的单位。

1. 灌丛

柽柳灌丛为渤海泥质海岸地带面积最大的灌丛，白刺灌丛在渤海湾至莱州湾的泥质海岸地带都有分布，簸箕柳灌丛集中分布在黄河口新淤土上。

（1）柽柳灌丛

柽柳天然灌丛主要分布于泥质海岸地带的潮上带，在平均海水高潮线以上的近海滩地上，潮间带也有分布；柽柳喜潮湿，常见于河沟、渠、塘及积水洼地的边缘处。土壤多为滨海淤泥质盐土或重度盐化潮土，土壤含盐量一般为 0.4% ~1.0%，全氮、全磷和有机质含量低。多与碱蓬群落、芦苇群落呈复区分布或交错分布。柽柳灌丛的群落总盖度变化很大，低者仅有 5%，高者可达 100%，一般 50% 左右；建群种为柽柳（*Tamarixch inensis*），伴生植物有盐地碱蓬、獐毛、芦苇、罗布麻（*Apocynum venetum*）、白茅、藜（*Chenopodium album*）和茵陈蒿（*Artemisia capillaris*）等。群落种类组成也有很大差异，少则 2~3 种，多者达 10 余种，一般不超过 10 种。群落高度一般 110 cm 以上。

（2）白刺灌丛

山东白刺的天然分布区集中于渤海泥质海岸地带，一般从高潮线向上延伸十几公里，呈块状或带状分布，以无棣、沾化、寿光的分布较集中。白刺为旱生性阳性植物，不耐庇荫和积洼，自然生长在盐渍化坡埂高地和泥质海岸地带丘垅型盐碱裸地上。耐盐力很强，在土壤含盐量 1.0% ~2.0% 的滨海盐土上能正常生长。白刺植株矮小，丛生、多分枝。因其多分布在干燥、盐碱、贫瘠的严酷生境中，往往自成群落，伴生植物较少。在土壤含盐量 1.2% 的地方，偶有碱蓬（*Sueada glauca*）、柽柳、盐角草、中华补血草（*Limenium sinense*）等伴生；在土壤含盐量 1.2% 以下的地方，有茵陈蒿、罗布麻（*Apocynum venetum*）、藜等伴生，但都较稀少。

（3）簸箕柳灌丛

天然簸箕柳灌丛主要分布在黄河三角洲新淤土上，在土壤含盐量 0.2% ~0.25% 的轻碱地上也能生长。伴生乔木有旱柳（*Salix matsudana*），常生长不良。簸箕柳多低矮稀疏，杂生在草丛中，伴生草本植物有白茅、芦苇、蒿类、狗尾草（*Setaria viridis*）、猪毛菜（*Salsola collina*）、马唐（*Digitaria sanguinalis*）、稗（*Echinochloa crusgallii*）、画眉草（*Eragrostis pilosa*）、马齿苋（*Portulaca oleracea*）、委陵菜（*Potentilla chinensis*）、萹蓄（*Polygonum aviculare*）、地锦（*Euphorbia humifusa*）、野大豆（*Glycine soja*）、罗布麻等。

2. 草甸

渤海泥质海岸地带的草甸，以盐生禾草类杂草类草甸为主；在土壤含盐量较低的盐化潮土上，常有平原禾草草甸分布。

（1）獐毛草甸

獐毛是根茎型多年生盐生低禾草，地上匍匐茎生活力很强，能够形成良好的植被。在泥质海岸地带，獐毛草甸主要分布在海拔2m左右的低平地，土壤含盐量0.5%～1.0%的地段，常分布在盐地碱蓬群落的外围。因土壤含盐量的变化，该群系常形成不同的植物群落，其中以獐毛－盐地碱蓬群落分布地段的土壤盐分最高，獐毛群落和獐毛＋蒿类＋蒙古鸦葱群落分布地段的土壤盐分较高，獐毛－芦苇群落的土壤含盐量较低。獐毛草甸的植物组成种类较少，一般可分为两个亚层，群落的上层高40～60cm，主要为稀疏的芦苇、补血草等，层盖度10%～20%；下层高10～20cm，獐毛为该层优势种，还有盐地碱蓬、蒙古鸦葱（*Scorzonera mongolica*）和蒿类，层盖度30%～65%。獐毛草甸为放牧地，又有良好的保持水土能力。

（2）芦苇草甸

芦苇草甸主要分布在黄河三角洲及两翼的干涸洼地。干涸洼地原是低洼积水沼地，由于水源减少，得不到补给，或者土沙不断沉积，地势逐渐抬高，从而增加了地下水的深度和土壤含盐浓度，使芦苇由湿生型植物被迫适应盐渍旱生或中生型生境，形成以芦苇为建群种的芦苇草甸。

因土壤水分、盐分条件的差别，芦苇草甸的伴生种类也有所不同。在夏季短期积水的洼地，伴生种类多为白茅、荻（*Miscanthus sacchiriflorus*）、黑三棱（*Sparganium stoloniferum*）、野大豆等；在较干旱的地方，芦苇生长比较低矮细小，伴生种类常见獐毛、盐地碱蓬、蒿类。因生境和伴生种类的不同，芦苇草甸可以划分为芦苇群落、芦苇－白茅群落、芦苇－獐毛群落等群落类型。

在黄河三角洲地区，芦苇草甸多分布在海拔2m左右的干涸洼地，土壤含盐量在0.4%左右，比较集中而且连片分布。群落高度多在80～100cm，大体可分为两个亚层，群落的上层高80～100cm，主要由芦苇组成，层盖度75%左右，下层高10～20cm，以其他种类组成，群落总盖度变动在30%～100%。

（3）茵陈蒿草甸

本群系为盐生草甸中土壤盐化较轻的一个类型，多为农田次生盐渍化后形成的次生植被类型。除建群种茵陈蒿外，还伴生有白茅和一些一年生草本植物。依据不同植物群落中优势植物种的不同组合，茵陈蒿草甸可划分为茵陈蒿群落、茵陈蒿 + 白茅群落、茵陈蒿 + 狗尾草群落等群丛。茵陈蒿草甸在黄河三角洲多分布于海拔 3m 左右的平地，土壤含盐量 0.3% ~ 0.5%，群落常集中连片分布。组成群落的植物比较丰富，群落高度多为 25 ~ 30cm，群落总盖度 60% ~ 90%。

(4) 白蒿草甸

本群系在滨海盐碱地有零散分布，是蒿草草甸中土壤盐化程度较高的一个类型。除建群种白蒿外，还伴生有芦苇、中华补血草、蒙古鸦葱、獐毛、盐地碱蓬等。白蒿草甸可分为白蒿 + 芦苇群落、白蒿 + 中华补血草群落、白蒿 + 獐毛 + 盐地碱蓬群落等群丛。白蒿草甸在黄河三角洲一带多分布在海拔 2.5m 左右的低平地，土壤含盐量 0.3% ~ 0.5%，群落多为斑块状分布。组成群落的植物种类较少，群落高度多为 20 ~ 40cm，总盖度 30% ~ 70%。

(5) 盐地碱蓬草甸

主要分布在泥质海岸地带平均海潮线以上的近海滩地，地势平坦，土壤为滨海盐土，多有灰白色盐霜裸地斑块。由于常受海潮浸渍，土壤湿度大，含盐量高（0.9% ~ 3.0%）。盐地碱蓬群落使植物由陆地向滩涂延伸的先锋植物群落，多呈团簇状分布。

盐地碱蓬的植株形态因环境条件不同而异，在水分充足、含盐量 1.0% ~ 1.5% 的地段，其植株高达 0.5m 以上，分枝多，呈暗绿色；在土壤干燥、土壤含盐量 1.5% 以上的地段，植株矮小，高度 15 ~ 20cm，且分枝少，在 8 ~ 9 月呈紫红色。

盐地碱蓬草甸的植物种类较为贫乏，一般为 2 ~ 4 种，盐地碱蓬在数量上占绝对优势，常见伴生植物有獐毛、芦苇、柽柳、滨黎（Atriplex patens）等。盐地碱蓬群落总盖度因土壤含盐量和地下水埋深的变化而有很大差异，一般为 10% ~ 70%。

(6) 罗布麻草甸

罗布麻有较强的抗盐性，主要分布在海拔 2.5m 左右的低平地，土壤含盐量 0.5% 左右，群落呈斑块状分布。该群系以罗布麻为标志种。在生长旺季，群落外貌以罗布麻紫红色的花序为明显特征。组成群落的植物种类较丰富，常伴生有白茅、獐毛、盐地碱蓬、芦苇等，也可见到少量的柽柳、白刺。群落高度 50 ~ 70cm，群落总盖度 30% ~ 70%。大致可分为两个亚层，第一亚层由罗布麻、白茅、芦苇等组成，第二亚层由獐毛、盐地碱蓬等组成。罗布麻是重要的野生优良纤维植物，也是药用植物，经济价值较高。

(7) 其他盐生杂草类草甸

渤海泥质海岸地带还有一些由其他盐生杂草类组成的植物群落，主要分布在弃耕地上，面积不大，多为斑块状分布的次生植被类型。这类草甸的种类组成较复杂，主要是以中华补血草、蒙古鸦葱及蒿类为建群种的类型，伴生种有獐毛、白茅、碱蓬、狗尾草（Setaria viridis）等。这类草甸主要有中华补血草 - 蒿草群落、蒙古鸦葱 - 蒿草 + 中华 - 补血草群落两种群落类型。

(8) 白茅草甸

白茅是轻度耐盐植物，白茅草甸主要分布在黄河故道、近期黄河泛滥新淤地以及弃耕时间较短的地段，海拔高 3 m 左右，土壤含盐量 0.2% ~ 0.4%，土壤多为沙质土，排水良好。组成群落的植物种类较丰富，伴生种类有芦苇、野大豆、蒙古鸦葱、苦菜（*Ixeris chinensis*）、狗尾草、虎尾草（*Chloris virgata*）等。群落高度 40 ~ 60cm，群落总盖度为 70% ~ 100%。白茅草甸的季节变化比较明显，在初夏旱季白茅在群落中的优势明显，7 月以后高温多雨，可有多种 1 年生禾草类和杂草类植物在群落中迅速生长。由于土壤含盐量较低，土壤有机质丰富，白茅草甸常被开垦为农田；但垦为农田后不稳定，容易发生次生盐渍化。白茅具有较高的饲用价值。

（9）狗牙根草甸

为平原草甸中的禾草草甸类型，在黄河三角洲多分布在黄河泛滥地，地下水位较高的轻盐碱沼泽化草甸土上。建群种狗牙根（*Zoysia japonica*）根茎十分发达，生活力很强，在群落中占绝对优势。群落中植株密集，盖度较大，常伴生有马唐、虎尾草等，在地下水位较高的地方还伴生有牛毛毡（*Eleocharis acicularis*）等。狗牙根为优良牧草植物和良好的水土保持植物。

3. 沼泽植被

（1）芦苇沼泽

芦苇沼泽是山东省平原洼地沼泽植被中面积最大的类型，也是渤海泥质海岸地带的主要沼泽植物群落。土壤盐分、地下水的矿化度和地表积水状况是影响芦苇群落的建群种生长状况和伴生植物种类的重要因素。在地表常年积水，水深在 1m 以下，水体矿化度和土壤盐分较低的地段，发育了典型的芦苇沼泽。芦苇生长旺盛，植株密集，植株高度达 3 ~ 5m，盖度可达 90% 以上；群落内其他植物种类稀少，且生长不良，常见有藨草（*Scirpus triguter*）、水蓼（*Polygonnm hydropiper*）、菰、水烛（*Typha angustifolia*）等。芦苇对于湖泊、洼地的沼泽化作用很大，此类沼泽的土壤为沼泽土，积累有较厚的褐色夹泥的草根层，其厚度在 50 ~ 70cm，草根的下半部已泥炭化，往下为浅灰色至灰色由粘土组成的潜育层。在干涸的洼淀发育了"矮芦苇"群落，则作为草甸植被类型。

（2）东方香蒲沼泽

主要分布在常年积水的沼泽，生境与芦苇沼泽相似，水质呈碱性，建群种有东方香蒲（*Typha orientalis*）、长苞东方香蒲（*Typha angustata*）等数种，常与芦苇混生。在条件适宜的情况下，生长旺盛，竞争力强，常把生命力较强的芦苇排挤掉，而形成单一的群落。伴生植物主要有金鱼藻、菹草等沉水植物。

4. 水生植被

（1）金鱼藻、黑藻群落

金鱼藻和黑藻均为沉水植物，主要分布在水库和坑塘中，水深 3m 以内，水的透明度较大，基质多为富含腐殖质的淤泥。金鱼藻和黑藻均有较长的分枝茎，叶片或叶的裂片呈丝状或条状，通常以不同的多度聚在一起，生长密集，繁殖较快，盖度可达 40% ~ 50%。常见伴生植物有竹叶眼子菜、菹草、苦草、茨藻（*Najas marina*）等沉水植物，有时水面上有稀疏的浮生植物。此群落是食草性鱼类的天然食料库,还可作猪饲料和绿肥,该生物群落对污水有沉降作用,使水流变得清澈。

(2)竹叶眼子菜群落

分布在水库及池塘内,水深不超过2m。竹叶眼子菜为多年生沉水植物,茎纤细,随着水深而伸长,分枝2~3次,外貌为绿色水生草丛。此群落种类的组成较简单,常见的伴生种有菹草、黑藻等。竹叶眼子菜可作猪饲料、鱼的饵料和绿肥。

(3)浮萍群落

浮萍为浮水小草本植物,叶状体浮在水面,有一条3~4m长的根伸入水中。浮萍群落分布于池塘、沟渠、稻田,宜静止、较浅的小水域,而不适于多风浪的大水面。浮萍以营养繁殖增加个体,在温暖的春夏季节繁殖迅速,可很快覆盖水面,盖度达95%以上,群落呈嫩绿色。浮萍多形成单种群落,有时可有少量品藻(Lemna trisulca)、水鳖伴生。浮萍为猪、鸭饲料和鱼的饵料。浮萍群落有处理、净化污水的功效。

(4)紫萍群落

紫萍为浮水小草本植物,叶状体浮生水面,具有5~11条根伸入水中。紫萍群落多分布在池塘、静水沟渠中。紫萍多为无性芽裂繁殖,繁殖速度很快,常常密布水面。除建群种紫萍外,群落中还可见到浮萍、满江红(Azolla imbricata)等种类。由于该群落的植物浮生水面并可以随水流或风吹而飘动,其群落组成状况和数量往往不稳定,群落的密度、盖度等指标也常常变化。紫萍可作饲用或绿肥。

(5)莲群落

莲群落由人工栽植而成,多年后可以逐渐成为自然状态。建群种莲为多年生挺水植物,具有粗壮的根状茎,横生在泥中,该群落的外貌和密度随着生长季节的不同变化很大,在夏季生长旺盛期,莲的大叶片密布相连,盖度可达90%以上。莲群落中有时可间浮萍、紫萍等浮水植物混生,在水中也会有金鱼藻、菹草等沉水植物。莲是重要的经济植物,供食用及药用。

三、灌草植物群落的演替

植物群落具有相对的稳定性,但不是长久不变的。植物群落会因新种的出现,不同种的繁殖和适应能力的不同,气候、土壤等自然条件的变化及动植物和人类的影响等,会逐渐发生质的变化,从一种植物群落变为另一种植物群落。这种植物群落变化的过程称为植物群落的演替。

植物群落的演替过程可由种类和结构都简单的低级类型,逐渐变为种类与结构复杂、且生产力较高的高级类型,其间经过一些顺序性的阶段,这种演替过程称为进展演替(或顺向演替)。相反,植物群落由种类、结构都复杂的高级类型,逐渐变为种类、结构都简单的低级类型,称为逆向演替。

在不受人为干扰的自然状态下,通过植物群落演替而形成的自然植被,称为原生植被。

如果原生植被由于自然或人为因素而受到破坏，然后重新恢复形成的植被称为次生植被。渤海泥质海岸的原生植被主要有从滩涂裸地上开始进行植物群落演替的盐生草甸，黄河三角洲新淤土上的簸箕柳灌丛等。

（一）盐生草甸的演替

盐生草甸是渤海泥质海岸地带的主要植被类型。影响盐生草甸群落演替的主要因素是土壤含盐量，而土壤含盐量的变化又受到地形、海水侵袭、植被状况以及人为活动等各种因素的影响。在沿渤海地带，因各种因素而形成的土壤盐分梯度变化，与盐生草甸的植物演替规律相一致。

1. 进展演替

一般情况下，在土壤含盐量高于1%的滩涂裸地上，一般植物难以生存，只有高度耐盐的盐湿生植物—盐地碱蓬零星分布，形成盐地碱蓬群落，它是陆生植物向海岸方向发展的先锋植物群落。

盐地碱蓬群落在发展过程中，逐步改善了所在地域的生态环境。腐烂的碱蓬可以增加土壤有机质，提高土壤养分；盐地碱蓬群落增加了地表面的覆盖率，减少了土壤表层水分的蒸发，使地下盐分向地表聚集的速度变慢；盐地碱蓬保持水土、固沙积淤，相对抬高了地面，降低了地下水位；由于以上各种作用，就促使土壤脱盐，降低了土壤含盐量。随着环境条件的改善，盐地碱蓬群落的生物量和覆盖度增加，其改善环境的作用也逐步增加，形成生态系统的良性循环。

当盐地碱蓬群落所在地的土壤含盐量降低到0.6%~1.0%时，在有柽柳种子来源的地方，可逐渐演替为柽柳灌丛；有獐毛伴生的盐地碱蓬群落，则逐渐演替为獐毛群落；在低洼水湿处，伴生植物芦苇也逐渐成为建群种，演替成以芦苇沼泽为代表的湿地植被。柽柳和獐毛都是泌盐植物，柽柳群落和獐毛群落通过泌盐作用及枯枝落叶的积累，使土壤含盐量得以降低，土壤肥力得以提高。

当柽柳群落、獐毛群落所在地域的土壤含盐量降到0.6%以下，就逐步演替为蒿类、紫菀、罗布麻、二色补血草等组成的杂草类植物群落，在沙质土壤上则常演替为白茅群落。随着地势的抬高和降水的淋溶作用，土壤继续脱盐，土壤类型由盐土发展为盐化潮土。

当盐生草甸植被演替为蒿类等杂草类植物群落或白茅群落以后，土壤条件已经有了明显改善。此时，如果有黄河水冲淤而来的簸箕柳、旱柳种子落到适生环境中，就会有一部分草甸被天然柳林代替，或者被以刺槐为主的人工林代替，部分土地则开垦为农田。

这种进展演替过程是在正常条件下进行的，如果加以人工促进，则演替过程可以发生跳跃式发展。例如在獐毛群落阶段修筑台田并进行蓄淡压盐，使土壤含盐量明显下降，就可由獐毛群落直接转化为农田。

随着盐生草甸的进展演替，各个演替阶段的植被群落特征与土壤理化性状都发生了明显变化。邢尚军等在黄河三角洲地区对几种代表性植物群落的数量特征进行了调查分析，对不同群落的土壤理化性状进行了测定。从植物群落特征比较，白茅群落的植物种类和群落结构丰富程度好于柽柳群落，柽柳群落又好于盐地碱蓬群落。

从土壤理化性状分析，随着植物群落的进展演替，土壤含盐量降低。盐碱裸地的土壤表层含盐量为1.82%，盐地碱蓬群落的土壤表层含盐量为1.43%，柽柳群落的土壤表层含盐量为0.8%左右；而发展到白茅群落时，其土壤含盐量仅有0.28%。随着植物群落的进展演替，土壤物理性质与土壤养分含量都有了明显改善。

表3-11　盐生草甸演替不同阶段的土壤物理性质

(邢尚军等，2006)

样地类型	土层 (cm)	容重 (g/cm³)	总孔隙度 (%)	毛管孔隙度 (%)	非毛管孔隙度 (%)
盐碱裸地	0~20	1.83	32.7	31.4	1.3
	20~40	1.70	43.2	41.5	1.7
	平均	1.765	38.0	36.45	1.5
碱蓬群落	0~20	1.67	40.3	38.4	1.90
	20~40	1.54	42.1	40.3	1.8
	平均	1.605	41.2	39.3	1.85
柽柳群落	0~20	1.55	43.3	40.5	2.8
	20~40	1.65	41.5	39.8	1.7
	平均	1.60	42.4	40.1	2.2
白茅群落	0~20	1.50	44.9	41.7	3.2
	20~40	1.54	42.0	40.2	1.8
	平均	1.52	43.45	40.95	2.5

表3-12　盐生草甸演替不同阶段的土壤养分

(邢尚军等，2006)

样地类型	土层 (cm)	有机质 (g/kg)	全氮 (g/kg)	速效氮 (mg/kg)	速效磷 (mg/kg)	速效钾 (mg/kg)
盐碱裸地	0~20	2.4	0.21	10.83	8.29	65.98
	20~40	2.14	0.15	8.29	8.08	53.27
	平均	2.27	0.18	9.56	8.18	59.62
碱蓬群落	0~20	4.48	0.25	11.86	9.15	82.17
	20~40	3.29	0.17	12.94	9.58	132.68
	平均	3.89	0.21	12.4	9.36	107.43
柽柳群落	0~20	5.93	0.334	15.09	9.37	124.38
	20~40	3.73	0.271	12.94	10.01	74.56
	平均	4.83	0.30	14.02	9.69	99.47

（续）

样地类型	土层 （cm）	有机质 （g/kg）	全氮 （g/kg）	速效氮 （mg/kg）	速效磷 （mg/kg）	速效钾 （mg/kg）
白茅群落	0～20	15.9	0.747	41.63	10.66	138.13
	20～40	7.96	0.267	20.48	9.67	52.64
	平均	11.93	0.507	31.05	10.16	95.38

2. 逆行演替

由于人为的干扰破坏或海水倒灌等自然灾害的影响，植物群落则可发生逆行演替。例如经过长期演替后而开垦成的农田，若是耕地不合理或经营不善，就会使杂草丛生而成为杂草型或禾草型植物群落。草甸如作为牧场而过度放牧的情况下，会使草场退化，植被稀疏或进一步沦为裸地。如海水倒灌而直接浸洗地表，使土壤表层的盐分大量增加，就会使草场内的禾草型、杂草型植物死亡，而一些抗重盐的盐地碱蓬侵入，成为肉质型的盐地碱蓬群落，严重的会成为盐碱裸地。

人为的干扰如过度放牧、粗放开垦等能破坏地表的植被，增加地表面的蒸发，加快土壤盐分向地表聚积的速度，使地表土壤的含盐量逐渐增加，使生活在这一带耐盐性较低的植物逐渐死亡，如此继续，形成恶性循环，从而使植被的演替发生逆转而加重盐渍化。如20世纪50年代后期，由于对现代黄河三角洲的特殊自然条件缺乏科学的分析和正确的认识，只看到土地广袤、林草丰茂的有利一面，没有看到生态条件脆弱的一面，片面强调"以粮为纲"，进行大面积的毁林开荒，滥垦乱牧，使大面积的天然实生柳林全部砍伐。垦殖虽然暂时扩大了耕地面积，但是随着林木覆盖率的减少，地表蒸发加剧，使地下盐分向地表聚积，形成了土壤的次生盐渍化，造成大片土地荒废，使原来的森林植被转化为蒿类、杂草群落和柽柳群落。

海潮侵袭等自然灾害可以使植被类型发生跳跃性逆转。如1992年特大海潮淹没了黄河三角洲自然保护区管理站西部的15年生刺槐林和东部部分农田，致使刺槐林大部分死亡，农田荒废，逐渐转化为杂草群落。

图3-8　盐生草甸的演替

（二）沼泽植被和水生植被的演替

地下水位及地貌是影响沼泽植被演替的主要原因，而水深及水的动态是影响水生植被演替的主要因素。沼泽植被和水生植被生长在水域环境中，以河、沼为中心，向岸边方向演替，依次的系列是沉水植物、浮水植物、挺水植物等。沼泽植被是在土壤过湿或有水分积聚条件下形成的，因而水生植被是沼泽的前期阶段。随着水分的减少而依次使沼泽演替为草甸、灌丛为主的植物群落，但若水深增加，则会向水生植被演替。

在渤海泥质海岸地带的沼泽植被和水生植被中，以芦苇沼泽植被的面积最大、生态和经济效益最高。芦苇沼泽植被的自然演替规律依从于一定的生态因子变迁，影响芦苇群落兴衰的主导因子是水和盐。芦苇群落演替往往是随水盐状况变动与其他入侵植物种群对水、盐适应的竞争力而相互制约的，情况复杂多变，但就一般规律而言，主要的演替过程可分为三种系列。

第一种系列是：退海低洼滩涂 → 芦苇沼泽 —→ 芦苇 + 挺水植物（东方香蒲、水葱、菰等）群落 —→ 沉水植物 + 浮水植物群落。

第二种系列是：退海低洼滩涂 → 芦苇沼泽 $\xrightarrow{\text{失水}}$ 季节性积水芦苇群落 $\xrightarrow{\text{失水}}$ 旱生芦苇 + 杂草群落 $\xrightarrow{\text{失水}}$ 白茅群落 $\xrightarrow{\text{开垦}}$ 农作旱地。

第三种系列是：退海低洼滩涂 → 芦苇沼泽 $\xrightarrow{\text{失水}}$ 季节性积水芦苇群落 $\xrightarrow{\text{失水 + 盐渍化}}$ 旱生芦苇 + 盐生植物群落（碱蓬、獐毛、蒙古鸦葱等）$\xrightarrow{\text{失水 + 盐渍化}}$ 盐地碱蓬群落 $\xrightarrow{\text{失水 + 盐渍化}}$ 盐碱裸地。

其演替过程的相互关系如下图：

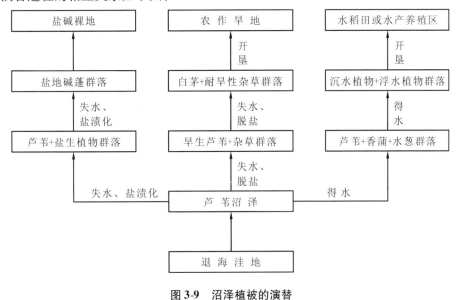

图 3-9　沼泽植被的演替
（李必华等，1994）

（三）簸箕柳灌丛的演替

在黄河河口地带的新淤土上，土壤含盐量低、水分条件好，生长有天然的平原湿生灌丛簸箕柳灌丛。随着黄河入海口向海延伸，河口地带的地面逐渐抬高，地下水埋深增加，土壤逐渐旱化。簸箕柳灌丛的群落演替伴随着地面抬高和土壤旱化而进行，一些中生、旱生植物开始入侵。按当地的季候条件，簸箕柳灌丛应该向暖温带落叶阔叶林群落演替。但由于簸箕柳群落在土壤旱化的同时伴随着土壤盐渍化，人为的干扰更加重了土壤盐渍化程度，因而扭转了簸箕柳群落的演替方向，而逐步被耐盐能力更强的柽柳灌丛所代替。

四、泥质海岸地带灌草植被的保护、利用和繁育

（一）天然灌草植被的保护

1. 天然灌草植被保护的目标

灌草植被是渤海泥质海岸地带的主要植被类型，也是该地带重要的生态系统。天然灌草植被保护的主要目标是：实现灌草植被的进展演替，使生态环境得到改善，植被的经济利用价值提高。

（1）实现植物群落的进展演替

通过对灌草植被的保护措施，避免对灌草植被的人为干扰破坏，减轻自然灾害的影响，在增加植被盖度、提高植物群落生物量、丰富生物多样性的基础上，实现灌草植物群落的进展演替。使灌草植物群落演替为物种更丰富、结构更复杂的植物群落。通过泥质海岸地带野生灌草植被的进展演替，辅以人工促进天然更新措施，可逐步实现"先草后灌，先灌后乔"的目的。

（2）促进生态环境的改善

通过天然灌草植被的保护，实现灌草植物生态系统的良性发展，随着植被盖度和生物量的提高，植物种类和植被结构的丰富，灌草植被所发挥的防风固沙、保持水土、调节小气候、改良土壤等生态效益更加充分，使生态环境得到更好地改善。

（3）提高灌草植被的经济利用价值

随着灌草植被的良性发展和植物群落的进展演替，由一些经济利用价值较高的植物代替了经济价值较低的植物。例如，由适于牧业利用的禾草类草甸代替了盐生杂草类草甸，由经济价值较高的芦苇、东方香蒲沼泽植被代替陆生植物组成的植物群落。同时，由于环境条件的改善，可提高资源植物的产量和质量。

2. 天然灌草植被保护的措施

（1）科学规划，分类管理

在土地和森林资源调查工作的基础上，根据不同区域、地段的地貌和土壤条件，灌草植被的种类和分布情况，以及土地利用状况，本着严格保护和合理利用相结合的原则，对灌草植被的保护和利用作出科学规划。在具有重要生态价值和科学研究价值的灌草植被分布区域，设立保护典型植被和湿地生态系统的自然保护区。在泥质滩地和重度盐碱地，植物稀少、生态系统脆弱的地带，建立灌草植被的封护区，避免人为的干扰破坏，使灌草植被得以保护、恢复和良性发展。在距海较远、土壤盐渍化较轻的地段，可以合理安排牧业生产活动，但要通过限制载畜量和轮牧等措施，避免草场的退化和土壤盐渍化。在近现代黄河三角

洲新淤地上，以规划林地和牧草地为主，保护和恢复芦苇等湿地植被，适度进行耕地和园地的开发，尽量防止或减轻土壤次生盐渍化。

为了加强泥质海岸地带的生态建设，在土地利用上必须处理好林草粮的关系。明确规定以草为主，退耕还草，先草后林，大力发展乔、灌、草结合或灌草结合的沿海防护林。适于耕作的农田，提倡草粮间作或草粮轮作，用地和养地相结合；同时加强对耕地的投入，提高单位面积产量。

为了加强对灌草植被的管理，当地政府部门应制定灌草地管理条例，健全荒、洼地管理机构，开展保护灌草植被的宣传教育工作。土地管理部门和林业部门应将泥质海岸地带盐碱荒地管理列为重要工作任务，对灌草植被严格依法管理，以保证灌草植被的恢复发展和合理利用。

（2）全面实行封滩育林育草

沿海灌草植被是沿海防护林体系的重要组成部分，对海岸带的生态、经济建设具有重要作用。在沿海防护林体系工程建设中，要坚持封造并举、乔灌草结合的方针，把封育保护好沿海灌草植被作为一个重要环节来抓。这样不仅加快绿化步伐，节省资金劳力，而且由于它们具有固土和改良土壤作用，为进一步营造乔木林带创造良好的条件。

对大面积盐碱荒滩首先要全面实行封滩育林育草，制止人为破坏和干扰，恢复和发展天然灌草植被。据调查，各类草地封育一年后，比对照区可提高产量2.5倍；退化芦苇地封育二年后，比封育一年的提高覆盖率32%，增加产草量32.2%；在封育区，补播紫花苜蓿、黄香草木樨等豆科牧草的，改善了草地群落生态结构，既可提高产草量，又可改善牧草品质。经封护的野生植物群落按其演替规律发展，可增加植被覆盖度，降低土壤含盐量，提高土壤肥力；逐步演替为生产力更高，生态防护功能更强的植物群落。

柽柳灌丛是泥质海岸地带主要的木本植物群落，面积大，防护能力强，是泥质海岸地带宝贵的森林资源，要作为封滩育林的重点。通过对柽柳灌丛的封育，努力提高其覆盖率，充分发挥其抵御风暴、固岸护堤和改良盐碱地的作用。

在封滩育林育草时，要加强防火和对有害生物的防治。沿渤海地带灌草植被有时发生较严重的蝗灾，应建立蝗灾监测网络，建设药品、器械储备库，一旦发生蝗灾时，及时组织捕杀。

（3）天然植被的人工辅助繁育更新

利用天然植被资源，采取各种人工促进天然更新措施，可提高天然植被的繁育更新能力。常用的措施有地表翻耕、人工断根促萌蘖、人工补墒等。如在稀疏分布野生柽柳的盐碱荒地上开沟，沟内土壤受雨水淋洗而脱盐，柽柳天然下种后更新效果良好。

对柽柳、白刺、芦苇、枸杞、紫花苜蓿等价值较高的灌草植物，可用人工植苗或播种的方法进行扩繁，加快灌草植被的恢复发展。泥质海岸地带自然生长的灌草植被，往往疏密不均，大面积的纯丛较少，难以规模开发。为此，可对相近生境的荒草地，保留价值高的优势种，同时对少量价值低的植物种类进行人工去杂，然后在空隙地补播优势种的种子，可逐步使其发育成价值较高的纯灌丛群落。

柽柳群落是滨海重盐碱地上分布广泛的天然木本植物群落。目前柽柳群落的主要问题是覆盖率低，生物多样性低，进展演替缓慢。对稀疏柽柳群落可采用人工辅助措施提高其植被覆盖率。提高稀疏柽柳群落植被覆盖率的技术主要有：①断根平茬促萌技术。利用柽柳的容易萌芽和萌蘖的特性，在柽柳的周围进行整地断根，并于冬季将柽柳平茬，促进萌芽和萌蘖。②人工促进天然更新技术。在大面积稀疏柽柳群落内部选择裸地部分，雨季前实施整地措施，增加生境的粗糙度，以淋洗土壤盐分、增加土壤对种子的附着力，人为创造适宜柽柳种子萌发的环境条件，并辅以人工播种。③引进耐盐植物。在稀疏柽柳群落内引进白刺等耐盐植物，丰富群落物种组成，提高植被覆盖率。

（二）灌草植被的合理利用

天然灌草植被除具有生态效益外，也具有经济利用价值，在加强保护的同时，可进行合理的开发利用。灌草植被的合理利用应适地、适时、适度，保证灌草植被生态系统不发生剧烈的改变，维持生态平衡，保证生态系统和生物物种的可持续利用。

柽柳是滨海地带盐碱地的主要灌木树种。柽柳枝条坚韧，可编制各种生产、生活用具，柽柳枝叶可作饲料，枝干可作燃料，柽柳还是良好的蜜源植物和观赏树种。在保护发展柽柳林的同时，应开发利用柽柳的多重用途。

白刺是矮生小灌木，是改造利用滨海盐碱地的优良先锋树种。白刺果实营养丰富，含维生素 C、糖、多种氨基酸和微量元素，可作果汁原料。白刺果皮、果汁富含玫瑰色生物色素，可用于食品业。

芦苇是湿地的优势植物，植株高大，能防浪促淤、调节气候、改良土壤。芦苇能吸附和分解工业废水中的多种有害物质，净化污水。芦苇是优良的纤维植物，可造纸、制纤维板，苇秆可编席、织帘、盖房，嫩茎叶是饲料、绿肥，地下茎可制糖、酿酒、入药，具有较高的经济价值。芦苇茎秆坚硬，可实施机械收割作业，适时采收。野生芦苇常因水源无保证、土壤贫瘠、杂草混生而生长不良，应对野生芦苇进行适当的人工管理，可以明显提高产量。主要措施有：根据其需水特性进行苇塘灌溉或排水，用人工除草或深水淹灌等方法去除杂草，贫瘠土壤可增施化肥。

草甸植被的主要利用方式之一是牧业利用，由多种禾本科、豆科植物组成的草地是质量较好的草场。利用牧草地时要合理控制载畜量，在不同地片划区轮牧，避免因过度利用而引起的草场退化和土壤盐渍化。可通过人工辅助措施，改良草地的草种，提高牧草产量。

在滨海草本植物中有一些重要的野生资源植物，如罗布麻、白茅、茵陈蒿等，可适时组织采收。罗布麻茎皮纤维良好，可单纺或与羊毛、棉花混纺；根有强心作用，叶可治高血压。白茅的秆可造纸，根入药称"茅根"，能清热利尿。茵陈蒿幼苗入药，能清湿热、利肝胆，为治疗黄疸的重要中药。

东方香蒲是沼泽植被的优势种之一，有较高的经济利用价值。花粉药用，称"蒲黄"；

雌花产"蒲绒"，可作填充用；茎叶纤维柔韧，是编织、造纸的原料。

金鱼藻、黑藻、竹叶眼子菜、浮萍、紫萍等多种水生植物，可作为鱼的饵料、猪饲料和绿肥。

（三）灌草植被的人工繁育

在泥质海岸地带的滨海盐碱地上，可选择柽柳、白刺、枸杞、芦苇、紫花苜蓿等耐盐碱能力强、生态效益和经济价值较高的灌草植物，配合盐渍土的改良措施，用人工植苗或播种等方法进行繁育，是泥质海岸地带营建灌草植被的重要途径。

1. 营造柽柳防护林带

渤海泥质海岸地带重盐碱地的树木种类稀少，乔木树种很难存活，适生灌木种类也很少。柽柳是泥质海岸地带灌丛植被的主要建群种，也是泥质海岸地带重盐碱地造林的主要灌木树种。

柽柳是典型的泌盐植物，耐盐能力很强，喜光、耐湿、抗风沙，是泥质海岸地带前沿营建防风、防潮灌木林带的适宜树种。在泥质海岸潮间带至潮上带适于柽柳生长的部位，营造宽度 $500 \sim 1000\mathrm{m}$、连片的柽柳宽林带，可充分发挥其防风固沙、防浪促淤、保持水土、调节气候、改良土壤等生态效能，构成泥质海岸平原区沿海防护林体系第一道屏障。

柽柳具有发达的根系，有强大的固堤护岸能力。在泥质海岸地带修筑防潮坝，在防潮坝的坝顶和边坡栽植柽柳，柽柳能固持防潮坝，使生物措施和工程措施良好地结合，更好地发挥防潮坝抵御大海潮的作用。

柽柳的育苗方法有播种育苗和扦插育苗。造林方法有植苗造林、插条造林和直播造林，可根据当地的自然条件和林业生产技术条件，选择适宜的造林方法。由于滨海重盐碱地多分布于沿海偏僻地带，面积大、条件差、劳力缺乏，比较适合直播造林。整地是直播造林的关键技术，可采用机械和人工开沟、挖穴等方法。柽柳播种在 $4 \sim 9$ 月均可进行，以大雨后 $1 \sim 2$ 天内，整好的沟、穴内，无风或微风的天气最好。将种子均匀撒至沟穴内，种子可随水下渗，附着在沟、穴边沿的湿土上，播种后 10 天左右小苗即可出齐。在原来就有部分柽柳母树的地段，还可在整地后利用柽柳母树天然下种，也可取得较好的更新效果。在一些重点防护地段和防潮坝上，适于植苗造林，植苗前先整地改土，植苗后加强幼林管护。在土壤湿润的地方，也可以插条造林。

2. 重盐碱地上的白刺造林

白刺为落叶灌木，抗寒、抗干旱，耐盐能力极强，在含盐量 2.76% 的盐碱地上尚能正常生长。根系发达，主根可深入土层 $0.8 \sim 1.0\mathrm{m}$ 以上，根幅蔓延超过冠幅。对土壤的脱盐改良效果明显，$4 \sim 5$ 年生白刺可使 $0 \sim 20\mathrm{cm}$ 土层内土壤盐分降低 44.14%。果实酸甜可口，具营养价值，并可提取天然食品色素，具良好的开发前景。白刺是泥质海岸地带盐碱裸地和重盐碱荒地人工造林的先锋树种，经过白刺灌木林改良的盐碱地，可逐步营建其他耐盐树种的人工林。

　　白刺属旱生型植物，极不耐涝，因此育苗和造林应选择地势高或排水良好的地方。白刺可用种子育苗，由于白刺枝条易生不定根，也可扦插、压条育苗，但以种子育苗后小苗移植繁殖最为经济有效。种子育苗时，对种子进行浸泡、催芽处理后，用地膜覆盖育苗或营养杯小拱棚育苗。

　　白刺造林技术包括整地、造林方式和造林季节的选择等。造林前整地能有效地促进土壤脱盐，提高造林成活率和林木生长量。整地方法为：连续 2 年早春翻耕晒垡，第一遍耙地于当年夏季杂草旺长时进行，第二遍耙地于次年雨季造林前进行，即"两耕两耙"整地法，土壤脱盐效果好，清除杂草比较彻底。

　　造林方式分直播造林和植苗造林。直播造林的方法为：将造林深耕、耙平，清除杂草及草根，用经催芽的种子直接播种造林，株行距 1m×2m。白刺直播造林可春播也可夏播，具有造林速度快、技术操作简单易行等优点，但仅适用于土壤含盐量 0.5%～0.6% 的造林地块。植苗造林包括裸根苗造林和容器苗造林两种方式，合理的造林密度为 2500 株/hm²。在土壤含盐量小于 1% 时，用裸根苗植苗造林，成活率达 89%。容器苗造林投资成本增加，造林成活率也明显提高，在土壤含盐量 0.6%～1.5% 范围内，造林成活率均在 90% 以上。裸根苗造林最好于春季 4 月栽植，容器苗造林则应选择在雨季进行比较适宜。

3. 栽植芦苇

　　芦苇是滨海湿地植被的主要建群种之一。芦苇有强大的保堤护岸、防浪促淤、改良土壤和净化污水等生态功能，又有重要的经济利用价值。在保护天然芦苇植物群落和人工辅助繁育更新的同时，应在芦苇适宜的生境进行有计划的人工繁育。

　　芦苇的人工繁育方法有地下茎移栽、青苇子带地下茎移栽、育苗移栽和人工播种等几种。为了提高芦苇的产量，对人工栽植的苇田要进行合理灌溉、施肥、清除杂草等项抚育管理。

4. 种植耐盐牧草植物

　　选择耐盐碱牧草植物，配合盐碱地土壤改良措施，可在滨海重盐碱地营建人工牧草地。针对不同地块的特点，需采取整地措施、化学改良、生物措施相结合的方法对盐碱地进行改良。条台田整地是治理盐渍土的常用技术，整地规格一般是条田宽约 50m，长约 300m，各条田之间挖深约 2m 的排盐沟；条田整好后，引黄河水灌溉洗盐，然后可种植耐盐牧草。

　　黄河口地带的济南军区生产基地采用深松土壤、化学改良与种植耐盐牧草相结合的技术，取得了良好的效果。先利用先进的松土机械深翻土壤 100cm，深翻后根据土壤含盐量高低施用硫磺：含盐量较低的地段每公顷施硫磺约 300～450kg，含盐量高的地段每公顷施硫磺 900～1050kg；之后灌水，再种植耐盐牧草。牧草种类选用紫花苜蓿、高冰草、鲁梅克斯、黑麦草等多年生牧草植物。土壤深翻当年和以后几年，每年每公顷施尿素 375kg、磷酸二铵 150～225kg，每年灭虫、灭杂草 3～5 遍。深翻后第 5 年开始，为促进牧草生长，每年重耙一次。为提高牧草产量，每 7～8 年为一生产周期，7～8 年后重新种植。该项技术的应用不受土壤含盐量高低的制约，产出/投入比高达 3 以上，适合在黄河三角洲大面积推广应用。

（四）选育引进新的耐盐高效植物材料

为了丰富渤海泥质海岸平原区灌草植被的生物学特性，提高灌草植被的生态效益和经济利用价值，应不断选育引进新的耐盐碱高效植物材料，并研究其生物学特性和栽培技术，用于人工繁育灌草植被。

1. 选种

在泥质海岸地带原有的野生植物中，可按选种程序，选择生产力高、生态功能强或有较高经济价值的优良种源、类型以及单株；对经过人工栽培，确认其性状优良的种质材料，可人工繁育，扩大栽培应用。

例如：山东省林科院在黄河三角洲地区滨海盐渍土上，进行不同产地白刺种子的耐盐能力试验（表3-13）。结果表明，不同产地的白刺，其耐盐能力有差异。5 个产地的白刺比较，以河口区大义路的白刺耐盐碱能力最强，在土壤含盐量 1.74% 时，成活率达 94%，土壤含盐量达 2.57% 时成活率仍在 90% 以上，其生长表现和千果重也优于其他产地。大义路白刺的耐盐能力强，成活率高，生长表现好，能够获得较好的经济效益。在黄河三角洲重盐碱地上进行白刺造林，应推广应用白刺的大义路种源。

表 3-13　不同产地白刺种子耐盐能力试验

（邢尚军等，2006）

种子产地	土壤含盐量（%）	成活率（%）	生长表现	枝长（cm）
河口区大义路	1.74	94	生长旺盛	80~100
河口区大义路	2.57	91	生长正常	20~50
六户镇东坝	1.71	3	严重盐害	
沾化县黑岛	1.31	15	轻度盐害	20~30
寿光市杨庄	1.10	51	生长正常	30~40
无棣县谭杨林场	0.84	81	生长旺盛	80~100

东营市林业技术指导站在 1997 年进行的柽柳资源调查中，发现两株枝叶繁茂的优良单株。经过育苗和造林试验，这两个优良单株的表型性状优良，品质遗传稳定，显著优于一般的柽柳。经采用扦插、压条、分株等营养繁殖方法，形成优良品种，命名为东柽 1 号、东柽 2 号。东柽 1 号为灌木，枝叶繁茂，小枝细密，枝条软，扦插繁殖容易，育苗、造林成活率都在 85% 以上；花量少，叶色绿，萌芽早，落叶晚，生长期长，绿期较一般柽柳长 30 天以上；生长快，4 年生平均地径 7.18cm，平均树高 3.75m；抗干旱、耐瘠薄、耐盐碱。苗木可在土壤含盐量 1.0% 的盐碱地上栽植，苗木移栽一般在春季萌芽前进行，最好随起苗随栽植。若进行修剪造型，适宜营建绿篱或球状整形。东柽 2 号的品种特性与栽培技术与东柽 1 号相似。该品种树干中部枝条相对较密，顶端相对稀疏。若进行修剪造型，适宜培养小乔木。东柽 1 号和东柽 2 号已通过山东省林木品种审定委员会审定，在东营市及相邻地区推广

应用。

山东农业大学开展了盐地碱蓬高产品系选育及栽培技术研究。通过野外调查，从盐地碱蓬中分离出有代表性的4种类型。对不同类型的优良植株进行单采种、单种植，经多代种植对比试验，结合耐盐试验，以野生种质资源为对照，选育出性状较稳定的耐盐、高产盐地碱蓬品系；并明确了盐地碱蓬的耐盐能力和改良土壤理化性状的作用，研究了盐地碱蓬的栽培管理技术。

2. 引种

从外地引进耐盐碱的植物材料，在滨海盐碱地进行引种试验，可选择优良者加以繁殖利用。评价外来植物材料是否引种成功，应以生态适应性、引种效益和繁殖能力作为主要评价指标。近年来，在渤海平原地区进行了多项植物新材料引种试验项目，一些引进的优良植物新材料可扩大繁殖应用。

例如山东省林科院从辽宁、内蒙古引进15个大果沙棘新品种，在寿光盐碱地造林试验站进行引种试验，从中选出适应性较强的阿尔泰新闻、阿楚拉、辽Ⅱ 3个品种，在土壤含盐量0.4%的土壤上造林成活率可达60%以上，并有较高的生态价值和经济价值。

山东省林科院从美国引进盐草属 C_4 植物尼帕（NyPa）盐草，在寿光盐碱地造林试验站进行了引种栽培试验。结果表明：尼帕盐草适应性强、耐盐碱、绿期长、产量高，是适于滨海盐碱地的饲料和草坪草兼用型优良植物。

黄河三角洲地区从我国南方引进多年生高大草本植物芦竹，经栽植试验，基本上能适应引种地区的气候、土壤条件，生长表现良好。芦竹抗风、耐干旱贫瘠、耐涝，能在含盐量0.3%～0.4%的滨海盐碱地上正常生长，芦竹的护土固坡能力强，又是优良的造纸原料及编织材料，具有较高的生态和经济效益，可在黄河三角洲地区的河渠堤路及旱薄地、低洼地栽植。

3. 育种

开展耐盐植物材料的育种工作，通过杂交育种、细胞工程、基因工程等育种方法，可培育出新的耐盐高效植物材料。近年来，山东的一些科研教学单位开展了利用基因工程和细胞工程培育耐盐植物的研究。利用基因工程培育的植物有转基因紫花苜蓿、高羊茅等，利用突变体选育的耐盐植物有狗牙根等植物的耐盐优系。

例如，山东省林业科学研究院梁慧敏、夏阳等用农杆菌介导法将 BADH、SOS_2 – SOS_3 和 betA – BADH 等基因转入紫花紫花苜蓿品种中苜1号，获得耐盐性提高且遗传稳定的植物新材料。通过耐盐性筛选及生理生化监测，对转基因植株进行优良株系选择，其中通过转 BADH 基因获得了综合性状优良的紫花紫花苜蓿耐盐新品种山苜1号、山苜2号、山苜3号，经盆栽、盐池和盐碱地种植试验，表明选育的新品种比对照品种中苜1号的耐盐性和干草产量显著提高。这3个转基因紫花苜蓿耐盐新品种已完成了转基因植物生物安全性中间试验，建立了适于滨海地区气候、土壤条件的配套栽培技术。

第六节　滨海湿地保护和生态修复

山东省沿渤海地带具有广阔的近海及海岸湿地，分布在滨州、东营、潍坊 3 市的 10 个沿海县(市、区)，总面积约 78 万 hm²(阎理钦等，2006)，其中包括浅海水域、潮间淤泥海滩、潮间盐水沼泽、海岸性湖泊、河口水域、三角洲湿地等类型，还有部分河流湿地、库塘和沼泽湿地。该滨海湿地区域的地形属黄河三角洲平原和泰、鲁、沂山北麓冲积——海积平原。地势平坦，粉沙淤泥质潮滩十分宽阔，海滩浅平。土壤以滨海盐土和潮土为主。在湿地区域内，动植物资源丰富。浅海中的鱼、虾、蟹、贝和藻类既是重要的水产资源，又为大批水禽提供了良好的栖息取食环境。该湿地区域是国内外有重大影响的水禽栖息繁殖地，栖息水禽数量约 250 万只。有几十种重要鸟类列为国家重点保护动物或《濒危野生动植物种国际贸易公约》的保护物种。湿地植被以草甸为主，是盐生草甸、盐生灌丛和沼生植被、水生植被分布较集中的区域。渤海滨海湿地区域蕴藏有丰富的油气资源和天然卤水资源，为石油工业和海洋化学工业提供了原料。沿渤海的滨海湿地还是重要的旅游资源，平整宽阔的滩涂、芦苇丛生、碱蓬遍地、群鸟翔集，构成华北平原上罕见的荒野景观，成为人们回归自然的胜地。

滨海湿地具有重要的生态功能，湿地保护与生态修复是沿海地带生态建设的一项重要任务。要维持天然湿地的生态特征，防止土壤盐渍化和沙化的趋势，遏制无序开发和污染对湿地的破坏，并采取各种措施对湿地进行生态修复。

一、滨海湿地的生态功能

湿地有重要的生态功能，被誉为"地球之肾"、"生命的摇篮"、"物种的基因库"等。近海及海岸湿地的主要生态功能有调蓄洪水、防浪促淤、降解污染、生物栖息地、营养循环等。

(一)调蓄洪水，防浪促淤

由于滨海湿地的地面坡度小，在发生洪涝时可以滞蓄大量洪水，成为天然的蓄洪水库。滨海湿地对调节渤海平原各河流的水位与水量平衡也起到重要作用。

滨海湿地的植被，如柽柳灌丛、簸箕柳灌丛、芦苇沼泽植被和一些禾草杂草类草甸都具有较强的防浪促淤、固堤护岸功能，对于防御海潮入侵，保持水土具有重要作用。

(二)降解污染

湿地上生长的大面积灌草植被，具有降解污染、净化环境的功能。如芦苇沼泽通过物理沉降、过滤、吸附、分解、生物代谢等各种作用，能够降解、去除水中的硫化物、磷化物、油脂、氮等营养物质和锌、钴、锰、铜等金属元素，净化水质。发挥滨海湿地的净化功能，还可以减轻渤海近海的水体污染，防止海水富营养化的产生，提高渤海的生态功能和渔业生产能力。

（三）生物栖息地

沿渤海滨海湿地蕴藏了丰富的动植物物种，是天然的基因库。据黄河三角洲国家级自然保护区调查，保护区内有各种植物 393 种（含变种），其中浮游植物 4 门、116 种（含变种），蕨类植物 3 科、3 属、4 种，裸子植物 2 科、2 属、2 种，被子植物 54 科、178 属、271 种。代表性植物种类有旱柳（*Salix matsudana*）、刺槐（*Robinia pseudoacacia*）、柽柳（*Tamarix chinensis*）、白茅（*Imperata cylindrica*）、茵陈蒿（*Artemisia capillaris*）、拂子茅（*Calamagrostis epigeios*）、狗牙根（*Zoysia japonica*）、马唐（*Digitaria sanguinalis*）、盐地碱蓬（*Suaeda salsa*）、獐毛（*Aeluropus littorslis var. ainensis*）、补血草（*Limenium sinense*）、罗布麻（*Apocynum venetum*）、芦苇（*Phragmites australis*）、东方香蒲（*Typha orientalis*）、藨草（*Scirpus triguter*）、酸模叶蓼（*Polygonum lapathifolium*）、金鱼藻（*Ceratophyllum demersum*）、浮萍（*Lemna minor*）、紫萍（*Spirodera polyrrhiza*）、莲（*Nelumbo nucifera*）等。

区内动物可分成陆生动物生态群和海洋动物生态群，共记录野生动物 1524 种。陆生脊椎动物 300 种，其中兽类 20 种、鸟类 265 种、爬行类 9 种、两栖类 6 种，陆生无脊椎动物 583 种。陆生性水生动物 223 种，海洋性水生动物 418 种。

湿地区域内，许多植物具有重要的生态价值、经济价值和科学研究价值。如野生大豆属国家三级保护植物，在山东主要分布于沾化、垦利、无棣、广饶等地，多生于轻度盐碱地上。野生大豆（*Glycine soja*）具有耐盐碱、抗旱、抗病等优良性状，是大豆育种的重要种质资源。白刺（*Nitraria schooberi*）、柽柳、芦苇、盐地碱蓬、罗布麻等耐盐灌木和草本植物，具有良好的抑盐和改良土壤功能，对于滨海盐碱地的改良和合理利用具有重要作用，并有较高的经济利用价值。

滨海湿地是鸟类的重要栖息地，鸟类的种类繁多。据黄河三角洲国家级自然保护区调查，保护区内有有鸟类 17 目、47 科、265 种，占全国鸟类总种数的 22.3%。鸟类区系组成以古北界鸟类最多，有 183 种，以旅鸟和冬候鸟为主，典型的古北界鸟类有白鹳（*Ciconia ciconia*）、大天鹅（*Cygnus cygnus*）、大鵟（*Buteo hemilasius*）、丹顶鹤（*Grus japonensis*）、灰鹤（*Grus grus*）、大鸨（*Otis tarda*）、大杓鹬（*Numenius madagascriensis*）、小杓鹬（*Numenius borealis*）、极北柳莺（*Phylloscopus borealis*）、红点颏（*Luscinia calliope*）等；广布种有 56 种，代表种类有苍鹭（*Ardea cinerea*）、大白鹭（*Egretta alba*）、普通翠鸟（*Alcedo atthis*）、大杜鹃（*Cuculus canorus*）等；东洋种 26 种，且大多数为繁殖鸟类，如绿鹭（*Butorides striatus*）、池鹭（*Ardeola bacchus*）、蓝翡翠（*Halcyon pileata*）、白头鹎（*Pycnonotus sinensis*）、黑卷尾（*Dicrurus macrocercus*）等。按季节居留型，有留鸟 32 种、夏候鸟 63 种、冬候鸟 28 种、旅鸟 142 种。本区的鸟类中有许多重点保护动物，其中：属于 I 级国家重点保护野生动物的有白鹳、中华秋沙鸭（*Mergus squamatus*）、金雕（*Aquila chrysaetos*）、白尾海鵰（*Haliaeetus albicilla*）、丹顶鹤、白头

鹤(*Grus monacha*)、大鸨等7种，属于II级国家重点保护野生动物的有大天鹅、灰鹤、鸳鸯(*Aix galericulata*)、黑浮鸥(*Chlidonias niger*)等33种，还是珍稀鸟类黑嘴鸥(*Larus saundersi*)的重要繁殖地。

另据统计，沿渤海滨海湿地的水禽有鸽形目鸟类8科50种，雁形目鸭科鸟类17种，鹳形目鸟类3科19种，鹤形目鸟类4科17种，鸥形目鸟类2科16种(阎理钦等，2006)。

(四)促进海岸带水陆生态系统的能量与物质循环

沿海地带的植被通过光合作用固定太阳能，生成有机物，同时固定二氧化碳和释放氧气；植物的枯枝落叶、根系及栖息鸟类的排泄物成为有机营养源，哺育了浅海水域的浮游生物；这些浮游生物又构成虾蟹、贝类的饵料。湿地植被为形成植被—鸟类—浮游生物—虾蟹、贝类—鱼类组成的陆海生物物质能量交流打下了基础。

二、滨海湿地生态系统的特征和湿地退化的原因

(一)滨海湿地生态系统的特点

沿渤海的滨海湿地所处自然环境条件较差，易受各种人为因素的干扰，生态系统不够稳定，一般具有水分补给条件差、土壤盐渍化重、植物群落结构简单等特征。

1. 水分补给条件差

由于天然降水不足和水资源短缺，除海潮可波及到的湿地和常年行水的河流、常年蓄水的水库外，大部分湿地为雨季季节性或短期性积水，其他时间仅表现为地表过湿。随着该区域主要河流黄河来水的减少，受黄河水直接补给和间接补给的湿地其水分状况恶化。

2. 动植物残体分解快，土壤有机质含量低

湿地的土壤潜育化程度低，动植物残体分解快，土壤有机质含量低。据测定，土壤有机质最高值为4.52%，一般在1.5%以下。这种状况明显区别于典型的湿地生态系统。

3. 湿地持水能力较差

除河流水面、水库湿地外，大部分湿地所处地段的地貌过于平坦，水分补给条件的变化在其积水状况上反映敏感；湿地成土母质颗粒较粗，多为沙壤土；另外动植物残体和土壤有机质少，这均导致湿地的持水能力较弱。

4. 土壤盐渍化严重，生态系统较脆弱

滨海湿地的土壤类型主要是潮土和盐土两大类。从内陆向近海，土壤逐渐由潮土向盐土递变，多数土地后备资源土壤呈现高盐性，且地势洼、地下水位浅，蒸降比为3.5∶1，土壤次生盐渍化严重。在这种土壤条件下形成的天然植被以草甸为主，木本植物群落以滩涂柽柳灌丛为主。由此构成的生态系统较脆弱。

5. 植物群落建群种较少，结构简单，覆盖度较小

植物群落建群种较少，主要有柽柳、盐地碱蓬、獐毛、罗布麻、芦苇、碱蓬、茵陈蒿、

白蒿、二色补血草、东方香蒲等，它们常组成单优势群落，群落结构简单，群落覆盖度季节变化大，夏、秋季达 50% ~60% 以上，而春季多在 10% ~30%。

（二）湿地退化原因

由于水资源短缺、湿地盲目开发和环境污染，导致湿地面积萎缩、质量下降，生物多样性降低，蓄洪防旱、净化水质功能下降，影响渤海平原区生态、经济的协调发展。

1. 水资源短缺

渤海平原泥质海岸区的年平均降水量 530~630mm，属山东省降水量最少的地区。在正常降水年份，尚能供给农业生产和生活的需要。但由于降水量年际变化大，季节分配不均，春秋季节多干旱。据统计，黄河三角洲地区在 1951~2007 年的 57 年中，有 55 年发生过旱灾或干旱。严重旱灾时，地表水枯竭，人畜吃水都发生困难。

本区客水资源包括黄河以及小清河、徒骇河、马颊河等河流的过境水量，年总量为 383 亿 m³。其中黄河为主要客水来源，年平均过境流量 366.4 亿 m³。受气候波动影响，黄河径流量年际变化较大，且具有丰枯交替变化，连续丰水年或连续枯水年的特点。20 世纪 80 年代以后，黄河来水明显递减，断流次数增加。1972~1998 年间，有 21 年黄河下游出现断流，累计达 996 天。特别是 20 世纪 90 年代，几乎年年断流，且历时增加，河段延长。黄河的枯水年和下游断流，使本地区的主要客水来源减少，依靠黄河水补给的湿地水源枯竭，面积减小，以致发生干涸。

2. 受风暴潮危害大

渤海泥质海岸地带是风暴潮的重灾区。据统计，1949~2005 年的 56 年间，平均每年发生 1.5 次以上的风暴潮，其中，强风暴潮和特强风暴潮达 16 次，接近或高于 3.5m 的风暴潮 6 次（1964 年、1969 年、1980 年、1992 年、1997 年、2006 年）。风暴潮对滨海湿地形成严重的危害，主要表现在：淹没沿海低地，破坏湿地的生态环境；加速海岸蚀退，使湿地范围缩小；破坏暗滩形态，使湿地结构破碎化，毁坏地表植被，改变湿地景观；加重海水入侵，恶化湿地水质和滨海湿地水环境。

风暴潮侵袭后，土壤盐渍化严重，使湿地植被处于急剧的逆行演替，植被覆盖率大幅度下降，甚至成为盐碱裸地。

3. 不合理的开发和人为活动干扰

近 20 多年来，由于沿海地带大量开荒和油田开发，耕地和建设用地迅速增加，致使湿地面积萎缩；湿地资源的盲目开发，导致植被和草场退化，土壤次生盐渍化加重，生物多样性减少，自然景观受到破坏，湿地质量下降。工业生产和城镇化，使水质污染严重，水的富营养化加剧，对湿地生态系统构成威胁。

三、滨海湿地保护和生态修复措施

由于滨海湿地的重要作用和面临的诸多问题，必须采取各种有力措施，对湿地进行保护和生态修复。

(一)把湿地保护和生态修复纳入沿海防护林体系建设工程

由于近海及海岸湿地对沿海地区生态建设的重要意义，在"十一五"规划期间，国家林业局把湿地保护纳入沿海防护林体系建设工程。山东省林业局于2005年修编的《山东省沿海防护林体系建设工程规划》中，将滨海湿地保护与生态修复列为山东沿海防护林体系建设的重要任务之一。这就从政策、管理、项目、资金等方面为滨海湿地保护与生态修复提供了有力保证。

对沿渤海湿地的主要保护和修复措施有：加强湿地生态系统和珍稀动植物的保护，对重要湿地设立自然保护区；通过水资源调配、污染防治、退垦(殖)还湿(地)、植被封护与培育等措施，对退化湿地和受破坏湿地进行恢复和重建；调查评估石油开采、盐田和农业开发对湿地的影响，控制各类开发占用天然湿地的活动；建立滨海湿地保护与恢复示范区，研究退化湿地生态修复技术。

(二)保障水资源补给

渤海平原属半干燥季风型大陆性气候，降水量较少，且年内分布不均。春季少雨，蒸发量大，干旱较严重。黄河是主要的淡水来源，黄河供水量不足是湿地退化的重要原因。加强水资源管理，保障水源补给，是滨海湿地生态系统修复的关键措施之一。

首先，应调节黄河流量，保证不断流，必要时调黄河水对湿地进行补充。自2001年以来，为了减少库区和河床的泥沙淤积，增大河槽的行洪能力，黄河小浪底水库每年都进行"调水调沙"。经过连续多年的"调水调沙"，不仅减轻了黄河下游的泥沙淤积，还改善了黄河口生态环境，增加了湿地面积。到2009年，湿地核心区水面面积增加5.22万亩，入海口水面面积增加4.37万亩，地下水水位抬高0.15m，同时植物繁茂，众多两栖动物和鸟类回归，呈现了人与自然和谐相处的新景观。配合"黄河三角洲高效生态经济区"战略的措施，2010年6月24日，黄河尾闾重启了停止过水34年的刁口河流路，黄河逐步实现两路河道同时入海。刁河口流路的生态调水工程，可为黄河三角洲北部地区实施生态补水，实现三角洲北部湿地的生态修复，过水后受惠面积达25万亩，黄河三角洲湿地的生态环境大为改善。又如滨州市近年来完成的"小开河"工程，实现了黄河水资源被引入滨州市北部缺水区域，也起到改善湿地生态环境的重要作用。

加强渤海平原区的水资源优化配置，调整用水结构，普及现代化节水技术，提高水资源利用率，对于开源节流、保障该地区的水资源供给具有重要意义。在滨海湿地适宜的地方有计划地修筑围堤，并配合扬水站、渠道、闸门、隔堤等配套水利工程，在工程区内雨季积蓄降水，黄河丰水期大量引蓄黄河水，可有效地补给湿地水源，淋洗土壤盐分，恢复和扩大湿地面积，提高湿地质量，修复湿地生态系统。

另外，增加植被覆盖，减少土壤蒸发，改良土壤结构，增强土壤持水力，对改善湿地的水分状况也有重要作用。

（三）修筑防潮坝

海潮是影响海岸湿地生境变化的重要因子，风暴潮对湿地的影响更加强烈。黄河三角洲及其两翼是风暴潮的重灾区，当风暴潮发生时，沿海岸水位升高，潮流和波浪作用的边界迅速向陆地扩展，海岸线遭受侵蚀、滩涂遭受冲刷、潮滩结构破碎、沉积物质改变、植被遭受破坏等现象随之发生。在很短的时间内，滨海湿地的形态特征、生物组成、环境状况等都将发生很大的变化，特别是风暴潮毁坏湿地植被，改变湿地景观，加重海水入侵，恶化湿地水环境等，可使湿地资源严重退化、湿地生产力显著下降。风暴潮对湿地生态系统的危害在较长时期内都难以恢复。修筑牢固的防潮堤坝是防御风暴潮灾害、保护湿地的重要措施。

风暴潮不仅破坏滨海湿地和植被，还对油田开发、工农业生产建设及人民的生命财产安全造成严重威胁。沿渤海地带以往也修筑了不少防潮坝，但常因设计标准较低、堤基不稳固等缺陷，不具备防御强风暴潮的功能。随着"黄河三角洲高效生态经济区"的建设，应按照防御历史上强风暴潮的设计标准，修筑高等级的防潮堤坝，以保障沿海地带的生产建设和自然环境，滨海湿地也就得到可靠的保护。

（四）制止各种对湿地的人为干扰与破坏

遏制大量生产建设、无序开发、开垦农田、环境污染等对滨海湿地的破坏，制止对天然湿地的随意开垦占用。在油田开发中，最大程度地减轻油井、道路和其他生产设施带来的湿地景观破碎化。加强对工业废水、城镇污水和油田漏油污染的治理。使滨海湿地在不受人为干扰破坏的自然环境中休养生息。

（五）灌草植被的保护和培育

灌草植被是滨海湿地生态系统的生物主体，也是湿地开发利用的主要对象。保护和培育灌草植被是滨海湿地生态修复的重要工作之一。

在泥质滩涂地带要全面封滩育树育草，主要保护对象是盐湿生的灌木柽柳和盐湿生的草本植物芦苇、盐地碱蓬、盐角草等，在恢复、发展以盐地碱蓬草甸、芦苇草甸和柽柳灌丛为主的湿地植被。在封滩育树育草的同时，可采取整地、补播等措施对天然植被人工辅助繁育更新，提高植被覆盖率、生物量和生态防护功能。

对于部分需要恢复重建植被的湿地，可以人工栽植适生灌草植物。在泥质裸滩一些需要重点防护的地段，可人工栽植盐湿生草本植物大米草，形成大米草植物群落，重点发挥其防浪促淤的作用。在适宜柽柳生长的地段，可人工栽植柽柳，形成柽柳防潮林带。

在坑塘、水库等湿地，可人工培植生态功能与经济价值较高的芦苇、东方香蒲沼泽植被和一些水生植被。

（六）湿地自然保护区建设

在沿渤海地带的重要湿地设立自然保护区，以湿地生态系统和珍稀动植物资源为主要保护对象。按照《山东省沿海防护林体系建设工程规划》和《山东沿海湿地保护和恢复规划》，沿渤海地带重点建设、完善黄河三角洲国家级自然保护区，新建或提升滨州海岸湿地自然保护区、潍北沿海湿地自然保护区、刁口湾湿地自然保护区。

自然保护区的主要功能是在规定范围内保护具有重要意义的自然环境和生物资源。自然保护区的建设和管理应以全面保护自然环境及自然资源，拯救濒危物种为主，积极开展科学研究和教育活动，并适当发展旅游业。按照有关自然保护区建设的条例、规定，自然保护区应设立管理机构、配备人员、进行基本设施建设，全面进行自然保护区建设的规划，有计划地开展各项科学研究和科学普及活动。

自然保护区一般设有核心区、缓冲区、实验区。核心区（绝对保护区）范围内保存天然状态的生态系统及珍稀濒危动植物进行绝对保护。缓冲区设在核心区外围，允许进行非破坏性的科研、教育活动。实验区在缓冲区外围，可进行植物引种、栽培和动物饲养、驯化、招引等实验活动，并允许在向导的指导下进行教学、参观、旅游活动。

四、湿地生态恢复试验实例

黄河河口区域的黄河三角洲湿地，是中国和世界暖温带具有代表性的河口三角洲湿地，具有独特的地理条件和生物多样性。黄河口地区的"黄河三角洲自然保护区"，对于保护湿地生态系统、珍稀鸟类和开展科学研究具有重要意义。由于黄河口湿地面临一些自然因素和人为因素的干扰破坏，也存在一定程度的湿地问题。为了探索保护湿地生态系统和湿地生态功能稳定发挥的模式，黄河三角洲国家级自然保护区进行了湿地生态恢复试验。试验区设在黄河口、大汶流、老黄河口三个管理站区域，试验区总面积 12738hm²，通过对湿地采取综合的生态修复措施，取得了显著成效，为湿地保护和生态恢复提供了经验和范例。

（一）试验区域概况和湿地面临问题

黄河三角洲自然保护区位于黄河入海口处，地貌为黄河三角洲冲积海积低平原。该保护区是以黄河口新生湿地生态系统和珍稀濒危鸟类为主要保护对象的湿地类型自然保护区，是研究黄河口新生湿地生态系统形成、演化、发展规律的重要基地。自 1992 年建立国家级自然保护区以来，进行了有效地保护管理工作，区内植被繁茂，鸟类种群数量增加，生态环境改善，并开展了富有成效的科学研究工作。

近年来，黄河口湿地也面临一些自然和人为因素的干扰破坏，主要有：黄河断流和干旱缺水，风暴潮和洪涝灾害，油田开发、生产建设、水质污染、湿地资源盲目开发等。因而，使湿地面临着淤积、退化、污染等生态问题。

（二）主要生态恢复措施

为了加强湿地保护和生态修复，探索提高湿地质量和生态功能的模式，针对湿地面临的问题，在试验区内主要采取了4项湿地生态恢复措施。

1. 修筑沿海防潮坝

经测定，黄河口、大汶流二区域平均高潮位一般在2.7~2.9m。湿地恢复区的防潮坝修筑在3m高程线附近，坝宽3.5m、高1.5m，长9km。

2. 生态补水

针对试验区水量不足、土壤盐渍化加重、植被退化的现状，采用了水利工程的"引、输、蓄"方式。

在雨季和黄河丰水期蓄积淡水，使湿地得到有效地淡水补给，减轻土壤盐渍化程度，恢复植被，并形成一定面积的水面，为鸟类栖息提供良好场所。

水利工程以围堤为主，并配合扬水站、引水渠、连通闸、堤格等设施，本试验区共修建围堤46.8km、引水渠21.3km。围堤范围内每隔200m修筑一条格堤，隔堤宽1m、高0.5m，格堤纵横交错形成方田。

为指导合理引水蓄水，需进行湿地生态蓄水量的测算。调查试验区内芦苇、柽柳、盐地碱蓬、獐毛、白茅5种主要植被类型的面积和适宜水深，分析测算湿地植物蓄水量和湿地土壤蓄水量。据测算，试验区每年需引水1440万 m^3，引水时间在植物生长旺盛和干旱缺水的5~6月，本试验区3年共引水4300万 m^3。

3. 湿地环境综合整治

主要是加强对油田作业的依法管理，合理控制油井密度，尽量减少占用湿地面积。对油田作业中的石油漏油污染，分别采取回收漏油、迁移或填埋表层土、生化分解等措施进行治理。

4. 植被恢复重建

选择试验区内条件合适的地片，实施植被恢复工程，包括天然植被恢复和部分人工栽植的植被，试验区内恢复重建的植物群落有芦苇群落、东方香蒲群落、柽柳群落、罗布麻群落、茵陈蒿群落及沉水水生植被、浮水水生植被等。试验区内以水源保证为基础，共恢复发展各种植被823 hm^2。

5. 鸟类栖息地保护与生境改善

加强鸟类栖息地的保护，禁止在鸟类繁殖栖息地开展各项生产开发活动。在鸟类栖息地内保持一定面积的水面，保留一定面积的芦苇等植被，改善栖息地环境质量。根据地形、地势特点和水源条件等，在水域四旁或水域中建设一些土坝或高出地面的平地，作为鸟类的繁殖岛，繁殖岛高度一般为高出水面0.1~0.5m，宽度不超过10m，长度不限。在东方白鹳繁殖区，选适合的位置设立繁殖招引巢。在栖息地禁止捕鱼，并实施鱼类等食物资源的养殖。冬季设立鸟类野外投食点，在保证卫生的前提下，投食一些玉米、大豆等食物。

（三）效益评估

通过连续 3 年的湿地恢复试验，试验区内的湿地生态系统得到有效的恢复，主要表现在土壤得到改良，植物种类、生物量和覆盖度大幅度提高，鸟类种类和密度显著增加（表 3-14）。

表 3-14　黄河三角洲湿地恢复试验前后湿地生态因子对比

（阎理钦、赵长征等，2006）

时间	地点	土壤含盐量（%）	土壤有机质含量（%）	植物种类	植物生物量（g/m²）	植被覆盖度（%）	鸟类种类	鸟类密度（只/hm²）
试验前	黄河口	1.65	1.25	163	44.4	23.4	89	3.2
	大汶流	1.26	1.56	189	81.9	31.6	118	1.6
试验后	黄河口	0.41	4.32	254	824	82.6	163	19
	大汶流	0.27	4.28	267	830	94.1	265	7.8

第四章 山东沿海防护林体系主要树种和草本植物的栽培技术

第一节 乔木树种的造林技术

山东沿海地区常见的乔木树种有 30 多种。其中山东半岛沙岸间岩岸丘陵区的主要造林树种有黑松、赤松、火炬松、日本落叶松、侧柏、刺槐、麻栎、美洲黑杨、欧美杨、毛白杨、旱柳、楸树等。渤海泥质海岸平原区的主要造林树种有欧美杨、毛白杨、旱柳、刺槐、白榆、绒毛白蜡、侧柏、枣树等。对这些树种的造林技术介绍如下。

一、赤松

赤松(*Pinus densiflora*)为松科松属的常绿乔木,树高可达 20 多 m。赤松为山东省的乡土树种,在山东的天然分布区是胶东丘陵和沭东丘陵。赤松林是山东半岛沿海低山丘陵有代表性的重要森林类型,对沿海低山丘陵区保持水土、调节气候、提供木材和薪柴等方面起到重要作用。在山东的沿海防护林体系建设中,赤松是山东半岛丘陵区水土保持林、水源涵养林及用材林、风景林的主要造林树种之一。

(一)生物学特性

1. 适生环境条件

赤松在我国的天然分布区是暖温带地区的滨海地带,北起辽东半岛,经山东半岛向南到江苏云台山,典型分布区是山东半岛。赤松是喜温树种,适生于年平均气温 10~14℃ 的地区。较耐寒,抗风。适生于年降水量 700mm 以上的地区,喜空气湿润。赤松在山东的垂直分布,无论是天然次生林或人工林,多在海拔 700m 以下,在海拔 150~300m 的坡中、下部一般生长良好。最高可达 900~1000m,但生长不良,如昆嵛山泰礴顶 900m 的地方赤松低矮,无主梢。

赤松喜光。在混交林中常居于林冠上层,与麻栎、山槐等树种混生时也居于同一林层。幼苗、幼树可耐弱度庇荫(郁闭度 0.5 以下),但是时间短暂,一般为 3~5a。

赤松适生于花岗岩、片麻岩母质的砂石山区,微酸性至中性的棕壤,土壤质地为沙壤土、壤土。喜土层深厚、疏松、肥沃的土壤,也能耐干旱瘠薄;不耐水湿,在土质粘重、排水不良的条件下生长受抑制，甚至烂根死亡。

2. 生长特性

赤松的生长速度中等。赤松树木在 4～5a 以前地上部分生长缓慢，5～6a 以后生长加快。在较好的立地条件，树高生长的速生期在 6～15a，最大连年生长量达 0.5～1.0m；15a 以后高生长逐渐减慢。胸径生长速生期为 10～20a，连年生长量达 0.8～1.0cm；胸径平均生长量在 20a 左右最高，为 0.5～0.6cm。单株树木的材积生长速生期一般在 15～35a 之间，材积平均生长量在 35a 以后达到最高（表4-1）。

表 4-1　昆嵛山林场赤松解析木生长过程

（山东省林业科学研究所，1967）

年龄	胸径(cm)			树高(m)			材积(m³)			形数	材积连年生长率(%)
	总生长量	连年生长量	平均生长量	总生长量	连年生长量	平均生长量	总生长量	连年生长量	平均生长量		
5				0.4	0.08	0.08				0.833	
		0.25			0.64			0.0002			20.0
10	2.5		0.25	3.6		0.36	0.0015		0.0002	0.548	
		0.92			0.54			0.0025			32.3
15	7.1		0.47	6.3		0.42	0.0138		0.0009	0.610	
		0.88			0.36			0.0075			23.1
20	11.5		0.58	8.1		0.41	0.0514		0.0026	0.589	
		0.42			0.20			0.0053			8.2
25	13.6		0.54	9.1		0.36	0.0777		0.0031	0.575	
		0.40			0.34			0.0082			8.3
30	15.6		0.52	10.8		0.36	0.1186		0.0040	0.557	
		0.30			0.26			0.0073			5.3
35	17.1		0.49	12.1		0.35	0.1549		0.0044	0.553	
		0.20			0.20			0.0049			3.2
36	17.3		0.48	12.3		0.34	0.1598		0.0044	0.558	
36（带皮）	17.9			12.3			0.1730				

注：阴坡下部，棕壤、厚层砂壤土，Ⅱ级木

赤松林分的生长，因立地条件和经营水平不同而有很大差别。在阳坡厚层土或阴坡、半阴坡中厚层土上，生长较好、林相整齐的赤松林，20～25 年生，每公顷 2000 株左右，郁闭度 0.7 以上，平均树高 8～10m，平均胸径 10cm 以上，每公顷蓄积量 52.5～82.5m³。在干旱瘠薄的土壤上，生长差、林相不整齐的赤松林，20～25 年生，每公顷 2000 株左右，郁闭度 0.4～0.5，平均树高 3.0～4.5m，平均胸径 6.0～9.0cm，每公顷蓄积量 4.5～12.0m³。立地条件中等、生长一般的赤松林，生长量介于以上二类林分之间。

（二）育苗技术

赤松以播种育苗为主。一般在造林地附近设山地临时苗圃育苗，可就近造林，保持苗木新鲜湿润，并减少松苗立枯病的发生。

1. 苗圃选择与整地

在造林地附近，选择阴坡或半阴坡，坡度较小，土层较厚的沙壤土作育苗地。在播种前 3～6 个月整地，采用窄幅梯田或水平阶整地法，拣净杂草、乱石，田面要平，稍向内倾斜，用石块或草皮筑成牢固的外沿。

2. 种子处理

将选好的种子进行消毒，可用0.5%的福尔马林溶液浸泡15～30min或用高锰酸钾溶液浸泡2h。放入40℃的温水中，浸泡24h。再用防治地下害虫和防鸟兽的农药拌种。

3. 适时播种

春季、冬季均可播种，冬播种子在土壤中通过催芽阶段，翌春发芽早，出土整齐，扎根深，增强抗旱能力，苗木生长旺盛，效果好于春播。冬播要晚，在土壤封冻前播种即可，以免种子过早地吸水膨胀。春播宜早，土壤开冻后立即进行。

4. 播种方法

播种前先将畦床灌足底水，松土耧平。为提高墒情，可在播种沟内再灌一次水，待水渗下后播种。山地育苗应适当加大播种量，每公顷180～200kg。播下的种子覆盖沙土厚1.5～2cm。

5. 苗期管理

出苗前喷水，保持畦面不干不湿，提高土温，以利出苗。出苗后以灌水为主，与喷水结合。赤松的幼苗易感染松苗立枯病，当苗木大部出齐，喷波尔多液，每隔10～15d喷一次，连续喷3～4次，增强幼苗抗病能力。在6月份结合灌水开沟追施尿素1～2次，每公顷80～100kg。灌水后适时中耕、保墒，及时松土除草和防治病虫害。雨季注意排涝。

6. 病害防治

松苗猝倒病也称立枯病，是赤松苗期的主要病害，是松树育苗成败的关键。由于苗木受感染的时期不同，所以表现的症状各异。种子刚发芽时受感染，表现为种腐型；幼苗出土前受感染，表现为猝倒型；苗木木质化后，由于根部受感染，造成苗木枯死，成为立枯型。主要防治措施为：①选好圃地，避免用松树育苗连作地和低洼地育苗。②细致整地，适时播种，播种前把种子用杀菌剂进行消毒处理。③出苗后可用敌克松、多菌灵或代森锌等药剂制成药土后撒在根茎部，或用1∶1∶100～200的波尔多液喷洒苗木。

7. 苗木标准

对赤松壮苗的要求是苗干粗壮，顶芽饱满，根系发育完好，无病虫害及机械损伤，地径、苗木、根系长度等指标达到苗木标准的要求（表4-2）。

表4-2　赤松苗木等级

苗木类型	苗龄	Ⅰ级苗				Ⅱ级苗			
		地径（cm）≥	苗高（cm）≥	根系		地径（cm）	苗高（cm）	根系	
				长度(cm)	>5 cm Ⅰ级侧根			长度(cm)	>5 cm Ⅰ级侧根
播种苗	2–0	0.5	30	20～30	10	0.3～0.5	20～30	10～20	5～10
移植苗	1–1	0.5	30	20～30	15	0.3～0.5	20～30	20～25	10～15

（据山东省地方标准《主要造林树种苗木》，1996）

（三）造林技术

1. 造林地选择

赤松造林适于山东半岛的丘陵，海拔高度 700m 以下，坡中部、下部，由花岗岩、片麻岩、沙岩等风化母质形成的微酸性至中性的棕壤、淋溶褐土，土壤质地沙土、沙壤或壤土，排水良好。

2. 整地

造林地整地一般可提前一个季节进行，以利保蓄土壤水分。整地季节以春季最好，这时土壤刚解冻，疏松且湿润，又无杂草，较易施工；其次为秋季。整地方式主要有小穴、鱼鳞坑和水平阶，根据地形地势和苗木大小确定。条件较好的造林地常用水平阶整地，阶长 2～3m，宽 0.6～0.8m，深 0.4～0.6m；土层较厚，但坡较陡的造林地，常用鱼鳞坑整地，长径 0.8～1.0m，短径 0.5～0.6m，深 0.3～0.4m。均按品字形排列，穴面外高里低，并叠好穴沿，拣净草根、碎石。坡陡、岩石多的造林地可用小穴整地，穴径 0.4m、深 0.4m。

3. 栽植方法

赤松一般用裸根苗植苗造林。造林季节可在春季、雨季或冬季。春季造林以早春为宜，这时幼苗处于休眠状态，土壤墒情较好，栽植后容易成活。雨季造林宜早，使栽植的苗木当年能扎根生长，一般在"头伏"前后，下过透雨，趁连阴雨天随起随栽。冬季造林在"小雪"前后，土地结冻前栽植，一般适于阳坡。

栽植时先挖好栽植穴，放入苗木后使苗木根系舒展，把土填满，踏实。苗木栽植的深度比原来在苗圃时深 3～6cm。在坡陡、岩石多的造林地，为防止水土流失，也可采用"缝植法"，用镢头在小穴中刨下，镢柄下压，开出窄缝，将苗根放入缝隙中，抽出镢头，踏实。

4. 造林密度

赤松造林宜适当密植，使幼树提前郁闭，形成森林环境，发挥防护作用；但又不因密度过大而影响幼林生长。在中等立地条件下，造林密度一般 3300～5000 株/hm²。赤松郁闭后林木开始分化，再通过抚育采伐调整林分经营密度。

5. 合理混交

合理营造混交林是赤松造林的一项重要技术措施，可以更充分地利用光能和地力，调节林内小气候，培肥土壤，加速林木生长，减少病虫害发生，提高林地生产力。赤松可与阔叶树种、其他针叶树种及灌木混交。

赤松与阔叶乔木树种混交，混交树种有刺槐、麻栎、山槐、刺楸等。赤松与阔叶树的混交比为 1～5:1，多形成不规则混交或块状、带状混交林。这类混交林能充分利用林地环境资源，提高生产力，还能更好地起到改良土壤及防火、防虫作用。

赤松与其他针叶树种混交，混交树种有日本落叶松、侧柏等，可带状或块状混交，也可提高林分稳定性，减少病虫害。

赤松与灌木树种混交，常用灌木有紫穗槐、荆条等，乔木与灌木混交比为 1:2，或灌木在林下不规则混交。这类混交林下土壤腐殖质增多，根系发育和林木生长良好，保持水土效益增强，且提早收益。

6. 幼林抚育

幼林抚育是提高造林成活率和保存率的必要措施，主要为松土除草、培土整埝等。新造赤松幼林应连续抚育3年，每年抚育3次。春季化冻时踏实，有利于保墒。夏季松土除草，并将穴埝压平，防止雨季积水诱发松苗立枯病。冬季封冻前培土、整埝，以利积存雨雪。

7. 修枝

赤松林修枝一般从6~7a生开始，每隔4~5a修枝一次，修去树冠底层的枯枝和部分生长衰弱枝条。修枝强度依据林龄、立地条件和生长状况而定，一般在15a以前留树冠长度为树高的2/3左右，15~30a生留冠长为树高的1/2左右。

修枝季节以初冬或早春林木休眠时为宜，这时修枝树皮不易撕裂，也不致因伤口流脂过多而影响林木生长。修枝时使切口平滑，切口与枝桠垂直、不留桩为宜，切口面积小，容易愈合。

8. 抚育采伐

在密度较大（一般郁闭度0.8以上）的赤松林中进行抚育采伐，可调节林分结构，改善林地环境，促进林木生长。

赤松林抚育采伐起始期应在8~10a，即幼林郁闭后进行第一次抚育采伐。抚育采伐间隔期5~10a，进入成熟林即停止抚育采伐。抚育采伐强度一般采用轻度和中度间伐，透光伐的间伐强度一般为，人工林伐去原有株数的20%~30%或蓄积量的10%~25%，天然林伐去原林分蓄积量的10%~20%；疏伐的间伐强度一般为，人工林伐去原有株数的20%~30%或蓄积量的10%~20%，天然林伐去原有林分蓄积量的15%~20%；间伐后的林分郁闭度不得低于0.6。立地条件较好、林木生长较快的林分，间伐强度可适当大一些；立地条件较差，间伐强度宜小一些。赤松林一般采用下层抚育法，砍伐木的确定掌握"砍弯留直，砍病留健，砍小留大，砍次留好"的原则。抚育采伐一年四季均可进行，以秋季到次年早春较为适宜。

9. 病虫害防治

（1）主要害虫防治

赤松的主要害虫有赤松毛虫、日本松干蚧、微红梢斑螟（又名松梢螟）、松纵坑切梢小蠹、松褐天牛等多种，其中赤松毛虫和日本松干蚧的危害最为严重。

赤松毛虫（*Dendrolimus spectabilis*）：以松树针叶为食，针叶被吃光后则啃食当年生球果和嫩梢。常大面积发生蔓延，将成片松林的针叶吃光，危害严重，是山东松林的主要害虫。防治方法为：通过营造混交林、加强森林抚育、封山育林等措施，促进林木生长，确保林相整齐及地被植物茂盛，使之有利于赤松毛虫寄生蜂、捕食性昆虫及鸟类的生存与繁衍。因地制宜开展生物防治，可用多角体病毒（NPV）制剂、苏云金杆菌（Bt）或白僵菌制剂，及人工放寄生蜂、保护招引益鸟等措施，有效地抑制赤松毛虫的发生。林间喷施灭幼脲3号等几丁质生长抑制剂有明显效果。10 月份赤松毛虫幼虫下树越冬，或 3 月份出蛰上树危害时，用 50% 马拉硫磷乳油，加水稀释 6 倍，在树干胸高处涂成药环，触杀下树越冬或上树危害的大龄幼虫。

日本松干蚧(*Matsucoccus matsmurae*)：我国分布于辽宁、山东、江苏、浙江等省。山东主要分布于烟台、威海、青岛，以 5 ~ 15 年生赤松受害最严重。以若虫危害枝干，刺吸树液，树木受害后生长衰弱，针叶枯黄，芽梢枯萎，皮层组织被破坏形成污烂斑点，树皮增厚硬化，卷曲翘裂；幼树受害后易发生软化垂枝和树干弯曲现象；受害重的松林常成片枯死。1950 年青岛崂山发现成片松林呈垂枝症状，曾误认为垂枝病。20 世纪 60 ~ 70 年代，胶东地区的松林大面积发生，造成严重危害。松干蚧属国内检疫对象，要严格进行检疫，严禁从疫区调运苗木、原木和枝柴。疫区采伐的原木要刮皮处理，枝桠等薪材要就地晒干。加强封山育林，引进日本落叶松、火炬 松等抗虫树种，营造针阔叶混交林，及时修枝、间伐及清理林地，增强树势。保护利用异色瓢虫、蒙古光瓢虫、松蚧益蛉等天敌昆虫，开展生物防治。使用石硫合剂 1°Be 或杀螟松对枝干喷雾，用久效磷、氧化乐果涂干。使用雌成虫性信息素提取物诱捕雄成虫。

微红梢斑螟(*Dioryctria rubella*)又名松梢螟：以幼虫钻蛀松树嫩梢，顶梢被害后翌年丛生侧枝，树冠呈帚状，严重影响幼树生长。幼虫也危害树干及球果。危害树干时多在韧皮部及边材处钻蛀坑道，削弱树势，幼树甚至可枯死。被害球果干枯，种子产量减少。防治方法为：在 4 月底以前，从被害松梢基部剪除，集中烧毁。用 80% 敌敌畏乳剂 1000 倍液喷杀成虫和尚未蛀入梢内的幼虫，每 7d 一次，连续防治 2 ~ 3 次。加强幼林抚育管理，促使林木早期郁闭，可减轻危害；对密度过大的林子，应及时修枝、间伐，促进林木生长，提高抗虫能力。松梢螟卵期可释放赤眼蜂。

松纵坑切梢小蠹(*Tomicus piniperda*)：主要危害长势衰弱的松树立木和伐倒木，是山东松林的主要枝干害虫。该虫繁殖期危害树干，在松树韧皮部蛀筑坑道，严重者可致林木死亡；成虫补充营养期蛀食嫩梢，可致被害枝梢枯黄或折断。防治方法为：春季越冬成虫出蛰前，在林区设置饵木诱集，并及时焚烧处理。营造针阔叶混交林，加强抚育管理，防止火灾及其他病虫害的发生，以增强树木长势，减少该虫的侵入。及时伐除风折木、风倒木、衰弱木、虫害木等，并及时运出林外处理，以减少虫源。成虫羽化期，使用 80% 滴滴畏乳油 1500 ~ 2000 倍液喷洒树梢，可减轻危害。

松褐天牛(*Monochamus allernatus*)：幼虫蛀食松树树干和枝条的韧皮部和木质部，使其输导组织受到损害，严重影响树木生长。其成虫是松材线虫病(*Bursaphelenchus xilophilus*)的传媒昆虫，松材线虫病可导致松林大片枯萎死亡。

每年发生 1 代。以幼虫在病树边材中越冬。翌年春化蛹，蛹期 5 ~ 7d。羽化成虫飞出至松树嫩枝上取食，松材线虫附在成虫体上传播。成虫补充营养后交配，在树皮上咬刻槽，卵产在刻槽底的粗皮以下，每刻槽产卵 1 至数粒。幼虫孵出后即蛀入皮下蛀食，在内皮和边材部蛀成宽而不规则的平坑，秋天蛀入木质部。该虫为检疫对象，要严格检疫，严禁从疫区调运木材。加强林地管理，及时清除风折木、风倒木、虫害木。将伐倒木及时运至林外，进行剥皮。羽化期设置饵木，诱集成虫产卵，并及时烧毁。在成虫羽化初期与盛期，可喷 50%杀螟松油剂。

（2）主要病害防治

赤松的主要病害有松落针病、松疱锈病、松树枯枝病、松材线虫病等。

松落针病，病原菌为扰乱散斑壳（*Lophodermium seditiosum*）。病菌通常侵染二年生针叶，有的一年生针叶也可受害。山东的赤松和黑松等均有不同程度地发生。病原菌从幼树到大树都可侵染，在幼、中龄林严重发病时可引起提早落叶，影响生长，导致树势衰弱。防治措施为：对发病的苗圃，于第二年进行换床并喷药杀菌，清除并烧毁病叶，减少侵染来源。对幼林加强抚育管理，及时进行抚育间伐，增加林内通风、透光，提高树木的长势，增强抗病力。在子囊孢子成熟飞散之前，喷 1%波尔多液、65%代森锌 500 倍液或 75%百菌清 500～800 倍液。

松疱锈病，病原菌为松芍药柱锈菌（*Cronartium flaccidum*）。山东先后在烟台等地的赤松、油松及黑松林内发现。病害发生在针叶及枝干的皮部，幼林较成林发病重，当年主干受害的幼树大多数于次年春季死亡。防治措施为：严格检疫，禁止疫区的苗木、幼树外运。林分及时间伐和修枝，清除林内感病林木，减少侵染来源。用 25%粉锈宁 500 倍液或敌锈钠 200 倍液涂干，均有较好的疗效。

松树烂皮病，也称松枯枝病、松干枯病，病原为铁锈薄盘菌（*Cenangium ferruginosum*）。山东松树栽培区普遍发生，危害赤松和黑松等。1999 年在青岛崂山林场的平均发病率为20%，严重林分达 50%以上，一部分病树枯死。本病多发生在 2～10 年生枝干皮部，严重时也发生在干基部。感病部位以上松针变黄绿色至灰绿色，并逐渐变褐色至红褐色。此时可以明显看到病枝、干由于失水而收缩起皱的症状。防治措施为：造林适地适树，加强抚育，林分及时修枝、间伐，防治松干蚧等害虫，以增强树势。清除林内的病干、枝，减少侵染源。用 1∶1∶100 波尔多液或 2° Be 石硫合剂喷洒树干。

松材线虫病，病原为松材线虫（*Bursaphelenchus xylophilus*）。1972 年日本首先报道了此病，后在日本普遍发生。松材线虫病能危害 30 余种松树，是一种毁灭性的流行性病害，蔓延速度快，短时间内可造成大量松树死亡。1989 年传入山东长岛境内，危害黑松和赤松，至 2000 年发生面积达 500 多 hm^2。松材线虫是国内森林植物检疫对象，要严格检疫，禁止将带病木材运入无病区。病区木材可用溴甲烷、硫酰氟等药剂熏蒸，也可在水中浸泡 100d以上，可杀死松墨天牛。在松墨天牛羽化期，用杀螟松、倍硫磷、西维因连续喷洒，可杀死天牛成虫。根施杀线虫剂涕灭威和克线磷等，可抑制线虫的繁殖。

二、黑松

黑松（*Pinus thunbergeii*）为松科松属的常绿乔木，树高可达 30m。原产日本及朝鲜南部海岸地带，20 世纪初引入山东省，青岛市崂山林场是山东引种黑松最早的单位之一。黑松生长较快，抗风力强，耐海雾，耐干旱瘠薄，对于沿海地带恶劣的天气条件有较强抗性，具有防风固沙、保持水土、防海雾等防护效能。黑松是山东半岛营造海岸防护林和沿海低山丘陵造林的主要树种之一，是沙质海岸、岩质海岸和海岛造林的先锋树种；黑松树形美观、常绿，是良好的风景林树种；黑松也是山东半岛的用材和薪炭林树种之一。

（一）生物学特性

1. 适生环境条件

黑松是暖温带树种，生物学特性与赤松近似。喜温，较耐寒。适生区域年降水量700mm以上。喜空气湿润的海洋性气候，在山东半岛沿海地带生长良好。喜光，幼苗稍耐庇荫。适于深厚、疏松、排水良好的棕壤或沙质潮土。

黑松与赤松相比，对热量的要求较高，在山区的垂直分布较低，多在海拔500m以下。据山东省林业调查设计队调查，从海拔500m上升到海拔800m，黑松的高生长量下降了60%以上，赤松仅下降20%。黑松耐土壤干旱瘠薄，但忍耐大气干旱和土壤干旱的能力不如赤松。在海拔500m以下的深厚土壤上，黑松的生长量高于赤松；在海拔500~600m的干旱瘠薄土壤上，黑松的生长不如赤松。黑松除适于砂石山区外，还能在沙质海岸的风沙土和pH值8.0的海滩轻盐碱地上生长。黑松耐海风、海雾，在海岸高空气湿度的条件下生长良好。

2. 生长特性

黑松林木的生长过程与赤松相似。与赤松相比，黑松前期生长较快，树高、胸径连年生长量高峰出现较早。黑松在4~5a前地上部分生长缓慢。树高生长在5~6a以后加快；6~9a为增长最快时期，连年生长量达0.6~0.9m；10a以后高生长逐渐减慢。胸径生长在7~12a最快，最大连年生长量0.8~1.2cm。15~25a为材积生长速生期，单株树木材积平均生长量最大时的年龄约在30a以后。

黑松林分的生长情况与赤松相似。在较低海拔的中厚层沙壤土上，黑松林的生长量高于赤松林，特别是中幼龄阶段。

（二）育苗技术

黑松以播种育苗为主，除培育裸根苗外，山东半岛地区也普遍培育黑松容器苗。

1. 裸根苗培育

（1）采种　黑松种子多在9月下旬至10月中旬成熟，当球果由深绿色变为黄褐色时，应及时采集。采回的球果放在阳光下曝晒，每天翻动数次，果鳞开裂，种子脱出，经过筛选去杂后进行干藏。种子保存期不宜过长，一般采种的当年冬季或翌年春季即行播种。若保存期在1年以上，应进行冷藏。

（2）圃地选择和整地　选择排灌条件良好的肥沃沙壤土作苗圃。播种前施足基肥，一般每公顷施圈肥45~75t、过磷酸钙1500kg，深耕、细耙，做畦。

（3）种子处理　播种前用高锰酸钾、福尔马林等杀菌剂溶液浸泡种子，用清水冲洗干净再倒入55℃左右温水中，浸泡24h。待种子吸饱水后捞出，混2倍的细沙将种子搅拌均匀，堆置于催芽床内催芽。催芽床设置在背风向阳处。床内温度保持在20～25℃，每日上下均匀搅拌1～2次，使床内上下的种子温度一致，如干燥可喷水保持湿润，待种子有1/3开始露芽时时即可播种。

（4）播种方法　可秋播也可春播，可条播也可撒播。一般采用春季条播，先将畦面耙平，划沟，将种子均匀地撒于沟内，覆土厚度以盖住种子为宜，踏实后轻轻耙平，再覆一层细土。一般每公顷播种量75kg。播种一周即能见苗，半月后可出齐。从播种到幼苗出土前，如不过分干旱，一般不要浇水。

（5）苗期管理　苗期管理措施主要是防治病虫害、浇水施肥、松土锄草。松苗在5～6月间易受立枯病危害，苗木出齐后，应每隔半月喷150～200倍的波尔多液一次，连续3～4次。若发现病株，须拔除烧掉。松苗较耐旱，但怕涝怕淤，每次暴雨后往往"穿泥裤"，要注意扒淤或冲洗。幼苗期喷水，以保持苗床湿润为准。一年追施速效氮肥3～4次，第一次一般在6月上旬，每公顷施尿素80～100kg；第二次在6月底或7月初，每公顷施尿素130～160kg；第三次在7月底或8月初，每公顷施尿素160～200kg。幼苗刚出土比较嫩弱，不宜松土，可拔草。针叶长出后已接近雨季，杂草繁茂，可及时松土除草。2年生黑松苗的育苗密度100～120万株/hm^2。

2. 容器育苗

（1）育苗地选择　培育黑松容器苗可在塑料大棚中，也可在露地环境。露地培育容器苗时，应选在距造林地近、运输方便、有浇灌条件、便于管理的地方。育苗地要平坦、排水良好，不能在易感苗木病虫害的菜地育苗。山地育苗要选在通风良好、阳光较充足的半阴坡或半阳坡，不能选在低洼积水、易被水冲、沙埋的地段及风口处。

（2）整地作床和摆放容器　育苗地要整平地面，划分苗床与步道，苗床宽一般为1～1.2m，步道宽30～40cm。苗床常用低床或平床，作床后在低于步道的床面上摆放容器。育苗地周围挖排水沟，以防积水。

塑料薄膜容器袋高10～15cm，径7～10cm，每个袋上打8～12个孔。按生心土80%，黄粘土10%、松根土10%的比例，再添加适量尿素和过磷酸钙，配制容器用的营养土。如心土为沙土，则按心土60%、黄粘土30%、松根土10%的比例。为防松苗病害，忌用未腐熟的有机肥料及蔬菜地熟土。

营养土要在装填前洒水湿润，使含水量达到10%～15%。向容器内装填营养土一般为手工装填，要装满填实。将装满营养土的容器整齐摆放到苗床上，容器上口要平整一致，容器间空隙用细土填实。摆好容器后，容器上缘与步道平（平床）或低于步道（低床）。

（3）播种　种子应精选、消毒、催芽。一般在4月上旬播种。每个容器播种3～5粒，播种后覆沙填缝盖面，超出容器面1cm左右。种子覆土后随即用苇帘或塑料薄膜等材料覆盖。

（4）苗期管理　幼苗出土后及时去除苇帘、塑料薄膜等覆盖物，当幼苗长出2~3片初生叶时，进行第一次间苗，每个容器留苗2~3株。第2次间苗后，每个容器定苗1株。追肥要结合浇水进行，将适量氮、磷、钾肥料混合，配成1:200~1:300浓度的水溶液施用。浇水要适时适量，生长前期应适量多次，速生期可多量少次，封冻前浇水一次。针对不同的疫情、虫情，选用适合的杀菌剂、杀虫剂进行苗期病虫害防治，必要时要拔除销毁病株。

（5）容器苗出圃　出圃容器苗的要求是：根系发达，已形成良好根团，苗木长势好，苗干直，色泽正常，无病虫害和机械损伤。休眠期出圃的苗木应有顶芽，充分木质化。合格容器苗的规格以苗高、地径作为指标，黑松一年生苗合格苗的苗高≥9cm、地径≥0.2cm。

起苗时间与造林时间相衔接，做到随起苗、随运、随栽植。起苗时要保持容器内根团完整，防止容器破碎。切断穿出容器的根系，严禁用手提苗茎。搬运容器苗应使用硬塑料盒或木盒，轻拿轻放，尽量减少损耗率。

（三）造林技术

1. 造林地选择与整地

黑松耐瘠薄，抗海风、海雾，对造林地要求不严。在丘陵区，选海拔600m以下的荒山荒地，适于微酸性至中性的棕壤土。在沙质海滩地，除涝洼盐碱地外，皆可进行造林。

造林前，可提前半年至一年进行整地。整地方法因立地条件不同而有差异。在山区，常采用水平阶、鱼鳞坑、穴状三种整地方法。海滩地常用带状或穴状整地，地势低洼处可挖沟、筑台田。瘠薄沙滩，可在植树穴内客土，客土以粘质土为宜，不少于植穴容积的1/5。

2. 造林方法

黑松可植苗造林或直播造林，主要用植苗造林。植苗造林在春季、雨季、冬季都可进行。多用2年生壮苗，苗高>20cm、地径>0.3cm、根长>20cm，具有饱满的单顶芽，针叶完整。

植苗方法一般用穴植法。山区造林也可在整好的造林地上采用窄缝、靠壁栽植。裸根苗栽植前，可用泥浆水蘸苗根。栽植时使苗根舒展，比原根颈处深1~2cm。踩实后，上覆松土保墒。沙质海滩可适当深栽，比原根颈处深5~6cm。使用容器苗造林，可提高造林成活率和苗木适应能力。黑松容器苗造林一般使用1年生苗或1.5年生苗，在春季或雨季造林。

沙质海滩的风力大，土壤干旱瘠薄，为提高造林成活率，可采用一些沙地旱作造林技术，包括客土造林、使用高分子吸水剂、大苗深栽、覆草或覆地膜、设置防风障等。客土改善植穴土壤，可提高保水、保肥性能，提高造林成活率，客土以粘质土为宜，不少于植穴容积的1/5，并与原有沙土拌匀。使用高分子吸水剂能明显提高植穴土壤的蓄水保水能力。在造林前先使高分子吸水剂充分吸足水分，与回填土充分混匀，造林时与苗木根部充分接触。应用容器苗造林可以提高造林成活率和苗木适应能力，缩短缓苗期。在风口处的风蚀地，容器苗造林的效果更明显，可应用2~3年生的容器苗，适当深栽，增强抗旱抗风能力。植苗后在根际进行覆盖，能减轻蒸发，保持土壤水分，可以覆草、覆地膜或覆草加地膜。在风口处设置风障，可减轻大风对苗木的伤害，减少风沙，防止沙埋。

黑松是山东半岛公路绿化的主要针叶树种之一，多使用苗高 >1m 的带土坨大苗，栽植后及时浇水，水下渗后培土封穴。

3. 造林密度

黑松多在瘠薄山地和海滩沙地造林，为加快林木郁闭，及早形成森林环境，造林密度应大一些，以 5000 ~ 6000 株/hm² 为宜。待幼林郁闭后，再逐步实施抚育间伐。

4. 营造混交林

黑松和阔叶树种合理混交，有助于改良林地土壤，促进林木生长，提高林分稳定性，提高防护效能。适宜的混交树种有刺槐、麻栎、紫穗槐、胡枝子、单叶蔓荆等。黑松与阔叶乔木树种可行间混交或带状混交，黑松与灌木可行间混交或株间混交。

（四）抚育管理

1. 幼林抚育

黑松幼林的抚育措施以松土除草为主，造林后应连续抚育 3 年。在瘠薄沙滩地上，可利用当地的绿肥植物进行压青，提高土壤肥力；在有条件的地方，还可以施用有机肥，促进幼林生长和增强防护作用。

2. 修枝间伐

黑松林分郁闭后，应进行合理修枝和间伐，以利于林木生长和防护作用的发挥。黑松防护林修枝一般只修去林冠底层的枯死枝和生长衰弱枝，保留较长的树冠。抚育间伐多用下层抚育法，间伐对象主要是病腐木、被压木和部分过密的林木，抚育间伐应少量、多次，每次间伐强度不超过 15% ~ 20%，间伐后林分郁闭度不低于 0.7。使用林分密度表，可实施林分的定量抚育采伐。如许景伟等编制的胶东沙质海岸黑松防护林林分密度表，为确定海滩黑松防护林的经营密度和合理抚育采伐提供了方便。

3. 防治病虫害

黑松的病虫害种类与赤松相似，黑松林受赤松毛虫、日本松干蚧等害虫的危害也较普遍。需采取以营林措施为基础，营林措施、生物措施、物理措施、化学措施相结合的综合防治技术，防止病虫害蔓延成灾。

三、火炬松

火炬松（*Pinus taeda*）为松科松属的常绿乔木，树高可达 30m。火炬松原产美国东南部。中国于 1934 年开始在福建南屿林场引种，1980 年后在亚热带及暖温带南部地区栽培。山东是我国引种火炬松的北界，经引种栽培试验，火炬松在山东半岛南部气候温和湿润的日照、胶南等地比较适宜，较少出现冻害；而在山东半岛北部，则冻害较严重。火炬松的生长量明显高于黑松、赤松，在山东半岛南部沙质海岸的后部和海拔较低、背风向阳的丘陵地上，能较好地发挥其速生性和防护效能。在山东沿海防护林体系建设中，可选择火炬松适宜的造林地，逐步扩大其栽培面积。

(一)生物学特性

1. 适生环境条件

火炬松原产地为美国的亚热带湿润气候区，夏季长而炎热，冬季温和，年平均气温 11.1~20.4℃，极端最低气温 –16.9℃，年降水量 1016~1520mm。据威尔土(1985)总结，在美国以外栽植火炬松地区的年平均气温为 13~19℃，耐寒的界线为年平均气温 13℃的等温线。火炬松在我国的主要引种栽培地区为亚热带的低山、丘陵，山东为我国引种火炬松最北的地区。山东的水热条件与火炬松原产地有一定差距，山东栽植火炬松以鲁东南、鲁南较温暖湿润的环境条件较为适宜。随树龄增加，火炬松的抗寒性增强，3~4a 以上的林子一般不会出现冻害。火炬松与黑松、赤松混交造林，能提高其对低温、寒风的抵抗能力。

山东栽植火炬松的立地多为砂石山区的棕壤，土壤呈微酸性。喜深厚、肥沃土壤，也较耐干旱瘠薄。在沉积岩褐土、海滩和河滩沙质潮土上进行火炬松造林试验，也生长良好。由于火炬松喜温、喜湿的特性，海拔高度、坡向、坡度、土层厚度等影响水热条件的立地因子对火炬松生长的影响很大。如在崂山海拔 50m 处的下宫育苗，可安全越冬；海拔 300m 的上宫则有轻微冻害。莒南县柳沟乡 1990 年春营造火炬松林，当年普遍生长良好，1991 年 3 月 6 日和 30 日两次东北风寒流袭击，山北坡的火炬松受冻害株率达 98%，山南坡的受冻害株率只占 2%。昆嵛山林场小长夼栽植的 11 年生火炬松林，山坡上部的平均树高 2.85cm、平均胸径 3.9cm，山坡中部的平均树高 4.4m、平均胸径 7.7cm，山坡下部的平均树高 5.3m、平均胸径 9.0cm。对砂石山区栽植的 6 年生火炬松林调查，厚层土上的树高 3.6m、胸径 6.96cm，中层土上的树高 3.3m、胸径 6.06cm，薄层土上的树高 3.06m、胸径 5.64cm。在海拔较低、背风向阳、土层深厚的立地条件栽植火炬松，才能充分发挥火炬松早期速生的特性。

2. 生长特性

(1)年生长

赤松、黑松的树高年生长量集中在春季，一般在 6 月初春梢就会停止生长，树高的年生长呈单峰曲线。火炬松幼树的树高年生长自春季持续到秋季。李国华等在日照观察，而火炬松幼树在 5 月中旬至 6 月上旬、6 月中旬至 6 月下旬、7 月下旬至 8 月上旬、9 月上旬至中旬出现四次高生长的高峰。与赤松等每年春季抽梢一次不同，火炬松具有多次抽梢特性，一般一年抽梢 3~4 次。火炬松的侧枝不如赤松、黑松等的轮生枝明显。

(2)树木与林分生长

火炬松在适生立地条件上表现早期速生特性。如日照市沙沟村的 4 年生火炬松幼林，平均树高 3.74m，平均胸径 5.95cm；崂山林场海拔 500m、阳坡的 7 年生幼林，平均树高 6.6m，平均胸径 6.6cm；崂山下清宫海拔 50~150m、阳坡的 17 年生林分，平均树高 10.4m，平均胸径 18.5cm；胶南市寨里乡沙质海岸，7 年生火炬松林分，平均树高 5.47m，平均胸径 10.3cm；均明显高于相同立地、相同林龄的赤松林和黑松林。

(二) 育苗技术

1. 种源选择和采种

山东属火炬松引种北界，1982 年开始火炬松耐寒种源试验，现仅存肥城牛山林场一处试验林。1986 年起又分别从北卡罗来纳、密西西比、露易斯安纳州引进种子扩大试验。山东省林木种苗站于中奎等调查，沿海地区应以北卡罗来纳州沿海种源及佐治亚州中心产区的种源为主；胶东丘陵应选择弗吉尼亚、肯塔基、乌里兰和阿肯色州种源为主；山东省林业学校李承水等(1994)在日照市虎山乡试验，4 个火炬松种源的抗寒性顺序为：北卡罗来纳 > 佐治亚 > 密西西比 > 路易斯安那。

2. 裸根苗培育

培育火炬松的育苗地应选背风向阳、地势平坦、土层深厚、水源方便的地段，育苗地土壤为微酸性至中性的棕壤或潮土，土层深厚，肥沃、湿润，排水良好。

培育火炬松裸根苗的方法与黑松育苗相似，要深耕圃地，施足基肥，做好苗床，土壤和种子消毒，种子催芽，适时播种。

火炬松育苗方法一般为条播或点播。点播既节约种子，又利于培育壮苗。点播的株行距 6×8m～8×8m，每公顷播种量 30～45kg。播种后用薄层沙土覆盖，然后覆草。火炬松种子发芽期不一致，播种后一个月左右方可出土，少数种子 2～3 个月才能出土。待幼苗大部分出土后，揭除盖草。幼苗出土后 40 天内应特别注意保持苗床湿润。5～7 月上旬可施化肥 1～2 次，每次施硫酸铵 30～75kg/hm²。浇水后及雨后及时进行松土。应采取各种措施防止鸟害。雨季要及时清沟排水，暴雨后苗茎易粘附泥浆，应及时用清水洗苗。

火炬松裸根苗造林可使用 1～2 年生合格苗(表4-3)。2 年生合格苗的苗高 30cm 以上，地径 0.5cm 以上。

表 4-3　火炬松苗木等级

苗木类型	苗龄	I 级苗				II 级苗			
		地径(cm) ≥	苗高(cm) ≥	根系		地径(cm)	苗高(cm)	根系	
				长度(cm)	>5 cm I 级侧根			长度(cm)	>5 cm I 级侧根
播种苗	1－0	0.5	20	25～35	10	0.3～0.6	10～20	15～25	5～10
移植苗	1－1	1.0	40	35～45	15	0.5～1.0	30～40	20～30	10～15

(据山东省地方标准《主要造林树种苗木》，1996)

3. 容器育苗

火炬松种子较少，苗木抗寒力较弱，对育苗技术要求较高，适于自塑料小拱棚或塑料大棚内进行容器育苗。

火炬松容器育苗的方法和黑松容器苗相似，并在育苗地选择、整地做床、种子处理、苗期管理等方面的技术要求更为精细。

为了节省种子和提高产量，应结合对容器内幼苗的间苗进行移植。对经移植的容器苗需加强水、肥管理，使其达到合格苗要求。

为了培育适合海滩沙地或丘陵地使用的 2 年生以上大容器苗，可将苗圃地中健壮的火炬松幼苗或一年生裸根苗移入较大的容器内继续培养。移植容器苗具有移植苗和容器苗的优点，造林成活率高，无缓苗期，幼林生长快，成林早。

（三）造林技术

火炬松不耐寒，以山东半岛南部温暖湿润的环境条件较为适宜。在海滩沙地，应在海岸防护林的后部，海风较弱、土壤较好的地段栽植。土壤质地为紧沙土、沙壤土，pH 值 7 ~ 8，排水良好，地下水位 1.5m 以下。在山岭地，造林地应选海拔 500m 以下，背风向阳的阳坡、半阳坡的中部、下部，土层较厚的棕壤或淋溶褐土。

火炬松的造林方法与黑松相似。在条件具备时，火炬松对土壤条件的要求较高，在海滩沙地应采用客土、施有机肥等措施，以发挥火炬松的速生特性。在山地栽火炬松，浇水施肥能明显促进火炬松林木生长。

火炬松速生，树冠较大，造林密度应小一些，以 3000 株/hm² 为宜。

火炬松生长快，幼林郁闭较早，应及时进行修枝和抚育间伐。与黑松相比，火炬松修枝、间伐的间隔期可短一些。

四、日本落叶松

日本落叶松（*Larix kaempferi*）为松科落叶松属的落叶乔木，树高可达 30m。日本落叶松原产日本富士山区。我国引种日本落叶松已有百余年的历史，现在东北的长白山区、辽东丘陵，华北的燕山、太行山区、胶东丘陵、沂蒙山区，华中的秦岭山区都有较大面积栽培。山东引种日本落叶松最早，1884 年青岛市崂山林场从日本引种。山东大量引种日本落叶松是在 20 世纪 50 年代以后，1954 年崂山林场和烟台市昆嵛山林场自东北诸省调入种苗，1955 年试栽，1959 年开始扩大栽培，用于改造受松干蚧和松毛虫危害严重的赤松林。日本落叶松在山东生长表现良好，明显地超过赤松。在山东半岛丘陵区的沿海防护林体系建设中，日本落叶松是低山丘陵的水源涵养林、水土保持林、用材林和风景林的造林树种之一。

（一）生物学特性

1. 对环境条件的要求

（1）气候条件　日本落叶松原产地年平均气温 6 ~ 8℃，年降雨量 1600 ~ 2700mm，属海洋性气候。山东引种日本落叶松地区的气候条件与原产地气候条件有一定差距。胶东半岛属海洋性气候，气候温暖湿润，雨量较多，湿度较大，气温年变化较小，适于日本落叶松生长。

在同一气候区内小气候条件对日本落叶松的生长也有明显的影响。如生长在风口处的日本落叶松，由于风大、水分蒸发快，土壤比较干燥，比背风处的日本落叶松生长量低，且往往发生顶梢风折、偏冠、新梢干枯等现象。

（2）地形条件　日本落叶松在山东的垂直分布，一般在海拔 600～900m。崂山林场约在海拔 600～1000m，昆嵛山林场约在海拔 400～800m，沿海丘陵区海拔约 200～300m。从日本落叶松生长情况看，一般在海拔 500m 以上生长较好，并且随着海拔升高有生长量增加的趋势（表4-4）。海拔 500m 以下日本落叶松一般生长较差，但在沿海丘陵地带，低海拔的日本落叶松生长也仍然较好，主要是由于海洋性气候的影响。

表4-4　崂山林场北九水林区不同地形部位日本落叶松的生长情况

（邵先倬，1985）

地形部位	海拔（m）	土层厚度（cm）	年龄（a）	树高（m）		胸径（cm）		蓄积量（m³/hm²）	
				平均	年平均	平均	年平均	平均	年平均
山脊	760	87	22	8.8	0.40	12.5	0.56	78.93	3.59
	770	63	22	9.9	0.45	12.9	0.58	99.56	4.53
山坡	770	61	22	10.5	0.47	13.2	0.60	101.21	4.60
	610	75	20	12.7	0.64	12.5	0.62	120.23	6.01
山谷	650	65	23	12.3	0.53	15.9	0.69	157.50	6.85
	720	70	20	12.1	0.60	14.9	0.75	182.54	9.13

地形部位不同，影响着小气候条件与土壤条件的变化，使日本落叶松生长有明显差异。如崂山林场山谷的日本落叶松生产力最高，山坡次之，山脊最低（表4-5）。

表4-5　不同海拔高度日本落叶松的生长情况

（邵先倬，1985）

地点	立地条件类型	海拔（m）	年龄（a）	树高（m）		胸径（cm）	
				平均	年平均	平均	年平均
昆嵛山林场	阴坡厚层土	370	16	5.9	0.37	7.7	0.48
昆嵛山林场	阴坡厚层土	660	16	9.0	0.56	9.9	0.62
昆嵛山林场	阴坡厚层土	780	16	8.6	0.54	10.6	0.66
崂山林场	阴坡中层土	720	20	9.9	0.49	12.0	0.61
崂山林场	阴坡中层土	900	20	11.2	0.56	13.2	0.66

日本落叶松属阳性树种，阳坡较好的光照条件对其生长有利。但该树种对土壤水分、养分的反应敏感，阴坡的气温较低，蒸发量较小，土壤比较深厚、湿润、肥沃，有利于日本落叶松生长。山东石质山地影响日本落叶松生长的主导因子通常是水分、养分条件，阴坡的生长一般要好于阳坡。

（3）土壤条件　日本落叶松适生于花岗岩、片麻岩风化母质上发育的棕壤。土层厚度与日本落叶松生长的关系密切。一般在阴坡、山谷的土层深厚，土壤质地常为沙壤质土或轻壤质土，表层含有较多的有机质，日本落叶松生长较好；而阳坡、山脊的土层较薄，含石砾较多，水分与养分含量较低，日本落叶松生长较差。

2. 生长特性

（1）年生长　日本落叶松在崂山的年生长期自4月上中旬至10月上中旬，年生长天数180～200天。崂山的日本落叶松幼林，高生长的高峰期在7～8月，占全年生长量的63%。

（2）生长过程　日本落叶松人工林的生长过程可分为4个阶段：第一、幼年阶段，约在5年生以前。根系生长比地上部分快，树高、直径生长较慢，对自然灾害的抵抗力、与杂草的竞争力都较弱。第二、速生阶段，自栽植后6～7年开始，至18～20年时止。林木生理机能强，高、径生长快，出现高、径连年生长量的最大值；林分郁闭，开始自然整枝，林木开始分化。第三、干材阶段，约在20～30年生。高、径生长速度转慢，但仍保持上升的趋势，材积生长速度加快，出现材积连年生长量的高峰。第四、成熟阶段，约在30～40年时达到数量成熟。高生长明显下降，材积仍有一定的生长量，生理机能减弱，逐渐趋于衰老。

（3）根系生长特点　日本落叶松为浅根性树种。在土壤干燥疏松的条件下，有明显主根，侧根也发育良好。在温润及潮湿的土壤上，主根发育常不够明显，Ⅰ级侧根大都沿水平方向延伸。根幅与冠幅的比值为1∶1～3∶1。

（二）育苗技术

1. 播种育苗

日本落叶松主要应用播种育苗，可采用苗床直播育苗和容器育苗，目前生产中仍以苗床直播育苗为主。

（1）苗圃地选择与整地　选择地势平坦，水源充足，排灌方便，土壤疏松肥沃，无石砾的沙壤土作苗圃地。为使苗木适应造林地的环境条件，便于随起苗随栽，可在造林地附近育苗。初冬深翻30cm左右，以利土壤熟化，杀灭地下害虫和土内的立枯病菌。早春解冻后，将圈肥75t/hm²、磷肥1500kg/hm²撒于地面；用2%硫酸亚铁水溶液3.0～4.5kg/m²喷地面。作成高床或平床，细整床面土壤，做到细碎、疏松、平整。

（2）种子处理与播种　对种子进行精选。播种前15d左右，将种子用0.5%的硫酸铜溶液浸泡4～6h，然后用清水冲洗干净，放入40℃左右的温水中浸泡24h，捞出后混2倍细沙，堆在催芽床上。催芽床应设在背风向阳处，种子堆置厚度10～15cm，床内温度保持在20～25℃，早、晚、夜间或阴雨天用草帘覆盖温床，保持床内温度，防止因昼夜温差大而影响种子提前发芽。每天要上下均匀搅拌1～2次，使其温、湿度基本一致，如干燥可喷水保湿。待有1/3的种子露芽时，即可播种。

一般是春季播种，大致在"清明"前后。种子发芽率50%以上者播种量以75kg/hm²为宜。播种前要耙平床面，灌足底水，水渗透后将种子均匀地撒在床面上，然后覆一层细土，能盖住种子即可；为保持苗床湿润，应再覆一层细沙，总厚度不超过1cm。

（3）苗期管理　按照落叶松苗木的生长节律，采取相应的管理措施。

出苗期：从播种到幼苗大部分出土，并能独立进行营养生长时为止。此期间以调节土壤温、湿度为主要措施，除喷水外，可盖草保湿。待幼苗出土后（约20d左右）将覆盖物揭掉，并搭荫棚，也可在苗床边上插树枝遮荫。

生长初期：从幼苗出土后能独立进行营养生长开始，到苗木生长旺盛期之前为止。这个时期的主要特点是地上部分生长较慢，地下部分开始分生侧根，抗旱抗病能力弱。苗木出齐以后应及时喷药防病，一般使用波尔多液。注意浇水，保持床面湿润。6月上旬第1次追肥，以尿素为主，用量为$37.5 \sim 45.0 kg/hm^2$。先将化肥配成溶液，随浇水，慢慢倒入流水中，既均匀，又不致伤害幼苗。

速生期：这一时期苗木生长快，水、肥、光照是主要生长条件。雨季前应加强水肥管理，雨季注意防涝。因空气湿度大，温度高，易发生立枯病，要适时喷药防病。还应及时松土除草。防病的药剂通常采用倍量式波尔多液和1%的硫酸亚铁、50%退菌特500倍液，交替喷施，2次喷药间隔15d左右为宜。追肥一般以尿素为主。第1次追肥在6月上旬，用量以$37.5 \sim 45.0 kg/hm^2$为宜；第2次在6月底、7月初，用量$60 \sim 75 kg/hm^2$；第3次在7月底，用量以$75 \sim 90 kg/hm^2$为宜。

生长后期：秋季苗木生长变慢，出现封顶，此时应控制浇水与施肥，防止徒长，提高苗木木质化程度。

（4）苗木规格　日本落叶松造林一般用2年生壮苗。2年生留床苗的密度100万～120万株$/hm^2$，出圃Ⅰ级苗的苗高≥50cm，地径≥0.5cm，根系长度25～30cm，>5cmⅠ级侧根10条；移植苗（苗龄1−1）的密度75万～85万株$/hm^2$，出圃Ⅰ级苗的苗高≥40cm，地径≥1.0cm，根系长度25～30cm，>5cmⅠ级侧根15条；并要求顶芽饱满、无多头现象，充分木质化。

2. 营养繁殖苗

在落叶松良种繁育中常采用营养繁殖方法。

通过日本落叶松种子园和优良家系的选择，山东省选出一些日本落叶松优良家系及优良单株。

（1）嫁接繁殖　多采用髓心形成层对接法。嫁接时间以3月中旬至4月中旬为宜。接穗用1年生枝，长10cm左右，接面需削至髓心，接面长5～7cm。砧木用2年生苗，嫁接部位在砧木中上部（即苗干1～2年生交接处），砧木接面削至形成层，长度与接穗相同。二者的接面对准对严，用塑料带绑缚。接穗成活后，在接口上部2cm处，剪去砧木上部枝条，及时解绑，以后加强苗木的抚育管理。嫁接成活率达95%，嫁接苗当年高度可达60～80cm。

（2）硬枝扦插繁殖　3月下旬至4月中旬，选择生长健壮、无病害的2～3年生实生苗，取1年生侧枝作插穗，插穗长10cm。插床以高床为宜，基质为经消毒的干净河沙。将插穗基部速蘸ABT生根粉溶液后，立刻扦插，扦插深度5～8cm。苗床上方搭盖塑料棚，夜间盖草帘，晴天中午通风，5月10日以后搭荫棚，将塑料棚内温度控制在25℃左右，湿度控制在80%左右。为保持插床基质有足够水分，白天每隔2h左右喷水1次；每隔3d叶面喷施含氮、磷、钾的营养液1次。至7月上旬，经过炼苗，撤除插床上的塑料棚，进行苗木的常规管理。到8月底，插穗生根率可达80%以上，根系完整，新梢长20cm左右。

（三）造林技术

1. 造林地选择

山东半岛营造日本落叶松林以海拔400m以上的阴坡、半阴坡或山谷，土层较深厚的造林地为宜。落叶松喜光，适于在全光的造林地上生长，应避免林冠下造林。

山东省林业科学研究所曹汉玉、荀守华等（1991）开展了日本落叶松造林地立地质量评价工作。编制出日本落叶松人工林立地指数表和立地质量数量化评定表。可查得不同立地条件类型的造林地上，日本落叶松人工林的立地指数，了解某种立地条件营造日本落叶松人工林的适宜性。由日本落叶松人工林立地质量数量化评定表中可以看出，各立地因子影响日本落叶松生长的重要程度依次为海拔高度、土层厚度、坡度、坡向、坡位，其偏相关系数依次为0.25、0.20、0.14、0.11、0.03。

2. 整地方法

日本落叶松用材林一般用水平阶整地或鱼鳞坑整地，整地深度40～50cm，垒好沿埂。在造林前一年的雨季或秋季整地，有利于积蓄水分，提高造林成活率。

3. 造林密度

造林密度主要依造林地条件和培育材种而定。在山东半岛日本落叶松适生的立地条件上，日本落叶松的造林密度一般用2500～3300株/hm²。

4. 栽植方法

以春季造林为主，在土壤解冻后、苗木未萌动前进行。苗根浸水、蘸泥浆或吸水剂。挖栽植穴规格长50cm、宽50cm、深25cm。栽正踏实，埋土至苗木根颈以上2～3cm。穴面上覆盖虚土、草或地膜，以利保墒。将日本落叶松苗根蘸高分子吸水剂，造林成活率可显著提高（表4-6）。

表4-6　日本落叶松苗根蘸吸水剂的效果

（曹汉玉等，1991）

调查项目	起苗当日定植		晾晒24h定植		晾晒48h定植		晾晒72h定植	
	蘸吸水剂	对照	蘸吸水剂	对照	蘸吸水剂	对照	蘸吸水剂	对照
栽植株数	91	93	90	92	93	89	80	80
成活株数	91	87	85	48	73	7	66	0
成活率(%)	100.0	93.5	94.4	52.1	78.4	7.8	82.5	0

注：在苗木晾晒前蘸高分子吸水剂，浓度1∶400

5. 营造混交林

日本落叶松营造混交林，有利于改善环境条件，促进林木生长。如日本落叶松与椴树、赤杨的混交林，生长量明显优于日本落叶松纯林。日本落叶松与椴树、赤杨的混交方式以行间或带状混交为宜。

6. 幼林抚育

一般于造林当年及第 2 年松土、除草、割灌 2~3 次，结合除草在幼树根部培土。第 3 年松土、除草 2 次。2~4 年生幼林，部分林木产生顶端竞争枝及下部粗大枝，应及时修除，以保证主枝的旺盛生长。

7. 抚育采伐

抚育采伐是调整日本落叶松人工林的群体结构，促进林木生长和成材的重要措施。崂山林场一般在幼林郁闭之后 3~4 年，林分平均胸径以下的株数大于 40%，胸径连年生长量开始下降，林内出现明显的自然整枝，即进行第一次间伐。崂山中层土上，初植密度 3000~3750 株/hm² 的日本落叶松林，14~16 年开始间伐，采伐间隔期 6~8 年。为了指导日本落叶松用材林实行合理的密度管理与定量抚育采伐，吴德军、曹汉玉等用标准地资料编制了山东日本落叶松人工林密度管理图，并据以提出日本落叶松人工抚育采伐的技术指标（表 4-7）。

表 4-7　山东日本落叶松人工林间伐技术指标

（吴德军、曹汉玉，1991）

地位指数	造林密度（株/hm²）	间伐强度（按株数）	间伐年限	保留株数（株/hm²）	20 年生平均胸径（cm）
11(20a)	2775~3300	第一次 15%	14~16	1950~2100	10.0
		第二次 15%~20%	18~20		
13	1950~2250	第一次 15%	14	1350~1500	12.2
		第二次 15%~20%	18~20		
15	1575~1875	第一次 15%	14	1050~1200	14.3
		第二次 15%~20%	18~20		

8. 防治病害

落叶松枯梢病病原菌为落叶松葡萄座腔菌（*Botryosphaeria laricina*）。于 1970 年首先传入威海、烟台的落叶松林内，以后山东其他地区也有发生。主要危害 6~20 年生日本落叶松的当年新梢，受害严重的梢枯死，树冠变成扫帚状，不能成材。

防治该病应减少大面积纯林，营造混交林。林分要及时抚育，通风透光。6 月中旬孢子散放时，用甲基托布津 500 倍液、代森锌 300 倍液喷雾，每隔 15 天 1 次，喷药 2~3 次。

五、侧柏

侧柏（*Platycladus orientalis*）为柏科侧柏属的常绿乔木，树高可达 20m。侧柏适应性强，耐干旱、耐瘠薄，对土壤质地和土壤酸碱度的适应范围广，适于山岭地、沙荒地和平原轻盐碱地造林，是荒山造林的先锋树种。侧柏终年常绿，亦是道路绿化和四旁植树的常用树种。在山东半岛丘陵区和渤海平原区，侧柏都是重要的针叶树造林树种之一。

（一）生物学特性

侧柏在我国分布很广，黄河及淮河流域为集中分布区。山东各地都有侧柏的栽植，泰沂山区有大面积侧柏林。

1. 对环境条件的要求

（1）气候因子　侧柏为温带树种，能适应干冷及暖湿的气候，在年降水量 300 ~ 1600mm，年平均气温 8 ~ 16℃的气候条件下生长正常。侧柏是喜光树种，但幼苗和幼树都耐庇荫。在郁闭度 0.8 以上的林地上，天然下种更新良好。幼树在黑松、刺槐、麻栎等树种的林冠下，生长良好。但是林龄 20 年以后，需光量增大。抗风力较弱，在迎风地生长不良。

（2）土壤条件　对土壤要求不严。对基岩和成土母质的适应性强，在石灰岩、页岩、花岗岩等山地都可以造林。在向阳干燥瘠薄的山坡也能够生长。对土壤酸碱度的适应范围广，适生于中性土壤，在酸性及微碱性土壤上亦生长旺盛。抗盐碱力较强，在含盐量 0.2% 左右的土壤上生长良好。在土层深厚、肥沃、排水良好的土壤上生长较快。侧柏耐涝能力较弱，地下水位过高或排水不良的低洼地上，易烂根死亡。

2. 生长特性

侧柏生长较慢，寿命长。侧柏萌芽性强，枝干受损伤后能萌发出新枝。属浅根性，侧根、须根发达。

侧柏苗木的高生长，一年中有二次高峰，第一次在 6 月底至 7 月底；第二次在 8 月中旬至 9 月中旬。地径生长，以 8 ~ 9 月生长最快。

不同立地条件的侧柏林生长量差异较大。在丘陵沟谷厚层土上的 20 年生侧柏人工林，树高可达 10m，胸径可达 13cm；而在山坡中层土上的 20 年生侧柏人工林，树高 4m，胸径 4 ~ 5cm。

据泰山林场沙壤质棕壤中层土上生长的 190a 侧柏解析木资料，侧柏林木的树高生长在 10 ~ 30a 生长较快，连年生长量为 0.17 ~ 0.24m；30 ~ 110a 生长较慢，连年生长量为 0.08 ~ 0.09m；110 ~ 190a 生长缓慢，连年生长量为 0.03m。胸径生长在 10 ~ 40a 生长较快，连年生长量为 0.28 ~ 0.33cm；40 ~ 90a 生长减缓，连年生长量为 0.17 ~ 0.27cm；90 ~ 190a 连年生长量仍保持在 0.12 ~ 0.13cm。

（二）育苗技术

1. 采种

侧柏 5 ~ 6 年生开始结实，应选 20 ~ 30 年生以上的健壮母树采种。种子 9 ~ 10 月成熟。采集球果后摊开，晾晒，使种鳞开裂，取出种子。种子经风选或水选，在室温条件下，用布袋干藏，能在 2 ~ 3 年内保持较高的发芽率。

2. 育苗

（1）圃地选择与整地　选择地势平坦、土壤疏松、湿润、肥沃的沙壤土、壤土做苗圃地。深耕土地、施足基肥后整地筑床。山区大面积造林，可选择土层较厚的窄幅梯田或水平阶作为山地临时苗圃，就地育苗就地造林。

（2）种子处理　播种前，用30～40℃的温水浸种12h，捞出置于蒲包或篮筐内，放在背风向阳的地方，每天用清水淘洗1次，并经常翻动，当种子有一半裂嘴，即可播种。

（3）播种　采用畦播或垄播，每公顷播种量150kg左右。垄播时，垄底宽70cm，垄面宽30～35cm，垄高12～15cm，垄距70cm。垄面可双行或单行条播。垄播排水较好，有利于苗木生长。畦播时，畦面宽1m，每畦条播3行，播幅5～10cm，播后覆土2cm。

山区大面积造林，可在水平阶内就地育苗、就地造林。为了保持播种沟内的土壤墒情，可于播种后再培成土垄。在整平的育苗地上，先开沟宽10～12cm，深2～3cm，种子撒播到沟内后，再在播种沟两旁取土覆在播种沟上，呈屋脊状。在种子刚萌发出芽时轻轻去掉播种沟上的土垄，一般3～5天可出齐苗。

（4）苗期管理　播种后到出苗前保持种子层土壤湿润，防止鸟兽为害。幼苗生长期间要及时灌水，以侧方灌水或喷灌为宜。苗木速生期间结合灌溉进行追肥。苗高5cm时进行间苗，每米播种沟留苗100株左右。土壤封冻前要灌足冻水，以利苗木越冬。一般1年生苗的苗高15～25cm，地径0.25cm以上，用于春秋造林；1年半生苗的苗高25～30cm，地径0.4cm以上，用于雨季造林。

培育大苗要进行移植，移植密度根据培育年限而定。移植后培育1年，株行距一般10cm×20cm；培育2年，株行距20cm×40cm，培育3年，株行距30×40cm。一般2年半生移植苗的苗高50～70cm，地径0.6～1.5cm以上。

（三）造林技术

1. 造林地选择和整地

侧柏适应性强，石质山地、轻盐碱地和沙地，均可用作造林地。在山区，选海拔1000米以下的山坡。平原低湿地不宜栽植。

侧柏造林大都在土层瘠薄的地方，因此要提高整地质量，为林木生长创造条件。山区一般采用穴状整地、鱼鳞坑、水平阶等整地方法。平原用穴状整地，整地规格一般为穴径60cm，深40～60cm；三年生以上大苗造林，穴径80～100cm，深60cm以上。

2. 造林方法

春季、秋季、雨季都可栽植，主要取决于土壤水分条件。春季造林宜早，趁土壤墒情好时抓紧时间栽植。侧柏雨季造林易成活，在7月中旬～8月上旬连续阴雨天，空气相对湿度70%以上，抓紧进行造林，成活和生长较好；一般用1年半到2年半生苗，随起苗，随造林，当日栽完。在秋季土壤墒情好时，可进行秋季造林，用1年生健壮苗适当深栽和埋实。

3. 造林密度

荒山造林，株行距一般为1m×1.5m～1m×2m。沙地或盐碱地造林，株行距一般为

$1m \times 2m \sim 1.5m \times 2m$。

4. 营造混交林

侧柏在混交林中，有侧方庇荫的条件下，比纯林生长快。侧柏与阔叶树种混交，有利于改良土壤，减少病虫害的发生。在侧柏造林时，应多营造混交林。在山东半岛的低山丘陵区，侧柏可与麻栎、元宝枫、臭椿等阔叶树种混交，也可与赤松、黑松等针叶树混交，混交方式以带状混交为主。侧柏与紫穗槐、胡枝子等灌木混交，以行间混交或株间混交为宜。在海滩沙地，侧柏可与黑松、刺槐、麻栎等树种带状混交，或与紫穗槐等灌木行间混交或株间混交。在平原地区，侧柏可与绒毛白蜡等阔叶树种进行行间混交或株间混交。营造农田防护林，侧柏可与杨树、旱柳等阔叶树种株间混交。

5. 抚育管理

（1）松土除草　在造林后 3 ~ 4 年内，每年松土除草 2 ~ 3 次，以促进幼林生长。干旱地区松土深度要深一些，但不要损伤根系。

（2）修枝　侧柏易萌生侧枝，造林 5 年后，在秋末或春初进行修枝，修枝强度为树高的三分之一左右，以后 5 ~ 6 年修枝一次。

（3）间伐　幼林郁闭后及时进行抚育间伐，采用下层抚育法，按株数计算的间伐强度 20 ~ 30%，间伐后郁闭度保持在 0.7 左右。15 ~ 20 年生的侧柏林，间伐后每公顷保留 2500 ~ 3000 株为宜。

6. 主要害虫防治

（1）侧柏毛虫（*Dendrolimus suffuscus*）是侧柏的主要食叶害虫，大发生时侧柏嫩枝叶几乎全被食光，造成严重危害。

防治方法为：通过营造混交林，加强森林抚育等措施，使之有利于林木生长和害虫天敌的繁衍。可用保护招引益鸟等措施，抑制害虫的发生。林间喷施灭幼脲 3 号等几丁质生长抑制剂防治幼虫。用马拉硫磷在树干涂成药环，触杀下树越冬或上树危害的大龄幼虫。

（2）侧柏毒蛾（*Parocneria furva*）幼虫取食柏叶，受害鳞叶仅剩基部，随后逐渐枯萎凋落，严重影响林木生长。

防治方法为：营造混交林，对郁闭林分及时进行间伐、修枝，改善通风透光条件，可促进林木生长，减轻虫害。喷洒敌百虫、敌敌畏、灭幼脲Ⅰ号。黑光灯诱杀成虫。

（3）柏小爪螨（*Oligonychus perditus*）又称侧柏红蜘蛛，以口针刺吸鳞叶，危害严重者可致柏树由树冠内侧逐渐向外枯黄，使树势受到削弱。

防治方法为：喷洒石硫合剂 0.5°Be 及矿物油乳剂，或 40% 乐果乳油 1500 倍液、三氯杀螨醇乳油 1000 倍液。

（4）柏肤小蠹（*Phloeosinus aubei*）大部分危害期以长势衰弱及枯死的树木为寄主，钻蛀树干，一般不危害健壮树木。但成虫补充营养时取食危害当年生枝梢，严重影响树木生长，是重要的枝梢害虫。

防治方法为：避免移植过程中损伤苗木，保持旺盛长势，选择 4 月下旬和雨季移植，错过小蠹产卵期，可减少小蠹的侵入。及时采伐濒死木、枯死木，伐倒木应在 2 月底以前剥皮，防止小蠹产卵形成虫源。发生严重的地区可设置饵木诱杀。

（5）双条杉天牛（*Semanotus bifasciatus*）以幼虫蛀食柏树枝干的韧皮及边材部分；被害部位形成不规则、弯曲的坑道。由于产卵比较集中，树株一经被害，形成层及木质部受到损伤，常形成"环状剥皮"。轻者树势极度衰弱，呈枯黄濒死征状；连续受害会导致树木死亡。

防治方法为：加强林木管理，提高树木生长势，可预防该虫危害。去冬今春新移栽的柏树要及时浇水，使树木提早恢复生机。还可适当推迟移植期，如在 5 月上中旬或雨季进行，以错过双条杉天牛产卵期。伐倒树株应在 2 月底前进行剥皮，防止双条杉天牛产卵。

六、刺槐

刺槐（*Robinia pseudoacacia*）为蝶形花科刺槐属的落叶乔木，树高可达 25m。刺槐原产美国，天然分布于美国东部阿巴拉契亚山脉及奥萨克山脉。19 世纪末，从德国引入山东半岛，作为崂山低山、青岛市和胶济铁路沿线的造林绿化树种。以后从青岛向内陆扩展，山东各地普遍栽植。

刺槐速生，适应性强，有较强的耐干旱瘠薄、耐风沙、耐盐碱能力，在山东的低山丘陵、山麓河谷平原、黄泛平原、滨海平原都能栽植。刺槐具较强的防风固沙、保持水土、改良土壤能力，是山东省重要的防护林树种。刺槐的木材材质坚韧，枝干是优良的薪炭材，经济价值高。刺槐是山东沿海地区的主要造林树种之一，在沙质海岸、岩质海岸、泥质海岸类型区都有广泛分布，用于海岸防护林、水土保持林、用材林、薪炭林和四旁植树等。

（一）生物学特性

1. 对环境条件的要求

刺槐对气候条件的适应性强，在我国的栽培范围广，大致在北纬 23°～46°、东经86°～124°的广大区域内都有引种栽植。刺槐林属暖温带阔叶林类型，在年平均气温 9～15℃、年降水量 600～900mm 的地区生长良好，黄河中下游、淮河流域和沿黄海、渤海地带是我国刺槐的集中栽培区，山东省沿海地区是刺槐造林的适宜地区。

刺槐喜光，不耐庇荫，林木争夺上方光照剧烈，林分郁闭后林木分化严重。刺槐密林下的地被物生长受到抑制。

刺槐较耐干旱瘠薄，但耐干旱瘠薄能力不如黑松、赤松等针叶树。在土层深度 20cm 以下的石质山地和海滩、河滩的粗沙，刺槐常生长缓慢，干梢，形成"小老树"。刺槐对水分敏感，在地下水位 1.5～2.5m、土壤湿润的河滩、山沟、沟渠边，生长快、干形直。在山地和沙地，刺槐遇严重干旱时易发生叶片枯黄脱落。但刺槐怕涝，地下水位浅于1m，易烂根、枯梢；较长时间积水，会引起整株死亡。

刺槐有一定的耐风沙能力，但大风可使刺槐风折、倾斜或偏冠，营造在风口处的刺槐生长不良。

刺槐对土壤的适应性广，在山东省的潮土、风沙土、棕壤、褐土、砂姜黑土等土壤类型上都能造林；而在某些土壤属性相似时，刺槐林的生产力为潮土＞棕壤＞风沙土＞褐土＞砂姜黑土；刺槐对沙土、沙壤土、壤土、粘壤土、轻粘土等各种土壤质地都能适应；而在某些土壤属性相似时，以紧沙土、沙壤土、壤土上的刺槐林生产力较高。刺槐适宜的土壤酸碱度为微酸性土、中性土和微碱性土。刺槐较耐盐碱，在土壤含盐量0.3%的轻度盐碱地上生长正常。刺槐在山地造林，中厚层土上生长良好，薄层土上生长不良。

2. 生长特性

（1）苗木年生长　一年生播种苗的年生长过程可分为出苗期、生长初期、速生期、生长后期。经过催芽的种子，播种后2～3d即可发芽出土。幼苗出土后，各营养器官，特别是根系得到较充分的发育，为速生打下基础。刺槐在速生期的高生长量约占全年高生长量的60%～80%。生长后期，高生长量下降，直至停止生长，但直径、根系停止生长较晚。

留圃苗的年生长过程可分为生长初期、速生期、生长后期。刺槐为全期生长型树种，高生长可持续整个生长季节。

（2）幼林年生长　在山东沿海地区，刺槐幼林的树高生长一般从4月下旬开始，5月下旬～8月下旬为速生期，9月上旬以后生长渐慢，9月底树高生长停止。胸径生长和树高生长大致同步。

林分生长过程：不同起源的林分，树木和林分的生长有较大的差异。同一起源的林分，其生长又会受到环境条件和栽培技术的较大影响。实生刺槐林木，其高生长速生期一般在4～10a；直径生长速生期在6～12a，立地条件较好，还会出现第二次生长较快时期；材积生长速生期在10～25a，立地条件好的地方能持续到30a以上，以后缓慢下降。

刺槐实生林分的生长受立地和密度影响很大。如每公顷500株与1500株的12年生林分，立地指数10，蓄积平均生长量分别是2.16m³/hm²·a与3.39m³/hm²·a，立地指数14，蓄积平均生长量分别是4.27m³/hm²·a与6.95m³/hm²·a。

刺槐萌生林分为萌芽更新和根蘖更新。萌生林的高、径生长速生期早，高、径生长最快时期一般在1～5a，6～10a尚有较快的生长，11a以后生长趋于平缓。萌生林多培养中、小径材，采伐较早。

（3）根系生长与分布　刺槐为浅根性树种，水平根系放射状伸展，交织成网状；主根不明显，一般在30～50cm深处发出数条粗壮侧根，与地面成60°～80°角，向下伸展。在0～40cm深的土层中的根量，约占全部根量的80%左右。刺槐根蘖力强，适于根蘖更新。刺槐具根瘤，有固氮作用。

（二）育苗技术

刺槐的育苗方法有播种、嫁接、插条、插根和微体快速繁殖等，要根据繁殖材料的种类、育苗技术水平和生产需要，选用适宜的育苗方法，培育良种壮苗。播种育苗是刺槐的传统繁殖方法，适于母树林、种子园生产的优良种子育苗。山东省自20世纪70年代以来，开展了刺槐优良无性系的选育研究，选出一批速生优质的优良无性系，如鲁刺 1 号、鲁刺 7 号、鲁刺 10 号、鲁刺 42 号、鲁刺 59 号、鲁刺 68 号等。为加速刺槐优良无性系的繁殖，必须重视营养繁殖育苗。其中插根育苗方法简易，根插穗来源较丰富，结合起苗收集根插穗，不破坏苗木主要根系，育苗成本低，苗木产量高，是生产中常用的刺槐育苗方法。留根育苗也是常用的育苗方法，比较简单、粗放。新选育出的刺槐良种，由于繁殖材料少，可进行微体快速繁殖，使良种尽快得到推广。

1. 播种苗培育

（1）圃地选择　刺槐幼苗不抗涝，耐盐性较差。圃地宜选排水良好，土层深厚、疏松肥沃的壤土或沙壤土，pH 值为 6.5 ~ 7.5，土壤含盐量在 0.1% 以下，地下水位低于 1m。忌选低洼地、粘重土壤、重盐碱土以及前茬为蔬菜或甘薯地。

（2）浸种催芽　刺槐种皮厚而坚硬，外皮含果胶，不易吸水；硬粒种子一般占 15% ~ 20%。播种前要浸种催芽，以免发芽出土慢，出苗不整齐、不均匀。催芽方法有多种，以逐次增温浸种、分批催芽播种，简单可行，种子利用率高，育苗效果好。先用 50 ~ 60℃温水浸种 24h 后，捞出漂浮的瘪种子和杂质，筛出或用 30% 的黄泥水漂出已吸水膨胀的种子，放入泥盆内或筐篓里，盖上湿草或湿麻袋，放置温暖处催芽。为防止种子发粘变质，每天用水淘洗 1 ~ 2 次。也可将膨胀种子混拌 2 ~ 3 倍湿沙，湿度为饱和含水量的 60%，放置温暖处催芽。将未膨胀的种子再用 80 ~ 90℃热水浸种，然后催芽。剩下的少量硬粒，再次用热水浸种、催芽。催芽经 4 ~ 5d，等种子约有 30% 裂嘴露白色胚根时，即可取出播种。

（3）作床播种　育苗地秋季深耕 30cm，结合耕地每公顷施腐熟厩肥 3000 ~ 5000kg 作基肥。如土壤中的磷、钾含量低时，还需增施磷肥和钾肥。早春耙地作床，床面平整。条播，每床播 3 行。播种前灌足底水，待水渗下后，开 3 ~ 4cm 深的播种沟，沟底要平，深浅一致。种子均匀撒入播种沟内，播幅 3 ~ 5cm，覆土厚约 1cm，轻压一遍。

刺槐播种育苗一般在春季进行。刺槐幼苗对晚霜敏感，山东的春季播种时期一般在 4 月上中旬，使幼苗在晚霜后出土，既避免晚霜危害，又尽可能延长生长期。经过浸种催芽的种子，播后 3 ~ 5d 可出齐苗。播种量为每公顷 30 ~ 37.5kg。

在轻度盐碱地育苗，可雨季播种育苗。充分利用降雨多、土壤湿润、土壤耕作层中的盐分已淋溶到下层，且气温高、空气湿度大等有利条件，保证迅速发芽，苗全苗旺。一般在第一场透雨后抢墒播种，苗木在当年还能木质化，以利安全越冬。土地封冻前对幼苗深锄培土。

在春旱严重地区可秋季播种。多在晚秋进行，种子不浸种催芽，以免当年萌发，遭受冻害。覆土厚 3 ~ 5cm，翌春耙去部分覆土。秋播出苗率较低，播种量较春播要适当增加。在鸟兽危害较严重处，不宜秋播。

（4）抚育管理

幼苗出土前一般不灌水，以免表土板结，造成出苗困难；出苗后适时适量灌水。雨季注意排水，防止苗木受涝后根系霉烂。

刺槐幼苗密度大，分化早，生长不整齐，要及时间苗。在苗高 3~4cm 时第一次间苗，以后视苗木生长和密度，再间苗 1~2 次。在苗高 10~15cm 时定苗，间出的幼苗可带土移栽到缺苗处。定苗数量应比计划产苗量稍多，每公顷留苗 15 万株，可保证合理的产苗量。

生长旺盛期间，在 6 月上旬及 7 月中旬各追肥 1 次。每次每公顷追施尿素 75kg，追肥后灌水。灌溉和降雨后进行松土除草，保持土壤疏松，无杂草。刺槐幼苗对除草剂较敏感，使用时需谨慎。一般在整地前喷洒除草剂能有效防止杂草，且刺槐苗出土后不会受害。待刺槐幼苗长出地面，就不要再喷洒除草剂。

选择高效低毒农药及时防治苗木的各种病虫害。

2. 营养繁殖苗培育

（1）插根育苗　刺槐根蘖能力强，根蘖繁殖容易。当刺槐种根较充足时，一般选择粗 0.5~2.0cm，长 15~18cm 的根段，按一定的株行距，把根斜插在插床中；如覆盖塑料薄膜，效果更好。

为节省和充分利用优良无性系种根，定陶县林业局等用刺槐细短根段进行阳畦催芽和芽苗移栽，育苗取得成功，不仅繁殖系数高，还解决了老龄植株幼化问题。使用的细根段粗 0.3cm 以上，长 3~5cm，按粗、中、细分级，混 5 倍湿沙。根段在阳畦内催芽，出苗快而整齐。阳畦催芽时间在定陶以"雨水"至"惊蛰"期间为宜。催芽时间过晚，移栽时气温高、蒸发量大，不易成活。阳畦设在背风向阳、地势高燥处，畦内铺沙土、沙壤土，畦面与地面相平，畦埂高 10~15cm。畦面整平耙细后，即可撒播根段，每平方米 300 根左右。覆土后喷足水，盖塑料薄膜保温保湿。出苗后喷洒防苗木病害的药剂，3 月下旬以后的晴天中午进行侧方通风降温。当芽苗高 5cm 以上时，在早晨或傍晚晾畦，经炼苗 3~5d 后即可移栽至圃地。移栽时间一般在 4 月中下旬选阴雨天或晴天下午进行，最迟 5 月上旬。移栽的芽苗高 5~10cm。由于根段发芽不整齐，芽苗移栽应分批进行。移栽后的三四天内，每天逐株灌水一次，一周后灌透水一次，并松土保墒。刺槐细根段阳畦催芽和芽苗移栽过程中，应注意防止根段、芽苗干旱失水，防日灼，防病虫害。将细根段插入营养杯内，在阳畦内或塑料大棚内培育，芽苗带土移栽，效果更好。移栽幼苗成活和正常生长后，进行苗期常规抚育管理。

（2）根蘖育苗　刺槐起苗后，施肥，浅松土，留在土壤中的根即可长出萌蘖苗。由于留床根的深浅不同、粗细不同，出苗不整齐，苗木分布不均匀。

（3）嫁接育苗　嫁接育苗是繁育刺槐优良无性苗木的常用方法之一。刺槐嫁接育苗用枝接、芽接均可，以枝接的效果较好，枝接以袋接法和劈接法为主。袋接法利用 1~2 年生苗，平茬后的茎桩作砧木，选用刺槐优良无性系枝条的中段作接穗，穗条粗为 0.3~1.0cm。早春采集接穗，用湿沙埋藏。嫁接时间一般在砧木芽萌动后、放叶前进行。山东约在 4 月中下旬至 5 月上旬之间。接穗长 3~4cm，削成 1.5cm 长的马耳形斜面，经剪砧、扦插、埋土等嫁接工序。接后 20 多天，砧穗愈合，接穗芽萌动。根据萌芽早晚，适当清除盖土，使出苗整齐。幼芽出土后抹芽、培土、肥水管理。张敦论等用 6 种嫁接方法作对比试验，以袋接法成活率最高，为 86.8%。

当砧、穗较粗时，可用劈接法。劈接在芽萌动之前进行。接穗长 8cm 左右，双斜面长达 3cm，接后要绑缚接口，然后用湿土培一土堆。

（三）造林技术

1. 造林地选择

在山东的低山丘陵，影响刺槐生长的主要立地因子是海拔高度、坡向和土层厚度。刺槐一般栽培在海拔 700m 以下的山坡沟谷，坡向以阳坡、半阳坡为好，土层较深厚的半阴坡也可。棕壤与褐土，刺槐均能生长。在中、厚层土的条件下，生长发育良好，薄层土生长不良。在石质山岭地土层厚度 <30cm 的薄层土和风口处不宜栽植刺槐。

在平原地区，刺槐造林地应选择岗地、平地，潮土、轻度盐化潮土和固定风沙土。影响刺槐生长的主要立地因子是土壤质地、地下水位和土壤含盐量。适于刺槐生长的土壤质地是紧沙土、沙壤土、壤土、重壤土，松沙土和粘土则生长不良。刺槐怕涝，造林地的地下水位应 >1m。在土壤盐渍化地区，刺槐造林地的土壤含盐量应 <0.3%。在沙质海滩，刺槐造林应离开海岸的前沿，选择地下水位 >1m、土壤含盐量 <0.3% 的细沙地。

2. 造林密度

刺槐是喜光树种，在较好的立地条件下，造林密度对林木直径生长的影响较早，幼林期就表现出来。密度对林木高生长有一定影响，但不显著。

低山丘陵区刺槐林生长较慢，林下多杂草，因此刺槐林宜适当密植，以促进林分及早郁闭。山区刺槐林的造林密度一般以每公顷 2500~3300 株为宜，立地条件好时可稍密，立地条件差时可稍稀。林分郁闭后再及时抚育采伐，调整林分密度。

平原地区土层深厚，刺槐生长较快，造林密度应兼顾防护作用的发挥和培育的用材材种规格。在较好的立地条件，非间伐型刺槐片林的造林密度以每公顷 833~1110 株（株行距 3m×4m~3m×3m）为宜，间伐型刺槐片林的造林密度以每公顷 1666 株（株行距 2m×3 m）为宜。沿道路、沟渠两侧的窄林带，光照充足，土壤条件好，刺槐造林的行距可 1.5~2m，株距 2~3m。

3. 整地

在平原地区，一般采用带状和穴状整地。带的规格为宽 0.8~1.0m，深 0.6~0.8m；穴的长、宽各 0.6~0.8m，深 0.6~0.8m。在地下水位较浅或土壤含盐量较高的地段，需要挖沟、修筑条台田，将地下水位降至 1m 以下，土壤含盐量降至 0.3% 以下，方可营造刺槐林。

低山丘陵区采用水平阶、鱼鳞坑和穴状整地。水平阶阶面宽 1m 左右，深 0.3~0.4m。鱼鳞坑长径 1.0m、短径 0.8m，深 0.3~0.5m。穴状整地一般穴径为 0.5m 左右，深 0.3~0.4m。

4. 栽植

（1）苗木及其处理　刺槐造林，应采用根系完整、苗干充分木质化、无病虫害的健壮苗木。刺槐沿道路行状造林及"四旁"植树，一般应带干栽植，宜选用苗木较大的 2 年生播种

苗或 1 年生根蘖苗。2 年生播种苗的 I 级苗苗高≥3.0m，地径≥2.5m；II 级苗苗高 2.0～
3.0m，地径 1.5～2.5m。根蘖苗的 I 级苗苗高≥3.3m，地径≥2.5m；II 级苗苗高 2.5～
3.3m，地茎 1.5～2.5m。刺槐在低山丘陵和平原、河滩、海滩成片造林，可选用 2 年生播种
苗或 1 年生根蘖苗的合格苗，也可用 1 年生播种苗的 I 级苗。刺槐 1 年生播种苗的 I 级苗苗
高≥2.0m，地径≥1.5m。

为了保持苗木的水分平衡，起苗前应灌水，以提高苗木含水率，并随起随栽。带干栽植
的要对苗木疏枝打梢，刺槐萌芽力强，在造林地水分条件没有保证的情况下，采用截干栽植
是提高刺槐造林成活率的重要措施，截干高度为距地面 3cm 左右。

（2）栽植季节与栽植方法 刺槐一般在春、秋两季造林。带干栽植应在春季，因刺槐苗
木失水快，根系恢复需要较高的温度条件，春季造林宜稍晚，山东一般在 4 月上旬，芽即将
萌动时栽植，效果最好。在灌溉条件没有保证的造林地，应采用截干栽植，春季截干栽植宜
早不宜晚，土壤解冻后即可进行。秋季采用截干栽植，应在苗木落叶后，土壤温度较高对根
系愈伤恢复有利时栽植为宜。

刺槐是浅根性树种，不宜深栽，根颈栽入土中的深度 3～5cm 即可。栽植时要保持根系
舒展，并扶正踏实。秋栽要在茎桩顶端覆土堆并拍实。

5. 幼林抚育

幼林抚育的主要措施是松土除草与整理穴埂。低山丘陵的刺槐幼林一般在 3 年内抚育 6
次，第一年早春化冻时踏穴，5 月份除草松土，8 月份除草培土与整理穴埂；第二年 5 月和
8 月中耕除草；第三年 6 月中耕除草。滨海盐碱地的刺槐幼林，在 4～6 月份每次降雨之后，
应及时中耕松土，以减少土壤蒸发，抑制返盐；雨季时，应培好畦埂穴沿，积蓄雨水，淋洗
土壤盐分。

采用截干造林方式营造的刺槐幼林，待 5～6 月份萌条高度 20cm 左右时，选留健壮萌条
定株。

6. 修枝间伐

（1）修枝 刺槐是合轴分枝树种，侧枝生长势旺，易形成粗大侧枝。对刺槐幼树，应采
用生长期短截、休眠期疏剪等方法来控制竞争枝，以促进主干生长。

林分郁闭以后，及时修除树冠底层的枯死枝和生长衰弱枝条。

（2）抚育采伐 抚育采伐是刺槐林的主要抚育措之一。抚育采伐的开始期应在林分郁闭
以后，林木已有明显的分化，被压木（IV、V 级木）增多，胸径连年生长量下降的时期；山
区一般从 6～8 年开始，平原地区一般从 5～6 年开始。一般采用下层抚育法，伐去被压的
IV、V 级木和少量过密的 III 级木。第一次抚育采伐的强度以株数的 20%～30% 左右、蓄积
量的 15% 左右为宜。抚育采伐的间隔期一般 4～5 年。

7. 防治病虫害

山东常见的刺槐病虫害有二十余种，食叶害虫有大袋蛾、木橑尺蠖等，枝干害虫有东方
盔蚧、刺槐小皱蝽、刺槐谷蛾等，种子害虫有豆荚螟等，病害有刺槐溃疡病等。应根据各种

病虫害的发生规律，及时进行防治。

蒲氏大袋蛾（*Eumeta preyeri*）通称大袋蛾，是杂食性害虫，可危害数十种林木。在山东主要危害刺槐、泡桐等树木，是重要的食叶害虫。防治方法为：树冠较低的林地，可于晚秋至早春人工摘除老熟幼虫的袋囊；树冠高大、暴发成灾的林地，于根基注施内吸性杀虫剂久效磷、氧化乐果、甲胺磷等；喷洒昆虫几丁质合成抑制剂灭幼脲；用大袋蛾核型多角体病毒粗提物进行树冠喷雾等。

豆荚螟（*Etiella zinckenella*）又名刺槐荚螟，在山东各地均有分布。危害刺槐和多种豆科植物。以幼虫蛀食荚果使种子严重减产，是刺槐种子园的主要害虫。防治方法为：在刺槐采种林区内清除林下豆科植物，防治豆荚螟转移，减少虫口密度；化蛹期对种子园灌水灭蛹；10月下旬～11月上旬对种子园实行冬耕，使入土的老熟幼虫暴露于地面冻死；第1代幼虫孵化期喷洒杀螟松乳油药液。

刺槐小皱蝽（*Cyclopelta parva*）属半翅目，山东各地均有分布。危害多种豆科植物，主要危害刺槐、紫穗槐、胡枝子等乔灌木。成、若虫危害树木枝、梢，可使枝条枯死，危害严重的树木可整株枯死。防治方法为：在秋末冬初至春季成虫越冬蛰伏期间，在其越冬场所捕杀越冬的成虫。6月下旬至7月上旬成虫产卵盛期，采摘有卵枝条，集中烧毁。7～8月份，用0.5亿～1亿白僵菌孢子/ml喷雾防治若虫，防治效果可达90%以上。越冬成虫出蛰后至上树前，喷90%敌百虫600倍液；在若虫3龄前，喷90%敌百虫800～1000倍液。

刺槐谷蛾（*Hapsifera barbata*）曾称刺槐串皮虫，主要危害刺槐。幼虫蛀入树干、枝杈皮层，取食韧皮部。被害部位加粗，树皮翘裂，上部枝条枯死，重者整株死亡。防治方法为：选用40%氧化乐果乳油、50%杀螟松乳油、50%久效磷乳油300倍液喷树干被害部位，防治蛀入皮下的幼虫。

刺槐溃疡病，病原为尖镰孢菌（*Fusariun oxyspoum*）。该病是刺槐的一种毁灭性枝干病害。在山东沿海地区均有分布，病原菌可侵染枝、干和根部，以主干发病较重。根部受害最初根尖变褐，后皮层腐烂，有臭味，易与木质部剥离。防治方法为：清除病株，减少侵染源；加强营林抚育措施，提高林木抗病力；发病初期喷多菌灵、退菌特等药剂。

（四）根蘖更新和萌芽更新

刺槐的根、茎萌发不定芽的能力较强，可采用根蘖更新和萌芽更新。在地势平坦、土壤条件较好的林地，刺槐实生林主伐后，采取刨除伐桩，并平整土地等措施，有利于形成密度较大，分布较均匀，生长良好的根蘖林。坡度较大，土层薄的地段，为减少水土流失，可留伐桩，春季萌动前剥去树皮，根蘖更新；或伐桩不剥皮，采用萌芽更新。据许景伟等试验，刨伐桩和留伐桩剥皮两种根蘖更新方法，萌蘖林林分的生长量均较高；而留伐桩不剥皮的萌芽更新方法，萌芽林林分的生长量较低，树干基部不圆满，少量萌芽株还有风倒现象。

刺槐林采伐后萌生苗的数量很多，需及时间苗定株。间苗过迟或间苗强度过小，保留的萌条过密，生长不良；一次间苗强度过大，保留的萌生株虽生长量大，但干形较差、分枝较多。对萌生苗一般可分两次间苗，第一年间苗每公顷选留 4500 株左右，第三年间苗每公顷选留 2250 ~ 3000 株，并除去萌生株上的竞争枝，有利于幼林生长，又有良好的干形。对萌生林需加强土壤管理以及修枝、抚育采伐等管理措施。

刺槐第一代萌生林与实生林的生长过程相比，萌生林前期生长较快，实生林后期生长较快，萌生林的蓄积量高于实生林。刺槐萌生一代林能节省整地、苗木等造林费用，幼林生长快、郁闭早，又能节省除草用工，林分蓄积量大、木材产量高，因此有良好的经济效益。刺槐第二代萌生林的生长量明显下降，低于一代萌生林和实生林，因此刺槐林的根蘖更新或萌芽更新一般只宜进行一代。第一代萌生林采伐后，应及时清理林地，营造其他树种的纯林或混交林。

七、麻栎

麻栎(*Quercus acutissima*)为壳斗科栎属的落叶乔木，树高可达 25m。麻栎是山东的乡土树种，麻栎林是山东半岛丘陵区有代表性的森林类型。麻栎根系发达、萌芽力强，耐干旱瘠薄、抗风、防火，有很好的防蚀、护坡、保持水土作用。麻栎木材坚韧，是我国著名的硬阔叶树用材。麻栎的叶可饲柞蚕。麻栎是山东半岛低山丘陵和沿海沙滩的主要造林树种之一。

(一)生物学特性

1. 对环境条件的要求

麻栎在我国的温带至亚热带地区分布广泛，在年平均气温 10 ~ 16℃，年降水量 150 ~ 500mm 的气候条件下都能生长，以长江流域及黄河中下游较集中。山东的麻栎林主要分布在胶东丘陵和泰沂山地，以花岗岩、片麻岩为母质的棕壤上，垂直分布在 1000m 以下(泰山)。胶东的麻栎林常作矮林经营，放养柞蚕。

麻栎是喜光树种。在密林和混交林中，高生长较快，干形良好。深根性，抗风力很强，能在干旱瘠薄的山地上生长，但在湿润、肥沃、深厚、排水良好的中性至微酸性沙壤土上生长较快，山沟和山麓生长更好。

麻栎不耐水湿。耐火，抗烟能力较强，为防火林带的优良树种。

2. 生长习性

麻栎实生苗的根比茎生长快，1 年生苗高 30 ~ 50cm，主根长度可达 1m 以上。5 年生以前地上部分生长较慢，根系生长较快，主根深达数米。10 年生的实生麻栎林，在土层深厚条件下，平均树高 9.3m，平均胸径 9.1cm。

麻栎萌芽性强，萌蘖留养 4 ~ 6a 后就郁闭成林，而且生长期间较长。据麻栎树干解析材料，树高和胸径的速生期大都在 5 ~ 15a 期间，树高连年生长量达 1m，胸径连年生长量达 1.36cm。20a 以后生长量变小，一直延续到 60 ~ 80a 生长量才显著下降。

（二）育苗技术

1. 采种和种实贮藏

麻栎一般为播种育苗，选择 20～50 年生的健壮树木作采种母树。果实成熟时由绿变为黄褐色，坚果有光泽，可在优良的单株树下拾取或上树将种子打落后收集起来。

采种后进行粒选，挑出病虫损害及颜色不正常的种子，可得优良种子 90% 以上。大量种子可用水选法。麻栎种子中常有害虫柞栎象为害，浸入 55℃ 温水 10 分钟后即可杀死种实内的害虫。经杀虫处理后的种子摊在不受阳光直射的干燥地方晾干，每天翻动四、五次，以防种子发热生霉。晾干即可播种或贮藏。

麻栎种子的含水量较高，种子的安全含水量为 30%～40%，在贮藏期间不能忍受干燥。麻栎种子属淀粉类种子，容易霉烂变质。采集种子后，如在 11～12 月直播造林或育苗，可将种子放在通风阴凉的地方，用草帘覆盖。若在第二年春季播种，就需要在湿润、低温、通气的环境下进行湿藏，通常在室外露天坑藏。在地势高燥、地下水位较低的地方挖坑，宽 1m 左右、深 70～80cm，在坑底铺细沙厚约 15cm，沙上摊放种子 5～8cm 厚，种子上再盖细沙 3～6 cm 厚。一层细沙一层种子交替摊放，直至距坑口 10cm 左右，再覆土封盖，并略高于地面，在坑的四周挖 30cm 深的排水沟，在坑中每隔 1m 插一束秫秸把通气，以防止种子发热霉烂。少量种子可在阴凉通风的室内拌湿沙堆放，用湿沙封堆。

2. 育苗技术

选择地势平坦、有排灌条件的沙壤土作苗圃地，深翻、整平、作床，并施足基肥。土层深厚的山坡，也可整成窄幅梯田或水平阶育苗。春播在 3 月下旬到 4 月上旬。秋播在种子成熟后随采随播。播种前将种子浸水 1～2 天，每天换水 1～2 次，捞出种子后摊放在阴凉处，每天喷水，至部分种子出芽时即可播种。混沙坑藏的种子直接取出播种。播种时可在麻栎林中挖取带菌根土拌入栎实中或撒在播种沟中，覆土 3～5cm。每公顷播种量 2200～3700kg。出苗后，要及时中耕除草、浇水施肥、间苗，每公顷产苗量 30 万～45 万株。

（三）造林技术

1. 整地

山地陡坡，多采用鱼鳞坑整地，坑的长径 1m、短径 60～70cm，松土深度 30～50cm，坑面外高里低，筑牢坑沿。沿等高线横坡排列成行，上下交错成品字形，以利保持水土。

土层较厚、坡度在 25 度以下的坡地，采用水平阶整地，等高呈品字形排列，上下间隔 1～1.5m。阶长 2.5～3.0m，阶面宽 0.8～1.5m，松土深度 40cm 左右。

在沙滩平缓地段，可带状整地或穴状整地，深 30cm 左右。

2. 造林方法

（1）直播造林　麻栎种子大，含水量高，出土能力强，适于直播造林。山区直播造林大都在阳坡、半阳坡。多采用穴状整地，穴径和深度各为 30～40cm，每公顷 4500～6000 穴。

3 月中、下旬及 10 月中旬播种造林，每穴播种子 5～6 粒，均匀撒开，覆土厚度 6～8cm。秋播的生根早，生长期较长，第二年苗高可达 40～60 cm。

（2）植苗造林　一般在早春进行，多在土壤解冻后立即开始，也可以在晚秋苗木落叶后进行。在整好的造林地上挖穴，穴径和深度各 30～40cm，每公顷栽植 4500～6000 株。栽植深度比根颈深 2～3 cm，覆土踏实。麻栎苗的萌芽力强，为提高成活率，也可以截干栽植。

3. 营造混交林

在山东半岛丘陵区，适于与麻栎混交的树种有：赤松、黑松、元宝槭、侧柏、椴树和紫穗槐等，混交方式以行间混交或带状混交为宜。

山东半岛常见的松栎混交林，病虫害较少，林地上枯枝落叶聚积较厚，土壤表层腐殖质增多，保水、保土及保肥力显著增强。麻栎在混交林中树高生长迅速，干形良好。

4. 抚育管理

造林后连续 2～3 年进行除草松土。雨季时整修地堰、穴堰，防止水土流失。初冬时对 1 年生小苗培土，加厚土层 2～3 cm。山岭地上春季解冻后，常发生冻拔，新植幼苗根系与土壤脱离，要及时踏穴、培土。

直播造林的种子一般在 5 月初出苗，6 月份要间苗二次。如苗木干形不良，可于造林后 3～4 年平茬，在麻栎停止生长季节进行；翌年选留一株直立粗壮的萌条抚育长成林木，其他萌蘖全部除去，对于抑制麻栎生长的其他树木也要伐掉。

麻栎要及时修枝，以培养优良干形，提高木材品质。在树木休眠期间修枝，修除枯死枝、衰弱枝、病虫害枝及竞争枝。修枝切口要平滑，不要留桩。修枝强度不能过大，一般在 10 年生以前，保留树冠长度为树高的三分之二，10 年生以后维持在二分之一以上。

麻栎林分一般在 6～8 年生开始郁闭成林，可以作为抚育采伐的起始期。一般采用下层抚育法，首先伐除枯死木、被压木、病虫危害木；在混交林中还要伐除压制麻栎生长的其他树种林木，而在麻栎侧下方生长的伴生树种林木和下木应尽量保留。间伐后林分郁闭度不低于 0.7；10～15 年生的林分，间伐后每公顷保留 4500～6000 株；15～20 年生林分，间伐后每公顷保留 1500～2300 株。

5. 柞蚕林的营建

麻栎的叶子是放养柞蚕的好饲料，山东半岛的群众有经营麻栎柞蚕林的丰富经验。麻栎柞蚕林多采用矮林作业方式，习称柞岚。

新建柞岚以地势较高、坡度较缓的阳坡、半阳坡为宜，常用植苗造林，也可用直播造林。造林前细致整地，每公顷 3300 穴左右，每穴植苗 3～4 株。栽后加强抚育管理，注意抗旱保墒。待幼树地径达到 2～3cm 时进行平茬，在冬季用镰刀紧贴地面削去树干。

麻栎幼树平茬后，要通过整形修剪，养成一定高度和树型。一般做法是从平茬后长出的多根萌条中选留 1～2 根直立粗壮的培养为主干，将其余的萌条砍除。选留的主干在 1m 高左右截去上梢，保留主干上部分布均匀的 3～4 个侧枝，将下部其余侧枝剪除。对选留的 3～4 个侧枝在离主干 30cm 处截去梢端，生出二级侧枝。如此多次培养次一级侧枝，并通过抑制直立枝、培养水平枝、利用斜生枝等修剪技术，逐步扩大树冠，形成半球形。在砍修枝条时，枝条基部一般留 3～5cm，保持其发芽力，使树冠不致中空。

6. 主要虫害防治

（1）栎掌白蛾（*Phalera assimilis*），又名麻栎天社蛾，为栎类树木的食叶害虫。幼虫取食叶片，大发生时可将树叶吃光。在柞岚常与柞蚕争食，影响柞蚕生产。防治方法为：趁初龄幼虫群集危害时，组织人力捕杀幼虫，尤其是在树干低矮的情况下扑杀最有利。在虫口密度大、幼虫又已分散危害情况下，可用 90% 敌百虫或 80% 敌敌畏乳剂 1500 倍液喷杀。在林地坡度较小，越冬蛹的密度较大时，可于早春在树干周围挖蛹灭除。在密度大、树干较高的栎林中，可施烟雾剂熏杀。

（2）柞栎象（*Curculio dentipes*）为栎类的种实害虫，幼虫蛀食的果实可提早落果，并引起种子发霉腐烂。

防治方法为：在成虫补充营养、交配、产卵期喷洒 90% 敌百虫 800 倍液，或 80% 敌敌畏 1000 倍液，或溴氰菊酯等农药，杀死产卵前的成虫。以溴甲烷或二硫化碳及时熏蒸采收的果实，杀死果实内尚未完成发育的幼虫。55℃ 温水浸种十分钟，杀虫率高，浸种后经两天阴干方可贮藏。捡拾落果，及时烧掉。

八、楸树

楸树（*Catalpa bungei*）为紫葳科梓树属的落叶乔木，树高可达 25～30m。楸树是优质用材树种。楸树木材纹理直，花纹美观，有光泽，不翘裂，耐腐性强，加工容易，刨面光滑，是优良的家具、室内装修、建筑、造船用材。楸树树姿雄伟，花美丽，也是优良的绿化树种。

与楸树同一属的另一树种灰楸（*Catalpa fargesii*），其形态和习性与楸树很相似。楸树的枝叶无毛，花序无毛或有柔毛；木材坚韧致密，黄褐色，有光泽。灰楸的叶片、叶柄、花序均被簇状毛；木材灰白色，材质较楸树略差，但耐腐朽。楸树和灰楸在山东均有栽培。20世纪 70～80 年代，山东推广的"金楸"优良类型属楸树，而"银楸"优良类型属灰楸。

山东楸树的栽培历史悠久，主要分布在胶东丘陵和鲁中南山区。胶东半岛的海阳、莱阳、栖霞、牟平、文登、乳山等地栽植较多。花岗岩、片麻岩、页岩的山岭地及山麓、河谷平原均有分布。

山东的楸树多为梯田地边植树、四旁栽植和小片林。由于楸树木材售价高，大树砍伐过多，资源日渐紧缺，应加强楸树资源的保护和发展。

（一）生物学特性

1. 对环境条件的要求

楸树分布于黄河流域和长江流域，集中栽植地区有山东的胶东半岛和鲁中南低山丘陵区，江苏的云台山丘陵区，河南西部黄土丘陵及崤山、熊耳山等低山丘陵，陕西秦岭南坡的低山丘陵。

楸树喜温暖湿润气候，适生区的年平均气温 13 ~ 16℃，1 月平均气温 -4 ~ 2℃，7 月平均气温 25 ~ 32℃，极端最低气温 -12 ~ -17℃，极端最高气温 28 ~ 35℃，年降水量 750 ~ 1200mm。在年降水量 800mm 以上，空气相对湿度 67 ~ 76% 以上，夏季较少出现高温干燥天气的沿海区域，生长较快，主干通直圆满；在空气较干燥的内陆地区，生长较慢。

楸树为喜光树种。播种苗在刚出土时能耐庇阴，长到 20 ~ 30cm 高时就需要较多光照，否则生长不良。林分郁闭后如不及时间伐，林木分化现象较严重。

楸树对土壤水分敏感，不耐干旱。在无灌溉条件时，生长量与降水量密切相关，15 ~ 20 年生以前尤为明显。在干旱少雨年份，生长量显著下降。楸树不耐水涝，在短期间歇性流水的山沟、渠道及河滩能正常生长，在积水涝洼地常烂根以至全株死亡。地下水位高于 1m 的地方，根系浅，易风倒。

山东的楸树多分布在低山丘陵区海拔 500m 以下的坡中下部、山麓及沟谷两侧。楸树适于生长在山岭环绕的浅谷地，这种小地形上方光照充足，侧方光照较少，空气较湿润，土层较深厚，楸树生长量大、干形好。在开阔的平原地区，常因高温、干燥，楸树主干较矮，尖削度大。

楸树对土壤的要求不甚严格，花岗岩、片麻岩母质上发育的棕壤，页岩、石灰岩母质上发育的褐土，平地、滩地的潮土；微酸性至微碱性，土壤含盐量 0.1% 以下的土壤都可以生长。在土层深厚，湿润肥沃，排水良好的壤土、沙壤土上生长良好。在干旱瘠薄的土壤上生长差，甚至成为小老树。

2. 生长发育特性

楸树播种苗生长较慢，一年生播种苗高 50 ~ 100cm，二年生播种苗高 200cm 以上；埋根苗当年苗高 1.2 ~ 1.6m，地径 1.5 ~ 2.0cm；嫁接苗生长快，当年苗高可达 3m 以上，地径达 3cm 以上。播种苗年生长的速生期从 6 月下旬至 9 月初，嫁接苗年生长的速生期从 6 月上旬至 9 月上旬。

楸树寿命长，120 ~ 150a 的大楸树各地都有生长。在一般栽培条件下，楸树生长速度中等。树高生长在 5a 以前较慢，连年生长量为 0.3 ~ 0.5m；6 ~ 25a 生长较快，连年生长量为 0.5 ~ 1.0m；30a 后高生长量显著下降。胸径生长在 7a 以前较慢，连年生长量在 0.5cm 左右；8 ~ 30a 生长较快，连年生长量为 0.6 ~ 1.5cm，最大为 2.5cm；30a 后胸径生长缓慢下降。材积生长一般从第 10a 开始加快，20 ~ 25a 为高峰期；较差的立地，30a 以后材积生长逐渐下降；较好的立地，40 ~ 50a 仍保持较旺盛生长。30a 生的楸树，树高一般在 15m 左右，高的达 20m，胸径一般为 25 ~ 30cm，单株材积为 0.3 ~ 0.5m³。

楸树生长受立地条件和栽培措施的影响。在土壤比较干燥瘠薄的地方，速生期持续年限较短，总生长量较低；在土壤湿润肥沃的地方，速生期持续年限较长，总生长量较高。选择适生的立地，采用农林间作和灌溉、施肥等丰产栽培措施，楸树的速生年限提前，生长量明显提高。如莱阳吕格庄在轻壤质河潮土上营造的楸树丰产林，每公顷 500 株，林龄 21 年时平均树高 14.4m，平均胸径 32.1cm，单株材积 0.463m³，每公顷蓄积量 231.5m³，蓄积平均

生长量 $11.02m^3/hm^2 \cdot a$。莱西店埠的金楸丰产林，林龄 7a 时平均树高 10.2m，平均胸径达 17.5cm。蒙阴坦埠 12 年生金楸行道树，平均树高 11.2m，平均胸径 23.0cm；12 年生银楸行道树平均树高 10.0m，平均胸径 23.3cm。

楸树为深根性树种，主根明显，粗壮侧根伸入土中 40cm 以下。在较干燥瘠薄的土壤上，侧根水平分布范围广。根蘖和萌芽能力都很强。楸树枝叶较稠密而冠幅较小，成龄楸树冠长 10m 左右时，冠幅 3m 左右。楸树根深冠窄的特性适于农林间作。

楸树是异花（或异株）授粉植物。单株树木或同一无性系生长在一起，由于自花的不亲合性（即花粉在柱头上不能发芽或发芽后不能受精的特性），往往开花不结实。如果两株楸树实生树或不同无性系的单株生长在一起，经过昆虫传粉，便能结实。

（二）育苗技术

楸树常用根蘖苗或埋根育苗、嫁接育苗进行繁殖，也可采用播种育苗、插条育苗、埋条育苗、组织培养等育苗方法。

1. 埋根育苗

楸树结实少，萌蘖力强，埋根育苗是当前的主要育苗方法。种根采自幼壮龄树的根和苗圃地里的根。选直径 1~2cm 的嫩根，截成 12~18cm、上平下斜的根段作根插穗。通常在春季树木未萌芽前挖根，随挖根、随剪、随插埋。秋采的根条要用湿沙贮藏越冬，春季插埋。根插穗按粗度分级，分别插埋，使出苗整齐。一般用斜埋法，根插穗的粗头向上、小头向下，切勿倒插；插穗与土壤密接，上端与地面平，踏后再覆土 1~2cm。土壤墒情好时，埋根后到出苗前一般不浇水；土壤干旱影响萌芽出土，可适当灌水和松土。苗高 10cm 时及时除蘖，每一根插穗上留一株长势旺的萌条。苗出齐后灌透水，同时顺行培土，促其生根。埋根苗的株行距一般 30cm×50cm，每公顷产苗 6 万株左右；培育二年苗的株行距一般 50cm×60cm，每公顷产苗 3 万株左右。

2. 嫁接育苗

楸树嫁接一般用同属的梓树作砧木。梓树能大量结种，繁殖容易，适应性强，苗期生长快。10 月梓树种子成熟，采收蒴果晒干脱粒。育苗地选沙壤土、壤土，整地、施基肥、作畦。3 月下旬开沟条播，每公顷用种 15kg，覆土 0.6cm 左右，保持土壤湿润。待长出真叶后，进行一次松土、间苗。苗高 6~10cm 时定株，株距 30cm 左右为宜，多余的幼苗可移栽别处。6 月上旬和 7 月上旬各施一次氮肥，当年苗高可达 2m，地径 3cm。

接穗采自楸树优良类型和优良单株的壮龄母树或采穗圃，选树冠外围的一年生无病虫粗壮枝条。可枝接或芽接，根接也能成活。枝接在早春树液流动后进行，可劈接、袋接、皮下接；芽接在 7~8 月份，以单芽贴接较好。对嫁接苗加强土肥水管理，其生长量高于埋根苗。

3. 播种育苗

在 15~30 年生健壮楸树上采种。楸树种子 9~10 月成熟。当果实由黄绿色变成灰褐色、顶端微裂时，采摘果实摊晾晒干，脱粒。楸树的出种率约 10%，种子净度 75%~80%，发芽率40%～50%，干粒重4.5g。楸树种粒小，播种苗前期生长慢，应选湿润肥沃的苗圃地，细致整地，施足基肥。3月下旬至4月上旬播种。播种前用30℃温水浸种4h，再用3～5倍于种子的湿沙混合均匀堆在室内催芽。经10d左右，有30%的种子裂嘴，即可播种。采用低床条播法，行距20～25cm，每公顷用种15kg左右。播前灌足底水，播后覆盖土和细沙，厚度0.5cm左右。床面用苇帘或塑料布等物覆盖遮荫。幼苗出齐后，逐步撤除覆盖物。幼苗长出2～3轮真叶时，及时进行间苗与补栽，每公顷保留12～15万株。加强松土除草和肥水管理等工作。

4. 扦插育苗

楸树插条不容易生根，对扦插技术要求较高。硬枝扦插选一年生苗干或母树上的根蘖条作种条，秋季落叶后采条，混湿沙冬藏。春季扦插时用萘乙酸或ABT生根粉浸泡处理插穗，用塑料小拱棚育苗。嫩枝扦插以6～7月为宜，选半木质化的嫩枝作种条，用萘乙酸或吲哚丁酸浸泡处理插穗，在遮阴的大棚内保持温度23～26℃，相对湿度85%以上。插穗生根成活后需经炼苗、移栽。

（三）造林技术

1. 造林地选择与整地

栽植楸树应在降水较充沛的地区，低山丘陵的坡中下部、山沟两侧及山麓平原。选土层深厚（80cm以上），湿润肥沃，排水良好的造林地，土壤pH值6～7，土壤含盐量<0.1%。丘陵常在梯田地边栽植，宜大穴整地，整地深度0.8m以上。平原地区应全面深耕30～40cm，再挖径、深1m的大穴。

2. 造林密度

楸树顶芽萌发力较弱，为了培养优良干形，初植密度可大一些，林分郁闭后及时间伐。梯田地边植树，可每层梯田植一行，株距4m左右。成片造林，株行距可3m×4m或3m×3m，每公顷833～1111株。平原间作型用材林，可行距10m、株距3～4m，每公顷250～333株。

3. 造林方法

选用优良无性系或优良类型的健壮苗木。一般用2年生埋根苗，苗高3m以上，地径3cm以上，根幅40～50cm；或二年根一年干嫁接苗，苗高2.5m以上，地径2.5cm以上，根幅30～40cm。可春季或秋季栽植。每个栽植穴施入土杂肥50kg和过磷酸钙1kg。使苗木根系舒展，分层填土踏实，栽植深度以超过苗木原土痕3～5cm为宜，灌水，培土封穴。

4. 抚育管理

（1）土壤管理　幼林郁闭前每年松土除草2～3次，春、夏天气干旱时灌水2～3次。楸树丰产林于每年5～7月速生期追肥2次，每株施尿素0.1～0.2kg；每隔1～2年，于10月中旬树木封顶后，每株施有机肥40～50kg、过磷酸钙0.5～1kg，山区可深翻扩穴结合施肥。幼林期间农林间种。林分郁闭后每年中耕1～2次，丰产林应继续进行灌水、施肥。

（2）树体管理　新栽幼树于春季发芽前剪去木质化程度低的梢部，剪口下留壮芽。待芽长到2~3cm时，在干顶部选留一个壮芽培养，其下的1~2轮芽子抹掉。当新枝枝条30~40cm长时，对侧枝摘心，以促进主梢生长。幼林阶段要保持较长树冠，控制竞争枝和粗大枝。林分郁闭后逐步修除冠下层衰弱枝条。

林分郁闭后可进行1~2次间伐，每次间伐株数30%~40%，间伐蓄积20%左右，保持林分郁闭度0.6以上。

5. 主要病虫害防治

（1）楸蠹野螟（*Sinomphisa plagialis*）又名楸梢螟，幼虫钻蛀枝梢，楸树栽培区普遍发生，严重影响树木生长。应结合冬季修剪，剪除有虫瘿的被害枝条，集中销毁。幼虫为害期在嫩干上涂50%久效磷10倍液，杀死枝内幼虫。成虫出现时喷敌百虫1000倍液，毒杀成虫和初孵化幼虫。

（2）楸树根结线虫病是楸树的主要病害，病原为花生根结线虫（*Meloidogyne arenaria*）和北方根结线虫（*M. hapla*）在山东楸树栽培区均有分布，苗木、幼树、大树的根系均可受害。防治方法为：严禁带病苗木出圃，避免苗圃连作。育苗前可用溴甲烷、氯化苦、二溴乙烷等薰蒸处理土壤。苗木移栽前用50℃温水浸泡根部，杀死卵块。苗木生长期可用涕灭威、克线磷、甲基异柳磷等杀线虫剂防治。

（四）采伐更新

在一般栽培条件下，楸树的采伐年龄宜30~40a，林分平均胸径达30cm。在丰产栽培条件下，采伐年龄可定在25~30a，林分平均胸径达40cm。散生的楸树可在40a以后采伐，胸径达50cm以上。楸树片林可实行皆伐，采伐后萌蘖更新或人工造林。散生树木可于成材后进行择伐，实行萌蘖更新。楸树萌蘖生长速度快，萌蘖更新能力可持续数代。

九、欧美杨

欧美杨（*Populus × euramericana*）为杨柳科杨属的落叶大乔木，树高可达40m。欧美杨为欧洲黑杨和美洲黑杨的杂种。早期的欧美杨产于欧洲，曾统称加拿大杨（*Populus canadensis* Moench.）。1950年国际杨树委员会建议将欧洲黑杨和美洲黑杨的杂种统称为欧美杨。

欧美杨优良品种树干高大，枝叶繁茂，速生丰产，易繁殖，适应性强，木材可供人造板、造纸等工业用材和农村的民用材，是山东省营造速生用材林、农田林网、河道绿化及"四旁"植树的主要树种，在全省的平原、河滩广泛栽植。

20世纪60年代以后，山东陆续引进国外的几百个欧美杨无性系，从中选出I214杨、沙兰杨、健杨、107号杨、108号杨等适生优良品种。20世纪70年代以后，中国林科院等单位开展杨树杂交育种，培育出一批"国产"欧美杨无性系，经在山东进行造林试验，选出中林46杨、中林23杨、L35杨、鲁林1号杨等适生优良品种。

（一）山东栽植的主要品种

近年来，山东应用的欧美杨优良品种主要有以下几种。

中林 46 杨：由中国林科院 1979 年杂交育种选出。雌性。冠型半开展，侧枝层次分明。耐寒、耐旱性较强。无性繁殖能力强，易生根，扦插成活率高，苗期生长量大，造林成活率高。速生、丰产。木材密度、强度、硬度都较低，可供人造板材和纸浆材。幼树常见风折。近年来林木因病而早期落叶严重。适于山东各地栽植，用于用材林、农田林网和"四旁"植树。

欧美杨 107 号：中国林科院由意大利引进，品种名称为"NeVa"，"107"为中国林科院的引种试验编号。雌株。树干直，树冠较窄，侧枝细。无性繁殖容易，育苗、造林成活率高。抗逆性强，适应范围广。速生，材积生长量超过中林 46 杨。木材材质较好。适于用材林、农田林网和"四旁"植树，是近年来山东各地栽培最多的杨树品种之一。

欧美杨 108 号：中国林科院由意大利引进，品种名称为"Guariento"，"108"为中国林科院的引种试验编号。树干直，树冠较窄。速生，育苗、造林成活率高，抗逆性强。适于用材林、农田林网和"四旁"绿化，是近年来山东各地栽培最多的杨树品种之一。108 号杨苗木和林木的形态习性与 107 号杨相似，在生产中常与 107 号杨混淆。

L35 杨：由山东省林科院选育。雌株。干直，树冠较窄，侧枝细，分布较均匀，轮生枝不明显。适应性强，育苗、造林成活率高。速生，树高和材积生长量高于中林 46 杨和 108 号杨。适于用材林、农田林网和"四旁"植树。

鲁林 1 号杨：由山东省林科院选育。雌株。树干直，树冠较窄，侧枝细，分布较均匀。育苗、造林成活率高，抗逆性强。速生，材积生长量超过 107 号杨。木材制作胶合板性能优良，也可培育纸浆材。适于用材林、农田林网和"四旁"植树。

（二）生物学特性

1. 对环境条件的要求

因杂交亲本起源的不同，众多欧美杨品种的生物学特性也有差异。山东栽培的多数欧美杨优良品种，适于暖温带湿润、半湿润气候。主要栽培区域为黄淮海平原、渤海沿岸及山东半岛。在 ≥10℃ 积温 3600 ~ 4700℃，无霜期 170 ~ 240 天，年降水量 500 ~ 1000mm，干燥度为 0.8 ~ 1.5 的水、热条件下生长良好。

喜光，不耐庇荫。在混交林中，处于林冠上层。

对土壤的适应性较强，在平原、河滩及丘陵区的河岸阶地、坡脚沟谷，潮土、潮褐土、潮棕壤等土壤类型均生长良好，而在盐化潮土、风沙土、砂姜黑土上生长较差。

喜深厚疏松土壤，在土层厚度 >1m，土壤质地为沙壤、轻壤的冲积土生长最好，紧沙土次之，而在粘重土壤上生长不良。适宜的土壤容重为 1.25 ~ 1.40 g·cm^{-3}，土壤容重 > 1.50 g·cm^{-3} 时则不宜栽植。喜土壤湿润，生长期间适宜的地下水位为 1 ~ 3m，以 1.5 ~

2.5m 最好。耐淹力较强，汛期流动河水淹水 1 个月仍正常生长。但不耐长期积水。生长期内遇高温和持续干旱，树叶变黄脱落。对土壤养分要求较高，以氮素和土壤有机质对生长的作用最大。

适于 pH 值为 6.0 ~ 8.0 的土壤。耐盐程度低。在渤海平原，107 号杨、108 号杨在土壤含盐量 <0.2% 的轻度盐化潮土上能正常生长，土壤含盐量 >0.2% 时就不宜栽植。

2. 生长特性

（1）年生长发育

欧美杨人工林的年生长可根据物候变化和生长速度分为萌动期、春梢营养生长期、夏季营养生长期、封顶充实期和休眠期等阶段。各阶段到来的迟早和延续的时间，主要受当地气候条件的影响，不同品种也有所差别。山东一般在五月中旬以后进入夏季营养生长期，可持续 90 ~ 100 天，到八月中下旬结束。这一时期是树高和胸径的速生期，集中了全年的大部分生长量。6 月前后常出现高温、干旱，若没有灌溉条件，杨树生长出现停滞现象，时间的长短与降雨有关；在人工灌溉的条件下，杨树不出现明显的生长停滞现象，可持续生长。

欧美杨人工林的年生长节律受到气象因子和栽培措施的影响。在气象因子中，气温影响生长的作用最大，其次是 0 ~ 120cm 土层的土壤含水量，而空气相对湿度、日照时数和降水量所起的作用较小。施肥与浇水措施对幼林年生长节律的影响有所不同。施氮肥可促进杨树在整个速生期内的生长，而浇水对促进生长的作用只表现在干旱季节。

（2）生长过程

不同立地条件和经营水平下，欧美杨林的生长过程有所差别。不同林分密度对林木胸径和材积的生长也有明显影响。在适生立地条件和集约经营的杨树丰产林中，欧美杨表现出早期速生特性。适当稀植的欧美杨丰产林，树高生长的速生期一般在造林后 2 ~ 6a，以 2 ~ 3a 的生长量最大，连年生长量达 3 ~ 3.5m，7a 以后生长量逐步减少；胸径生长的速生期在造林后 2 ~ 7a，以 2 ~ 4a 的生长量最大，连年生长量达 3 ~ 4cm，8a 以后生长量逐步减少；材积生长在 5 ~ 6a 以后显著增加，12a 时仍处于速生阶段。山东省欧美杨速生丰产林的蓄积平均生长量一般为 25 ~ 30m³/hm² · a。

不同立地条件的欧美杨林生长量有较大差别。如鲁西北黄泛冲积平原区，平地壤质潮土上的欧美杨林蓄积平均生长量为 19.68 m³/hm² · a，岗地风沙土上的平均生长量为 12.29 m³/hm² · a，洼地盐化潮土上的平均生长量为 11.32 m³/hm² · a。

杨树林木的生长受密度影响较大。密度对树高生长影响不显著，林分郁闭后较小密度林分的树高值较大。密度对胸径生长的影响显著，呈负相关。林木单株材积与林分密度呈负相关。密度对单位面积蓄积量的影响，受单株材积和单位面积株数两个互相矛盾的因子所制约。大密度林分的蓄积连年生长量峰值出现年份较早，下降也早；小密度林分则相反。

（3）根系生长与分布

欧美杨的根系发达，根幅较大。造林当年，最大根长可达 3.5m；2 ~ 3 年生的林木，根系水平分布密集范围已大于冠幅。7 年生林木的根系，垂直分布深度达 2m；除主根以外的根量，约60%分布在0~20cm的土层中，85%分布在0~60cm的土层中。

（三）育苗技术

欧美杨品种采用硬枝扦插容易生根成活，生产中普遍应用插条育苗。

1. 育苗地的选择与整地

选择疏松的沙壤土或轻壤土，土层深1 m以上，肥力较高。地势应平坦，有灌溉条件。秋季深耕25~35cm，及时耙平保墒。结合整地每公顷施腐熟的农家肥30~45 t，一般作低床。

2. 种条的采集与处理

扦插育苗所用的插穗，应该采自苗圃一年生苗木，不能从大树上采集阶段发育老的条子作插条。秋季落叶后到翌年春季萌动前均可采条，但以秋季采条贮藏效果好。深秋采条后可选高燥的背阴地挖坑埋条，坑的深度和埋土厚度根据各地冻土深度确定，以保持冬季枝条处在0℃左右为准。一般可挖坑0.8~1 m深，将种条或梱平铺于坑内，种条以上覆土厚20 cm左右，坑内插秸秆把，以利通气。也可提前将种苗截制成插穗，一般为50根一捆，芽朝上竖立于坑内，可以排3~4层插穗，然后覆土厚20cm左右。

杨树条子不同部位的生根率和生长量不同，以中部最高，基部其次，梢部最低。插穗的粗度一般在1~1.5 cm，插穗的长度以16~18 cm为宜。插穗两端可截成平切口，插穗上端的第一个侧芽应完好，上切口与第一个侧芽之间有1~2 cm间距，切口应平滑。截制插穗应在背阴处进行，插穗用水浸泡或用沙培上待用。插穗浸水可增加插穗的含水量，提高生根率，在扦插前应浸水12~24h。

3. 扦插方法

春插宜早，在芽萌动之前进行。也可以在秋季落叶后随采条随扦插，省去贮藏插穗，翌年春季可早生根。将浸过水的插穗插入疏松的圃地，插穗的上切口与地面平，为防止上切口风干，插穗上端可浅覆土。

为了生产合格的壮苗，必须注意育苗密度的控制。培育造林用壮苗，需用较小的密度，一年生苗育苗密度每公顷不宜超过3万株。生产一年生苗供采种条时，每公顷育苗4.5~6.0万株。

4. 苗木抚育管理

按苗木各个生长阶段的特点，采取相应的抚育管理措施。

成活期：从扦插时起到插穗展叶和开始生根为止，插穗主要靠自身贮藏的营养维持生长发育，靠下切口吸收水分，抗逆性弱，要加强管理。此期间要防止土壤缺水，扦插后灌透水1~2次。灌水次数不宜过多，以免降低地温。土壤含水量在田间最大持水量的80%以上有利于生根。疏松、通透性好的土壤能保证生根需要的氧气。一般插穗皮部先生根，然后在下切口愈伤组织处生根。

幼苗期：一般需5~8周，此期苗木已能正常吸收水和矿质营养，并进行光合作用，根系生长较快。此期可追施氮肥促进生长，并适时灌溉和松土除草。一个插穗上可能发出多条萌条，当高度 20 ~ 30cm 时，保留一根粗壮的，其他的掰去。

速生期：自高生长大幅度上升至高生长下降时为止，一般在 6 ~ 8 月份。此期苗木的高、径和根系生长都是全年最大的时期，苗木需要的营养和水分最多。每公顷需施用尿素 450 ~ 600kg，分两次追施，施肥后及时灌溉。雨后和灌溉后及时松土除草。为了提高苗木的木质化程度和防止徒长，最后一次追肥不宜晚于 7 月下旬。有些杨树品种的腋芽萌发为侧枝，影响主干的生长，在速生期内应及时将幼嫩侧芽除去。

封顶硬化期：从出现顶芽开始到落叶为止，一般需 6 ~ 8 周，此期苗木的光合作用为苗木的木质化和贮藏营养创造条件。苗木全生长期应注意病虫害的防治。

(四) 造林技术

1. 造林地选择

在山东半岛，欧美杨适于山麓平原、河谷平原以及丘陵区的河岸阶地、坡脚沟谷厚层土上，土壤质地为壤土、轻壤土、沙壤土和紧沙，地下水位 1 ~ 3m。在渤海平原，欧美杨适于黄泛冲积平原的潮土，土壤质地为壤土、轻壤土、沙壤土和紧沙，造林地土壤 pH 值小于 8，土壤含盐量不得超过 0.2%，地下水矿化度 <1g/L。

2. 整地

平原、河滩，杨树造林地一般采用全面深耕后大穴整地的方法。瘠薄的河滩沙地可进行客土整地，由附近运来粘质土与原来的沙土相掺回填。涝洼地、轻盐碱地需修筑条台田，排涝洗盐。丘陵区的坡脚、沟谷，可修筑窄幅梯田，再大穴整地。"四旁"植树，一般为大穴整地。

3. 选用壮苗

农田林网多使用二年生大苗，胸径 >2.5cm，苗高 >3.5m。片林多使用一年生苗或二年根一年干苗，地径 >2.5m，苗高 >3m。苗干粗壮，根系完好，无杨树溃疡病和白杨透翅蛾等病虫害。

4. 造林密度

用材林的造林密度因培育目标而定。如培育大径级的胶合板材，以 333 ~ 416 株/hm² 为宜；培育中径级的民用建筑材，以 500 ~ 833 株/hm² 为宜；培育小径级的纸浆材，以 1111 ~ 1660 株/hm² 为宜。农田林网的造林密度不宜过大，应使林木在达到防护成熟龄以前有较充足的营养空间。例如：道路每侧两行，以行距 1.5 ~ 2.0m、株距 2 ~ 3m 为宜，农田防护林带可在 10 年左右采伐更新。

5. 栽植方法

欧美杨适于在春季或深秋栽植。应随起苗随栽植，避免裸根苗晾晒。栽植前对苗木适当修剪，剪去苗梢和侧枝。欧美杨适当深栽，能萌生较多不定根，有利于成活生长，栽植深度以 40 ~ 60cm 为宜。植苗后立即浇透水，然后培土封穴。

6. 抚育管理

（1）土壤管理　欧美杨对土壤水分和土壤养分要求较高，合理灌溉施肥可充分发挥其速生特性。一般每年应在5~6月干旱季节灌溉2~3次。在5~7月速生期追施氮肥2次，每年每公顷施用尿素100~200kg为宜。

在未郁闭的幼林中实行农林间作，以耕代抚，是一项重要的抚育措施。在农林间作时，应加强松土除草、灌溉、施肥等各项抚育管理。当林分郁闭和停止间作后，每年应对林地进行中耕松土和施肥。

（2）修枝　杨树幼林应加强整形修剪，控制竞争枝，培养通直的主干。林分郁闭后，逐步修除树冠下层的生长衰弱枝条。对于培育胶合板材的林木，需及时修枝，培育无节疤的原木。

7. 防治病虫害

欧美杨有多种病虫害。在山东，危害较重的病虫害有杨树水泡型溃疡病、杨树腐烂病、杨树黑斑病、光肩星天牛、美国白蛾、杨尺蠖、杨扇舟蛾、白杨透翅蛾等。

杨树水泡型溃疡病：病原菌为茶藨子葡萄座腔菌（*Botryosphaeria ribis*）。该病多发生在杨树主干中下部，严重时也扩展到主干上部和枝条。典型的溃疡病斑为水泡型，另一种病斑为枯斑型。病斑下的树木皮层坏死，范围大于病斑表面。防治措施为：选用抗病优良品种，培育健壮苗木。起苗、运苗、假植时尽量保持苗木水分，避免机械损伤。栽植前，严格剔除有病斑的苗木。选择适宜的造林地，大穴整地，灌足底水。栽植时剪去梢头及侧枝，造林后加强林分的抚育管理，增强树势。发病期可用药剂适时涂刷树干，有效药剂有多菌灵、退菌特、福美砷、代森锌、甲基托布津等。

杨树黑斑病：病原菌为杨生盘二孢菌（*Marssonina brunnea*）。该病多发生在苗圃。病叶提早1~2个月脱落。林木若连年发病，则导致树势衰弱。防治措施为：选育和栽培抗病的优良品种，实行多品种造林，可减轻病害的流行。合理育苗密度，改善苗木的通风透光条件，避免杨苗连作。在发病初期，向苗木喷65%代森锌200倍液，或0.5%的波尔多液2~3次。

光肩星天牛（*Anoplophora grabripennis*）：以幼虫蛀食枝干，可严重降低木材的利用价值。防治方法为：选用抗虫品种造林，如中林46杨等。集约经营，加强水肥管理，提高林木的抗虫能力。伐除林地周围受严重危害的树木，用水浸泡或熏蒸剂杀灭伐倒木内的幼虫，减少虫源。林中悬挂心腐木段，招引啄木鸟定居除虫。林地周围适当栽植感虫的露伊莎杨、复叶槭等树木作为诱饵树，诱集害虫，集中消灭。用磷化铝塞（插）入虫孔，熏蒸杀死幼虫；用除虫菊酯、拟除虫菊酯类药剂或敌敌畏乳油制成棉球毒签，自虫孔深插入虫道深处。用50%杀螟硫磷乳油1000倍液喷洒树干，杀死成虫和初孵幼虫。

美国白蛾（*Hyphantria cunea*）：原产北美，20世纪80年代传入山东。繁殖能力强。近年来严重危害杨树等多种树木，大发生时可将树叶全部吃光。防治措施为：严格检疫。在疫区发现幼虫网幕，要立即摘除，集中烧毁。幼虫期可用敌百虫、拟除虫菊酯类等化学农药喷雾药杀。悬挂杀虫灯诱杀成虫。繁殖释放周氏啮小蜂可收到较好的除虫效果。

杨扇舟蛾(*Clostera anachoreta*)：幼虫危害杨树、柳树，常大发生，可将树叶吃光。防治方法为：在 1~2 龄幼虫群集取食时，及时摘除虫苞；喷洒白僵菌、苏云金杆菌悬浮液或高效低毒的杀虫剂杀死幼虫。

杨尺蠖(*Apocheima cinerarius*)：幼虫取食树叶，发生期早，常暴发成灾，往往在春季把嫩芽、嫩叶吃光。防治方法为：进行中耕捣毁蛹室，消灭在地下越夏、越冬的蛹；在树干基部涂胶环，阻止雌蛾上树产卵；喷洒高效低毒农药或苏云金杆菌、核多角体病毒悬浮液杀灭幼虫；大树可用烟雾剂防治。

十、美洲黑杨

美洲黑杨(*Populus deltoids*)为杨柳科杨属的落叶大乔木，树高可达 40m。美洲黑杨树干高大，枝叶繁茂，速生丰产，适应性强，木材可供家具、人造板、造纸等多种用途，是山东营造速生用材林、农田林网和"四旁"植树的主要树种之一。

（一）山东栽培的主要品种

美洲黑杨天然分布于北美洲。从 20 世纪 70 年代起以后，山东陆续引进若干美洲黑杨无性系进行引种和造林试验，从中选出 I69/55 杨、PE – 19 – 66 杨、S307 – 26 杨等优良品种，在山东推广应用。20 世纪 80~90 年代，通过用不同起源、不同品种的美洲黑杨进行人工杂交，获得一些新无性系，从中选出中菏 1 号、鲁林 2 号、鲁林 3 号等优良品种。

1. 鲁克斯杨(I69/55 杨)

1972 年由意大利引入我国，20 世纪 80 年代以后在山东省南部广泛栽培。

雌性。速生，丰产。树冠较开展，分枝较均匀，高生长势较强。喜温暖湿润气候，耐寒、耐旱性较差。喜疏松、潮湿的潮土、河潮土，能适应地下水位浅的立地。无性繁殖能力中等，造林成活率较高，对栽植技术要求较严。与多数欧美杨品种相比，木材密度、强度、硬度均较高，制浆得率也较高。适于在山东南部和山东半岛地区栽植，用于用材林和农田林网。

2. S307 – 26 杨

简称 T26 杨，雄株。树干直，树冠开展，枝条较粗。适应性较强，喜温暖湿润气候和疏松湿润土壤。育苗、造林成活率高。速生，胸径和材积生长量高于 I69 杨，木材密度及纤维长度均大于 I69 杨。

3. PE – 19 – 66 杨

简称 T66 杨，雄株。树干直，树冠开展，枝条较粗。适应性较强，喜温暖湿润气候和疏松湿润土壤。育苗、造林成活率较高。速生，胸径和材积生长量高于 I69 杨，木材密度及纤维长度均大于 I69 杨。

4. 中菏 1 号杨

雄株。树干直，侧枝粗，树冠开展。适应性较强，喜温暖湿润气候和疏松湿润土壤。育苗、造林成活率较高。速生，胸径和材积生长量高于 I69 杨。木材密度低于 I69 杨。

5. 鲁林 3 号杨

为山东省林科院杂交育种选育的新品种。母本为 I69/55 杨，父本为 PE – 19 – 66 杨。雄株。树干通直圆满；侧枝粗度中等，较密集，成层明显；冠幅较窄。速生，材积生长量超过中菏 1 号杨和 107 号杨。易繁殖，育苗、造林成活率较高。适应性较强。木材适宜胶合板材和纸浆材。适于用材林、农田林网和"四旁"植树。

6. 鲁林 2 号杨

为山东省林科院杂交育种选育的新品种。母本为与南方型美洲黑杨性状相似的欧美杨品种 I72/58 杨，父本为美洲黑杨品种 PE – 3 – 71。雌株。树干通直，尖削度小；枝较粗，较稀疏，层次明显；冠幅较大。速生，材积生长量超过中菏 1 号杨和 107 号杨。易繁殖，育苗、造林成活率较高。适应性较强。木材适宜胶合板材和纸浆材。适于营造用材林、农田林网和"四旁"植树。

（二）生物学特性

1. 对环境条件的要求

美洲黑杨的原产地从北美洲大西洋东岸直至大平原，从大湖地区至墨西哥湾，集中在密西西比河、俄亥俄河、密苏里河等大河河谷及其支流的冲积土上。由于分布范围广阔，又分为三个亚种：南方起源的棱枝杨、中部起源的密苏里杨、北方起源的念珠杨。其中南方起源的棱枝杨喜温、喜湿，速生能力强。

我国引种栽培较早的美洲黑杨品种 I69/55 杨、I63/51 杨属南方起源，喜温暖、湿润气候。在我国的适宜栽植范围为北亚热带至暖温带南部。其中地处北亚热带的江淮平原，≥10℃积温 4500～5000℃，无霜期 250～280d，年降水量 800～1400mm，湿润度≤1.0，为 I69 杨、I63 杨的丰产区；地处暖温带南部的黄淮平原≥10℃积温 3900～4700℃，无霜期 180～240d，年降水量 600～1000mm，湿润度 0.8～1.5，为亚本产区。在山东省，适于泰沂山系以南，水、热条件较好的地区。

山东栽培的 T66 杨、T26 杨、中菏 1 号杨、鲁林 3 号杨、鲁林 2 号杨等也属喜温、喜湿品种，适生的气候条件与 I69 杨相似。在水热条件较差的泰沂山系以北地区，S307 – 26 杨、中菏 1 号杨的生长表现好于 I69 杨。

喜光，树冠开阔，不耐庇荫和密植。

喜深厚、疏松、湿润、肥沃的土壤条件。适于平原、河滩，有效土层厚度 >1m 的造林地。在丘陵地区的河岸阶地及坡脚沟底，有效土层厚度 >60cm 的造林地，在深翻整地和加强水、肥管理的条件下，也有较高产量。喜疏松土壤，在土壤质地为紧沙、沙壤、轻壤的冲积土上生长良好，在粘重的土壤上生长不良。

要求在整个营养生长期内都有湿润的土壤条件，根系最好能伸展到接近地下水位附近。生长期内地下水位应在 1～3m，以 1.5～2.5m 最好。耐短期水淹。

对土壤养分敏感，以氮素和有机质对生长的作用较大。适于 pH 值 6.0～7.5 的土壤。不耐盐，要求土壤含盐量 <0.1%。

2. 生长特性

在集约经营的条件下，美洲黑杨具早期速生特性。如莒县河滩地轻壤土上的 I69 杨丰产林生长过程：树高速生期在造林后第 2a 至第 6 年，连年生长量达 2.2m 以上；造林后第 2a 年高生长最快，连年生长量达 3.5m；第 7 年后树高连年生长量递减。胸径速生期在 2～7a，连年生长量达 2.7cm 以上；2～3a 胸径生长最快，连年生长量达 3.7～4.0cm；8a 后胸径连年生长量递减。材积速生期在 5～10a，连年生长量达 0.0558m^3 以上；第 10 年材积生长最快，连年生长量达 0.1478m^3；11a 以后材积连年生长量递减；材积连年生长量曲线与平均生长量曲线在 13a 相交，数量成熟龄在 13a 左右。

根系发达，主根明显，侧枝较粗壮，水平根伸展范围远，大部分根系集中于浅层土壤。

美洲黑杨的速生丰产性能强。在水热条件较好的山东省南部，肥沃湿润的土壤条件上，美洲黑杨优良品种的生长量可超过欧美杨品种。

（三）育苗技术

美洲黑杨用硬枝扦插容易生根成活，林业生产中普遍采用插条育苗。育苗方法与欧美杨相似。但与一些欧美杨品种相比，美洲黑杨的育苗成活率较低。

部分美洲黑杨品种的苗木越冬时，苗干的含水率较明显下降。如 I65/55 杨的含水率由前一年 11 月份的 48.15%，到翌年 3 月可下降至 37.36%。因此，美洲黑杨品种的种条以截制成插穗进行冬季窖藏为宜。若春季采集种条，截制的插穗应在清水中浸泡 2～3 天，可增加插穗的含水量，有利于生根出苗。

部分美洲黑杨品种一年生苗干下部的腋芽易萌发为小侧枝。作种条使用时，用苗干下部截制的部分插穗，需由小侧枝基部的副芽萌发成苗，出苗较晚，成活率较低。对这种插穗应提前进行冬季窖藏，有利于春季扦插后的出苗。

美洲黑杨苗木对土壤水分的要求较高，在生长期内，应及时灌溉，保持土壤湿润。

（四）造林技术

山东栽培的美洲黑杨速生品种喜温、喜湿。在山东沿海地区，适于山东半岛南部和胶莱平原栽植。可在平原、河滩和坡脚沟谷厚层土上栽植，以河流沿岸疏松、湿润的沙壤、轻壤质冲积土最为适宜。

农田林网和四旁植树多用二年生苗或二年根一年干苗，胸径 >2.5cm，苗高 >3.5m。成片造林多用二年根一年干苗或一年生苗，一年生插条苗的地径 >3cm，苗高 >3m。

美洲黑杨品种的速生性强，冠幅较大，适于培育大中径材，造林密度不宜过大。成片造林以行株距 4～6m，每公顷栽植 300～600 株为宜。农田林网以行距 2～3m，株距 3～4m 为宜。

美洲黑杨可春季造林或深秋造林。春季造林应在日平均气温 10℃ 以上，树液流动，芽快要萌动时进行，山东半岛南部一般在 4 月上旬。若春季造林时间过早，则生根慢，苗干失水多，会显著降低造林成活率。

美洲黑杨的造林方法和欧美杨相似。适当深栽有利于成活生长。因美洲黑杨喜湿、怕旱，植苗后必须随即灌水。若使用长途调运的苗木和旱情严重时，可采用截干造林法。在苗木根颈以上 20~30cm 处截干，将苗根和苗木基部全部埋入植树穴中，可保证造林成活。在常规植苗造林后，如旱情严重，苗木由上而下干枯时，可及时进行截干处理，以保成活。

美洲黑杨生长期间需要大量水分。在生长季内，当土壤相对含水率低于 60% 时即应灌溉。在一般降雨量年份，每年应在 5~6 月干旱季节灌水 2~3 次，每次灌水量 600~750m³/hm²。

美洲黑杨对土壤养分的需求量较高。造林前每公顷施土杂肥 25t 以上，掺入过磷酸钙 750kg。造林后于每年的 5~7 月速生期追施氮肥两次，施肥量为每年每公顷施尿素 150~225kg。

美洲黑杨幼林每年应松土除草 2~3 次。在未郁闭的幼林中实行农林间作，以耕代抚。林分郁闭和停止间作后，每年对林地进行中耕松土。

美洲黑杨的病虫害种类及防治方法与欧美杨相似。

十一、毛白杨

毛白杨（*Populus tomentosa*）为杨柳科杨属的落叶大乔木，树高可达 40m。毛白杨为中国特产树种，是山东省重要的乡土树种之一。树干高大挺直，树姿雄伟，生长快，寿命长，适应性强，木材材质优良，是用材林、农田林网、道路绿化和"四旁"植树的优良树种。

经过山东的造林实践，性状优良的毛白杨品种主要有河北易县毛白杨雌株、鲁毛 50、毛白杨 LX1、LX2、LX3、LX4 等，以及以毛白杨为亲本的杂种白杨窄冠白杨 3 号、窄冠白杨 5 号。

（一）山东栽培的主要品种

易县毛白杨雌株：是从河北省易县选出的雌株无性系，山东各地普遍栽植。树干圆满、微弯，树冠开展，分枝匀称。耐干旱瘠薄，造林成活率高。山东各地均生长良好，生长量明显高于当地一般毛白杨。抗叶斑病和杨树溃疡病，落叶较迟。木材的密度、强度和纤维性状均优于多数黑杨派品种，可供多种用途。适于片林、农田林网和四旁绿化。果熟期飘絮严重，不适合城镇绿化。

鲁毛 75050：简称鲁毛 50，雄株。适应性强，速生，造林成活率较高，抗病性强，木材材质优良。适于山东各地营造毛白杨用材林和四旁绿化；花期不飘絮，适于公路绿化和城镇绿化。

毛白杨 LX1：由山东省冠县苗圃、山东省林木种苗站、北京林业大学选育的优良无性系。雄株。树干通直，树冠较窄，树皮光滑。速生，适应性强，耐瘠薄。适于用材林、道路绿化和园林绿化。

毛白杨 LX2：由山东省冠县苗圃、山东省林木种苗站、北京林业大学选育的优良无性系。雄株。树干直，分支少。速生，适应性强，耐瘠薄，抗病虫，木材材质好。适于用材林，也可用于道路绿化和园林绿化。

毛白杨 LX3：由山东省冠县苗圃、山东省林木种苗站、北京林业大学选育的优良无性系。雄株。树干通直圆满，树冠较窄，树皮光滑。较速生，适应性较强，耐瘠薄，抗病虫，木材材质好。适于用材林，也可用于道路绿化和园林绿化。

毛白杨 LX4：由山东省冠县苗圃、山东省林木种苗站、北京林业大学选育。雄株。树干通直圆满，树冠较窄，树皮光滑。叶色浓绿且绿期较长。较速生，适应性较强，耐瘠薄，抗病虫，木材材质好。主要适于道路绿化和园林绿化。

窄冠白杨 3 号：是山东省林业学校庞金宣等杂交育种选育的优良品种，杂交亲本为响叶杨×毛新杨。雄性。主干通直，树冠窄。侧枝直立较粗，易形成竞争枝。深根性。耐寒性、耐旱性强。木材材质优良。适于鲁西北、胶东等地农林间作、农田林网和片林。栽培时应注意及时控制粗大侧枝。

窄冠白杨 5 号：为庞金宣等选育的杂种白杨优良品种，杂交亲本为南林杨×毛新杨。雄性。主干通直，树冠塔形，侧枝较粗。速生，耐寒、耐旱性能强，木材材质优良。适于鲁西北地区用于农林间作、农田林网和片林。

（二）生物学特性

毛白杨为温带树种，在年平均气温 7～16℃ 的范围内均可生长。毛白杨主要分布于华北平原及渭河流域，其最适栽培区的年平均气温 11～15℃，生长期内平均温度大约 19℃。在冬季昼夜温差大的地方，树皮常发生冻裂，发生毛白杨破腹病。

1. 对环境条件的要求

毛白杨喜气候湿润，也较耐干旱。在年降水量 300～1300mm 的地方均可生长，适宜栽植区的年降水量 500～900mm。在湿热多雨的气候条件下，易受病虫危害，生长较差。

毛白杨为喜光树种。在林分密度大的情况下，下层枝条枯死，林木生长受到影响。过密的行道树，容易形成偏冠和偏干。在混交林中，毛白杨处于林冠上层。

毛白杨要求土层深厚的造林地，适宜的有效土层厚度为 80～100cm 以上。在丘陵区的坡脚、沟底，有效土层厚度为 50～80cm 的造林地上也能正常生长。在平原地区，土壤中的砂姜层等障碍层次会使土壤的有效土层受限，影响林木生长。

毛白杨喜肥沃土壤。林木生长量与土壤中的有机质、氮素、钾素含量关系密切。

毛白杨喜湿润土壤，也较耐土壤干旱。大树耐淹力较强，在积水 1～2 个月的地方能够正常生长。

土壤质地影响土壤的保水保肥性能和通气状况，也影响根系的伸展，与林木生长的关系密切。毛白杨喜壤质土壤，在中壤、重壤土上生长量高，在沙土上生长较差。

毛白杨喜微酸性至微碱性土壤，在 pH 值 8～8.5 时能够生长。较耐盐碱，在土壤含盐量<0.2%的轻度盐碱地上能够正常生长。

2. 生长特性

在不同立地条件和经营水平下，毛白杨的生长进程差异较大。在立地条件差、粗放经营的条件下，毛白杨定植后缓苗期较长，一般要"蹲苗"3～4 年后才正常生长。而在立地条件好、集约经营的条件下，毛白杨造林当年生长较慢，从第 2 年起就可加速生长。

在一般的管理条件下，毛白杨的树高生长在 4 年以前较慢；4～10 年为速生期，连年生长量可达 2m；10～20 年生长量逐渐下降，连年生长量达 0.5～1.0m；20～25 年以后连年生长量仅 0.2～0.4m。胸径速生期出现于 3～15 年，连年生长量达 1.6～2.7m；16 年以后生长量逐渐下降，连年生长量达 0.9～1.2m。

在集约经营的条件下，毛白杨的速生期提前。如长清县黄河滩地轻壤土上行株距 6m×4m 的毛白杨速生丰产林，树高生长速生期在 2～6 年，连年生长量达 1.9～2.5m；胸径生长的速生期在 2～6 年，连年生长量达 1.7～4.1cm，连年生长量最大值出现在第 2 年和第 3 年；林龄 7 年时树高 16.3m、胸径 19.8m、平均单株材积 0.2234m³。

在不同立地条件，毛白杨的生长量与地形、土壤类型、土壤质地等立地因子有关。在鲁西北黄泛冲积平原，毛白杨在平地潮土上，土壤质地为中壤、重壤时生长量最大，粘土和轻壤次之；而在岗地风沙土和洼地盐化潮土上生长量低。

毛白杨寿命长，在平原、河滩、沟谷，立地条件好的地方，40～50 年生的毛白杨仍生长旺盛不衰。而在瘠薄沙地、轻盐碱地上，30 年后就可出现焦梢等衰老的表现。

毛白杨根系发达，主根深度可达 2m 以上，水平根系伸展范围广，根系垂直分布大部分在 0～60cm 深的土层内。

（三）育苗技术

毛白杨播种育苗的技术较复杂，幼苗分化严重，生产中很少应用。营养繁殖育苗有嫁接、扦插、压条、断根萌蘖、组织培养等多种方法。毛白杨插条不容易生根，扦插育苗和压条育苗比较困难，只有在种条选择与贮藏、使用生长刺激素、育苗方法等方面采用相应措施，才能获得较高的成活率。在山东林业生产中，毛白杨通常应用育苗成活率高的嫁接育苗，主要方法为"接炮捻"法和"一条鞭"芽接法。

1. "接炮捻"嫁接法

这是一种嫁接与插条育苗相结合的方法。秋季落叶后到翌春树木发芽前都可嫁接，一般冬季在室内嫁接，接后窖藏。采集粗 0.5～1cm、芽饱满的毛白杨或窄冠白杨枝条为接穗。采集粗 1.5～2.5cm 的八里庄杨（或 107 号杨）枝条为砧木。接穗和砧木用湿沙妥善埋藏，防止失水。剪成有 2～3 个饱满芽的 8～10cm 长的接穗，在最下芽两侧用快刀削两个长 2cm 的楔形斜面，两斜面的外侧（靠芽的一侧）宽 0.3cm，内侧（背芽的一侧）为 0.2cm，斜面下端削两刀使接头平滑。砧木剪成 12~15cm 长，选平滑的侧面，在其上垂直通过髓心下切一刀，深 3cm。拨开劈口，将削好的接穗轻轻插入砧木，务使形成层对准，接穗削面上端稍露（露白）。要使接穗和砧木间没有空隙，接穗的楔形斜面不要全插入砧木的劈口。嫁接后 50 根捆一捆，用湿沙培于窖内。群众总结的要领是：劈口齐，削面平，形成层对准形成层，上露白，下蹬空，砧木夹紧定成功。

冬季接"炮捻"应妥善贮藏，接穗向上排置于窖内，将湿沙填满接穗之间的空隙，防止碰伤插穗。

春季做畦，顺畦开沟，轻置"炮捻"于沟内，砧木劈口与沟向一致，接穗上切口与地面齐，从沟两面覆土，埋实，灌透水，表土晾干后松土保墒。全过程中注意不要碰动接穗。每公顷可插 54000 株。

2. 丁字形芽接法

由幼龄毛白杨健康植株采一年生健壮枝条为种条，或由苗圃毛白杨苗上采健壮的枝条。采条后立即剪去叶片，以防失水。接芽上仅留 1cm 的短叶柄。置种条于容器内，用湿毛巾遮盖。最好随嫁接随采条，如必须贮存，则应放在阴凉潮湿处。接穗新鲜才易接活，贮存时间不超过 2~3d。

砧木为 1 年生健壮八里庄杨（或 107 号杨）苗，地径在 2 cm 以上，苗高 2.5 m 以上。砧木的育苗密度为每公顷 30000 株左右。

嫁接前应对采条苗木和砧木进行灌溉，以促进树液流动，便于嫁接时剥离和愈合。

芽接时间一般在 8 月中下旬到 9 月中下旬。芽接宜在晴天进行。用芽接刀在芽上方 0.5 cm 处横切皮部，深达木质部。再在芽下方 1.5~2 cm 处，由下向上、由浅而深削入木质部 1/4~1/3，削到上端横切口处，用刀刃撬起接芽，将盾形接芽取下。接芽长 2~2.5 cm、宽 1~1.5 cm。

选砧木光滑切面横切一刀，切口长 1~1.5 cm，在横切口中央垂直向下纵切一刀，长 1~1.5 cm，切口呈丁字形。用芽接刀尖轻挑起纵切口两侧的皮层。将削好的接芽由上向下塞入丁字形切口，缓慢下推，砧木皮层逐渐开裂，直到接芽上端与砧木横切口紧密吻合。

用塑料薄膜带绑住接芽的纵横切口，以利保湿和使接芽与砧木紧密结合。绑时应松紧适度，并使接芽上的叶柄露出，结一活扣，以便成活后解开。

芽接后 10 天左右检查成活状况，叶柄脱落者是成活接芽，接芽呈绿色，饱满；叶柄不脱落者是没有接活，接芽干缩，呈暗褐色，可重新再接。成活的接芽接后 10d 即可解去塑料带。

3. "一条鞭"芽接法

充分利用作砧木的苗干，一株砧木苗干上嫁接多个接芽。地径 2cm 以上的苗干，距地表 4~5cm 处嫁接第一个芽，以后每隔 20cm 左右选砧木光滑面嫁接一个接芽，直到砧木上部粗度不足时为止，一般一株砧木可接 5~8 个接芽。"一条鞭"芽接的具体操作方法与丁字形芽接法相同。在选定接芽位置时，应注意使上下嫁接部位错开，以利于养分输送和防止风折。

当年 11 月在砧木基部第一个接芽以上 2 cm 处剪回带接芽的砧木。留在根桩上的毛白杨接芽，翌年能萌发成苗。带接芽的砧木在接芽以上 1 cm 处剪断。将"一条鞭"上成活的接芽及砧木剪成长 20 cm 左右的插穗。每 50 根一捆，放在窖内培湿沙越冬。第二年春季取出扦插，扦插的深度以接芽稍露出地表为宜。扦插后发现砧木发芽，应及时除去，以免妨碍毛白杨接芽的生长。

(四)造林技术

1. 造林地选择

毛白杨在平原、河滩、河岸阶地、坡脚沟谷均能正常生长。在黄泛平原的潮土、褐土化潮土，山东半岛的潮土、潮褐土、潮棕壤上均较适宜，风沙土和砂姜黑土则不适宜。

要求土层深厚。土壤质地为沙壤土、壤土和轻粘土。生长期内地下水位在 2~3m 为宜。土壤含盐量在 0.2% 以下，地下水矿化度低于 1g/L。

2. 整地

在平原、河滩，可全面深耕 30cm 以上，然后挖穴径 0.8m、深 0.8m 左右的大穴。低洼盐碱地区，需挖沟修筑条、台田，排水脱盐，然后再整平深翻。整地时间一般在晚秋或冬季，利于土壤风化，并可蓄积雪水，提高造林成活率。

3. 选用壮苗

毛白杨造林多使用 2 年生苗，1 年生 I 级苗也可以。2 年生 I 级苗的规格为地径 >3.5cm，苗高 >4.0m，1 年生 I 级苗的规格为地径 >2.0cm，苗高 >3.2m。要求苗木粗壮，根系发达，无病虫害。在公路绿化时，多使用 3 年生以上的大苗，一般为胸径 >4.0cm，苗高 >5.0m。

4. 造林密度

毛白杨为阳性树种，速生，长寿，造林密度不宜过大。农田林网以行距 2m、株距 3~4m 为宜。公路绿化以行距 3~4m、株距 4~6m 为宜。片林以行距 5~8m、株距 4~5m，每公顷栽植 300~500 株为宜。

5. 栽植方法

栽植技术的关键是降低苗木的水分消耗和增加根系对水分的吸收，保持苗木的水分平衡。春季和秋末冬初(10 月底至 11 月中旬)均适合毛白杨造林。起苗前圃地应灌水，随起苗随运随栽植。剪去苗木的全部侧枝，剪梢至饱满的侧芽。栽植深度一般为苗木原根颈处栽至 20~40cm 深为宜，在疏松的沙质土壤上可栽至 60cm，在粘重土壤和洼地上不应栽植过深。栽植时使苗木根系舒展，并与土壤密接。造林后立即浇透水，培土封穴。

6. 抚育管理

林分郁闭前每年要松土除草 2~3 次，实行农林间作时与农作物的抚育管理结合进行。停止间作以后，每年至少要对林地松土 1~2 次，可在秋末冬初结合翻压落叶一起进行，或在生长季节结合除草进行。

对毛白杨林的灌溉主要在 5 ~ 6 月干旱季节进行，浇水可有效地改善林木的生理活动，促进林木生长。遇到严重秋旱时，也应进行灌溉。浇水后及时划锄保墒，提高灌溉效果。

对毛白杨施用有机肥、氮素化肥或氮肥与磷肥相配合均有明显的增产效果。可于造林前每公顷施土杂肥 2t 以上，掺入过磷酸钙 750kg 左右，集中施入植树穴内根系主要分布深度范围。造林后于每年的 5 ~ 6 月生长速生期追施氮素化肥 1 ~ 2 次，每年每公顷施肥量尿素 80 ~ 100 公斤，追肥要与浇水结合进行。

在未郁闭的幼林中实行农林间作，以耕代抚，通过对农作物进行松土、灌溉及施肥等项管理，促进林木生长。应间作较矮小、耐荫、耗水耗肥较少的作物，最好是花生、大豆等豆科作物。间作作物要与林木保持一定距离，一般需 50cm 以上。在一些经营强度高的地区，林下间种瓜菜、棉花、药材等经济作物或小麦等粮食作物，要增加投入，加强水肥管理，既可提高间作作物收入，又可促进林木生长。

栽植后一至三年的幼树，进行整形修剪，培养直立强壮的主枝。可于冬季或夏季去除或控制竞争枝，保留辅养枝，并修除树干基部的萌条。树冠长度与树高的比值应保持在 3/4 以上。对 4 年生以上的林木，要逐步修除树冠下层生长衰弱的枝条。修枝强度为：树高 10m 以上，冠长与树高比 2/3；树高 20m 以上，冠长与树高比 1/2。

7. 防治病虫害

山东毛白杨常见的病害有毛白杨锈病、毛白杨煤污病、毛白杨根癌病、杨树溃疡病等，主要虫害有桑天牛、白杨透翅蛾等，其中桑天牛对毛白杨的危害最重。

对病害的主要防治措施有：选择适生的造林地，选用抗病品种，禁止带病苗木出圃，加强林木抚育管理，发病时选用高效杀菌剂进行化学防治等。

桑天牛（*Apriona germari*）为蛀干害虫，严重影响林木生长，降低木材价值。防治方法为：在林地及其周围清除桑树、构树，断绝成虫的补充营养源；保护利用天敌啄木鸟；幼虫期往树干的虫孔内注入杀虫剂或插入毒签。

白杨透翅蛾（*Paranthrene tabaniformis*）主要危害苗木和幼树的枝梢。防治方法为：严格进行检疫，禁止有虫苗木进入非疫区；在苗圃内及时剪掉虫瘿，防止扩散；用杀虫剂注射幼树的虫孔或蘸药棉堵虫孔；保护利用天敌啄木鸟。

十二、旱柳

旱柳（*Salix matsudana*）为杨柳科柳属的落叶乔木，树高可达 20 多米。旱柳是山东的乡土树种之一，分布广泛，旱柳林是山东平原地区有代表性的森林类型之一。旱柳生长快、繁殖容易、根系发达、萌芽力强，抗风、耐淹、耐沙埋、耐盐碱，是平原绿化、护滩、护堤和盐碱地造林的良好树种；发芽早、树形美观，是良好的绿化树种；木材用途广，也是重要的用材树种。在山东沿海防护林体系建设中，旱柳主要用于道路绿化、水系绿化、农田林网和乡村四旁植树。

山东栽植的柳树还有以旱柳为亲本的苏柳172（J$_{172}$），是江苏省林业科学研究所从（垂柳×白柳）×旱柳杂交组合中选育出的优良杂种无性系。经山东各地试验，性状与旱柳接近，生长迅速，适应性强，适于平原、洼地、库区和轻盐碱地植树造林。

（一）生物学特性

1. 生长特性

旱柳为速生树种。在鲁西北平原的中等立地条件下，35 年生树高 18～20m，胸径 31～33cm，单株材积 0.5～0.7m³。树高速生期在 8 年以前，最大连年生长量达 2～2.5m；胸径速生期在 10 年以前，最大连年生长量达 1.5～2.0cm；材积速生期在 10～20a，25～30a 以后材积生长量明显降低。寿命较长，通常在 50～70a。

旱柳和 J172 柳的萌芽和生根能力强，根颈部位、树干、二年生以上的枝条都容易萌芽和生根。用插干、插条等方法造林能迅速成林。也适于头木作业。在深厚的土壤上，旱柳根系较深，侧根发达。在土层较浅薄的土壤上，主根生长受限，侧根粗壮而长。成年树的吸收根集中分布在 10～60cm 土层内。

旱柳和 J$_{172}$柳扦插苗的苗期高、径生长高峰出现在七、八月间。旱柳一年生苗高达 2.5～3.5cm，J$_{172}$柳一年生苗高达 2.8～3.4cm。

旱柳树木发芽较早，落叶较迟，年内生长期较长。旱柳幼林的树高年生长一般有两次高峰，分别在 5 月中旬至下旬和 7 月上旬至 8 月上旬；胸径年生长速生期在 5 月中旬至 7 月下旬。

2. 对环境条件的要求

旱柳分布广，其天然分布北至吉林南部，南至长江，东至山东，西到甘肃。黄河中下游至长江中下游地区是旱柳集中栽培区域。旱柳适于温暖湿润气候，但对气候条件的适应幅度很大，在分布区内的温带、暖温带、亚热带，湿润与半湿润气候，均能正常生长。

旱柳能耐大气干旱，但不耐土壤干旱。在地下水位较浅的河滩、沟谷、低湿地，生长良好；在地下水位深（＞3.5m）、土壤干旱的山坡地、沙丘地，旱柳生长慢，易干梢。

旱柳耐水湿。林地被季节性洪水淹没后，10d 左右水中的枝干即生出大量的不定根，起吸水作用。旱柳林忍受季节性洪水淹没的天数与淹没深度有密切关系，淹没深度 2.0～2.3m，可忍受 70～85d；淹没深度 0.5m，可忍受 140d，如果洪水将林冠大部分淹入水中，经过 60～85d，80% 以上的林木死亡，存活的林木也很衰弱。死水潴积的低洼地，经过 40～60d 的浸泡，旱柳林即发生黄叶、落叶和枯梢，以至死亡。

旱柳喜光。侧方光照强烈时，树冠呈扁圆形，主干较低矮。在密度较大的林分中，树冠较窄，树干较高且直。旱柳枝干韧性较大，不易风折。

旱柳喜深厚、肥沃、湿润的土壤，在沙壤土、轻壤土、中壤土、重壤土上生长良好，在瘠薄沙滩地、沙丘及粘土上生长不良。

旱柳较耐盐碱。在土壤含盐量 0.2% 以下的轻盐碱地上生长良好，在土壤含盐量

0.2% ~0.3%的轻盐碱地上生长正常，在土壤含盐量0.3%以上的盐碱地上生长不良。旱柳耐沙埋和沙压。被沙埋压的枝干，能产生大量不定根，在湿润的沙地上尤为显著。

J_{172}柳对气候、土壤条件的适应性较强。在山东各地不同立地条件上进行栽培试验，表现出喜湿润肥沃、较耐干旱瘠薄、耐水湿、耐轻度盐碱、耐寒等性状。

（二）育苗技术

旱柳的主要育苗方法是插条育苗。选用健壮的一年生扦插苗苗干作种条，插条直径1.0 ~1.5cm。冬季采条后应于地势高燥的背阴处挖坑埋藏，春季采条可随采随插。

育苗地以土层深厚的沙壤土、轻壤土为宜，经整地、施基肥、作床后扦插。扦插时间一般为3月中下旬，也可在秋季落叶后扦插。先将插条在水中浸泡2d，有利于生根发芽。截制插穗长14 ~16cm。用种条下部作插穗，成活率和生长量高；中部次之，梢部作插穗最差。育苗密度每公顷4.5万~6万株。扦插后灌透水1 ~2次。5 ~7月份适时灌水，松土除草，追施二次速效氮肥。当年秋季或翌年春季即可出圃造林。

（三）造林技术

1. 造林地选择与整地

柳树造林主要在平原、洼地，河湖沿岸。以土层深厚，地下水位1 ~3m的壤土、沙壤土为宜。土壤含盐量0.3%以下的轻盐碱地可以营造旱柳林。地下水位0.7 ~1.0m和季节性淹水的低滩也可以营造旱柳林。

平原、河滩全面深耕整地后再挖大穴，穴径、深0.8m左右。涝洼地、盐碱地应挖沟修筑条、台田，排沟深1.0 ~1.5m。

2. 造林密度

不受水淹的平原、洼地、滩地，造林密度每公顷830 ~1110株，株行距3m×3m ~3m×4m为宜；农田林网的窄林带，株行距3m×2m为宜。汛期淹水浅的河湖低滩地，造林密度每公顷1110 ~1250株，株行距3m×3m ~2m×4m为宜。

3. 造林方法

（1）植苗造林　柳树造林使用健壮的1 ~2年生插条苗。1年生苗要求地径2cm以上、苗高2.5m以上，根幅30 ~40cm；2年生苗地径3.5cm以上，苗高4.0m以上，根幅40cm。植苗季节以早春为宜，秋末冬初也可。起苗前圃地灌水，提高苗木含水率。随起苗、随运、随栽植，保持苗根新鲜湿润。栽植前对苗木作适当修剪，剪去苗梢，剪口下留壮芽，并剪去多余侧枝。植树穴深度80cm左右，每穴施入土杂肥50kg、过磷酸钙0.5kg。栽植深度以20 ~40cm为宜，填土踩实后浇透水，扶正苗木，培土封穴。

在春旱严重或苗木起运时失水的情况下，可截干造林，以提高成活率。

（2）插干造林　山东部分地区有柳树插干造林的习惯。秋季落叶后至春季萌芽前，从健壮母树上选取直径3 ~8cm、2.5 ~4m长的新鲜光滑干条作插干。春插、冬插均可。先将插干在水中浸泡数天，栽植坑深 0.8~1.0m，层层填土，深埋实砸，灌水培土。

（3）插条造林　在低湿滩地柳树密植时，也可插条造林，群众称插柳橛。冬季从健壮母树上截取粗直径 3~4cm、长 30~40cm 的插条，插于整好的造林地上，上端与地面平，踏实后培成土堆。春季发芽前将土堆推平，天旱时灌水。

4. 抚育管理

（1）土壤管理　幼林期间及时松土除草，每年 4~6 月灌水 2~3 次，追施速效氮肥 1~2 次。幼林郁闭前实行农林间作，种植花生、豆类、小麦、瓜菜等矮秆作物。林分郁闭后，每年 4~6 月灌水 2 次，追施速效氮肥 1 次，7~8 月份浅耕除草一次。

（2）修枝　造林后 1~3 年，需修除或控制影响主梢生长的竞争枝和粗大枝。5~6 月宜控制树干上部的竞争枝，用修枝剪或高枝剪剪去 1/3~1/2，削弱其长势。休眠期宜控制树干中、下部的粗大枝，剪去 1/2 左右，剪口下选留一个向外侧的弱二次枝。同时修去树干下部萌条。

造林第 4 年以后，逐步修除树冠底层侧枝。4~6a，修去树高 1/3 部位以下的枝条；7~10a，修去树高 2/5 部位以下的枝条；11a 以后，修去树高 1/2 部位以下的枝条。

（3）间伐　株行距 3m×3m、2m×4m 的林分，可于造林后 5~7a 隔行或隔株间伐一次，生产部分小径材，保留木长成较大径级的林木。

（4）防治病虫害　旱柳的主要病虫害有柳树锈病、杨树腐烂病、柳毒蛾、柳天蛾、美国白蛾、柳瘿蚊、柳兰叶甲、光肩星天牛、芳香木蠹蛾东方亚种、柳窄吉丁虫等。防治柳锈病，可于发病期喷洒多菌灵、敌锈钠等药液。为防治杨树腐烂病，栽植柳树时应保证水分供应，缩短缓苗期，增强树势；发病期可用多菌灵、退菌特等药剂涂刷树干。防治柳毒蛾可用敌敌畏等药剂，防治未产卵成虫及越冬代幼虫。防治柳天蛾可于幼虫期喷敌敌畏等药液，用灯光诱蛾。防治美国白蛾可用敌百虫、拟除虫菊酯等药剂喷杀，繁殖释放周氏啮小蜂有较好效果。防治柳兰叶甲，可利用成虫假死特性人工震落捕杀，用敌百虫等药剂毒杀成虫及幼虫。防治光肩星天牛，可招引啄木鸟除虫，人工捕捉成虫，喷有机磷农药毒杀初孵幼虫，往虫孔内注入有机磷农药或插毒签毒杀幼虫。防治木蠹蛾，可招引啄木鸟除虫，黑光灯诱杀成虫，喷有机磷等药剂杀初孵幼虫，用磷化铝片剂堵塞虫孔熏杀幼虫。

十三、白榆

白榆（*Ulmus pumila*）为榆科榆属的落叶乔木，树高可达 20 多米。白榆是山东的乡土树种，在山东各地都有生长，主要分布在鲁西、鲁北平原地区。白榆是速生用材树种，材质较坚韧，适于家具、建筑、农具、车辆、坑木等用材。白榆适应性强，抗旱、抗风、耐盐碱，是平原绿化和盐碱地造林的重要树种。在山东沿海地区，白榆主要用于平原地区的农田防护林、盐碱地改良林及村镇四旁植树。

（一）生物学特性

1. 生长习性

白榆生长快，寿命长。在鲁西北平原地区，树高速生期自造林后 2～3a 开始，延续至 8～10a，连年生长量 1.5m 左右；胸径生长速生期自造林后 2～3a 开始，延续至 10～12a，连年生长量 1.5cm 左右。白榆根系发达，有粗壮的主根和侧根。枝干较柔软，抗风力强。

2. 对环境条件的要求

白榆分布于我国的东北、华北、西北、华东等地区，分布区跨寒温带、温带、暖温带、北亚热带。白榆耐寒也耐炎热高温，但在暖温带气候条件下生长最好。白榆分布区东西跨度也很大，分别处于湿润、半湿润、半干旱、干旱四种气候区。白榆抗大气干旱也耐土壤干旱，但以华北平原和东北东部，年降水量 500～700mm、干燥度 1.0～1.5 的气候条件生长最好。白榆是喜光树种，在混交林中需处于上层林冠，如果被压就会生长衰退。

白榆对土壤要求不严，能耐瘠薄土壤。但在土层深厚、湿润肥沃的土壤上生长迅速，生产力高，表现出喜肥、水的习性。白榆在沙壤土、壤土、重壤土上生长良好。适于土壤 pH 值 7～9，喜钙质土壤。耐盐碱，在土壤含盐量 <0.2% 的土壤上生长良好，在土壤含盐量 <0.4% 的土壤上能够生长。在地下水位适宜(1.5～3m)、土壤湿润的条件下生长良好。不耐积涝，在地下水位过高、排水不良的涝洼地上生长不良以至死亡。

（二）育苗技术

1. 播种育苗

白榆结实量大，容易播种育苗。采种母树选 10～20 年生的健壮母树。果实 4～5 月成熟，可待其自然成熟落下后扫集。采后置于通风处阴干，清除杂物，即可播种。最好随采随播，种子发芽率 65%～85%。如不能及时播种，应密封贮藏，其发芽力可保持近 2 年。

选肥沃、排水良好的沙壤土、壤土作苗圃地。整地、施基肥、作床。播种前先灌水，水下渗后播种。多用条播，条距 30cm，播幅 5cm，每公顷播种量用翅果 15～23kg；沟深 2cm，覆土 0.5cm 左右，轻轻镇压。播种后 10d 左右苗木可出齐。

苗期及时进行松土除草、间苗定株、灌水、追肥等抚育管理。当年每公顷产苗 27 万株左右，苗高 1～1.5m，地径 0.5～1cm。第二年春季移植，一般行距 30cm、株距 25cm，每公顷可产移植苗 10 万株左右。

盐碱地区育苗应从当地的白榆优良母树上采种。选择土壤含盐量 <0.2%、有淡水灌溉条件的苗圃地。秋末冬初深翻整地，抑制返盐的效果较好。增施有机肥改良土壤。一般在 7 月份大雨透地后，表层土壤含盐量降低的时候抢墒躲盐播种。每公顷播种量应增至 30～38kg。条播后顺行培土起垅，高 10cm 左右，待种子发芽快出土时平垅。苗期加强松土除草、间苗补苗、追肥等项抚育管理。应以勤松土保墒为主，一般情况不要轻易浇水，防止表层土壤返盐。严重干旱时可用大量淡水连续灌溉几次，然后松土保墒。

2. 嫁接育苗

通过优树选择和无性系测定，山东省选育出鲁榆选 1 号、鲁榆选 2 号、鲁榆选 3 号、鲁榆选 4 号、鲁榆选 5 号等优良无性系。嫁接育苗是白榆良种繁育的主要方法。砧木用 1 ~ 2 年生、基径 0.6 ~ 2cm 的实生苗，接穗用优良无性系的一年生枝条。春季树液流动后可用袋接、劈接，7 ~ 9 月可采用方块形芽接或丁字形芽接。嫁接成活后加强管理，当年秋或翌年春可出圃造林。定陶县林业局试验成功的白榆短根袋接育苗技术，育苗成本低，嫁接时间长，成活率高。

（三）造林技术

1. 造林地选择与整地

白榆造林应选平原地区的潮土或潮褐土，土壤质地为沙壤土、壤土、粘壤土。土壤 pH 值7 ~ 9，土壤含盐量 < 0.3%，地下水位 1.5 ~ 3m。一般采用全面深耕后大穴整地，穴径、深 80cm 左右。

2. 造林密度

可根据立地条件和培育目的而定。路旁村边行状植树，行距 2m 左右，株距一般 2 ~ 3m。

3. 造林方法

选用白榆优良无性系或优良类型的健壮苗木，一般用二年生实生苗或二年根一年干嫁接苗，苗高 >3m，地径 >2cm，根幅 30cm；剪去苗梢和侧枝，剪口下留壮芽。一般在春季栽植，盐碱地区可秋季栽植。每个栽植穴施土杂肥 50kg、过磷酸钙 0.5kg。栽植深度 5cm 左右。填土踏实后灌水、培土。

白榆与刺槐带状或行状混交，有利于提早郁闭、改良土壤，促进白榆生长。

4. 抚育管理

（1）土壤管理　幼林郁闭前进行松土除草、灌溉、施肥等抚育管理，林分郁闭后每年中耕 1 ~ 2 次。对盐碱地区的白榆林进行中耕松土，可减少土壤蒸发，抑制返盐；增施有机肥，并于夏季将杂草压青，可改良盐碱地的土壤。

（2）合理修枝　白榆幼龄期主枝较弱，易生竞争枝，导致干形不良。适于采用"冬打头、夏控侧、轻修枝、重留冠、去竞争、留辅养"的修枝方法。"冬打头"为主枝短截促壮，用于栽后 1 ~ 2 年的幼树。在树木落叶后至发芽前进行，将当年生主枝剪去 1/3 左右，并将剪口以下的 3 ~ 4 个小侧枝剪去。"夏控侧"为在夏季生长期剪截控制直立强壮侧枝。当主枝剪口下萌发的几个壮枝长到 30cm 时，留一个直立健壮的作新的主干培养，其余均剪去 1/2 左右，控制其生长。在 6 ~ 7 月，剪截控制树上的其他直立强壮侧枝，掌握控强留弱、控直留斜，竞争枝一般可剪去 1/3 左右，粗大侧枝可剪去壮梢，留二次枝。控制全树侧枝的粗度均不超过其着生处的 1/3。"轻修枝、重留冠"就是保留较大的冠长和叶面积，促进幼树生长。栽后 1 ~ 3 年的幼树，树冠长度要占树高的 3/4 以上。通过修枝，使幼树的树干通直，主枝旺盛，侧枝匀称，无竞争枝、粗大枝，并促进幼树的高、径生长。树高4m以上就不宜再进行"冬打头"，应主要于生长期控制竞争枝，可用高枝剪对直立强壮侧枝进行适当剪截。

林分郁闭后逐步修除树冠底层的衰弱枝条，一般在冬季进行修枝，切口要平滑。

（3）主要虫害防治　白榆的害虫种类较多，以食叶害虫和枝干害虫为主。主要害虫有榆蓝叶甲、榆黄叶甲、榆黄足毒蛾、榆掌舟蛾、榆绵蚜、榆木蠹蛾、芳香木蠹蛾东方亚种、光肩星天牛等。

榆蓝叶甲（*Pyrrhalta aenescens*）又称榆蓝金花虫，是山东榆树的重要害虫，常猖獗成灾。可在榆蓝叶甲幼虫下树到树干上集体化蛹的时机，用扫帚抹杀；越冬成虫大量上树尚未产卵之前和一、二代幼虫孵化盛期，喷90%敌百虫500倍液；树干基部打孔注入氧化乐果、久效磷等内吸性农药有较好的杀虫效果。榆黄足毒蛾（*Ivela ochropoda*（Eversmann））与榆掌舟蛾（*Phalera formosicola Matsumura*）可灯光诱杀成虫，喷敌敌畏等药剂防治幼虫。为防御榆蓝叶甲等害虫的危害，各地选育了一些抗虫优良无性系，可因地制宜地选用。榆木蠹蛾（*Holcocerus vicarius*）和芳香木蠹蛾东方亚种（*Cossus orientalis*）以幼虫钻蛀枝干危害。防治木蠹蛾应加强林木抚育管理，增强树势，减少害虫入侵；招引啄木鸟除虫；伐除虫害严重的树木，剪除虫害重的大枝；黑光灯诱杀成虫；树干涂白，防成虫产卵；对初孵幼虫喷磷胺乳油、杀螟松乳油等药液；对蛀干的幼虫以磷化铝片剂堵虫孔熏杀，或干基打孔注入久效磷等内吸剂毒杀。

十四、绒毛白蜡

绒毛白蜡（*Fraxinus velutina*）又称绒毛梣，为木犀科白蜡属的落叶乔木，树高可达20m以上。绒毛白蜡原产北美洲，1911年引种到济南。现在我国的华北、华东、西北东南部及辽宁南部均有栽培，以山东省北部和天津市栽植最多。

绒毛白蜡是速生、优良的用材树种，木材坚韧、结构致密，具多种用途。繁殖容易，适应性强，具有耐盐碱、抗涝等特点，适于平原地区盐碱地造林。寿命长，枝叶茂密，树形美观，展叶较早、落叶较迟、绿期较长，对二氧化硫等有害气体及粉尘有一定的抗性，林木病虫害较轻，是道路绿化、城镇绿化的优良树种。绒毛白蜡现已成为山东省渤海平原地区的主要造林树种之一，莱州、胶南等地也大量栽植。

（一）生物学特性

1. 对环境条件的要求

绒毛白蜡为暖温带树种。在年平均气温12℃，1月平均温度 –4℃；绝对最高温度40℃，绝对最低温度 –18℃，全年无霜期238d的条件下，均能栽植生长。萌芽时要求温度10℃，展叶开花的温度为12℃，。当秋冬温度下降到5℃开始大量落叶。

喜光，幼树耐荫。对土壤要求不严，在沙壤土、壤土、粘土上均可生长。耐水湿，在连续降雨和水浸泡30d的情况下，生长依然正常。具一定的抗污染能力，能够在有二氧化硫气体或树冠枝叶被石灰粉尘附粘的条件下生长。

耐盐性强是绒毛白蜡的重要特性。在主要成分为 Cl^- 和 CO_3^{2-} 的滨海盐碱地上，其耐盐能力为 0.3%；在主要成分为 Cl^- 和 SO_4^{2-}（比例 1∶1）的内陆盐碱地上，其耐盐能力可达 0.5%~0.6%。在这种含盐量的土地上，在管理水平较高的条件下，30 年生树木的胸径年平均生长量可达 1.5~2.0m。形态解剖发现，绒毛白蜡叶片有发达的表皮毛和栅栏组织，在叶表有大量具有一定泌盐能力的腺体。初生根外皮层细胞有盐分积累，约为地上部分的 10 倍以上，表明根部控制盐分向地上运输的能力强。在盐渍土条件下，绒毛白蜡具有较强的吸收 P、Ca、Mg、Mn、Cu 的能力，通过渗透调节作用来提高自身的耐盐力。深秋落叶前，叶片中大量积累 Na^+，通过落叶排除体内过量的有害盐分。可以认为绒毛白蜡以避盐为主，避盐、泌盐功能兼有的耐盐树种。

2. 生长特性

绒毛白蜡为速生、长寿树种，在滨海盐碱地上，其生长量可超过刺槐、白榆等耐盐树种。山东省林科院孟昭和 1992 年在济南、滨州、东营、天津选出部分优树，其中 3 株优树的生长情况见表 4-8。济南市的 3 号优树至 2000 年 6 月树龄达 90 年，胸径已接近 100cm，且冠大荫浓，生长茂盛。

表 4-8　绒毛白蜡优树生长情况

编号	年龄(a)	H(m)	$D_{1.3}$(cm)		V(m^3)		干形
			总生长量	年平均生长量	总生长量	年平均生长量	
3	82	23.6	89.5	1.09	6.2327	0.0760	直
4	25	17.0	57.0	2.28	1.8210	0.0728	直
13	43	15.4	76.0	1.77	3.2818	0.0763	直

在 1m 深土体含盐量为 0.37% 的寿光滨海盐碱地上，用 3 年根 2 年干的嫁接苗营造试验林，行株距 4m×2m。林龄 6 年时平均胸径 6.1m，平均树高 4.95m。

绒毛白蜡的幼龄、中龄树木，根系发达、稠密，在滨海盐渍土上主要分布于盐分较轻的 10~70cm 深土层范围内。

(二)育苗技术

绒毛白蜡一般采用播种育苗。为了繁殖优良单株的无性系苗木，可应用嫁接育苗或试用扦插育苗等方法。

1. 采种

绒毛白蜡一般 8~9 年开始结实，要选择壮龄优良母树采种。据孟昭和等调查发现，在山东、天津等地栽植的绒毛白蜡林木中，常混有与绒毛白蜡同一属的树种红梣及其变种绿梣。红梣、绿梣的生长量小、干形差，但树木矮、结实量多、采种方便。因此，要避免从红梣、绿梣母株上采种。绒毛白蜡种子成熟期在 11 月，成熟后要及时采集。如采集过晚，部分种子遇风易脱落。采集种子后晒干，风选，除去秕杂，不用去翅。然后将种子装入袋内在干燥通风处干藏。

2. 播种育苗

在鲁北平原地区，应选择地势平坦，排水良好，土壤含盐量＜0.1%，地下水位深度＞2m 的轻壤土、壤土作苗圃地。育苗前细致整地，施足基肥。

春季播种在 4 月中、下旬。播种前将种子用 40～50℃温水浸泡 24h，捞出放入笸筐内，置于室内催芽，室温保持在 25℃，每天用温水冲洗 1～2 次，待种子裂嘴时即可播种。

播种前先灌水，水下渗后播种。条播，一般为行距 60cm，播幅 10cm，开沟深度 3～4cm，覆土厚 3cm，每公顷播种量 450kg。

幼苗出土后注意保墒，中耕除草，防治地老虎、蛴螬等地下害虫。半月后开始间苗，按株距 8～10cm 定苗。6～7 月追肥。幼苗萌芽力强，应抹芽一、二次。

秋季可在采种后随即播种，翌春发芽早，又可省去种子贮藏和催芽处理。秋播比春播覆土略厚，播后浇水。第二年 4 月上旬，地温达 10℃时即可萌芽出土，要防御晚霜危害。

3. 培养移植苗

渤海平原地区一般使用 2～3 年生的绒毛白蜡移植苗造林，需将一年生播种苗移植后再培育 1～2 年。移植后再培育 1 年的，每公顷产苗量 52500～60000 株，Ⅰ级苗的苗高≥250cm，地径≥2.0cm。移植后再培育 2 年的，每公顷产苗量 37500～45000 株，Ⅰ级苗的苗高≥300cm，地径≥3.5cm；Ⅱ级苗的苗高 200～300cm，地径 2.5～3.5cm。

移栽前先细致整地，施足基肥。苗木移植可在春季或深秋进行。1m 高以上的苗木要剪去苗梢和部分枝条，苗干顶部的剪口以下留壮芽。1m 高以下的苗木可截干栽植。应随起苗随栽植，保持苗根新鲜湿润。可应用沟植法或穴植法，使深浅适宜，苗根舒展，埋土压实，整平畦面，随即灌水。

移植苗的抚育管理措施有浇水、施肥、松土除草、苗木修剪、防治病虫害等。绒毛白蜡属假二叉分枝，容易形成过密的对生枝而影响主梢生长；需通过修剪、抹芽等方法抑制竞争枝，防止对生枝对主梢形成"卡脖"现象，促进主干的生长。

（三）造林技术

绒毛白蜡在渤海平原的潮土与轻度盐化潮土上都能造林，土壤质地以沙壤土、壤土和轻粘土为宜，在盐渍化程度轻的壤土上生长最好。

一般用穴状整地，春季植苗造林。造林株行距 3m×2m～3m×3m。农田林网与四旁植树，多用 2～3 年生苗，地径＞2cm、苗高＞2m，植树穴径 60cm、深 50～60cm。公路绿化多用胸径 3cm、苗高 4m 的大苗，植树穴径 80cm、深 60～80cm。植苗后灌水培穴，并覆盖地膜。

在土壤盐渍化重的造林地上栽植绒毛白蜡，需应用盐碱地整地改土技术措施。如修筑条、台田，浇灌淡水洗盐，植树穴底铺设隔离层，植树穴中更换农田耕层土等。

绒毛白蜡是滨海盐碱地公路绿化的重要树种之一。近年来，在滨海盐碱地公路两侧栽植绒毛白蜡，实施了一系列适于滨海盐碱地的造林技术，取得良好的绿化效果。

第一，整地改土。由于地下水位高、矿化度大，一般先在公路两侧建绿化带台面，以降低地下水位，达到排盐效果。多采用就地挖沟填土抬高地面，台面高度一般为1.5m，并设排泄沟泄水排盐，有条件的地方也可设暗管排水。提前1年挖植树穴晒垡风化土壤，穴的大小为径1m、深1m。第二年植树前在穴的底部铺稻草、炉灰、磷石膏，穴内换农田耕层土，并掺入有机肥，能够改良土壤和防止次生盐渍化。

第二，淡水脱盐。在植树前后，浇灌淡水脱盐，保证幼树成活、生长。在提前挖好植树穴风化土壤期间，向穴内灌两次透水淋溶，初步起到脱盐和改良土壤的作用。第二年春天栽树前再浇灌1次水。苗木定植后立即浇1次透水，生长期内再根据旱情多次浇水，冬前灌1次越冬水。

第三，造林方法。公路造林一般选用胸径>3cm的大苗，根系发达，侧根单侧平均长30cm，大部分带土坨。栽前可用ABT生根粉6号(浓度为500×10^{-6})喷根处理，可提高成活率20%以上，提前发芽展叶5~7天。要求当天起苗、当天栽植、当天浇水。

因栽植苗木的不同，造林密度有一定差异，株行距一般为4m×2.5m或2m×3~4m。苗木定植不宜过深，先向穴内回填部分混合土，栽植深度为苗木根颈埋入土中15~20cm。提苗并轻轻踏实。浇水后培土封穴，然后覆盖地膜保温保墒。

第四，幼林抚育。于5月份揭去地膜，疏松土壤。苗木定植后全年要多次浇水，采取穴灌或沟灌的方式，最忌平地漫灌。全年松土除草4~5次，追肥2~3次，涂白2次，防治蛀干害虫、介壳虫和烂皮病等病虫害。

(四)主要病虫害防治

绒毛白蜡有多种病虫害，以蛀干害虫和枝干病害危害较重。

白蜡窄吉丁虫(*Agrilus macrocopoli obenberger*)：幼虫在木质部和韧皮部之间啃食，致使树木丧失输导能力，枯萎以至死亡。防治方法为加强对苗木的检疫，防止营造大面积绒毛白蜡纯林，保护招引益鸟除虫，在成虫补充营养期喷洒氧化乐果等药液。

榆木蠹蛾(*Holcocerus vicarius*)：以干径15cm以上的树木受害较多，幼虫危害枝干，主要在树干基部蛀食，取食韧皮部和形成层，蛀入木质部，影响树木生长和材质。防治方法为加强林分抚育管理，增强树势，防止树木机械损伤，减少害虫入侵。伐除危害严重的树木，杀死其中全部害虫，减少虫源。初孵幼虫蛀入枝干危害前，喷施50%磷胺乳油、50%杀螟松乳油、50%久效磷乳油1000~1500倍液。对钻蛀树干危害的幼虫，以磷化铝片剂堵虫孔熏杀，或在树干基部钻孔注入50%久效磷传导毒杀。黑光灯诱杀成虫有较好效果。招引啄木鸟除虫。

东方胎球蚧(*Parthenolecanium orientalis*)：以若虫危害树枝和树叶背面，常使幼枝干枯。防治方法为用波美5度石硫合剂或40%氧化乐果乳剂1000倍液喷杀；利用天敌黑缘红瓢虫防治。

白蜡始叶螨(*Eotertranychus bailae*)又称白蜡红蜘蛛：群聚叶背结网吸取汁液，叶受害呈灰褐色斑，扩大后全叶枯黄。防治方法为：发芽前喷波美 3 ~ 5 度的石硫合剂；5 月份开始每隔半月交替喷一次 40% 氧化乐果乳剂 1500 倍液和三氯杀螨醇 1000 倍液。

干基腐烂病：多在 8 ~ 9 年生幼树干基部发生，内部形成空洞，可引起枝叶稀疏变小。防治方法为用刀将病患处刮除，涂以波美 5 度石硫合剂或 2% 硫酸铜液。

枝枯病：多发生在 2 ~ 3cm 粗的枝干上，出现黑褐斑点。防治方法为剪去病枝，剪口涂 5 度石硫合剂。

十五、枣树

枣树(*Zizyphus jujuba*)为鼠李科枣属的落叶乔木，高可达 10m。枣树原产我国，栽培历史悠久，是重要的经济林树种。枣果营养丰富，并可制成多种加工品。枣树花量大，为优良的蜜源植物。枣树木材坚硬，纹理细致，为优良用材。枣树适应性强，根系较发达，枝干抗风折，树干耐沙埋，为水土保持、防风固沙、改良盐碱地的适宜树种，也是农枣间作、庭院绿化的好树种。

枣树品种众多，山东栽培的主要品种有金丝小枣、圆铃枣、长红枣、鲁北冬枣等。鲁北平原是金丝小枣的集中产区，主要产地有乐陵、无棣、庆云、宁津、阳信等县，多实行农枣间作，栽培面积大，效益高。近年来，鲜食品种鲁北冬枣（又名沾化冬枣）在滨州、东营一带发展较快，沾化县为主要产地。山东半岛地区因夏季气温较低，枣的生长期较短，适宜的枣品种不多，栽培规模不大。

（一）生物学特性

1. 对环境条件的要求

（1）气候条件　枣树分布于中国的温带和亚热带，大致在北纬 23° ~ 42°，东经 76° ~ 124°的范围内。凡是极端最低气温不低于 − 31℃，花期日平均气温稳定在 22 ~ 24℃ 以上，果实采收前日平均气温在 16℃ 以上，果实生育期大于 100 ~ 120d 的气候条件，枣树均能正常生长发育。

枣树是喜温的果树。春季气温到 13 ~ 15℃ 时才开始萌动，17℃ 以上抽枝、展叶和花芽分化；气温到 19℃ 以上叶腋出现花蕾，到 20 ~ 22℃ 时才开花；果实成熟的适温为 18 ~ 22℃；气温下降到 15℃ 时开始落叶。

开花期和果实发育期需要的温度较高。不少品种花后 3 天的日平均气温低于 23℃，就不能正常结果。休眠期枣树的耐寒力较强，在 − 31℃ 的绝对温度时也能安全越冬。

枣树对湿润和干旱气候的适应力较强。但在降水量少于 600mm 的地区，需进行人工灌溉，特别是花期和果实生长期需水较多。

枣花授粉受精需要较高的空气湿度。相对湿度小于 30% ~ 40%，花粉发芽不良，落花落果严重。但花期降雨过多，影响授粉。8月份果实发育期应有适当的雨量。自8月底至9月份，雨量过大会影响果实的发育和成熟，甚至引起裂果、烂果。枣果成熟期要多晴少雨，才能提高枣果品质。

枣树的抗涝力较强，有时地面积水1~2个月，枣树仍能维持生命。但高温死水，会发生烂根。

枣树喜光。一般枣树多在光照好的树冠外围或南面枝结果较多。如枣林栽植过密、郁闭度过大，则枝条生长不良，结果部位外移，降低产量和质量。

枣树在花果期怕风，花期遇大风授粉率低，增加落花落果量；果实生长期遇大风，可出现"风落枣"。枣树的枝干耐风折，树干耐沙埋、沙压，可用枣树作防风固沙树种。

（2）土壤条件　枣树对土壤适应性较强。平原和山丘地区，棕壤、褐土、潮土均适于枣树生长；在沙土、壤土和粘土上都能生长结实。枣树对土壤pH值值的适应范围为5.0~8.5，从酸性土到钙质土都能生长。枣树较耐盐，在土壤含盐量0.2%以下的地方生长发育良好；在含盐量0.3%的地方生长较弱，但能正常结果，且果实含糖量有所提高。生长在土层深厚，较湿润、肥沃的土壤上，枣树生长健壮，丰产稳产，寿命也长。

生长在沙质土的枣树，果实含水量较高，质地松脆，糖分和干物质含量较低，鲜食品质优于粘土地上的枣，干制品质略差。

2. 生长和结果特性

（1）根的种类及生长习性　枣树根系比较发达。从根的形态可分为水平根、垂直根、单位根、细根四种。枣树水平根较发达，分布范围广，一般能超过树冠的3~6倍。水平根分支力差，细根也较少。枣树的垂直根分支较少，分支角度也小，在地下水位低、排水良好的土壤中，最深可达3~4m。由水平根分支形成的单位根，延伸力差，分支力强，着生很多细根。单位根与水平根连接处常膨大成萌蘖脑，抽生根蘖。由单位根分支形成的细根是枣树的吸收根，寿命短，一般仅活一个生长季节。

枣树根系虽然分布广，但集中分布范围较小。树冠下根量占全树总根量的50%以上，15~50cm深土层中的根量占总根量的70%~75%。

根系生长要求21℃以上的土温，年生长开始较晚，停止较早。

枣树的水平根易产生萌蘖，形成大量根蘖苗。根蘖发生的部位以干基周围及根系水平密集区外缘较多。产生萌蘖的根直径一般在0.2~1.0cm，过粗或过细的根产生萌蘖少。根蘖苗发生的深浅与土壤结构和耕作方法有关，疏松肥沃的土壤根蘖发生较深，生长较旺；粘重的土壤则萌蘖浅，且生长较弱。根系在受到机械损伤时，萌蘖数量增加，利用这一特性可进行枣树的根蘖法育苗。

（2）芽的种类及特性　枣树的芽以其形态、部位和萌发抽枝的不同，可分为正芽、副芽和不定芽。正芽和副芽生长在一起形成复芽。正芽具有芽的正常形态，被鳞片。副芽没有芽的正常形态，常以芽复合体的一部分包裹在正芽之中。不定芽多由射线薄壁细胞发育而来，多出现在主干、主枝基部和机械伤口处，可抽生出发育枝，主要用于老树的更新复壮。

（3）枝的种类及特性　枣树的枝条分为发育枝、结果基枝、结果母枝和结果枝四类。

发育枝：又称枣头，由正芽萌发形成，具有较强的延伸能力，加粗生长也快，构成树冠的主干、主枝。

结果基枝：是由发育枝中上部副芽长成的永久性二次枝，为形成结果母枝的基础。二次枝呈"之"字型弯曲生长，停长后不形成顶芽，以后也不再延长生长，加粗生长也很缓慢。

结果母枝：又称枣股，是由发育枝和结果基枝上的正芽萌发形成的短缩枝。结果母枝上的顶生正芽年生长量仅 2mm 左右，而其副芽每年抽生结果枝开花结果。

结果枝：又称枣吊，是由副芽抽生的纤细枝条，结果后下垂。结果枝每年从结果母枝萌发，生长过程中逐渐在其叶腋间出现花序，开花结果，并于秋季随落叶而脱落，是一种脱落性枝条。

（4）花芽分化　枣花芽分化的主要特点是当年分化，多次分化，分化速度快，单花分化期短，而整株分化期长等。枣的一个单花的分化期约为 8d 左右，一个花序约 8～20d，一个结果枝的花芽分化持续时间可达 1 个月左右，而整株枣树的花芽分化期可长达 2～3 个月之久。枣树花芽分化期长，花期也较长，且多次结果，因而果实不整齐。

（5）开花坐果　枣花的花盘较大，可大量泌蜜，吸引昆虫采蜜传粉，是典型的虫媒花。单花开放时间多为 12～18h，一般在一天内完成，但授粉期可延长到 1～3d。枣花的开放需要一定的温度。日均温达 23～25℃ 时进入盛花期，温度过高则缩短花期，但仍能结果，温度过低则影响开花过程，甚至坐果不良。花期降雨对开花影响不大，但天气干旱则影响坐果。

多数枣树品种可以自花授粉结实。但从枣花的结构看，适于异花授粉，如配有授粉树，能提高其坐果率。枣花的授粉和花粉发芽均与环境条件有关。低温、干旱、多风、连阴雨天气对授粉不利。

（6）果实发育　枣花授粉受精后果实开始发育。果实发育可分为迅速增长期、缓慢增长期和熟前增长期。迅速增长期细胞分裂迅速，一般果实的分裂期为 2～3 周，大果的分裂期长达 4 周。缓慢增长期主要进行果核细胞的木质化和营养物质的积累，果实的重量和体积不断增加，此期约持续 4 周左右。熟前增长期主要是进行营养物质的积累和转化，开始着色，糖分增加，风味增进，直至果实完全成熟。

（7）落花落果　枣的花量虽大，但落花落果严重。如果花期气候条件不良，在开花一周后即出现大量落花。山东一般在 6 月下旬至 7 月上旬出现以生理落果为主的落果高峰。7 月下旬以后生理落果基本停止，但由病虫害等引起的落果仍在继续。生理落果的主要原因是营养不足而造成的，采用叶面喷肥或环剥等措施，改善树体营养状况，可有效减少落花落果。

（8）枣树的生长发育过程　枣树生长较慢，寿命可长达百年以上。

幼龄枣树的枝量不多，树冠向上直立生长，横径扩展不大。到 10a 生以后，进入初果期，树冠有所扩展，以后随树冠不断的扩展和枣股的增多，产量逐渐上升，开始进入盛果期。

盛果期通常可延续达 40 ~ 50a。此时枣头生长量明显减少，枣股布满全树，枣吊多而健壮，结实能力强。在良好的管理条件下，可连年获得高产。因此，20 ~ 50a 生之间的枣树，产量潜力最大。

50 年生以上的枣树，枣头长势转弱。内膛出现徒长枝，开始进入自然更新阶段。此时虽仍继续结果，但易出现大小年，产量和质量均有所下降。如能加强水肥和修剪等管理措施，可及时恢复和保持树势。

（二）育苗技术

1. 实生苗培育

（1）种子选择和处理　选择优良种子，要求粒大、饱满，外种皮棕色，具油亮的光泽；剖开后子叶淡黄色，胚轴胚根白色。凡秕粒、发霉和隔年存放的种子，均不能应用。

枣树种子属长期休眠类型，一般通过沙藏层积法来处理种子，解除种子的休眠。11 ~ 12 月份，在室外背阴处挖沟，按 5 ~ 8：1 的比例将湿沙和种子混合后贮藏，种子少时可在室内用容器贮藏。枣核沙藏时间一般在 80d 以上。播种前一周左右检查种子，如尚未萌动，要进行催芽处理，当枣核有 30% 裂缝露白时再行播种。

（2）播种　播种时间一般在沙藏种子开始发芽时，通常是 4 月上、中旬左右。播种方法多采用条播，播幅 5cm，沟深 3cm，播后镇压。凡培育砧木者，以宽窄行为宜，以利嫁接操作，一般宽行 40cm、窄行 30cm，每畦播种 4 行。

（3）播后管理　播种后可用地膜覆盖或塑料小拱棚覆盖的方法保墒、提高地温，10d 左右开始出苗，20d 即可出齐。当苗高 5cm 时间苗，苗高 10cm 时松土除草，以后及时灌溉、中耕、追肥、防治病虫害，一般当年生苗高可达 40 ~ 100cm，翌年即可嫁接出圃。

2. 营养繁殖

（1）分株繁殖　利用枣树有自生根蘖的特性，使根蘖长成新植株，有断根法和归圃法。

断根法：春季旬平均 20cm 地温 11℃以上时，在树冠外缘一侧挖深 50cm、宽 30cm 的沟，切断直径小于 1cm 的枣根。被切断的枣根会逐渐在伤口形成愈伤组织，进而形成不定芽，或促使隐芽萌发。一般于 7 ~ 8 月份根蘖苗大量萌发，此时可适量施入有机肥，对枣沟封土，促进根蘖苗根系发育。

归圃法：把田间散生的根蘖苗收集入圃，继续培养，两年后再行移栽的育苗方法。根据入圃时间的不同，又分为夏季归圃育苗、秋季归圃育苗和休眠期归圃育苗。

（2）扦插繁殖　枣树硬枝扦插较难成活，而绿枝扦插易成活。绿枝扦插一般在 6 ~ 7 月用半木质化延长枝截成 10 ~ 15cm 长的插穗，用 500 ~ 1000mg/kg 的 IBA 蘸 5 ~ 10s 后在大棚内扦插，插后保持温度 20 ~ 30℃，相对湿度 90% 以上，成活率可达 80% 以上。

插根繁殖也易成活成苗。在枣树萌芽前半月，旬平均 20cm 地温 10℃以上时，以优良母树的根或品种苗大根（直径 0.6 ~ 1.0cm）作插穗，穗长 16 ~ 18cm，斜插在沙壤土圃地中，上部复土 4cm，畦面用塑料薄膜盖好。幼芽出土后揭开薄膜。成活率可达 70% 以上。

（3）嫁接繁殖　枣树常用的砧木有本砧(野生枣，栽培枣)和酸枣砧。嫁接时期分为春季和夏季。春季嫁接在发芽前 15～20d，嫁接方法常采用枝接中的劈接、插皮接、舌接、腹接、桥接等方法以及根接。夏季嫁接可在 5～8 月进行，5～6 月可采用带木质部芽接法；7～8 月可采用丁字形芽接、劈接等方法。

（三）造林技术

1. 造林地选择和整地

平原地区栽植枣树，宜选排水良好的沙壤土、轻壤土、中壤土、重壤土，pH 值 8 以下，含盐量 0.2% 以下。丘陵区栽植枣树，应选择背风、向阳的缓坡地，土层厚度 >50cm。

造林前细致整地，并修筑排灌渠系。平原地区在平整土地后大穴整地，深 0.8m、径 1.0 m。盐碱地需挖沟台田，蓄水灌水洗盐，然后造林。结合整地改土增施有机肥，提高土壤有机质含量。丘陵区需整修梯田，再挖大穴。

2. 栽植方式和密度

农枣间作：平原地区枣粮间作宜采用南北行，枣树一般为株距 3～6m、行距 13～20m。低洼盐碱地枣树一般栽在台田两侧。山区按梯田的宽度，每层或每隔一层梯田在外缘栽植一行。

片林栽植：一般枣林行距 5～7m、株距 3～5m，每公顷栽 300～600 株；密植枣林行距 4～6m、株距 2～4m，每公顷栽 650～1300 株，一般以宽行密株为宜。

散生栽植：多在房前屋后及小块闲散土地上栽植，密度因地制宜。

3. 栽植季节和栽植方法

枣树可在落叶后至土壤封冻前栽植，也可在春季栽植。造林用的苗木应品种纯正，苗高 1.0～1.5m，苗木地径 1.2～1.5cm，根系完整，嫁接苗木愈合完好。农枣间作的苗木，苗高 1.5m 以上。从外地调运的苗木，造林前浸泡 24h，修剪伤根，用 ABT3 号生根粉 50mg/kg 溶液蘸根。栽植穴的长、宽、深不小于 40cm，施底肥。栽植时使苗木根系舒展，踏实，栽植深度与在苗圃时一致。栽后浇水。秋季栽植的，栽后培土。秋栽或春栽，均于春季整平树盘，覆盖地膜。

（四）抚育管理

1. 土肥水管理

（1）土壤管理　在秋末、早春耕翻土壤，刨除根蘖。生长期中耕除草。进入雨季枣林应翻耕压草。山区枣树林地应深翻改土，并注意保持水土。可采取修整梯田、加厚土层、树下松土等多种措施来改良土壤。

（2）施肥　秋施基肥，一般在枣果采收后(9 月下旬至 10 月上旬)较好。秋季未能施基肥，翌春则应早施。一般结果大树以每株施土杂肥 100～200kg 为宜。

枣树生长期不长，在短期内需要营养物质较多，及时追肥的增产效果显著。土壤追肥主要有抽枝肥、坐果肥和促果肥三个时期，还可在两次追肥之间叶面施肥，及时补充树体生长发育所需的氮、磷、钾及微量元素，提高产量和质量。

（3）灌溉和排水　枣树的主要灌水期包括催芽水、助花水、促果水和休眠水，每次施肥后也都要灌水。若遇多雨年份，应注意枣树排水，防止积涝成灾。

（4）农枣间作　实行农枣间作，可充分利用土地，增加经济收益；通过对间作物的土肥水管理，也抚育了枣树。农作物以种植小麦、豆类、花生、甘薯等矮杆作物为宜，与枣树争阳光的矛盾较小。

2. 整形修剪

（1）整形　枣树喜光，枣树树形要求骨干枝健壮牢固，主枝分配合理，层次分明，结果枝适量。枣树的树形主要有主干疏层形、开心形及多主枝自然形等。

（2）修剪　枣树易于修剪，修剪量要适当，修剪时期要冬、夏结合。

幼龄树：应按树形要求进行定干。一般定干高度0.8~1.2m，枣粮间作的定干高度约为1.5~1.8m。发枝力强的品种在干高以上已发出枣头时，可选留好的培养成主枝，干上的二次枝逐年清除。主侧枝的培养，一般以选留培养自然萌发的枣头为主。如方向不合要求，可用拉、引等方法调整方向。如枝势过强而不分枝，可进行重截来促使分枝。

结果树：枣树结果树的修剪可从更新枣头以加强骨干枝、适当疏枝以改善光照条件、更新结果枝组等方面入手。

枣头经连年单轴延长生长和大量结果后，生长势渐弱。此时可根据具体情况向后回缩，并选留适当的枣头，使伸展角度抬高，生长势增强。

枣树结实要求良好的光照条件，结果树应适当疏枝。成龄枣树内膛骨干枝背上常抽生直立旺枝，应及早疏除。对弯曲下垂枝、交叉枝、重叠枝、病虫枝也要疏除，以保持树冠通风透光。

枣树结果树的结果枝组应逐步更新。如结果枝组后部有更新枣头可以利用，则将结果枝组回缩至枣头处，以新代老。若没有更新枣头可以利用，可采用刻芽法刺激萌生枣头；或者将枝组回缩至适当部位，刺激隐芽萌发产生枣头。

衰老树：进入衰老期的枣树，应适时进行全面更新，可在一定程度上恢复树势，提高产量。首先根据树势确定对骨干枝的更新强度：枣股数量少、产量低，可将骨干枝回缩三分之二以上，刺激剪口下壮龄枣股抽生枣头；枣股数量较多、产量较高时，可适当减轻回缩强度。骨干枝回缩后，隐芽大量萌发抽生枣头，应择其方位适当者加以培养，作为替代骨干枝，将多余枣头疏除或夏季摘心。经过3~4a的培养，新的树冠即可形成。在骨干枝的培养过程中，可逐步选择其上的侧生或背生枣头培养结果枝组。

3. 保花保果

进行有效的花果管理，减轻落花落果，提高坐果率，是枣树的重要栽培措施之一。

（1）合理水肥　通过科学的水肥管理，改善树体营养状况，增强树势，确保树体正常的生长发育，落花落果现象会明显减轻。

（2）开甲　枣树开甲即环状剥皮。枣树开甲后，地上部的糖分增加，氮减少，能抑制生长，促进花芽分化；并使有机营养积存在地上部，满足开花和果实发育对养分的要求，减少落果，促进成熟期一致，提高枣果品质。开甲的适期为盛花期，在天气晴朗时进行。开甲的幼树干径要达 10cm 以上，且树势强壮。第一次开甲应在地面以上 10 ~ 20cm 处开始，以后每年向上移动 3 ~ 5cm，直到第一主枝时再回到基部向上进行。开甲口宽 5 ~ 7mm，不伤木质部。

（3）喷施激素和微量元素　枣树在种子发育过程中产生赤霉素，能有效地促进果实发育，防止脱落。在枣树花期喷施赤霉素、萘乙酸、2，4 - D、吲哚丁酸等激素，均能在一定程度上提高坐果率，其中以 10 ~ 20μL/L 的赤霉素作用效果最好。此外，花期喷施一定浓度的微量元素肥料，如硼酸钠、高锰酸钾、硫铁亚铁、硫酸锌等，对提高坐果率也有一定效果。

4. 病虫害防治

枣树病虫害较多，危害较重，要加强防治措施。

（1）枣疯病　病原为类菌原体（*Mycoplasma like organism*）。受害枣树生长不良，不易结实，枣果品质变劣。传播途径为虫传和嫁接。防治方法为：分蘖繁殖苗木，须选择健康植株；嫁接繁殖苗木，应选用无病砧木，接穗采自健康株，并用 0.01% 盐酸四环素溶液浸泡 0.5h。定期喷施菊酯类农药杀灭传病昆虫。常年刨除疯株病根。

（2）枣黑斑病　病原菌为细极链格孢（*Alternaria tenuissima*）。该病危害枣叶，叶片变黄卷曲，提早落叶；危害枣果，病斑下果肉呈浅黄色，味苦。防治方法为：加强抚育管理，增强树势。发病的枣林要清除枯病枝叶和果实。枣树萌芽后喷施石硫合剂。发病期可喷施菌核净、代森锰锌等药物，每隔 15d 喷一次。枣林中不种植花生。

（3）枣尺蠖　（*Sucra jujuba*）又称枣步曲。幼虫除取食嫩叶、幼芽外，亦可将花蕾吃光，对产量影响甚大，是枣树的主要害虫。防治方法为：成虫羽化上树前，在树干距地面 15 ~ 20cm 处，绑 10 ~ 15cm 宽的塑料薄膜带，阻蛾上树产卵。4 月底至 5 月初卵孵化前，向塑料环以下的产卵区喷洒溴氰菊酯 5000 ~ 8000 倍液，随即培土；10 天后再做第二次喷药培土。幼虫大量孵化期，喷布杀灭菊酯 8000 倍液，也可用 90% 敌百虫 800 ~ 1000 倍液，50% 敌敌畏 800 倍液。

（4）枣镰翅小卷蛾　（*Ancglis*（*Anchylopera*）*sativa*）又称枣粘虫。该虫危害枣树芽、叶，也危害花、果，严重时可导致枣树枯黄、落果，造成大幅度减产。防治方法为：老熟幼虫下树越冬前，在枝干分权处绑草把诱集幼虫，落叶后取下烧毁。第一代幼虫出现期喷洒 90% 敌百虫 1000 ~ 1500 倍液，或辛硫磷、杀螟松药液。

（5）日本龟蜡蚧　（*Ceroplastes japonicus*）俗名枣虱子。受害枣树的枝条、叶片常密布虫体，刺吸取食，引起早期落叶，树势衰弱，甚至死亡。防治方法为：6 月末、7 月初若虫孵化期，用亚胺硫磷乳油 400 ~ 500 倍液，或杀螟松、氧化乐果、敌敌畏药液喷雾。秋、冬季剪摘虫枝。

（6）枣树锈瘿螨　（*Epitrimerus zizyphagus*）又称枣叶锈螨，俗称枣树锈壁虱。以成螨、若螨刺吸取食叶片、花蕾、花、幼果、脱落性枝等绿色部位。常导致提早落叶，花蕾及花干枯脱落。果实受害后期凋萎脱落。受害严重的树株或地块可绝产。防治方法为：5 月末、6 月初枣树始花期，喷 40% 氧化乐果乳油 1500 倍液，或 20% 三氯杀螨醇乳剂 1000 倍液、石灰硫磺合剂 0.3 ~ 0.5°Be。

（7）桃蛀果蛾　（*Carposina niponensis*）又称桃小食心虫。以幼虫蛀食枣果，严重影响产量和质量。防治方法为：7 月下旬至 8 月下旬是桃小食心虫产卵、蛀果盛期，每半月喷一次 50% 西维因 800 倍液，或 90% 敌百虫、50% 敌敌畏 1000 倍液，杀灭幼虫。

（8）刺蛾　刺蛾为食叶害虫，危害枣树的刺蛾有黄刺蛾（*Cnidocampa flavescens*）、黄缘绿刺蛾（*Latoia consocia*）、枣奕刺蛾（*Iragoides conjuncta*）等。防治方法为：2 龄前喷施刺蛾病毒液，3 龄前喷 90% 敌百虫 800 ~ 1000 倍液，或溴氢菊酯 5000 ~ 8000 倍液。冬季耕翻和修剪时，搜集树上和根颈附近土中的虫茧，敲碎销毁。

第二节　灌木树种的造林技术

灌木树种多具有适应性强、繁殖容易、根系发达等特性，在防风固沙、保持水土、护路护堤和改良土壤等方面有良好的生态防护功能。特别是在环境条件较恶劣的沿海地带，一些优良灌木树种因其耐干旱贫瘠、耐沙埋、耐盐碱等特性，成为滨海沙滩绿化、荒山绿化、滨海盐碱地绿化的先锋树种。在沿海防护林体系建设中，灌木可与乔木形成乔灌混交林，增强防护功能；或者在环境条件较差的地段形成灌木纯林，发挥其特有的防护功能。一些灌木树种还能生产编条、药材、调料等产品，有较好的经济效益。

一、紫穗槐

紫穗槐（*Amorpha fruticosa*）为豆科紫穗槐属的落叶灌木，又称棉槐。紫穗槐原产北美洲，主要分布在美国及墨西哥。20 世纪 30 年代引种到山东，初植于烟台、威海等地。20 世纪 50 年代后，作为山东的主要条林和绿肥树种普遍栽植。山东的紫穗槐除海滩、轻盐碱地有片林外，多在乔灌木混交林中或分布于"四旁"。

紫穗槐生长快、繁殖力强，适应性广，耐干旱、耐水湿、耐瘠薄、耐盐碱，根系发达，具根瘤菌，有良好的保持水土、改良土壤功能。紫穗槐还是良好的条编林树种和绿肥树种。在山东的沿海防护林体系建设中，紫穗槐在沙质海岸、岩质海岸、泥质海岸各类型区都是重要的造林树种，在基干林带、农田林网、水土保持林及四旁绿化中广泛用于各种形式的乔灌混交林，以及护堤林、护坡林、涝洼地与盐碱地造林等。

（一）生物学特性

紫穗槐是暖温带和温带南部树种，适应性强。在年平均气温 11 ~ 15℃，1 月平均气温

－5 ~ 2℃，7 月平均气温 26 ~ 33℃，年平均降水量 600 ~ 1500mm 的气候条件下，生长旺盛，发育良好。喜光性强。能耐阳光直射，开花结实好但条粗短、易生枝杈。紫穗槐也有一定的耐荫性，在透光度 50% 的情况下可以正常生长、开花结实，透光度 30% 时生长显著受到抑制，透光度 20% 以下即濒于死亡。

在山东，紫穗槐垂直分布多在海拔 500m 以下，500m 以上生长不良。在海滩，海潮线以上即能生长。紫穗槐对土壤要求不严，能耐瘠薄土壤。在土层深厚的壤土、沙壤土和地下水位 1.0m 左右的河滩及海滩沙地，生长旺盛，枝条年生长量可达 2 ~ 3m。紫穗槐耐盐性较强，在土壤含盐量 0.4% 的盐碱地能正常生长。抗旱能力较强，在海滩沙地也能生长。紫穗槐也耐涝，在短期内被水淹，只要梢部露出水面，在流水中浸泡一个月不致淹死。紫穗槐病虫害较少，并有一定的抗污染能力。

紫穗槐生长快，萌芽力强，枝叶茂密，侧根发达，有根瘤能改良土壤。紫穗槐若任其生长，能长成 3 ~ 4m 高的小树，枝条多分叉，可作母树生产种子。紫穗槐一般作条林经营，呈丛状生长。栽后第二年平茬，即能萌发 3 ~ 5 根枝条，高 2m 左右；第三年再平茬，即能萌发枝条 10 ~ 30 根，丛幅宽达 1.0 ~ 1.5m，根系盘结在 2m² 内、深 30cm 的表土层。管理好的林分，能维持稳产 20 年左右，每年每公顷割鲜条 3000kg 左右。以后根茬渐高，萌发力低，就要更新。

紫穗槐作乔灌木混交林的下木，行间、株间或带状混交，一般生长良好。当乔木郁闭度 0.7 以上时，紫穗槐由衰弱到死亡。

紫穗槐在山东的年生长节律为：一般 3 月中旬萌发；4 月中、下旬生长最快，枝条日伸长 4 ~ 5cm；5 月上旬日伸长 3 ~ 3.5cm；5 ~ 6 月后枝条由下而上逐步木质化，高生长减慢；7 ~ 8 月份弱枝停止生长，部分旺条的梢部分权，进入二次生长；8 ~ 9 月份生长停止；10 月下旬开始落叶，进入休眠期。

(二)育苗技术

紫穗槐可实生繁殖与无性繁殖。由于紫穗槐种子易得，播种方法简单易行，短期内能取得大量苗木，成本较低，故普遍应用播种育苗。无性繁殖(扦插、分墩、压条)较少应用。

1. 播种育苗

(1)采种　紫穗槐当年生枝条一般不能开花结实，偶有少量结种子者也多不饱满，不能用于育苗。必须选择生长旺盛的壮年植株，当年不割条，第二年即能正常开花结实。种子成熟期在 9 ~ 10 月份。当荚果由黄绿变红褐，种粒变硬时即可采种。采种后除去空秕粒和杂质，晒干扬净，用干藏法进行贮藏。把种子放在麻袋里，置于干燥通风的室内。不要放在不透气的塑料袋内，以免影响种子呼吸，降低发芽率；也不要和碳酸氢铵等化肥放在一起，以免伤害种子。

(2)育苗地选择与整地　育苗地要选平坦、土层深厚、有灌溉条件的沙壤土或壤土，不要在粘重土壤、盐碱地、涝洼地育苗。圃地要整平、深耕、耙细，每公顷施土杂肥 35 ~ 45t；

如墒情不好，要灌水造墒，以备播种。

（3）播种前种子处理　紫穗槐的种皮较厚，并有一层油脂，不易吸水。为了促使种子发芽快、出苗齐，播种前要进行种子处理。一般用浸种催芽法，先在缸里放比种子多一倍的热水（水温约70℃左右），然后放入种子，随倒种子随搅，以免烫伤种子，直到水不烫手为止。在缸里浸泡一昼夜后，捞出来放在透水的箩筐、篓里，上面盖湿麻袋或湿草袋进行催芽，每天用清水（最好是温水）冲洗1～2次，使堆内温度保持在22～25℃。催芽过程中勤检查，防止种子发热霉烂，如温度过高时可摊开晾一晾，或用温水冲洗，等种子有1/3露芽时即可播种。

（4）播种方法　山东的播种期一般在4月中下旬（"谷雨"前后），播种过早地温低、出苗慢或出苗后遭晚霜危害。盐碱地可在7～8月份大雨过后，地表盐分降低时播种。

播种有大田式播种和畦播两种。大田式播种是把苗圃地整平、耕耙后，直接开沟播种。行距30～40cm，顺沟条播。如墒情不好，用水将沟浇透，再播上已催芽的种子，覆土2～3cm。如春旱，可在播种行上覆盖地膜，以利保墒。用种量每公顷38～53kg。播种后要勤检查，发现种子已发芽顶土时，要逐步将地膜掀开。

畦播要先整好畦床，灌足底水，待水充分渗下土壤后开沟。1m宽的畦子开3～4行沟，宽10cm左右，沟底要平。然后将催芽的种子均匀撒入沟内，覆土2～3cm，轻镇压。畦播用种量每公顷30～38kg。播种后如墒情好，一般不需浇水，以免降低地温和土壤板结，影响幼芽出土。

（5）苗期管理　幼苗出齐后10～15d进行疏苗，每米留苗20株，每公顷留苗50万～60万株。苗木生长期间，每年一般灌水3～4次。若基肥充分，一般不必追肥。在灌水或下雨后，及时中耕除草。8月份停止施肥、灌水。秋季即可起苗，每公顷可产合格苗（高约1m、地径0.6～1.0cm）45万株左右。

秋季一般在10月中下旬起苗。起苗前灌一次水，起苗时避免损伤苗根，根幅保留20cm以上。起苗后进行选苗分级，尽快假植。

2. 插条育苗

紫穗槐插条育苗方法简便、见效快，特别是在种子不足的情况下，是加速发展紫穗槐的有效办法。缺点是成本较高，每公顷需鲜条2250～3750kg。

（1）育苗地选择和整地　育苗地应选择排灌方便的沙壤土，施足基肥，耕深耙细。为便于浇灌，要整成畦田。

（2）扦插时间和方法　可冬季扦插或春季扦插。冬季扦插成活率高，生长旺盛，一般在落叶后到封冻前进行。春季扦插可在育苗地化冻后到发芽前进行。用径粗1～1.5cm的一年生条子，去掉上部未木质化的部分，剪成15～20cm长的插穗，上部剪口距第一芽约1cm。插前将插穗用清水浸泡2～3d。按行距开浅沟，在沟内直插，插后顺行踏实，使上芽微露出地面，随即灌水。扦插育苗宜适当密一些，行距0.5m，株距10～15cm，每公顷12万～18万株。

（3）苗期管理　春旱时要浇水，浇后及时松土，苗高20cm左右时施一次速效氮肥，以后进行一般苗圃管理。当年冬季即可出圃栽植。

（三）造林技术

1. 造林地选择

紫穗槐适应性强，对土壤要求不严，在丘陵、平原、海滩、河滩都能栽植。在山区，应选海拔500m以下的部位，土层厚度30cm以上的造林地。在海滩、河滩，应选地下水位 >0.5m的造林地。在渤海平原的盐碱地，紫穗槐的造林地应先经过土壤改良，使土壤含盐量降到0.4%以下方可造林。

2. 造林方法

紫穗槐造林主要采用植苗造林。在土壤湿润的河滩、沟坡、渠旁也可插条造林。还可以分墩造林，就是从紫穗槐老墩上分出一部分来另行栽植，成为一个新株。

紫穗槐植苗造林一般在春季、冬季，雨季造林亦可。冬季造林在苗木叶子黄落至土地封冻前，春季造林在土地解冻至苗木发芽前，雨季造林在6～8月份大雨透地、天气连阴时进行。一般为穴状整地。多采用一年生苗截干造林，能减少苗木的水分蒸发，提高成活率；并能起到平茬作用，当年就可萌发枝条成丛状生长，成墩快，早收益。截干在苗木根颈以上6～7m处，栽时比原土痕深5～6cm，栽后踩实。每穴可栽2～3株，成墩快，收益早；但5～6年后，其根系连结交叉，生长受影响。每墩栽1株的前期成墩较慢，5～6年后每株有一个独立根系，生长旺盛，寿命亦长。

紫穗槐插条造林适于冬季和春季进行。采用一年生粗壮枝条，截成25～30cm长的插穗，上剪口距第一个芽1.5cm左右。扦插时先挖径、深30～40cm的小穴，每穴可插3根，分别向三个方向斜插，与地面成60～70°角，插穗上口和地面相平，踩实。

3. 造林密度与配置

紫穗槐的造林密度与配置要因地制宜。成片造紫穗槐纯林，可根据不同土壤情况，每公顷栽6700～10000株，行株距1.5m×1.0m或1.0m×1.0m，采用品字形排列。紫穗槐适于和黑松、杨树等多种乔木营造乔灌混交林。紫穗槐根上着生大量根瘤，固氮能力强，紫穗槐的枯枝落叶和死亡根系能增加土壤有机质，改良土壤结构，提高土壤肥力；紫穗槐和乔木树种混交，还能抑制杂草、减轻病虫害；紫穗槐和其他树种混交，互利作用大，种间矛盾小，紫穗槐有一定的耐荫性，寿命较长，能在较长时期内促进乔木生长。乔灌木混交的方式可株间混交或行间混交，宜适当加大乔木的行距，也可采用带状混交。

紫穗槐适于沿道路、沟渠、河堤、梯田地边等处栽植。紫穗槐沿道路栽植，一般与乔木株间混交，如杨树株距3～4m，中间栽植1～2墩紫穗槐；路坡宽的，可多栽几行紫穗槐，株行距1m×1m～1m×1.5m，呈品字形排列。沿沟渠栽植，小的沟渠可只栽紫穗槐，一般每侧栽1～2行，株距1m；沿大的沟渠可栽植乔木，紫穗槐和乔木行间混交或株间混交，并在沟渠边坡栽植2～4行紫穗槐，株距1m，呈品字形排列。在河堤上栽植紫穗槐，可在河堤的不同部位，或单独栽植紫穗槐，或与乔木混交，与乔木混交的可行间混交或株间混交。在梯田地边栽植紫穗槐，能固持土壤，减少冲刷，防止坍塌，并能改良土壤，收获编条、绿肥。紫穗槐一般栽在土坡梯田的边坡上，边坡高的可栽植 2～3 行，边坡矮的可栽植 1 行，为避免紫穗槐对梯田里的农作物遮荫，可将紫穗槐栽在边坡的中部和下部。

4. 抚育措施

对紫穗槐林的抚育措施主要是中耕松土除草。对紫穗槐的幼林适时中耕，可以疏松土壤，除去杂草，保墒耐旱。在盐碱地中耕松土，还能减少土壤水分蒸发，抑制表层土壤返盐，促进脱盐。栽植第一年的幼林应中耕松土除草 3 次，第二年可中耕抚育 2 次，第三年中耕抚育 1 次。紫穗槐成林期，每年割条以后，在行间离条墩 30cm 左右，用犁浅耕 20cm 左右，可切断地表的一部分须根，促使紫穗槐根系向深处扎，可将落叶翻入土中，提高土壤肥力，还有利于冬季拦蓄雨雪。

紫穗槐在秋冬季叶子黄落以后割条。不要提前收割，以免当年萌发受冻，影响来年发条。要紧贴地面平割，茬口齐平；防止茬口过高或削成斜茬，影响植株生长。割条数年的老墩，可齐地削平，更新复壮。

5. 防治害虫

紫穗槐的害虫有大灰象、紫穗槐豆象、蚜虫、介壳虫、金龟子等，应及时防治。大灰象以成虫取食紫穗槐幼苗、幼芽及嫩茎，危害较重。可在白天掀开受害苗木周围的土块，捕杀群集成虫，或用敌百虫等药液喷杀成虫；5 月份采摘带卵叶片集中烧毁。紫穗槐豆象以幼虫危害紫穗槐种子，使种子失去发芽力。对紫穗槐豆象应做好产地检疫，防止调运传播。可用敌百虫等药液喷杀成虫；可在育苗前用 80℃ 热水浸种，杀死种子内的幼虫。

二、单叶蔓荆

单叶蔓荆（*Vitex trifdia Linn Var. Simplicifolia* Cham）为马鞭草科牡荆属蔓荆的变种。为蔓生落叶灌木，高可达 2 米，主茎伏卧地面产生不定根，其先端略离地面斜生。单叶蔓荆是一个优良的固沙树种，又是重要的药用植物。在山东半岛的沿海沙滩上，单叶蔓荆是沙生植物群落的优势种。

单叶蔓荆抗逆性强、适应范围广，主茎卧伏、主枝速生，枝叶遮蔽地面，根系庞大，具有较强的固沙防蚀和改良土壤作用；单叶蔓荆又有较高的经济价值，花为蜜源，枝可编条，果实入药称蔓荆子。单叶蔓荆是沙质海岸前沿严酷环境条件下的优良先锋树种，适于栽植在沙质海岸前沿 50m 的范围内，潮上线至基干林带之间，是沙质海岸营建灌草带的主要树种。

（一）生物学特性

单叶蔓荆为喜温、喜水、耐盐的沙生植物，多分布在温带、热带的滨海、湖泊、河岸等前沿沙滩地内。在山东集中分布于沙质海岸前沿，以荣成、威海、文登、牟平、蓬莱等地。数量多、长势好，其次是青岛、胶南、日照。

单叶蔓荆是阳性树种，喜光、不耐荫。喜沙层深厚、夜间返潮的立地条件，同时又耐干旱、耐瘠薄。有较强的耐土壤盐碱能力，可耐短时间海水浸渍。单叶蔓荆耐海风、海雾，在沙质海岸前沿，经受含盐的海风、海雾侵袭，其枝叶生长正常。

单叶蔓荆的茎具有匍匐生长、沙埋可生根的特点，繁殖能力强。单叶蔓荆的分枝习性，通常是由侧芽萌发新梢逐渐扩展，状如假二叉分枝；而老枝不定芽的萌发分枝，多见于风口、粗沙地等环境条件恶劣之处。单叶蔓荆的根系庞大，属水平根系。初生直根较弱，而侧根生长迅速，不定根发达。根深可达2m，吸收根密生范围为0~50cm。

单叶蔓荆在山东沿海的物候期，以日照为最早，荣成最晚，早晚约相差10~15天。在烟台市，4月下旬为地面芽开始萌动膨大期；5月底至6月初为初展叶期，6月中旬进入展叶盛期。新梢生长期的一次梢始于5月上旬；二次梢始于5月底；三次梢始于6月中旬，止于7月下旬。7月初始花，盛花期出现在7月中旬，果成熟期为10月上、中旬。

单叶蔓荆在山东沿海沙滩上常与毛鸭咀草、滨麦、肾叶打碗花、筛草等沙生植物混生，形成稳定的植物群落，其中单叶蔓荆是唯一的木本植物，占有明显的优势。

（二）育苗技术

单叶蔓荆的繁育可用多种方法，主要是播种育苗和扦插育苗。

1. 播种育苗

9~10月采集种子，挑选粒大、饱满的成熟种子用于育苗。由于种皮坚硬又含油脂，不易吸水，可在秋季采得种实后，用40℃温水浸泡1~2天，或用3%~5%的碱水浸泡一昼夜，然后混3倍的湿沙贮藏。翌年4月取出播种。

选择有水浇条件的沙壤土或细沙土作圃地。每公顷施厩肥1.5万~2.5万kg作基肥，深翻25cm左右。然后做宽1~1.3m、高17~20cm的高床，平整畦面后即可播种。

按行距25cm开横沟条播，沟深7cm左右，先灌足水，待水渗后将种子均匀撒于沟内，每公顷用种量45~75kg。播后覆细沙或粉沙土厚5cm左右，再覆一层杂草或麦秸，每日或隔日喷水1次，40天左右即可出苗。苗出齐后拆除遮盖物，适时进行除草、追肥等苗期管理。

2. 扦插育苗

春季扦插时，选取2年生以上、粗度0.6cm左右的健壮枝条，剪成长30cm左右的插穗。放入清水中浸泡，直到穗的下端出现白色的根原基，即可开穴扦插。扦插时按行距30cm开沟，株距10cm定株，与地面约呈45°角斜插，地上约露10cm，然后培土、踩实、浇水，再覆细土与畦面齐平。扦插后注意浇水、除草、追肥等苗期管理，培育一年即可出圃。秋插不必用水浸穗，但要灌足底水，培土踩实。

（三）造林技术

1. 造林地的选择

单叶蔓荆喜光，不适于蔽荫环境，以土壤疏松和排水良好滨海沙滩最为适宜。不适于低洼湿涝环境，忌水浸。

2. 造林方法

造林时可应用植苗、插条、分蘖、断茎和压条等方法，一般都易于成功。

（1）植苗造林　海滩沙地春季和秋季土壤蒸发量大，保水性能差，植苗造林效果不好。一般在7～8月份择大雨或连阴雨天气植苗造林。按株行距1m×1m，穴状整地，穴内可施入厩肥，植苗后培土压实。由于裸根苗造林成活率较低，最好应用容器苗移植。

（2）插条造林　春季、雨季、秋季都可插条造林，造林方法与插条育苗相似。一般按株行距1m×1m，挖小穴，选粗壮的插条扦插，踩实。为提高造林成活率，插条造林一般辅以径20cm、高30cm的大营养袋，袋内装入2:1的粘土与沙土的混合土，插穗长15～20cm、径0.3～1.5cm，用ABT生根粉1000ppm速蘸后扦插。插条后随即浇透水，如有条件可覆膜或覆草。扦插后根据墒情及时浇水。

（3）断茎扩株　"断茎扩株"是将生长着的单叶蔓荆个体或群落，利用其匍匐生长、沙埋生根的特点，通过断茎进行扩株繁育。断茎可在春、夏、秋季进行。"断茎扩株"方法适于灌草带单叶蔓荆群落的扩繁，对老龄林的更新复壮比较适用。

（4）根蘖分株　春季或雨季在老墩周围带根挖取根蘖苗另行栽植，进行扩繁。

（5）压条　在5～6月植株生长旺盛期，选取近地面的1～2年生健壮枝条，采用曲枝压条法，将枝弯曲压入土中，待生根萌发后，截离母株，带根挖取，另行栽植。

三、花椒

花椒（*Zanthoxylum bungeanum*）为芸香科花椒属的落叶灌木或小乔木。花椒是山东重要的经济林和防护林树种之一，多栽植于山丘地区。花椒适应性强，耐干旱、瘠薄，根系浅，水平根发达，树体较小，常用于梯田地边和宅旁院内栽植，丘陵坡地上也有片林。花椒林具有固持梯田地埂，减轻水土流失、调节小气候等生态效应，山岭地保持水土的重要树种之一。花椒生长快，结果早，栽培管理容易，经济价值较高，能为山区农民增加经济收入。

（一）生物学特性

1. 对环境条件的要求

花椒是喜温暖树种，分布于我国的暖温带和亚热带，在我国年平均气温8～16℃的地区都有花椒栽培，但以年平均气温10～14℃的地方栽培最多。花期的适宜气温为16～18℃，果实生长发育的适宜气温为20～25℃，生长期有效积温需在3000℃以上。

花椒较耐干旱。年降水量在500mm以上，且分布均匀时，就能基本满足其生长发育的要求。干旱可导致叶片萎蔫，若短期干旱后遇雨，仍能恢复生长；而持续干旱时，则会大量落叶，甚至枯死。花椒不耐涝，不宜在低湿和排水不良的地方栽植。

花椒是喜光树种，不耐庇荫。一般要求全年日照时数不少于1800h，生长期日照时数不少于1200h。花椒的着色、成熟更需要充足的光照。

花椒在低山丘陵区及平原地区均适于生长，垂直分布一般在海拔 500m 以下。花椒对土壤的要求不严格，在中性、微酸性、微碱性土壤均可生长。在深厚疏松的土壤上生长良好。在结构不良的粘土和干旱瘠薄的沙土上生长不良。

2. 生长和结果特性

（1）根系的分布　花椒为浅根系树种。苗期主根明显，定植后主根生长减弱，侧根发达，须根多。盛果期根展可达树冠幅的 3～4 倍。吸收根主要分布在 0～40cm 深的土层中，树冠投影的 1/2～2/3 范围内。

（2）枝叶的生长　花椒树的枝梢分为发育枝、徒长枝、结果枝三种类型。

发育枝一般于 4 月上旬、日平均温度达 10℃ 左右时开始生长。一年中有两次生长高峰：第一次从展叶至座果后；第二次自果实停止生长到 8 月上旬，然后生长转缓，9 月中旬停止生长。枝条的加粗生长与伸长生长同步进行，只是停止生长稍晚。

徒长枝为多年生枝不定芽萌发而成，多在 5 月萌发，长势旺，一般可达 1～2m，停止生长也晚。

结果枝又分为短结果枝、中结果枝、长结果枝。结果枝生长期短，约 18～20d，一般从 4 月 10 日起，到 5 月 10 日盛花期时停止生长。

（3）结果习性　花椒树一般定植 2～3a 即可开花结果，7～8a 进入盛果期，盛果期可达 20～30a。花芽多形成于生长健壮的结果枝的上部，其他类型枝上的花芽较少，质量亦差。

结果初期的花椒树营养生长旺盛，以中果枝、长果枝结果为主。进入盛果期后，枝条的成花能力很强，一般生长中庸的营养枝的侧芽，中、长结果母枝的顶芽及以下 1～3 个侧芽均可形成混合芽。丰产、稳产的盛果期花椒树以长果枝、中果枝为佳。

（二）育苗技术

山东的花椒主要用播种育苗，方法比较简便。为繁殖优良品种，更好地保持母株的优良性状，可应用营养繁殖育苗。

1. 播种育苗

（1）种子的采集　用于育苗的种子要从优良品种的健壮母树上采集。种子成熟期一般在"处暑"至"立秋"。采下的花椒果实要及时在室内摊晾，待果皮开裂后轻轻敲打，即可震落种子。亦可将采摘的花椒果实，带果皮曝晒半天至一天，待果皮裂开后，轻轻抽打，即可脱出种子。花椒种子不能曝晒，裸种曝晒会大大降低发芽率。

（2）种子的贮藏和催芽　花椒种子属长期休眠类型，其种皮有油、蜡质，不透水不透气，障碍种子发芽。需用物理、化学的方法或用低温层积方法，克服其种皮障碍，才能解除种子休眠，促进萌发。选用适宜的种子贮藏和催芽方法，是提高种子发芽率的关键。

种子贮藏方法有干藏法和湿藏法。干藏法又分三种方法：第一、袋藏，将晾干的种子装入麻袋，置放在防雪雨的通风处即可；第二、土坯干藏，将一份种子与三份黄泥混合，加水搅合制成土坯，阴干后放在防雪雨的通风处贮藏；第三、牛粪土坯干藏，将种子、黄土、草木灰、牛粪各一份，掺合均匀，加水搅拌制成坯，阴干后藏于室内通风处。

　　湿藏法主要采用露天坑藏。在背风、向阳、排水良好的地方挖沟，沟深 80cm、宽 100cm。沟底先铺 5 ~ 10cm 厚的湿粗沙，种子与沙按 1∶2 比例混匀后填入沟内，中间插入草把通气，上覆 20cm 湿沙。

　　花椒种子可以春播，也可随采随播或冬播。春播是将冬季贮藏的种子于春季"惊蛰"至"春分"时播种。土坯贮藏和牛粪土坯贮藏的种子，基本已把油脂和蜡层脱去，春季播种时可直接将土坯敲碎后撒播于畦床沟内。其他方法贮藏的种子，春季播种前要进行催芽处理。干藏种子催芽，用碱性沸水(含 Na_2CO_3 5%)将种子浸烫搅拌 2 ~ 3min 后，捞出置于室温下催芽。以后每日用温水浸泡 1 ~ 2h，3 ~ 4d 后就会有少量种子裂嘴。待 1/3 以上种子开裂露白时即可播种。湿藏种子催芽，于播种前 15 ~ 20d，将混沙种子转移到向阳处或其他温暖处堆积，堆高 30 ~ 40cm，覆盖并保湿，1 ~ 2d 翻动一次，种子有 1/3 以上露白时即可播种。

　　随采随播的播种期约在 9 月份，果实成熟后，将采回的种子经处理后即下地播种。处理方法是：按每公斤种子加碱粉(Na_2CO_3)25g 的比例，先将碱粉放入缸内，加热水溶化，然后把种子倒入缸内，搅拌；或者将种子置入草木灰水溶液中浸泡。以上处理的种子浸泡 1 ~ 2d 后，捞出，带手套用力揉擦；也可将捞出的种子掺入细沙，在水泥板上用砖摩擦，脱去油、蜡层。然后用清水冲洗，晾后即可播种。出苗后要覆盖保温，确保安全越冬。

　　冬播是将采回的种子用上述方法浸泡脱蜡后，先用湿沙混合，放于阴凉处贮藏，到 11 月中旬土壤封冻前再进行播种，种子到来年春天萌发出苗。

　　(3)播种方法　苗圃地经深翻、整平、施肥、作畦后即可播种。通常采用条播法。播种前沿播种沟浇一遍水，播后覆土 1 ~ 2cm。每 1/15hm² 用种量 4 ~ 6kg。干旱时可覆草保湿。冬播时应加厚覆土，培成屋脊形，保墒抗冻，出苗时再刮去覆土。

　　(4)苗期管理　当花椒幼苗出现真叶后，即进行第一次间苗；在苗高达 10cm 时，结合第二次间苗进行定苗，一般每 1/15hm² 留苗 2 万 ~ 5 万株。6 月中旬至 7 月底，苗木生长旺盛，应追肥 2 ~ 3 次，每 1/15hm² 每次施尿素 10 ~ 20kg，施肥后浇水。雨季注意排水防涝。

2. 营养繁殖育苗

　　(1)扦插育苗　选优良母树的 1 ~ 2 年生健壮枝条，截成长约 20cm，用萘乙酸 500 ~ 1000mg/kg 水溶液浸泡 20 ~ 120min 或 ABT 生根粉 1 号、2 号的 50mg/kg 溶液浸泡 0.5 ~ 2h，然后进行扦插。亦可在扦插前用阳畦催根，然后扦插。

　　(2)嫁接育苗　主要是用当地花椒实生苗和特殊的抗性砧木来嫁接繁殖优良品种。嫁接苗既能保持良种性状，又能提早结果，是花椒育苗的发展方向。嫁接前 20d 左右，把砧木苗离地面 12cm 内的皮刺、萌枝和叶片除去，同时进行一次除草。接穗采自优良品种 5 年生左右的健壮母树，从树冠外围取组织充实、粗度 0.8 ~ 1.2cm 的发育枝。嫁接方法有劈接法、皮下腹接法、切接法和丁字形芽接法等，劈接和切接适于春季，芽接适于夏、秋季。

　　(3)压条育苗　花椒根颈部及近地面主干上易生萌蘖，可进行压条繁殖。

(二)造林技术

1. 选地和整地

山岭地花椒造林应选低山缓坡，背风、向阳，土壤湿润、疏松、排水良好的地段，梯田地边最宜栽植，也可建立成片花椒林。平原地区多在"四旁"栽植，应排水条件良好。

山岭地造林可水平阶或鱼鳞坑整地，梯田地边和零星栽植的可穴状整地。平地可穴状整地。

2. 栽植季节

秋季栽植，花椒落叶后至土壤封冻前进行。春季栽植，土壤解冻后至花椒苗的芽苞萌动前进行。雨季栽植，在大雨透地后的连阴天进行，为减少苗木失水，栽植时要对花椒苗适当短截。

3. 栽植密度

株行距一般为 1.5m×2m，2m×3m，2m×4m，3m×4m 等，每 1/15hm² 植 55～220 株。土层深厚的造林地和树体高大的品种宜较稀，土层较薄的林地和树体较矮小的品种宜较密。梯田地边及绿篱栽植，株距可为 1～3m。

4. 栽植方法

花椒造林多用 1～2 年生实生苗，地径 0.5cm 以上，苗高 50cm 以上，根系要齐全，根长 20cm 以上。根据地形和苗木大小挖栽植穴，一般穴径 50cm，深 50～60cm，施足底肥。栽植时，务使苗木根系舒展，栽后浇水。若春旱严重，苗木可截干栽植。

（三）抚育管理

1. 土肥水管理

（1）土壤管理　花椒造林后，在树冠郁闭之前可间作花生、豆类、地瓜等矮秆作物，可增加收益，促进树体生长发育。花椒根系浅，杂草与花椒争肥争水严重，每年应在春季、麦收前及采收后进行松土除草。树盘覆草或覆地膜，是山地花椒林和无水浇条件的沙地花椒林调节地温、保土蓄水、灭草免耕、改良土壤的重要抚育措施。随着树龄的增加，根系的密度和分布范围不断扩大，应定期对花椒林进行深翻、扩穴、换土等工作。

（2）施肥　花椒施肥要以基肥为主，追肥为辅。基肥应以有机肥为主、配合化肥，于秋季施入。追肥主要在发芽期、落花后、果实膨大期进行，以速效氮、磷、钾肥为主，常采用放射状沟施或多点穴施的方法。

（3）灌水与排涝　花椒的主要灌水期为萌芽水、花后水、秋前水和越冬水，每次施肥后都要灌水，灌水方法以畦灌或穴灌为主。花椒不耐水淹，雨季应及时排涝。

2. 整形修剪

（1）整形　花椒干性弱，分枝多，山东采用的主要树形为自然开心形和丛状形。自然开心形于定植后在 30cm 处定干，选留主枝后短截，培养侧枝，4～5a 后去掉中心枝，则基本成形。丛状形于栽后截干，或一穴栽数株，促使基部长出多条丛状枝，选留其中 5～6 条粗壮枝进行整形，约 3～4a 后成形。

(2)修剪 幼龄树应整形和促进结果并重，重视主枝的培养；采用短截、夏季摘心等措施，增加分枝；对旺枝进行扭、拿、别等处理，促使花芽分化。结果树修剪的重点是调节生长和结果的关系；疏除交叉枝、重叠枝、密生枝、徒长枝；中庸营养枝先缓放，再去强留弱，培养结果枝组。衰老树修剪的主要任务是更新结果枝组和骨干枝，应抽大枝、去弱枝、留壮芽，既保持果实的产量和质量，又可复壮树势。

3. 花果管理

花椒生理落果严重，一年发生两次。第一次在 5 月底至 6 月初，第二次在 7 月上中旬前后。花期和果实发育期适时叶面喷肥和喷施植物生长调节剂，能提高座果率，改善果品质量。如花期和落花后多次喷磷酸二氢钾和尿素溶液，可提高坐果率 7.5% 左右。盛花期喷 10~30mg/kg 赤霉素溶液，能提高坐果率 6.63%。

4. 防治病虫害

花椒病害有花椒褐斑病、花椒叶锈病、花椒干腐病、花椒炭疽病、花椒枯梢病等。主要防治措施为选用抗病品种，加强土肥水管理，增加树木抗病能力；清除病害落叶，减少侵染源，防治传病昆虫；按发病部位，选用有效的农药喷洒枝叶或涂抹树干。

花椒虫害有棉蚜、桑白蚧、铜绿丽金龟、二斑黑绒天牛、榆木蠹蛾、樗蚕、玉带凤蝶等。需根据害虫生物学特性，分别采取人工防治、生物防治、物理防治及化学防治措施。棉蚜可用 40% 氧化乐果 2000 倍液喷杀。花椒天牛可用毒签塞堵排粪孔，成虫羽化期喷氧化乐果毒杀。樗蚕、凤蝶可人工捕捉幼虫、摘茧蛹，用苏云金杆菌液喷雾，用敌百虫、敌敌畏药液喷杀幼虫。

四、忍冬(金银花)

忍冬(*Lonicera japonica*)山东通称金银花，为忍冬科忍冬属多年生缠绕灌木，半常绿藤本。花入药，称金银花或双花，是我国重要的中药材；茎入药，称忍冬藤。金银花在山东的栽培历史悠久，形成了一些地方品种，初步统计有 10 余个，可分为毛花系、鸡爪花系和野生银花系。

金银花耐干旱、耐瘠薄，其根系发达、枝条蔓生、叶面积大，保持水土能力强。据观测，在片麻岩荒坡上栽植金银花，5a 后植被覆盖度达 91.7%，蓄水效率达 48.2%，减沙效率 72.6%；在梯田边坡栽植金银花，5a 后植被覆盖度达 86.4%，蓄水效率达 43.2%，减沙效率达 68.2%。

金银花作为重要的生态防护和经济树种，在山东沿海防护林体系建设中，山东半岛丘陵区主要用于梯田地边植树和荒坡造林，渤海平原区可用于轻度盐碱地与沙地的绿化和土壤改良。

（一）生物学特性

1. 对环境条件的要求

金银花产于我国的辽宁南部、华北、华中、西南等地，对气候条件的适应性较强。耐寒，在山东能安全越冬，生长旺盛的金银花在 -10℃左右时仍有一部分叶子保持青绿色。春季气温5℃以上时开始萌芽展叶，20～30℃时新梢生长最快。

抗旱能力强，在土壤含水率10%左右的粗骨土上，一般树种已呈萎蔫状态，金银花仍能正常生长开花。在土壤湿润时，植株生长旺，产量高。不耐涝，土壤积涝时叶片易发黄脱落。

喜光，光照充足时植株生长健壮，花多、产量高。光照不足时枝梢细长，叶小，缠绕性增强，花蕾分化减少。

对土壤要求不严，在沙土、壤土、粘土上均能生长。幼苗期在沙壤土上生长较快，粘土上生长较慢，但4～5年后无明显差别。耐瘠薄，在丘陵地区土层浅薄、沙砾多的造林地上和平原地区的沙地上均能生长。耐盐碱能力较强，在鲁北沿海地区土壤含盐量0.3%的轻盐碱地上能正常生长。

2. 生长与开花特性

金银花为成墩生长的半蔓型植物，生长快、寿命长。一般3年长成，株高70～80cm，土质好的地方每墩覆盖地面1m²左右，土质瘠薄的地方每墩可覆盖地面0.7～0.8m²。金银花的更新能力强，老枝衰退后可形成新枝。

生根力强，根系发达。主侧根少而壮，一般侧根3～5条。根幅为冠幅的3～4倍。毛细根特别多，一般在5～30cm深的土层是毛细根最多的部位，在多雨季节毛细根可生长于地表。插枝或茎蔓触及土壤，在适宜的温湿条件下，不足15天便可生根。在一年当中，4月上旬到8月下旬根系生长快。

金银花抽枝能力强，生长季节可多次抽枝，以4月份抽生的春梢数量多。当年抽生的新梢可分为徒长枝和花枝。徒长枝由多年生母枝上不定芽萌发抽枝而成，生长旺盛，是形成冠丛的基础；难以成花，但其侧芽来年可抽生花枝。花枝由一年生枝的侧芽萌发生成，花芽成对生于花枝叶腋。不同品种的抽枝特性有差异，如大毛花、鸡爪花等品种的花枝数量多，而大麻叶等品种的花枝数量少、徒长枝较多。

金银花扦插后，一般第二年即能成花，4年生时进入盛花期，高产期可维持7～8年。12年以后，枝条的萌生力减弱，产量逐渐降低。金银花一般在5月上、中旬开放，因气候条件差异各地花期不一致，不同品种的花期也有差别。

（二）育苗技术

1. 播种育苗

10～11月果实成熟后采摘，放入清水中搓洗，去掉果皮果肉及秕粒，种子晾干备用。

第二年"清明"前后，将贮存的种子放到 30～35℃ 的温水中浸泡 24h，捞出后拌 2～3 倍的湿沙，放到较温暖的地方催芽，15～20 天后种子裂口露白即可播种。育苗地应选择深厚肥沃有灌溉条件的沙壤土，施足基肥，耕翻深 30cm，整成宽 0.8～1.0m 的畦。浇透苗畦，待表土稍干即可条播或撒播，播后覆细沙土厚度不超过 0.5cm，盖草保湿。如遇干旱每两天喷水一次。一般 10 天左右即可出苗。待苗高 15cm 时去顶，促其发叉。根据苗子生长情况，可于秋季或第二年春季移栽。

2. 插条育苗

由于种子不易采集，加之扦插生根容易，金银花生产中多采用插条育苗。插条育苗春、夏、秋三季均可。春插一般在 3 月中旬，用上年冬剪下经过窖藏的 1～2 年生枝条作插穗。夏季育苗在 6 月上旬进行，这时头茬金银花已采收完，结合夏剪，用修剪下的枝条作插穗。秋季育苗一般在 7～8 月份，用修剪下的枝条作插穗。插穗一般长 12～15cm，剪后每 100～200 根成捆，水浸半日后扦插，可利用生根粉处理。夏秋两季扦插时将下部叶片去掉，仅保留上部的一对叶片。在整平的畦地按行距 20～30cm 开沟，沟深 15cm，按株距 20cm 扦插，插条上部露出地面 3cm 左右，插后覆土踏实、浇水。如果天旱，隔 3～5d 浇水一次，半月后即生根发芽。加强苗期管理，一年生苗苗高 30～40cm，有 3～5 个分枝。

整平的畦地按株距 1.0m、行距 1.50m，挖直径 30cm、深 25cm 左右的圆坑，每坑内沿壁分散呈扇形栽入金银花苗 3～5 株，每公顷用苗 30000 株左右。

（三）造林

1. 整地与栽植

山区栽植金银花应选择光照充足的山坡或梯田地边，不宜在阴坡、沟谷、林下栽植。可因地制宜采用水平阶整地或穴状整地，整地深度 0.6m。平原地区可在地下水位 1m 以下、排水良好的潮土或含盐量 0.3% 以下的轻度盐化潮土上栽植，涝洼地不能栽植。一般用穴状整地，穴径、深为 0.6m。

金银花可在春季或秋季植苗造林。金银花萌芽早，春季造林宜在 3 月上、中旬进行；秋季造林宜在 11 月上旬进行。造林时每穴施土杂肥 50kg，每穴栽 2～3 株苗，栽后浇水。墩距一般 1m 左右。

金银花也可在雨季直接插条造林。选 1～2 年生无病虫害的健壮枝条，截成 30～35cm 长的插条，摘去下部叶片。每 4～5 根插条分散形成扇面形斜插入整好的穴内，插条露出地面 3cm 左右。遇天旱及时浇水。

2. 土肥水管理

栽植后 1～3 年，每年松土除草 3 次，分别在发新叶时、7～8 月份和秋末冬初。植株周围要浅松土，以免伤根。已成活的幼苗或多年的老墩每年冬季封冻前进行培土，以免浅层根露出地面。

为取得高产，金银花每年应多次施肥：开春前施"壮苗肥"，促使新枝生长；4～5 月重施"花前肥"，促使多抽花序，大量开花，可每株硫酸铵 50 ~ 100g；第一次采花后和第二次采花后各追肥一次，促使植株恢复长势；冬至前施基肥，可每墩施圈肥 7 ~ 10kg、过磷酸钙 150 ~ 200g。一般在株丛周围开环状沟施肥，施后覆土，防止肥料流失。

山区因受生产条件限制，金银花一般不浇水。如有灌溉条件，通过合理灌溉可使金银花产量大幅度提高，每 $1/15hm^2$ 产量可达 100kg 以上。

3. 整形修剪

对金银花进行合理整形修剪，可使枝干布局合理，保持通风透光，增加枝条数量、提高花的数量与质量，能有效地提高产量、复壮更新、延长丰产年限。金银花修剪分为休眠期修剪和生长期修剪。冬剪时要疏除细弱枝、密集枝、病枝和枯死枝，留下的枝要进行短截，强旺枝重短截、壮枝中短截、较弱的枝轻短截。冬剪后，春季芽子能集中利用贮藏营养，新生枝叶成为生长中心，形成大量腋花，产量提高。生长期修剪可多次进行，一般在每茬花后进行一次，并要配合适当的肥水管理。修剪时抽除过密枝、细弱无效枝，对少数壮旺枝进行中度短截，以改善光照条件，延缓叶片衰老，提高光合效能，增加营养积累。生长期对新抽生的枝条打顶，可促进枝条发育，提高花的产量。对主干上抽生的枝条留 1 ~ 2 节，一级分枝上抽生的枝条留 2 ~ 3 节，二级分枝上抽生的枝条留 3 ~ 4 节，摘除其上的嫩梢。

4. 病虫害防治

金银花常见的病害有忍冬褐斑病、白绢病、白粉病、炭疽病等。忍冬褐斑病一般发生于 7 ~ 8 月份，多雨年份严重，主要危害植株叶片，严重时叶片早期枯黄脱落，可剪除病叶，然后用波尔多液或代森锌、托布津、退菌特等药剂进行防治。白绢病多发生于高温多雨季节，根茎部的病部出现一层白色菌丝，皮层逐渐腐烂，可用波尔多液和五氯酚钠等药剂进行防治。白粉病主要危害植株新梢和嫩叶，可采用石硫合剂或甲基托布津进行防治。炭疽病主要危害植株叶片，可清除病叶，然后用波尔多液、代森锌等防治。

金银花虫害有中华忍冬圆尾蚜、金银花尺蠖、咖啡脊虎天牛、榆木蠹蛾等。中华忍冬圆尾蚜在金银花孕蕾和开花期发生，主要危害植株叶片，一年发生 20 余代，可用石硫合剂、氧化乐果等药剂防治。金银花尺蠖以幼虫啃食叶肉，一年发生 3 代，可采用敌敌畏、溴氰菊酯、杀灭菊酯等药剂防治。咖啡脊虎天牛以幼虫先在植株木质部表面蛀食，后蛀入木质部，导致枝条枯死，一年发生一代，在幼虫孵化时可喷敌百虫药液，发现蛀孔时，可采用敌敌畏等药剂塞虫孔防治。榆木蠹蛾以幼虫蛀入茎皮下取食韧皮部和形成层，然后渐入木质部，每 2 年发生一代，可采用敌百虫、敌敌畏等药剂防治。一些病虫害发生在金银花的花期，特别是中华圆尾蚜，在进行药剂防治时要选择合适的农药种类及适宜的施用时期，避免造成农药残留，影响药材质量。

五、簸箕柳和筐柳 *

簸箕柳(*Salix suchowensis*)和筐柳(*S. linearistipularis*)为杨柳科柳属的落叶灌木，是两种

---

* 山东省过去的一些林业资料将簸箕柳和筐柳都称作杞柳，是不恰当的。

相似的灌木柳，是山东省编条林的主要树种，栽培利用历史悠久。簸箕柳在黄河三角洲新淤地上有天然林分布，多呈片状。簸箕柳和筐柳速生，萌芽力强，根系发达，耐涝、耐轻度盐碱，适于河滩、沟渠、堤坝、路边栽植，可以在涝洼地、轻盐碱地造林。栽植簸箕柳或筐柳，不仅起到护坡固堤、保持水土、防风固沙等作用，还可提供柳编材料，为农民增加经济收入。

(一)生物学特性

簸箕柳是暖温带至北亚热带树种，在我国分布广泛，其集中栽培区为黄河下游和淮河流域。筐柳的分布范围与簸箕柳相近，以山东栽培最多。簸箕柳的垂直分布，丘陵一般在海拔300m以下，平原一般在海拔100m以下，在黄河入海口海拔4~5m处有天然林分布。筐柳主要分布于平原地区，河流湖泊岸边，垂直分布多在海拔50m以下。

簸箕柳和筐柳适生于温暖、湿润气候。在年平均气温11~16℃，1月平均气温-5~4℃，7月份平均气温24~30℃，年降水量600~1400mm的气候条件下能正常生长发育，山东是其适生地区。不耐干旱，在年降水量800mm以下地方，如地下水位过低(2.5m以下)，无灌溉条件，遇干旱会使萌条少，枝条纤细而硬脆，利用价值降低。

喜光，纯林在强烈光照条件下，只要水分充足，萌条生长旺盛；不耐庇荫，在乔木林冠下，透光度低于40%，即生长不良，以至逐渐枯死。

在深厚湿润疏松肥沃的壤土和沙壤土上生长旺盛，萌条细长、柔软、韧性强，割条年限长。

耐水淹和积水。在山东，地下水位1m左右的林地最常见。在水淹条件下，只要梢部露出水面，一般不会淹死。耐盐性中等，在0.2%~0.25%的轻盐碱地上能够生长，比紫穗槐的耐盐性差。

簸箕柳(筐柳)如任其生长，在山东能长成3~4m高的小树，树干弯曲，利用价值低。萌芽力强，平茬作条林经营，呈丛状生长，栽后3年每丛可萌条10~20根。根系发达，多集中在0~50cm深的土层里，固土力强。

在山东的年生长进程一般为：4月上旬开始萌发，先花后叶；6~7月为速生期，高、径生长量占全年生长量的70%；"立秋"到"处暑"有第二次生长期，生长量较小，木质化程度加强。"秋分"后叶子由黄到脱落。

(二)造林技术

1. 栽植方式

根据簸箕柳、筐柳的生物学特性及用途，一般有边坡行带状栽植、片林栽植、条粮间作等栽植方式。

河道、沟渠、堤岸、道路的边坡，一般都靠近水源，土壤深厚、肥沃，适宜簸箕柳、筐柳的生长。在边坡上成行状或带状栽植簸箕柳、筐柳，有良好的固土护坡和生物排水功能。

　　在平原地区，可选择肥沃土壤，营造成片的簸箕柳、筐柳编条林，通过集约经营，收获产量高、质量好的编条。在一些低湿地、轻盐碱地，也可因地制宜营造面积不等的片林，能够改良土壤和增加经济收入。在平原地区的农田中，可实行簸箕柳、筐柳与农作物的条粮间作，有利于农田的防风固沙、改良盐碱和增加收入。

2. 造林地选择

　　造林地宜选河滩地、低湿地、轻盐碱地，以及沟渠边坡、河堤坡脚、坑塘等靠水的地方，在深厚肥沃的壤土、沙壤土上生长良好。在平原地区，营造成片的编条林或条粮间作，以疏松、湿润、肥沃的壤土、轻壤土产量最高。

3. 整地

　　按簸箕柳、筐柳的不同栽植方式，采用适宜的整地方式。平原地区的成片造林，在平整土地后全面整地，深耕 30 ~ 40cm，耕后耙平，以备造林。条粮间作，可实行带状整地，在整地带内深耕 30 ~ 40cm，耙平后以备造林。边坡行带状栽植，一般进行水平阶整地、穴状整地等局部整地，等高排列，整地深度 40cm 左右。

　　在整地的同时可采取改土措施。对沙土地，掺加部分粘土来提高保肥保水能力，并增施有机肥和绿肥压青。对粘重的土地，掺加部分沙土进行改良。在盐碱地造林，采用挖排碱沟，修台田、条田，蓄淡压碱，绿肥压青等改良措施，待土壤含盐量降到 0.2% 以下再造林。平原地区的条编林，结合整地施足基肥，每公顷可施圈肥 30 ~ 45t。

4. 密度与配置

　　簸箕柳、筐柳喜湿、耐涝，适于栽在河滩、堤脚，沟渠、道路的边坡中下部，一般行距 1 ~ 1.5m，株距 0.5 ~ 1m。簸箕柳、筐柳喜光性强，不耐庇荫，不宜与乔木株间混交或行间混交。当边坡植树由乔灌木树种相结合时，可由簸箕柳、筐柳与乔木带状混交，并适当加大与乔木之间的行距。

　　在平原地区营造成片的编条林，一般采用行距 50 ~ 60cm，株距 40 ~ 50cm，每公顷 37500 ~ 45000 株。地力好可密一些，地力差可稀一些；需用细条可密一些，需用粗条可稀一些。适当密植能提高早期产量，条子细长柔软，粗细均匀，编制利用率高；在集约经营的编条林中，每公顷可增加到 9 万 ~ 15 万株。

　　条粮间作时，簸箕柳呈带状栽植，每带 4 ~ 6 行，行距 30 ~ 40cm，株距 30 ~ 35cm，带间距 15 ~ 20m，农作物与柳条带相距 0.5 ~ 1m，以利于农作物耕种和抚育条林。间作的农作物用矮秆作物，如豆类、花生、绿肥作物等。

5. 造林方法

　　簸箕柳和筐柳插条易生根，一般为插条造林。

　　(1)造林季节　春季、雨季、冬季均可造林，以冬春两季较好。春季在土壤化冻后造林，越早越好。冬季以"立冬"前后，树叶黄落时进行，来年春季发芽早、长势旺，比春插的可增产10% ~ 20%。雨季造林，在雨季前期大雨透地时进行嫩枝扦插。

　　(2)种条选择和处理　簸箕柳和筐柳的不同品种常混生，要挑选优良品种的种条。取当年生健壮、无病虫害，粗0.5~1.0cm的条子作种条，从枝条中下部、木质化好的部位剪取插穗。插穗截成15~20cm长（粗条短一些、细条长一些），剪口要平滑、无劈裂，然后按粗细分级，捆好备用。春插的插条最好冬采贮藏，在背阴处挖深、宽各1m的贮藏沟，将插条放入沟中用湿沙或湿土掩埋，春插时随插随取。春插如就地取条，也可以随插随采条。夏季为带叶扦插，插条应随采随用，采下的条子放在清水里暂存，防止失水。

（3）扦插　成片造林在扦插前要做畦，畦宽1.5~2.0m，每畦栽3~4行。如遇天气干旱、土壤墒情不好，要提前浇水造墒。扦插时插条要粗细分级，直插或斜插均可，插后踏实，使插条和土壤密接。冬插要在插条上面覆一层细土，以防风干失水。夏季扦插要防止插条下端皮部和木质部分离，可先打眼后扦插，插穗上端要露出2~3cm。

6. 抚育管理

（1）土壤管理　插条后浇一次透水以保成活，春旱时视土壤墒情浇水1~2次以促生长，秋末浇一次封冻水。雨后、浇水后要及时中耕、松土除草，一般每年可松土除草2~3次。若作为编条林经营，一般在3~4月每公顷追施尿素150kg、硫酸钾225kg、过磷酸钙750kg，5月份速生前期再施尿素225kg，追肥要结合浇水；7月上、中旬伏条收割后，结合中耕、灌溉，每公顷再施尿素375kg。

（2）平茬　簸箕柳、筐柳作条林经营，需进行平茬。平茬一般在"立冬"前后，将柳条齐地面削去，留茬要低，来年萌发的条子较壮。

经过连续几年的割条，根茬逐渐增高，发芽减少，长势变弱。所以每隔7~8年要削茬一次，用锋利的锛或斧，将老的根茬齐地面削去，切口要平滑，以利于下年发条。

（3）除杈　除杈是培育柳条的重要措施，将柳条上发的杈子及时除掉，可使条子光滑无疤。簸箕柳、筐柳的柳条多在5月下旬到6月上旬发杈，在这期间可根据发杈的多少，除杈2~3次。除杈要早，在萌芽开始生长、杈子尚未木质化时抹去。

（4）防治病虫害　危害簸箕柳、筐柳的病虫害有象鼻虫、金龟子、锈病等，应注意监测病情虫情，及时防治。象鼻虫多在6月中下旬发生，咬断柳树的嫩梢，影响柳条的质量，可在成虫发生时喷洒敌百虫等药液。锈病多发生在"秋分"前后，可在发病前喷波尔多液，发病期喷敌锈钠。

7. 柳条收割

供条编用的柳条需要剥皮制成白条。簸箕柳、筐柳在冬季割条，柳条的皮层与木质部不易分离，需蒸煮后再剥皮。当年冬季不收割，在春季萌芽时再割条，就容易剥皮，称为"春白条"。在7月中下旬到8月上旬割条，易剥皮，条子质量好，称为"伏白条"。割条时要选晴天的早晨，随割条随剥皮。剥皮后的条子要及时晒干，防止发霉变色。晒干的白条要分级，每3.5~4kg捆成一捆，及时外运或贮藏。

簸箕柳、筐柳的编条林一般在夏季收割"伏白条"。割伏白条后，根颈处萌发很多细弱枝条，并使植株长势变弱。连续割伏白条2~3年后，应停止割伏白条一年，延至"霜降"至"小雪"期间再割，以便养茬复壮，恢复树势。在较瘠薄的土地上，夏季割条和冬季割条可隔年进行。

六、柽柳

柽柳（*Tamarix chinensis*）为柽柳科柽柳属的小乔木或灌木。山东的柽柳主要分布在滨海盐渍土上，以沾化县、利津县、东营河口区面积最大。柽柳的耐盐能力很强，是滨海盐碱荒地灌丛植被的主要建群种，也是泥质海岸带前沿营建防潮、防风灌木林带的适宜树种。柽柳有发达的根系，在泥质海岸或沙质海岸修筑防潮堤坝，在堤顶和边坡栽植柽柳，能起到良好的护岸固堤作用。柽柳还适于在滨海盐碱荒地上营建盐碱地改良林和公路绿化、河堤绿化等。柽柳常与獐毛、盐地碱蓬、中华补血草、蒙古鸦葱、白刺等植物混生。

（一）生物学特性

1. 对环境条件的要求

柽柳对气候、土壤条件的适应性强，耐干旱、耐瘠薄、耐盐碱、耐风沙、耐低湿，是滨海盐碱地恶劣环境条件下的优良先锋树种。柽柳喜生于潮湿的地方，在海拔 2 ~ 3m 的潮间带常形成柽柳群丛，在海拔 3.5m 以上的潮上带既有原生群丛也有次生群丛，多见于河沟、渠塘和低洼积水处的边沿。柽柳为喜光树种，不耐庇荫，不宜作乔灌木混交林的下木。柽柳为泌盐植物，在土壤含盐量为 0.6% ~ 0.7% 的盐碱地上播种，出苗齐全；1 ~ 2 年生柽柳，在土壤含盐量 1.0% 以下时生长正常；随年龄增加，耐盐性能有所增强。

李必华、邢尚军等对柽柳种子萌芽、插穗生根、幼苗的耐盐情况进行了室内与室外试验。①种子萌芽：在盐碱地上进行柽柳播种造林，在含盐量为 0.630% 和 0.721% 的试验地上，柽柳出苗齐全，生长也较好。在室内配制 6 个浓度的 NaCl 水溶液，进行种子发芽试验。含盐量 0.4% 时，基本不影响发芽；含盐 0.6% 时，发芽率 70% 左右；当 NaCl 浓度达到 0.8% 时，种子发芽率明显下降。种子萌芽时的耐盐极限应在 0.7% ~ 0.8%。②插穗生根：在不同浓度的 NaCl 水溶液中作插穗生根试验，当 NaCl 浓度为 0.3% ~ 0.5% 时，插穗生根率 100%；NaCl 浓度为 1.0% 时，插穗生根率 80%；NaCl 浓度为 3.0% 时，插穗不能生根。③幼苗耐盐：田间播种后 1 ~ 2 年生的幼苗，当 0 ~ 30cm 土层的全盐含量小于 1% 时，苗木生长良好；全盐含量达到 1.64% 以上时，植株生长停滞，枝上端干枯；0 ~ 30cm 土层的全盐含量达到 1.9% 以上时，苗木整株死亡。1 ~ 2 年生柽柳的耐盐生存极限为 1.64%，适宜生长的土壤含盐量为 1% 以下。

2. 生长习性

柽柳多为灌木。经多年生长，也可成为小乔木，高 4 ~ 7m，胸径可达 20 ~ 30cm，寿命可达 100 余年。柽柳在渤海湾一带 3 月下旬芽开始膨大，4 月中旬开始展叶，11 月中旬叶全部脱落进入休眠期，全年生长期为 235d 左右。柽柳枝条生长的速生期从 4 月底至 5 月份开始，一般延续至 6 月底，对柽柳林的抚育管理一般应在 6 月份以前进行。

柽柳的根系发达，萌蘖能力很强。柽柳适于平茬，能促进萌蘖，提高发枝数和枝条生长量。不平茬的柽柳生长量逐年减小，可长成小乔木。

柽柳花期长，从5月初至10月上旬。种子成熟期不一致，5月底至6月初第一批果实成熟，种子质量最好；6月底至9月上旬果实多批成熟，种子质量逐步下降。柽柳种子很小，顶端有白色簇毛，遇微风即可飞扬。种子遇水后，种子和种毛同时吸水。在盛水的发芽皿中，48h即可发芽。

（二）育苗技术

1. 播种育苗

（1）采种与贮藏　柽柳结种量大，常用播种育苗。采种要把握好种子成熟时间，既不能采青，更不能种子飞散，应在蒴果由黄绿变红、果实开始裂开时采集。采回的果实在通风处晾干，脱出种子，除去杂质。雨季前采的种子应随采随播。雨季以后采的种子要防止受潮霉变，在3~5℃的恒温下冷藏、湿度70%~75%，可保存一年左右。

（2）整地播种　选地势平坦，排灌条件较好，土壤含盐量在0.5%以下的沙质土壤育苗。柽柳种粒小，育苗操作要细致。整地、作畦，播种前灌足底水，水渗下后均匀撒播。可用草帘、树枝等遮盖，种子出土后逐步撤去覆盖物。

（3）苗期管理　苗期应及时松土除草，天旱时及时适量浇灌。生长后期要控制浇水。适时进行间苗，苗木距离(0.1~0.2)m×0.3m，每公顷产苗22万~30万株，1.5~2年出圃。

2. 扦插育苗

柽柳也适于插条育苗，且简便易行，效果好。采集一年生枝条作种条，粗度不低于0.8cm，截成15~20cm长的插穗。冬采条经过窖藏，春采条随采随插。育苗地选土壤含盐量<0.5%的沙壤土、中壤土，整地、作畦。扦插育苗以4月份为宜，在盐渍土上适当晚插有利于生根。提前用清水浸泡插穗，按行距0.3m，株距0.1~0.2m进行扦插。扦插后覆盖地膜，可明显提高苗木成活率和生长量。加强苗期抚育管理，进行松土除草、浇水、施肥，培育壮苗。

（三）造林技术

1. 植苗造林

（1）整地改土　造林前先要整地改土，蓄水淋盐，降低土壤盐分。当土壤含盐量降到1%以下，方可植苗造林。

（2）使用壮苗　建立苗圃，人工培育优质大苗，提高幼苗的抗逆性能。若利用野生苗，应选苗龄一致、长势良好的苗木，并仔细起苗，保证苗根完整，根幅30~40cm。

（3）适宜的造林季节　柽柳适于雨季造林，由于雨水的淋溶，表层土壤的盐分明显下降；同时气温高、空气湿度大，苗木缓苗期短，有利于苗木成活。与冬季和春季造林相比，雨季造林的成活率显著提高，并适于栽植整株苗木。柽柳秋冬季造林的成活率低，不宜采用。柽柳春季造林的成活率高于冬季造林，苗木截干可减少蒸发，利于成活。但春季截干造林的成活率仍明显低于雨季造林。

据邢尚军等试验,在植被种类为獐毛群落的造林地上进行穴状整地,进行柽柳植苗造林。1997年8月全株栽植的,成活率为93.0%;1997年11月截干栽植的,成活率为20.9%;1998年3月截干栽植的,成活率为63.4%。

(4)栽植与管理　造林时应随起苗随运苗随栽植,保证苗木新鲜湿润,栽植前可清水浸泡苗根。对苗木进行截干处理或剪除部分侧枝,能减少苗木对水分的蒸腾,维持地上部分与根系的水分平衡,显著提高造林成活率。适当深栽(7～10cm)比浅栽(2～3cm)的造林成活率也有提高。栽植后及时浇水,有条件的可覆盖地膜保墒。生长季节进行松土除草。雨季要及时排涝。加强管护,避免人畜破坏,防治病虫害。

2. 插条造林

在土壤含盐量0.8%以下、比较湿润的地方,也适于插条造林。可冬插、春插或雨季扦插,以冬插和春插成活率高。按行株距1～1.5m,进行穴状整地。选一年生健壮萌条,直径1cm左右,截成30cm长的插穗,竖直插入整好的穴中,每穴插3～4根插穗。冬插后在插穗上方培成土堆,初春扒开;春插时插穗露出地面3～5cm,以免受土壤盐分危害;雨季扦插时穴面可以凹下,以存储雨水,利于淋盐。扦插后及时浇水。浇水后和雨季及时中耕,以利保墒和减轻表土返盐。

3. 播种造林

滨海重盐碱土多分布于沿海边远地带,面积大,一般不具备灌溉条件,劳力又比较缺乏,若全面实行柽柳植苗造林有较大困难。柽柳播种造林比较节省用工和造林成本,适于滨海重盐碱地的造林绿化。柽柳直播造林的技术关键是有效的整地脱盐和适宜的播种时机与方法。

(1)整地　在滨海重盐碱地进行沟状或穴状整地,将挖出的土堆放在沟、穴之间,沟、穴内积蓄雨水,可淋洗土壤盐分,整地还可清除杂草,减轻杂草对柽柳小苗的竞争作用,从而为柽柳种子的发芽和幼苗生长创造较适宜的条件。在盐碱裸地上进行沟、穴状整地,行距以2～2.5m为宜,便于起土存放和减少冲淤。

不同整地规格对整地后的土壤脱盐程度、柽柳播种成苗密度、苗木生长状况以及大雨对沟穴的冲淤程度都有影响。在土壤含盐量2.584%的盐碱裸地上进行不同整地规格的试验,在沟状整地的4种规格中,以沟长5～12m、沟宽50cm、沟深30～50cm的整地效果最好,整地后土壤盐分最低、播种成苗最多、苗木生长量最大;而以沟长3～8m、沟宽30cm、沟深10～15cm的整地效果最差。表明若开沟过浅、过窄,不能满足柽柳直播造林的要求。在穴状整地的4种规格中,以穴径较大而且穴较深的50cm×50cm×50cm与100cm×50cm×40cm两种规格的整地效果较好,而穴径小且浅的整地效果较差(表4-9)。试验结果表明,在盐碱裸地上为直播柽柳进行的整地,沟状整地的深度以30～35cm为宜,穴状整地深度应40～50cm。

表 4-9　不同整地规格对土壤脱盐和播种苗的影响

整地规格 （长×宽×高，单位 cm）	整地后土壤含盐量 （%）	播种成苗数 （株）	幼苗苗高 （cm）
穴状整地　100×50×40	1.181	108.0	47.3
穴状整地　50×50×50	0.988	90.3	51.13
穴状整地　40×40×40	1.370	104.3	38.0
穴状整地　30×30×30	1.616	78.3	28.7
沟状整地　500~1200×50×30~35	0.867	132.3	52.13
沟状整地　500~1200×50×15~20	1.203	90.3	31.1
沟状整地　300~800×30×15~20	1.640	110.0	28.27
沟状整地　300~800×30×10~15	2.414	102.0	23.4

（据《滨海拓荒植物》，1994）

（2）播种造林的时机和方法　柽柳播种造林在生长期内的 4~9 月都可以进行，其制约因素是土壤水分条件。在淡水水源较方便的地方，可以在播种前灌足底水，水下渗后均匀撒播。在不具备灌溉条件的地方，趁大雨后播种是合适的时机。一般在大雨后 1~2d 内，以挖好的沟、穴内存水不外溢，又无风或微风的天气最好。可将晾干的柽柳带壳种子边走边轻轻揉搓，使种子脱出种壳，均匀地撒入沟、穴内，每公顷用种量 7.5kg（带果壳）左右。刚撒播的种子大部分漂在水面，随水下渗而附着到沟、穴边沿的湿土上，不需盖土，播种 10d 左右小苗即可出齐。这期间如遇暴雨冲淤，需进行补播。离采种地近的地方，可以随采种随播；还可将采折的果枝直接插在播种沟、穴两旁，借风力传播下种。

（四）柽柳林的生态经济效益

柽柳是滨海盐渍土地带的优势植物，具有降低土壤盐分、增加有机质含量、提高土壤孔隙度和土壤含水率等改良土壤作用，还能防风固沙，保持水土，调节气候，维护陆海生态平衡。柽柳枝条坚韧，可编制各种生产、生活用具，柽柳枝叶可作饲料，枝干可作燃料，柽柳还是良好的蜜源植物和观赏树种。在管护好滨海天然柽柳灌丛的基础上，在盐碱荒地营建大面积柽柳林，可产生良好的生态和经济效益。

七、白刺

白刺为疾藜科白刺属的落叶灌木树种，山东滨海盐碱地的主要分布种是西伯利亚白刺（*Nitraria sibirica*）。白刺在山东的自然分布主要在渤海湾和莱州湾泥质海岸地带，以无棣、沾化、寿光较为集中。一般从海水高潮线向上延伸到十几公里至几十公里，分布在滨海盐碱荒地或路坡、堤坝上。

白刺的耐盐能力很强，又能抗寒、抗旱、抗风、耐沙埋，是泥质海岸盐碱裸地上造林绿化的先锋树种。白刺在防风固沙、保护路基堤坝、改良盐碱地等方面有显著作用，是泥质海岸地带重要的防护林树种。白刺的果实营养丰富，可制果汁饮料，可提取天然的食品色素，具有较高的经济价值。

（一）生物学特性

1. 对环境条件的要求

白刺为旱生型阳性植物，不耐庇荫和积涝；耐寒、耐高温；耐盐力很强，可自然生长于土壤含盐量1.5%~3%的盐渍化坡埂高地和泥质海岸滩丘垅形盐碱裸地上（表4-10）。白刺自然分布在干旱、多风、盐碱、贫瘠，植被稀疏的严酷生境中，往往自成群落，伴生植物较少。而在土壤盐分较轻（0.5%以下）和地下水位高的地方，由于白茅、芦苇等高草滋生，白刺未见有自然分布。

表4-10　白刺立地土壤含盐量和生长情况
（李必华等，1994）

调查地点	土层全盐含量					枝条平均年生长量
	平均	0~20cm	20~40cm	40~60cm	60~80cm	（cm）
河口区大义路	2.76	2.15	2.58	3.10	3.21	29.5
沾化县黑坨子岛	3.11	2.53	3.02	3.22	3.56	28.5
寿光县杨庄	2.99	2.60	2.90	3.12	3.34	26.0
东营六户镇东坝	1.59	0.81	1.60	1.86	2.10	31.0
无棣县谭杨林场	2.25	2.58	2.58	3.20	3.68	27.0

白刺为盐生植物，具有很强的耐盐能力。为了研究白刺的耐盐能力及其与造林的关系，邢尚军等在济南军区黄河三角洲生产基地的滨海盐碱荒地上进行了白刺造林试验。试验结果表明：①白刺用种子直播造林，在土壤含盐量>0.8%的滨海盐碱地上，播种后几乎不能出苗，表明土壤盐分含量已超出了白刺种子发芽出苗的耐盐极限；而在土壤含盐量0.5%~0.6%的地块上，直播造林后可以出苗，播种后第二年白刺植株盖度可达60%。②白刺植苗造林，当0~30cm土层的土壤含盐量<0.6%时，造林成活率为92%~96%；土壤含盐量0.6%~0.8%时，造林成活率为80%~88%；土壤含盐量0.8%~1.0%时，造林成活率为50%~70%；土壤含盐量>1.0%时，造林成活率为<40%。表明白刺植苗造林时土壤含盐量应<1.0%。③白刺用容器苗造林，在土壤含盐量0.6%~1.5%的范围内，造林成活率均在90%以上，但造林季节集中于雨季。

调查结果还表明，随着年龄的增长，白刺的耐盐能力提高。造林后第二年，在土壤含盐量1.5%~2.0%范围内，白刺仍能正常生长；土壤含盐量2.5%时，白刺生长未见盐害。3年生以上的白刺，在土壤盐分较高时，生长表现更好。

2. 形态和生理特征

白刺具有若干能适应恶劣生态环境的形态与生理特征。第一、植株矮小，丛生和多分枝，既适于多风环境，又能增加植株同化面积。第二、根系健壮发达，吸收能力强；茎、枝被沙土覆埋后能萌生大量不定根,形成新的植株。第三、枝条柔韧坚实,抗风、抗折;幼枝条一般为灰白色,对强光有反射能力。第四、叶呈肉质化,有角质层,幼时覆被绢毛,有利于保水、抗旱、抗盐。第五、花小而多,利于风力传粉;果的汁液多、味酸甜,有利于招引鸟类或其他动物帮助传播种子。

3. 生长特性

白刺为矮生小灌木,主株寿命约 30~40a,自然生长状态高 30~50cm,枝少数直立,多数匍匐地面。

白刺在渤海湾一带 3 月中旬叶芽开始膨大,4 月初展叶,4 月中旬新梢开始生长,11 月上旬新梢停止生长,11 月中下旬为落叶盛期,树体进入休眠状态。5 月上旬到 5 月中旬为开花盛期,5 月下旬为坐果盛期,6 月中旬到下旬果实开始成熟,7 月上中旬果实全部成熟脱落。

(二)育苗技术

1. 白刺种子的优良产地

白刺多用播种育苗。邢尚军等用不同产地的白刺种子进行造林试验,其耐盐能力有明显差异。5 个白刺产地中,以东营市河口区大义路的白刺耐盐能力最强,在土壤含盐量达 1.74% 时,成活率达 94%,生长旺盛,枝长 80~100cm,其成活率和生长表现均优于其他产地,值得在生产中推广应用。

2. 采种贮藏与催芽

将成熟果实采下,揉搓除去果肉,然后晾晒干燥。白刺种子有坚硬的内果皮保护,可贮存在阴凉通风处。新采的白刺种子发芽率在 30%~40%,经过冬季低温沙藏后发芽率可提高到 50% 以上。白刺种子播种前应催芽处理,用热水(60~70℃)浸泡种子 24~48h,然后混沙在室内催芽效果最好,催芽天数比温水浸种快 6d,比冷水浸种快 10~18d,而且发芽整齐。种子催芽处理后,有 1/3 种子扭嘴露出白尖时,即可进行播种。

3. 育苗方法

(1)苗圃地膜覆盖育苗

选择地势较高的中度盐碱地设苗圃,整地后作畦。可春播或夏播。按 15~20cm 的行距划播种沟,沟深不超过 2cm,在沟内每隔 10cm 簇播 8~10 粒种子,覆土拍平拍实,盖上地膜。白刺幼苗出土前一般不需浇水,待白刺幼苗出土并长出叶片后,破开地膜引出苗木。苗期抚育措施有浇水、除草、排涝和防治病虫害等。苗圃地膜覆盖育苗可以培养一年生苗,供春季植苗造林;也可培养幼苗,供带土移栽造林。

(2)容器育苗

一般在塑料小拱棚内使用塑料容器袋育苗。育苗地选择靠近水源和造林地的高亢中度盐碱地,作 20cm 深的低床,将装好土的容器袋排紧,每容器袋播 3~4 粒经催芽的种子,覆土压实。播种后搭塑料小拱棚,及时喷水,防治病虫害,午后拱棚内温度控制在 25~35℃,

温度高于40℃时应通风。苗高1~2cm时，逐渐通风、揭棚炼苗。移苗前先浇水，水渗下后可起苗移植。

(三)造林技术

1. 造林地选择和整地

白刺的造林地一般选高亢不积水，土壤含盐量0.6%以上的盐碱地。造林前先整地，可降低土壤盐分，清除杂草。整地方法以连续2年早春翻耕晒垡，第一年夏季杂草旺长时第一遍耙地，第二年雨季造林前第二遍耙地的"两耕两耙法"效果较好。

2. 造林方法

白刺的造林方法主要有直播造林、裸根苗植苗造林、容器苗造林，也可应用幼苗带土移栽和插条造林等方法。

(1)直播造林　可春播或夏播。在整好的造林地上用移植铲挖深2~3cm的小坑，株行距1m×2m，将坑底拍平，墒情不好时浇一舀水，每坑播5~6粒已催芽的种子，盖0.6~1cm厚的土，拍实。春播5~7d出苗，夏播3~5d出苗。苗出齐后及时松土除草和防治害虫。苗高3~4cm时，多余的苗株可带土移栽。直播造林的进度快、成本低，但对立地条件要求严格。当土壤含盐量高于0.8%时，白刺种子几乎不能出苗；当土壤含盐量低于0.5%时，因土壤盐分轻，白茅等高秆杂草滋生，白刺幼苗因庇荫而整片死亡。因而，直播造林的局限性较大。

(2)裸根苗植苗造林　适于春季进行，黄河三角洲地区4月初造林，其成活率明显高于秋末冬初造林。裸根苗植苗造林技术易掌握，成本较低，造林成活率可达80%以上；在土壤含盐量低于1%，春季土壤墒情较好时可大面积应用。

(3)容器苗造林　在整好的造林地上挖移植穴，将容器苗扯去塑料袋，带土放入穴内埋好，浇水。雨季土壤盐分经过淋洗，是容器苗移栽的适宜时机。在土壤含盐量0.6%~1.5%的造林地上，雨季容器苗造林成活率90%以上，是效果较好的造林方式。

(4)幼苗带土移栽　苗圃地膜覆盖育苗，播种后10~15d，苗已基本出齐，早出的小苗已有2~4片真叶，幼苗根长约6~8cm，即可进行移栽。在准备造林的土地上按预定株行距打好移植孔，用移苗器(常用棉花移苗器，筒高约12cm、直径10cm)带土起苗，将幼苗移栽至移植孔内，盖严土、浇水、封穴。幼苗带土移植的成活率85%左右，与容器苗造林的成活率接近，是比较经济有效的造林方法。

(5)插条造林　白刺枝条易生不定根，插条、压条造林均易成活。成活率的高低主要决定于立地条件和枝条年龄。当年生枝条的生根率高，根的生长量大；多年生枝的生根率低。在高燥排水良好的沙地上，插条造林的成活率可达70%~80%；低湿地的插条成活率不高。

3. 造林密度

白刺的造林密度对植被覆盖度和结实量有明显影响(表4-11)。造林密度大，林木覆盖地面早，前期结果量多，但造林成本高。黄河三角洲地区的白刺造林密度一般以 2500 株/hm² 较合理，既能较早覆盖地面，有较高产量，造林投资也不大；在土壤含盐量高和杂草多的地段，应加大造林密度，可提高白刺对不良环境的适应性和对杂草的竞争力，尽快形成白刺优势群落；在立地条件较好，可有效控制杂草的条件下，以 1666 株/hm² 的造林密度为宜。

表 4-11　不同造林密度的白刺覆盖率、结果量和造林成本

（邢尚军等，2000）

造林密度（株/hm²）	覆盖率(%)			结果量(kg/hm²)			造林成本（元）
	1 年生	2 年生	3 年生	1 年生	2 年生	3 年生	
5000	39	85	92	11. 3	290. 5	325. 2	105. 2
2500	21	80	99	6. 1	242. 2	286. 0	64. 0
1666	13	59	71	3. 9	190. 7	240. 1	49. 1

4. 白刺林抚育管理

（1）除草　白刺是旱生、盐生植物，耐干旱瘠薄，造林成活后一般不需要灌水施肥。因植株矮小、匍匐生长，在土壤含盐量 0.6% 以下的地方很容易被较高的杂草所欺压。除草是白刺成林前的一项重要抚育工作，可采用化学除草、机械除草和人工除草相结合的方法。化学除草可使用草甘磷、除草醚、盖草能等除草剂，要对防治的主要害草种类调查准确，确定适宜的除草剂种类、喷药时间和浓度；喷药要匀，防止漏喷。对行距宽且规则的幼林，可进行机械耕耙灭草。人工除草只适于面积小、草量少的情况下，作为化学灭草、机械灭草的辅助性清理工作。

（2）排涝　白刺极不耐涝，一般被积水淹 2d 后即可涝死。造林地上要修好排水系统，雨季及时排涝。

（3）防治锈病　白刺较普遍发生锈病，一般 5～6 月开始发病，7～8 月为严重期。可人工剪除病枝叶及花果，以减少侵染；在发病早期喷洒防锈病的药剂。

（四）生态经济效益

1. 生态效益

白刺造林后能增加土壤有机质含量，改良土壤结构，减少地面蒸发，抑制返盐，降低土壤含盐量，提高土壤肥力，对改良盐碱地有显著作用（表 4-12）。白刺还可防风固沙，保护河坝沟坡，减轻水土流失。白刺是改造和利用滨海盐碱地的优良先锋树种。盐碱裸地经白刺造林改良后，可选用其他较高大的灌木或小乔木造林，使盐碱地得到进一步改良。

表 4-12　白刺林改良土壤的效果

(李必华、邢尚军等，1994)

地类	土层深度 （cm）	土壤容重 （g/cm³）	总孔隙度 （%）	有机质 （%）	有效氮 （mg/kg）	速效磷 （mg/kg）	pH 值	全盐含量 （%）
白刺林地	0～20	1.17	55.9	2.66	17.9	37.4	7.5	0.99
	20～40	1.25	52.8	2.20	7.0	52.2	7.6	0.91
	40～60	1.35	49.1	0.99	4.2	3.2	7.9	0.68
盐碱裸地 （对照）	0～20	1.46	44.9	0.45	7.3	2.6	8.2	1.07
	20～40	1.38	47.9	0.78	4.1	0.9	7.7	0.91
	40～60	1.44	45.7	0.61	3.0	0.7	7.8	0.89

2. 经济效益

白刺果实营养丰富，含维生素 C、糖、多种氨基酸和微量元素等营养成分，可作果汁原料。白刺果皮、果汁富含玫瑰色生物色素，可用于食品业。

八、枸杞

枸杞为茄科枸杞属树种，山东主要有中国枸杞（*Lycium chinese*）和宁夏枸杞（*Lycium barbarum*）两种。中国枸杞为灌木，野生多匍匐生长，在山东常见于山坡道旁、盐碱荒地。宁夏枸杞为灌木，栽培后可长成 2m 多高的小乔木，原产于宁夏、青海、甘肃等地，其果实产量高、质量好，20 世纪 60 年代后山东引种栽培。

（一）生物学特性

宁夏枸杞原产于我国西北，处于干旱、长日照、高寒、风沙盐碱的自然环境中。为强阳性树种，耐干旱，不耐水湿；对土壤要求不严，喜生于钙质土，适于沙壤土和壤土；耐盐性较强，在表层土含盐量 0.5%～0.7% 的条件下能正常生长，丰产园的土壤含盐量多在 0.2% 以下。

（二）育苗技术

枸杞可用种子育苗，也可用分蘖或插条进行无性繁殖。播种育苗应选土壤肥沃、含盐量 0.3% 以下的轻壤土作育苗地；施足基肥，整平耙细，作畦。播种前用 30℃的温水浸泡种子 12h，拌 3～5 倍细沙置室内催芽，4 月中旬一般 4～5d 种子吐白萌动，当发芽约占 1/3 时即可播种。灌水浇畦，水渗下后按行距 30～40cm 条播，每公顷用种量 2.3～3kg，覆 0.5～1cm 厚的细土。出苗后加强松土除草等项抚育管理。滨海盐碱地区也可在秋季进行枸杞播种育苗，雨季后期土壤盐分轻，温、湿度高，有利于出苗。秋播的苗木当年苗高可达 10cm 左右，能安全越冬。

枸杞根萌生能力强，可在 6～7 月将母株附近长出的根蘖苗切断横根，促其侧根发育，到冬季或翌春移植归圃育苗，也可随起苗随栽植于造林地。枸杞插条育苗应选1年生、直径0.4~0.6cm的枝条，截成16~18cm长的插穗，按行距40cm、株距10~15cm斜插于畦内，上露2cm。冬插要培土将插穗盖严，以防冻干。春插不需盖土，插后灌水。用18mg/kg的萘乙酸液浸条24h，可显著提高成苗率。地膜覆盖育苗也能明显提高成苗率。

（三）造林技术

枸杞造林要选土壤含盐量0.5%以下，排水良好的地方。秋季耕地耙平，春季挖径、深30~40cm的穴，每穴施2~3kg基肥，植苗后踩实、灌水。也可于秋季整地，秋末冬初植苗造林。无水浇条件的地方可截干造林，能保证成活。

枸杞林的土壤管理措施有松土除草、灌水、施肥等。秋季耕翻土地，有利于积蓄雨雪，防止土壤板结，抑制土壤返盐；春季松土保墒，促进植株萌发生长；雨季前期杂草幼小时除草，可抑制草荒。枸杞耐旱不耐涝，春季特别干旱时需要灌水，以满足其生长与开花结果的需要，雨季要排水防涝。为保证枸杞果实高产、稳产，应每年施肥。基肥以有机肥为主，冬季于树周围环施为宜；化肥宜夏季追施。

枸杞是药材林树种，需进行合理整形修剪。幼树以整形为主，春季植苗后定干，高度60cm，当年在剪口下选留分布均匀的侧枝5~7条作第一层主枝；第二年在主干延长枝上打顶，选留第二层主枝，层间距60cm左右；第三、四年选留第三层主枝。定形的枸杞树高1.8~2m，层次分明，通风透光。成年树修剪春、夏、秋三季均可进行，修除过密枝、病弱枝、徒长枝，促进果枝和果实的发育。枸杞树3~4年进入盛果期，30~40年还有相当产量，若管理不善，10余年后即开始早衰。衰老树应进行更新复壮修剪，培养新的结果枝组。

（四）开发利用价值

枸杞是中药材，经济价值较高。在滨海盐碱地区发展枸杞，可提高经济收入。枸杞枝叶茂密，能改善小气候条件，降低地表蒸发，抑制土壤返盐；枸杞枯枝落叶量大，对增加土壤有机质含量，改善土壤结构，提高土壤肥力有明显作用。枸杞是开发利用和改良滨海盐碱地的优良树种。

第三节　草本植物的栽培技术

山东沿海地带有部分不宜农业利用的沙荒地、盐碱地及涝洼地，环境条件差，植被稀疏。选择一些抗逆性强、生态效益高、又有经济利用价值的草本植物在这些土地上种植，既能增加植被，改善生态环境，又能获得经济收益，是改良和开发利用沿海荒滩荒地的有效途径。

一、月见草

月见草(*Oenothera biennis*)为柳叶菜科月见草属的草本植物，山东的月见草野生种有夜来香、红萼月见草、香月见草三种(李必华等,1994)。沿海沙滩和山岭薄地的先锋草种,具有优良的固沙改土效益。月见草还是一种经济价值较高的油料植物,月见草种子的油含有大量的不饱和脂肪酸,可用作制药原料。

(一)生物学特性

月见草野生种夜来香为 1~2 年生草本植物,条件好的地方株高可达 2m 以上。红萼月见草为 2 年生草本植物,株高 1m 多。月见草为多年生草本植物,株高常不足 1m。月见草根系庞大,主根粗壮,茎叶密布绒毛。

月见草耐寒、耐旱、耐瘠薄,在沙质海岸和岩质海岸的适应性很强,在光照充足的冲积松沙土、砾质土及碎石缝中均能生长。在山东的三种月见草中,夜来香的适应性强,分布范围广、面积大,而且花期长,产种量高,油脂含量高、成分好,具有开发利用价值。

(二)栽培技术

1. 选地和整地

根据月见草的生物学特性,选择通风透光,排水良好,含盐量 0.2% 以下、pH 值 8.0 以下的沙滩、荒地进行种植。亦可在新造幼林内间作月见草。种植前全面整地,深翻 40~50cm,然后耙平,拣去石块杂草;低洼地应防涝排水,整地后要起垄。结合整地,有条件的可开沟施基肥,每公顷施土杂肥 15000~30000kg 或过磷酸钙 300~600kg。

2. 种子处理

月见草种粒小,发芽率为 45%~70%,每公顷用种量 3000~4500g。干播不易出苗,播种前需要用 40℃ 温水浸种,浸泡一昼夜。用于大田直播的还要将浸过的种子置 25℃ 的培养箱内催芽,待种子约有 1/2 裂嘴出芽时取出,拌入潮湿细沙内备用。

3. 大田直播播种

将已浸种催芽的种子以 1∶20 的比例拌入细沙,然后撒入行距 30~40cm 的播种沟内,覆土厚度不超过 0.4cm。如果墒情差,开沟后轻踏一遍,然后浇水,待水渗下后撒种。春季直播的时间要早,早春开冻后即可播种(3 月中旬前后),以延长生长时间,保证当年结实。在冬季"小雪"至"大雪"期间播种,第二年土地一化冻即出苗,可保证苗全苗旺。春季大田播种,一般 10~15d 可出齐苗,缺苗断垄的要及时进行移植补栽。定植株距 20cm,每公顷保留苗 15 万株左右。

4. 育苗移栽

种植月见草除去大田直播方式外,也可以育苗栽植。3 月中旬,将浸泡后的种子拌细沙、均匀地撒在育苗畦内,覆少量细土,上面再覆盖塑料薄膜或小拱棚。6 天左右即可出苗,出苗后要注意通风。小拱棚育苗,出苗后棚内温度控制在 55℃ 以下,通风时间从上午 10 点半到下午 3 点半。覆盖塑料薄膜育苗,出苗后可改用草苫覆盖,上午揭去通风,并视土壤墒情喷水,保持湿润。待幼苗长出 5~8 片真叶时,即可起苗移植至大田。塑料薄膜覆盖和小拱棚育苗每平方米产苗量一般 1 万株左右。移栽时，最好趁阴雨天进行，并适当深栽（可埋入部分茎叶），这样能保证成活率在 95% 以上。

5. 苗期管理

苗期管理主要是中耕除草，幼苗期要及时拔除杂草，大田直播的可在播种后 6~8d 喷洒一次灭草剂，将单子叶杂草除去。就地间苗补植移栽的，补植前要先浇足水，便于起苗，并能保证根系完整。6 月上、中旬结合中耕除草，进行一次施肥。到 7 月初月见草即可抽薹，分叉现蕾，7 月中、下旬全部或大部分开花。因为月见草的开花结果期正是雨季，要注意排涝和防倒伏。防倒伏的措施是培垅和 3~5 株绑缚在一起，以增强抗风能力。

6. 采收贮藏

月见草花期较长，其蒴果由下而上陆续成熟。一般应在 9 月中旬，70% 以上的蒴果变黄时进行采收为宜。采收时将植株或果实成熟的枝叉收下，绑成小捆进行晾晒。待蒴果晒干裂口后将种子碾或摔出，要反复进行几次，然后簸去碎草土石，稍加晾晒，即可将种子装入袋内。种子贮存于干燥通风处，防止受潮霉变。

二、珊瑚菜

珊瑚菜（*Glehnia littorlis*）为伞形科珊瑚菜属的多年生草本植物，是一种经济价值较高的药用植物，其根为中药材北沙参。珊瑚菜是典型的滨海沙生植物，山东省主产胶东、胶南、日照的沙质海滩。由于过度采挖，原有野生资源已破坏殆尽，现有资源基本为人工栽培，其中莱阳、莱西、海阳等地产量最多，质量最好。

（一）生物学特性

珊瑚菜为多年生草本，植株高 10~50cm，主根圆柱形细长，有时下部分枝。茎单一，直立不分枝，深埋于沙地中。

珊瑚菜为沙地中生偏旱植物，较抗寒、耐旱，能耐轻度盐碱及庇荫，但不耐土壤板结、积涝。喜生于温暖、湿润、通气和排水良好的沙地，自然分布于沙质海岸边的沙滩、河滩上，在海边滩地林下亦有生长，珊瑚菜的根系特别发达，一般生长在土壤上层干燥缺水的沙地，主根系可延伸到长 1m 左右，有的可达 1.5m 米以上，并且不怕沙埋。珊瑚菜的自然群落，目前存在的都是次生性群丛，常与筛草、肾叶打碗花、海滨香豌豆、滨麦、紫花补血草、兴安天门冬、匍匐苦荬菜等混生，组成有特色的海岸型沙生植物群落。

野生珊瑚菜年内的生长期较短、生长较快，在胶州湾沿岸及日照一带，其物候期是：从 3 月上旬土壤解冻后，根茎上的休眠芽即开始萌动；3 月中、下旬芽逐渐膨大开始展叶；4 月中旬叶全部展开，然后开始孕穗，5 月中旬后拔节并形成花穗，5 月底到 6 月初始花，花期半月左右；7 月中旬到 8 月中旬种子成熟；9 月上旬叶逐渐枯黄并开始凋谢。

（二）栽培管理技术

1. 种子收藏及处理

人工播种的珊瑚菜当年不能开花结果。春播的，第二年开花结果；秋播的，第三年才开花结果。7~8月珊瑚菜果实成熟呈黄褐色时，连果梗一齐剪回，放通风处晾干脱粒贮存。珊瑚菜种子属于胚后熟的低温休眠类型，胚后熟需处在5℃以下温度4个月左右，种子需要经过低温阶段才能发芽。珊瑚菜冬播或春播。冬播的，种子可在田间经过低温阶段，第二年谷雨前后出苗。春播的，种子可于秋季沙藏室外，在低温湿润的条件下越冬，第二年春季取出播种；种子也可于低温处干藏越冬，第二年春季播种前需进行浸种处理。

珊瑚菜种子不能长期贮藏，经过低温处理的当年种子发芽率较高，隔年种子的发芽率显著降低，第三年的种子则全部失去发芽力。

播种时要选无病、成熟、籽粒饱满的种子。如用干种子，播种前应首先进行浸种处理，如用湿藏的种子，不需浸种。

2. 选地整地

珊瑚菜人工栽培应选沿海地区及距河流较近，土层深厚、土质疏松、排水良好的沙壤土或细沙土；四周应无高秆作物及大树的遮蔽。珊瑚菜宜在非耕地种植，虽然产量较低，但根的质量好。若选农作地，前茬地以薯类为最好，忌用大豆、花生地和重茬地。

珊瑚菜为直根性，喜土壤疏松深厚；播种前要深翻土地，一般沙土翻60~80cm，沙壤土翻50cm，耙细整平。结合整地施足基肥，基肥以有机肥为主，配合磷钾肥和少量氮肥。作畦应根据地势情况，排水良好的沙地可以作平畦，宽1~1.2m，以便于灌溉；平地应作高畦，易于排水，在排水沟内引水渗灌；低洼地方可做成高畦，一般畦宽1.3m，畦面中间稍高，两边低，在畦四周挖50cm深的上宽下窄的排水沟，以利排水。

3. 播种时间和方法

珊瑚菜播种分秋播与春播。以秋播为好，来年出苗早，苗木整齐、健壮，抗旱、抗寒能力强。秋播时间在10~11月，"小雪"为止，不能过早或过晚。春播在土地解冻后即可进行干藏种子，播前必须浸种处理，在播种前3天，用清水浸种3小时，至种仁发软捞出，然后用麻袋盖好，保持湿润和低温条件，播种时再取出使用。

播种方法分窄幅条播与宽幅条播。窄幅条播在整好的畦内按行距10~15cm开沟，沟深4cm左右、沟底宽6cm，将种子均匀撒于沟内，种子距离3cm左右，开第二沟的溢土为前一沟覆土，覆土深2~3cm，覆土后踏实、浇水。宽幅条播按行距15cm开沟，沟深4cm、沟底宽10~12cm。播种良一般为沙壤土每公顷75kg，沙地每公顷115kg，有灌溉条件的肥沃土地可每公顷60kg。在沙地播种后要顺行压上一层黄土快，以防大风将种子刮出。

4. 田间管理

（1）苗期管理　珊瑚菜种子冬播后要经常检查表土流失情况，沙土易被风刮走，若发现播种地块表土不足，需及时适当加土，以保证种子出苗。壤土地块在惊蛰前后，幼苗出土前，用铁耙轻荡一遍，使土沉实，以利出苗。

幼苗出土后，可用小抓钩轻轻锄破地皮，使表土疏松。幼苗过密的地段待有 2～3 片真叶时，按三角形留苗法进行间苗，株距保持 3cm 左右。

（2）拔草松土　珊瑚菜因种植行距小，茎叶脆嫩易断，不宜中耕除草。如有杂草可用手拔除，一般每年需拔草 5～6 次。苗长到 6cm 高时，用小锄松土一次。

（3）追肥　珊瑚菜是喜肥植物，由于多种植在砂土上，土壤养分容易流失，故应该及时追肥。追肥时，要氮磷钾肥配合，防止氮肥过多，否则易造成植株枝叶徒长，影响地下根的生长和膨大。

（4）灌溉排涝　珊瑚菜抗旱能力较强，但怕涝。在春旱时可适当浇水灌溉，以透地为度。夏季大雨后如有积水，一定要及时排掉，不然即能发生烂根现象。

5. 病虫害防治

珊瑚菜在山东沿海常发生的病虫害主要有根结线虫病、珊瑚菜病毒病、锈病、钻心虫、蚜虫、金龟子、地老虎等。防治病害的主要措施有合理轮作、清除病株、药剂防治等。对害虫可于适期捕杀成虫、对幼虫及时进行药物防治。

（三）根（北沙参）的收获

珊瑚菜一年生根，"白露"到"秋分"时收获称为"秋参"；2 年生根，入伏前后收挖，称为"春参"。

要在参叶微黄时收获，挖起的根粉质充实、断面颜色洁白、倒置不弯曲时就是挖根适宜的时机。收刨时刨 60cm 左右深的沟，露出主根，然后一边挖，一边拔根，一边去茎叶。挖出的根不能放在阳光下晒，要集中起来，将参根盖好，保持湿润，以利剥皮。收挖时最好在晴天进行，以便及时加工晒干，参的色泽好。

三、芦苇

芦苇（*Phragmites communis*）属禾本科芦苇属，为多年生高大草本植物，是滨海滩涂、沼泽、海湾等潮湿地带植被的优势种。

（一）生物学特性

芦苇喜湿，其自然优势群落多发生在浅水性湿地，春旱、夏秋涝的季节性积水沼泽地最为适宜。春季发芽期间，积水 0.3m 以上就能抑制根芽的萌发；植株萌发生长后，积水不淹没顶梢就能正常生长。芦苇耐盐碱，在滨海重盐碱地上和盐生植物碱蓬混生，在旱地上抗盐极限达 1.5%，在水湿条件下抗盐力更高。但重盐碱对芦苇生长的抑制作用明显，在干旱重盐土上芦苇密度小、植株矮、节间短，叶粗糙坚硬、脱落晚或不脱落，抽穗迟或不抽穗。芦苇耐土壤瘠薄。芦苇喜光，不耐其他植物庇荫，但本身密集度很高而不影响生长发育。

芦苇有匍匐地下茎（芦鞭）、地上茎（植株）、和直立地下茎，就地扩展更新主要靠匍匐地下茎和直立地下茎，自然繁殖能力很强。地下匍匐茎纵横交错，其他植物很难与之竞争，因而芦苇种群一般都是单优群落。芦苇的种子很小，但成熟度和发芽率都在60%～80%以上，种子上有绒毛，能借风远距离飞迁，作自然飞播繁殖。

在山东沿海，3月上旬芦苇根状茎上的休眠芽开始萌动，3月中下旬出土，4月上中旬展叶，5月上中旬拔节，7～8月上旬孕穗，9月中下旬开花，10月中下旬种子成熟，植株停止生长，11月上旬叶变黄，开始凋落。

(二)芦苇的生境类型与自然演替

山东沿海的芦苇生境类型，大致可分为季节性积水型、常年积水型、干涸洼地型。

①季节性积水型。多处于抬高或退海不久的涝洼地，或是附近水源经常流经的区域；芦苇群落保持其湿生特性，生长稠密，高大粗壮，节间长，抽穗率高，一般每平方米100株以上，茎秆高2.5m以上，秆粗0.8～1.2cm，每公顷产苇9～18t，形成具有高度经济价值的群体。

②常年积水型。多分布在退海沼泽涝洼、港湾、水库、河口、坑塘等地。该类型又可分为0.3m以下浅积水型和0.3m以上的深积水型。浅积水型生长优势明显，与季节性积水型相近。深积水型长势较弱，密度、粗度、抽穗率明显低于浅水型，主要因土壤处于缺氧状态，芦苇根茎呼吸受到抑制。常年积水型芦苇的生长状况不一致，平均每公顷产量在2.2～6t。

③干涸洼地型。由于地势抬高或水源减少，加大了地下水深度和含盐浓度，芦苇由湿生型逐渐变为盐渍旱生型。植株较稀疏、细弱、矮小，一般每平方米20～50株，茎秆高0.3～0.6m，秆粗0.3～0.5cm，每公顷产苇1.2～3t。

芦苇群落因生境的变化而发生自然演替。影响山东滨海芦苇群落变化的主导因子是水和盐，芦苇群落自然演替往往随水盐变动以及其他入侵植物种群对水、盐的适应能力而相互制约，其主要演替过程如图4-1所示。

(三)繁殖方法

芦苇可营养繁殖，也可种子繁殖。营养繁殖有地下茎移栽、育苗移栽等方法，种子繁殖可人工直播或人工促进天然下种。

1. 地下茎移栽

是广泛采用的繁殖方法。3月下旬到4月上旬，挖取地下茎截成20～30cm长，最少保有3个饱满芽，随起随运随栽，避免风干。旱地用犁开沟，按行株距1～1.5m，埋入根茎，露出2～3cm长的头，埋实灌水。浅水滩地土壤松处，用铁叉把根茎叉入土中，地上留一短截头。

2. 青苇子带地下茎移栽

5～6月间，苇高50～100cm时，由苇丛中挖取带地下茎的青苇子，移栽到附近有浅水

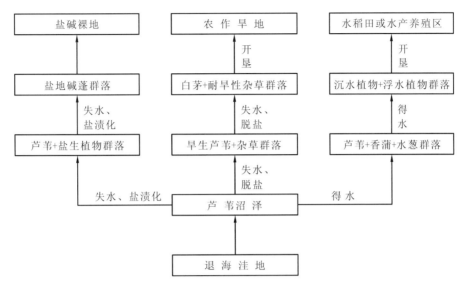

图4-1 芦苇群落自然演替过程

(李必华等，1994)

的滩地洼地。挖苇时至少入土15cm深，多带毛根，苇茎高度超过1m的要剪去梢部。栽植时至少埋入土中15cm，使根茎稳固。株行距1.5~2m为宜。栽后经常保持有浅水层。

3. 育苗移栽

播种育苗移栽的成本低，成活率高，是繁殖芦苇的好方法。选土壤含盐量0.3%左右、无杂草的地方作苗圃，整地作畦。将采集的苇穗晒两天，用铡刀铡碎(越碎越好)，4月中旬开始播种。播种前先把苗床灌水浸透，每公顷撒播碎苇穗75kg左右，用扫帚摊开拍扫入土，筛细土覆盖2~3mm厚，7~10d可发芽出土。出苗后保持土壤湿润，但不宜存水。及时进行除草、间苗。

苗木移栽有两种方法。一种方法在当年七八月份，苗高20~30cm，已长出地下茎时，可起苗移栽。要随起随栽，防止苇苗失水，植苗的地方有浅水层，每平方米栽2~3穴，每穴2株，第二年就能长成苇田。另一种方法是第二年春季起出苇苗的地下茎移栽。先用犁开3~5cm深的浅沟，把成撮的地下茎埋到沟里，覆土1cm，株行距各1m。栽后灌水，3d内排干。四五月份可出苗生长，苗高30cm后采用浅水层管理。

4. 人工直播

播前先淋洗土壤盐分(达到0.3%以下)，消灭杂草。适播期4月底或5月初，先浇水灌田，2~3d排净，地表呈粘泥状。将铡碎的苇穗撒开，用扫帚拍打入泥，行距3~4m。播种后到苗高10cm，保持土壤湿润；苗高15cm以后可蓄浅水层3~5cm，使其自然落干。

5. 人工促进天然下种

在周围有芦苇种源的地方，利用有水的坑洼、湿地，接受随风飘来的苇种，春季人工排水，可萌芽生长。在盐碱裸地上，10月中旬前后人工灌水压盐除草，也可接受飘落的苇种；第二年芦苇种子发芽后，进行适当管理，也可长成苇田。

(四)苇田抚育管理

苇田的主要抚育措施有灌水、施肥、除草、防治病虫害等。芦苇是喜水植物，干旱和长期淹水都影响芦苇的生长和产量。芦苇合理灌溉原则是"春浅、夏深、秋湿"。一般于3月底4月初灌第一次发芽水，水深5cm左右，自然落干；5月份灌足第二次水，可接上雨季自然降水；6月底以后可排除积水，保持地面湿润。在土壤贫瘠的情况下，芦苇应增施化肥，可提高产量与经济收入。一般每公顷每年施尿素300kg、过磷酸钙600kg，在4～6月份萌芽、生长期间撒施或随水灌施。

清除苇田混生的杂草，可用人工拔除、深水淹灌和化学除草等方法。化学除草要针对杂草种类，确定适宜的除草剂种类和用量。芦苇病虫害有锈病、黑粉病、蚜虫、芦螟、叶蝉、蓟马等，应搞好预测预报，合理进行化学防治。

(五)芦苇的利用价值

芦苇是山东沿海滩涂的一种优势植物，植株高大，生活力强；能有效地提高植被覆盖率，保堤护岸，防浪促淤，调节气候，改良土壤。芦苇地下茎发达，加上枯枝落叶，富集了大量有机质，能改良土壤结构和理化性状；芦苇根系不断释放出二氧化碳，改变了可溶性盐分中阳离子的比例关系；芦苇为吸盐植物，盐土上生长的芦苇与淡土上生长的芦苇相比，茎叶中氯离子的含量超出1倍多，随着芦苇生长、收获过程，能将土壤中的盐分逐渐携带出去。对沾化县河贵乡种植5年后的苇田进行调查，0～20cm土层的脱盐率达94%，20～40cm土层脱盐率92%，40～60cm土层脱盐率81%，60～80cm土层脱盐率54%。芦苇能在油污重的水和工厂废水中生长，吸附分解废水中的硫化物、磷化物、油脂、硝态氮等有毒物质，起到净化污水的作用。芦苇丛是鸟类栖息场所，又是沿海水生动物的食物基地，为水陆生态系统的物质能量交流打下基础。

芦苇是优良纤维植物，可代替木材造纸、制纤维板，苇秆可编席、织帘、盖房，嫩茎叶是饲料、绿肥，地下茎可制糖、酿酒、入药，具有很高的经济价值。

据调查，山东沿海有适于芦苇生长的滩地、沼泽、洼地、水库、港湾等20余万公顷(李必华等，1994)，积极发展芦苇对改善生态环境、增加经济收入有重要意义。

四、芦竹

芦竹(*Arundo donax*)为禾本科禾亚科芦竹属的多年生高大草本植物。分布于我国南方。经山东省引种试验，适应性较强，繁殖容易，具有保持水土、改良土壤等生态效益，又有造纸、编织等多种用途。可在黄河三角洲地区的河渠堤路及旱薄地、低洼地栽植。

(一)生物学特性

芦竹天然分布于亚热带地区，江苏、安徽、浙江、福建、广东、广西、四川、云南等地。长期以来基本处于野生状态，多生于河岸、道路两旁，为优良固土护坡植物。引种到黄河三角洲地区后，生长表现良好，基本上能适应当地的气候、土壤条件。抗海风，耐干旱瘠薄，耐短期水淹，能在含盐量0.3%～0.4%的盐碱地上正常生长。

芦竹丛生，秆直立、粗壮，秆壁较厚而硬。株高2～6m，径1～1.5cm，常分枝。具粗而多节的根状茎。根系发达，蔓延性强，固土护坡能力强。繁殖容易，一年种植多年生长，产量高，是优良的造纸原料及编织材料。

（二）育苗技术

1. 扦插育苗

选择疏松、肥沃的砂壤土、壤土，土壤含盐量在0.2%以下，排灌条件良好的地块作育苗地。细致整地，施足基肥。

扦插时间以3月下旬至4月中旬为宜。选择粗壮的2年生芦竹秆做种竹，从基部砍断，剪去细弱的稍部，剪除各节的侧枝和叶。芦竹秆基部和中部截成单节段，上部较细的部分截成双节段，做到切口平滑、不裂秆、不伤芽苞。随截秆随埋，或将秆的节段用清水浸泡1～2d后再埋。株行距15cm×25cm。将秆的节段斜埋，上切口与地面持平，埋后踏实，灌足水。出苗后进行灌溉、施肥等苗圃常规抚育管理。雨后或浇水后容易露秆，应当适当培土。

2. 埋秆育苗

种竹选择和处理与扦插育苗相同，但不需截段，将整条秆埋在圃地中。开浅沟，一倒一顺埋两根种竹，上覆土3cm厚，踏实灌水。经培育，种竹的节上长出一年生苗。第二年春季分成单株苗进行移栽。

3. 分株移栽育苗

春季将一年生芦竹苗整丛挖出，从竹丛基部把单株竹苗用刀切开，然后进行移栽。分株苗移植一年后，每丛可分蘖10株以上。

（三）栽植技术

芦竹可植苗栽植，也可进行埋秆栽植。栽植时间以早春土壤化冻后为宜。植苗移栽时，选用一年生扦插苗或分蘖苗，栽植深度20cm，做到根系舒展，踩实。埋秆栽植时，选用2年生或1年生充分木质化的粗壮芦竹秆，去掉嫩叶，将秆基部放在清水中浸泡，每3个节截成一段，随栽秆随栽植，截制的节段当天必须全部栽植完。栽植方法是"顺埋、斜埋、深埋、踏实"，将节段的4/5以上埋入土中，地面以上露出2～3cm，每穴埋2～3根，覆土踏实。

芦竹栽植后要加强抚育管理。栽植当年要培土2次。雨季之前每株施氮肥50g，连续施肥3年。栽植第2年后，除砍伐利用和分株育苗外，还要修剪1次，清除弱、病、损伤秆。

4年后，将老的根状茎挖除一部分，以刺激根状茎多发芽，发壮芽。

五、紫花苜蓿

苜蓿(*Medicago sativa*)为豆科苜蓿属的多年生草本植物。苜蓿是一种优良的牧草,产量高,营养丰富,适口性好,各种畜禽均喜食。苜蓿有根瘤,有较好的改良土壤作用。苜蓿的耐盐能力较强,适于在渤海平原地区轻盐碱地上种植。

1. 生物学特性

苜蓿的茎通常直立,高30~100 cm。主根长,多分枝。花紫色,花果期5~6月。

苜蓿喜温暖、半湿润半干燥气候,耐旱及耐寒性强。其适生范围为冬季温度-20℃左右,年降水量300~800mm的地区。可在不同地形、土壤条件下生长。其最适宜的土壤条件是土质疏松的沙壤土,pH值为6.5~7.5。苜蓿不耐涝,不宜种植在低洼易积水的地里。苜蓿在土壤含盐量<0.3%的轻度盐碱地上能正常生长。当土壤盐分超过0.3%时,要采取水利措施、耕作措施以及化学改良措施,使土壤含盐量降至0.3%以下,然后再行种植。

2. 栽培技术

(1)整地

苜蓿种子小,苗期生长慢,易受杂草的危害,播前要精细整地,一般为"两耕两耙"。整地时间最好在夏季,深翻、深耙一次,将杂草翻入深层;秋播前如杂草多,还要再深翻一次或旋耕一次,然后耙平,达到播种要求。

据黄河三角洲地区试验,在滨海重盐碱地上机械深翻达100cm,再施用硫磺化学改良土壤,高含盐地段每公顷施硫磺900~1000kg,灌水后种植苜蓿既改良了盐碱地,又有良好的经济收益(邢尚军、郗金标等,2001)。

(2)播种时间

苜蓿可春播或秋播。在干旱地区,春播适于3月下旬至4月上旬,有灌溉条件时,4月下旬至5月上旬播种较好,最迟不要超过6月上旬,否则不能安全越冬。秋播苜蓿的播种期一般为8月10日至9月10日,土壤水分充足,温度适宜,杂草和病虫害较少。秋播苜蓿可与冬小麦同时播种。播期过晚则影响正常越冬。

苜蓿的播种方法可条播、穴播、撒播,条播又分窄行条播和宽行条播,可根据栽培目的、播种农具与地形条件等,选择不同播种方法。窄行条播,多采用机械播种,一般行距15~20cm,此法青草产量高,但产籽量低。宽行条播,一般采用畜力播种,行距40~50cm,留种田或干旱地区多采用此种方式。穴播,在种子少或以采种为目的时采用,使植株充分发育,多开花结荚,种子饱满,产籽量高。撒播,主要用于人工改良牧场、沟壑、河滩及公路两旁,其播种量一般比条播大2~3倍。大部分地区以条播为主,行距30cm左右,利于通风透光及田间管理。播种量一般为15 kg/hm²左右,采种田要少些,盐碱地可适当多些。播种深度是影响出苗好坏的关键,一般土壤播种深度2~3 cm,在干旱条件下则应开沟较深。在土壤水分适宜时覆土厚度以0.3~0.5 cm为宜,在水分不足的土壤以覆土0.5~1 cm为宜。播种后镇压保墒,力求一次播种保全苗。苜蓿有根瘤,能为根部提供氮素营养,一般地力条件下不提倡施氮肥。

（3）田间管理

中耕除草：中耕除草可疏松土壤，防除杂草，促进苜蓿生长发育。苜蓿播种当年，一般进行两次中耕除草，第一次在出苗后15天左右，下锄不宜过深；第二次在出苗后30天左右，下锄可稍深些，苗眼中的草要用手拔除。第二年返青后最好也进行两次中耕除草。

清除杂草是苜蓿田间管理的一项重要内容，主要在苜蓿长势较弱、受杂草危害较为严重的幼苗期和夏季收割之后进行。播种当年的苜蓿出苗后有4周左右时间地上部分生长缓慢，而杂草却大量发芽出土生长，6月上旬左右，越冬苜蓿第一茬草收割后，田间的稗草、马唐、藜、苋、蓼等杂草生长迅速。在这两个关键时期，必须搞好除草。在化学除草时，选择除草剂要慎重，避免造成牲畜中毒。

在杂草开花结实前适时收割苜蓿，对阔叶杂草的控制作用明显。对生长快的禾本科杂草，刈割后在杂草2~3片叶时用禾本科除草剂喷洒，效果良好。在杂草结籽前及早清除田边地头及沟、渠、壕边的杂草，可减少田间杂草的种子来源。

灌水与排水：苜蓿耗水量大，每生产1 kg干物质需水800 L。在冬前、返青后，土壤干旱时要及时浇水。苜蓿水淹24 h就会死亡，在滨海、低洼地要注意雨季排水。

合理施肥：苜蓿施肥氮、磷、钾的适宜配比为1∶5∶5。过多使用氮肥可造成苜蓿的营养比例失调，并可促进杂草生长，要严格控制氮肥的施入量。

病虫害防治：苜蓿生育期间遇到病虫害时要及时防治，以免影响牧草的产量和品质。如发生锈病、褐斑病、霜霉病，可选用多菌灵、托布津等药剂防治。若防治害虫，一般用杀螟松、乐果、氰戊菊酯等药剂喷雾。

（4）收割

收割时期一般在始花期，开花率达到10%~30%时为宜，牧草产量高、质量好，最晚不能超过盛花期。苜蓿为多年生植物，播种当年一般收割1次，第二年后每年可收割3~4次。每次收割后要留出40~50天的生长期。最后一次收割不要太晚，以免影响养分积累和安全越冬。留茬高度以5 cm为宜。

六、黑麦草

黑麦草（*Lolium prerenne*）为禾本科黑麦草属的多年生草本植物，原产于欧洲，鲁西北及胶东半岛沿海地区有引种栽培。黑麦草可作牧草，在春、秋季生长繁茂，草质柔嫩多汁，适口性好，是畜、禽、鱼的好饲料，供草期为10月至次年5月，夏季不能生长。

1. 生物学特性

黑麦草茎秆丛生，秆较软，基部常斜卧，株高70~100 cm。黑麦草适生于温带地区，喜温暖湿润气候，对土壤要求不严。可在鲁北平原轻盐碱地上种植。

2. 种植技术

黑麦草的种植技术应掌握好播种、施肥、收割几个关键环节。

（1）播种 黑麦草的播种期较长，既可秋播，又能春播。种子发芽适期温度13℃以上，幼苗在10℃以上就能较好地生长。

播种量应根据土壤条件、播种期、种子质量、种植目的等而定。合理密植能够充分发挥黑麦草的群体生产潜力，提高单位面积产量。一般秋播留种田块，每公顷要有525万～600万左右的基本苗，需播种子15 kg左右。作饲草用，每公顷播种量15～22.5kg较适宜。若需要提高前期产量时，可多播一些，每公顷37.5～45 kg。

黑麦草种子细小，要求浅播。为了使黑麦草出苗快而整齐，可用钙镁磷肥150 kg/hm²，细土300 kg/hm²与种子一起拌和后播种。

（2）施肥 每公顷黑麦草田施375～450 kg过磷酸钙作基肥。黑麦草系禾本科作物，无固氮作用，增施氮肥是发挥黑麦草生产潜力的关键措施。特别是作饲草用时，每次割青草后都需要追施氮肥，一般每公顷施尿素75kg。氮肥不仅增加鲜草产量，草质也明显提高，质嫩，粗蛋白多，适口性好。留种田一般不施氮肥。

（3）收割 黑麦草再生能力强，可以多次收割。收割次数的多少，主要受播种期、生育期间气温及施肥水平的影响。秋播的黑麦草生长良好，收割次数较多。施肥水平高，黑麦草生长快，可以提前收割，同时增加收割次数。适时收割，一般在黑麦草长到25 cm以上时进行收割。若植株太矮，鲜草产量不高，收割作业也困难。每次收割时留茬高度约5 cm左右，以利黑麦草的再生。

七、鲁梅克斯

鲁梅克斯为蓼科酸模属（Rumex）多年生宿根草本植物，它是经杂交育成的新品种，俗称高秆菠菜。鲁梅克斯既是一种新型的高蛋白饲料，又是一种优良的防止水土流失、改善生态环境的地被植物。

1. 生物学特性

鲁梅克斯茎直立不分枝，根茎部着生侧芽，主根发达，叶簇生。鲁梅克斯的适应性广，抗逆性强。它有很强的耐寒性，能耐 -40℃的低温；但其抗热性较差，在7～8月高温季节生长缓慢或停止生长。鲁梅克斯能抗旱、耐涝、耐盐碱、耐瘠薄，可在pH值8～9、含盐量0.5%的土壤上正常生长发育，适于在鲁北平原盐渍土上种植。鲁梅克斯具有速生、丰产和品质优良的特性。在山东，12月进入半枯萎期，2月底～3月初返青，返青后根茎部的叶簇能再生。种植一次，可连续利用10～15年，公顷产鲜叶可达15万kg。

2. 栽培技术

（1）育苗 鲁梅克斯由于种子细小，一般都采用育苗移栽的方法，出苗整齐，管理方便。播种育苗春播或秋播均可。播种前先将种子用清水浸泡10h，清除杂质和瘪粒，捞出晾干。苗床施足基肥，耙平，浇足底水，待水分下渗后，在床面上用刀切划10 cm×10 cm的小方块，每一方块中播种子2～3粒，覆土1 cm厚，再在苗床上盖塑料薄膜，约10天左右即可出苗。幼苗期宜稍遮阴，防止阳光灼伤。苗期保持土壤湿润。

（2）栽植　苗龄40d左右、叶片5~7片时就可进行移植。移栽时用铲子把苗床切成小方块，幼苗带土坨栽植。因幼苗纤嫩，容易失水，要随起随栽。栽植行距为40~50cm，株距30cm左右，每公顷栽67500~75000株，栽后浇水。

（3）田间管理　鲁梅克斯是喜水作物，幼苗期应及时浇水，保持土壤湿润。成苗后，由于叶片多而宽大，生长快，很快就会封垄，可以抑制杂草的孳生。当株高达到60~80cm时，就可以进行刈割，一般每年可刈割2~3次。刈割时留茬5cm高，以利再生。每次刈割后，要结合浇水进行一次追肥，追肥以氮肥为主，适当配合磷、钾肥。

八、尼帕盐草

尼帕盐草（NyPa）为2002年由美国NyPa公司引入我国的禾本科盐草属（*Distichlis spicata*）C_4植物。引进的尼帕盐草有宽叶和窄叶两个品种，均表现出适应性强、耐盐碱、绿期长、产量高等性状，是优良的饲料和草坪草兼用型耐盐植物，在滨海盐碱地上有推广利用价值。

（一）生物学特性

1. 生长与发育

（1）生长期　引进的尼帕盐草在寿光盐碱地造林试验站进行试验。试验地属暖温带半湿润大陆性气候区，全年平均气温12.2℃，1月份平均气温-3.5℃，全年无霜期195d，年平均降水量640mm。为沿渤海的滨海盐碱地，土壤为盐化潮土，土壤盐分以NaCl为主。

尼帕宽叶品种在试验地条件下，2月中旬与冬小麦同时返青生长，12月中旬停止生长，进入休眠，生长期长达10个月，休眠期植株保持绿色，是良好的草坪草种质。尼帕窄叶品种3月上旬开始返青，11月下旬停止生长，生长期8个半月，由于其叶片细长、鲜绿、柔软，可作为草坪草利用。

（2）产草量　在不同含盐量的土壤上用尼帕盐草和对照草种高羊茅、獐毛进行栽植试验。在土壤含盐量为0.1%~0.2%的低盐区，高羊茅的产草量大。而在土壤含盐量为0.5%~0.6%的高盐区，尼帕宽叶品种的鲜草产量2056.8g/m^2，分别为高羊茅和獐毛鲜草产量的190.97%和154.04%；尼帕宽叶品种的干草产量593.4g/m^2，分别为高羊茅和獐毛的445.06%和427.21%。尼帕窄叶品种的叶片窄细，产草量不如尼帕宽叶品种。

不同刈割次数影响尼帕盐草的产草量。尼帕宽叶一年刈割3次鲜草量最大，为70435.2kg/hm^2；但干草/鲜草率最低，为0.20。一年刈割两次的干草量最大，为18964.05kg/hm^2；干草/鲜草率也最大，为0.29。

（3）采种试验　连续2年观测，尼帕盐草不能形成种子，种穗为空壳，无发芽能力。表明尼帕盐草只能进行营养繁殖，从而明显降低其传播成为杂草的可能。

2. 对环境条件的适应性

（1）抗寒性　尼帕盐草宽叶品种在11月下旬气温-2~-3℃时，继续生长，无受冻症状。在气温降至-6~-8℃时，基本停止生长。当气温骤降到-16℃并伴有大雪，叶片在保持绿色的情况下冻死，但未影响到翌春的发芽生长。当绝对最低温度 −20℃ 时，尼帕盐草能正常越冬。表明尼帕盐草有较强的抗寒性。

（2）抗旱耐瘠薄   尼帕盐草在连续 2 年不进行灌溉施肥的情况下，与施肥灌水的对照相比，植株生长基本一致，未表现明显的干旱和营养缺乏症状，生长量未见明显降低。说明尼帕盐草有较强的抗旱耐瘠薄能力。

（3）耐涝性

尼帕盐草耐涝性强，试验地的地下水位只有 0.8 ~ 1.5m，由于连续降雨，地表积水十几天，再加上高温，尼帕盐草生长受到了影响，但退水后很快恢复生长，没有死亡现象。

（4）耐盐性

对尼帕盐草进行盆栽耐盐试验，在盐浓度 2% 时，未表现明显受害症状。对尼帕盐草的大田耐盐试验，当土壤含盐量由 0.1% ~ 0.2% 提高到 0.5% ~ 0.6%，尼帕盐草宽叶品种的鲜草产量由 $1585.8g/m^2$ 提高到 $2056.8g/m^2$，表明尼帕盐草的耐盐能力强。

种植尼帕盐草能降低土壤含盐量。寿光盐碱地造林试验站种植尼帕盐草 2 年后，土壤含盐量由原来的 0.4% ~ 0.5% 下降到 0.1% ~ 0.2%。

（二）繁殖方法

尼帕盐草不能生产种子，需利用分株繁殖进行扩繁。栽植的株行距一般为 $20cm \times 40cm$，移栽后浇定植水。从定植当年即可刈割，定植后第二年起每年刈割 2 次为宜。

参考文献

第一章

[1] 山东省科学技术委员会. 山东省海岸带和海涂资源综合调查报告集. 北京：中国科学技术出版社，1990

[2] 山东省海岸带植被林业调研课题组. 山东省海岸带和海涂资源综合调查植被专业林业专业报告. 济南：山东省林业科学研究所科学技术专题报告，1987

[3] 中国海岸带林业编写组. 中国海岸带林业. 北京：海洋出版社，1993

[4] 山东省土壤肥料工作站. 山东土壤. 北京：中国农业出版社，1994

[5] 王仁卿，周广裕等. 山东植被. 济南：山东科学技术出版社，2000

[6] 中国植被编辑委员会编著. 中国植被. 北京：科学出版社，1995

[7] 陈汉斌，郑亦津，李法曾主编. 山东植物志. 青岛：青岛出版社，1990（上卷），1997（下卷）

[8]《山东树木志》编写组. 山东树木志. 济南：山东科学技术出版社，1984

[9] 任宪威主编. 树木学（北方本）. 北京：中国林业出版社，1997

[10] 山东省地方史志编纂委员会. 山东省志·林业志. 济南：山东人民出版社，1996

[11] 陈圣明. 鲁东滨海天气灾害及其林业对策探讨. 见：中国科协《中国减轻自然灾害研究》. 北京：气象出版社，1992

[12] 石川政幸（日）著，（赵萍舒等译）. 森林的防雾、防潮、防止飞沙的机能. 海口：南海出版公司，1992

[13] 山东省林业勘察设计院. 山东省沿海县防护林体系建设总体规划方案. 济南，规划资料，1987

[14] 山东省林业局. 山东省沿海防护林体系建设工程规划. 济南：山东省林业局林业规划资料，2005

[15] 许基全. 沿海防护林体系营造技术. 北京：中国林业出版社，1996

[16] 胶南县林场. 沿海沙滩黑松棉槐混交林. 林业科技通讯，1975，（2）

[17] 吴钦香，高培宴. 蓬莱县聂家大队营造沿海防护林的经验. 山东林业科技，1984，（3）

[18] 烟台市林业局. 在九号台风中烟台的森林防护效益. 山东林业科技，1986，（1）

[19] 邵仁杰. 论沿海防护林建设的有关问题. 山东林业科技，1988 专辑

[20] 贾福功，刘炳英．关于建设生态高效沿海防护林工程体系的几个问题．山东林业科技，1994 专辑

[21] 陈圣明．建设生态经济型防护林体系—鲁东沿海防护林体系发展战略刍论（1991～2000）．烟台林业科技，1992，（3－4）

[22] 姜华先，李萍，赵克等．浅析山东省沿海防护林体系建设．山东林业科技，2000，增刊

[23] 许景伟，李传荣，程鸿雁等．山东省沿海防护林可持续经营的途径和对策．山东林业科技，2006，（3）

[24] 王玉华，董瑞忠，胡丁猛等．山东沿海防护林体系建设的现状与对策．山东林业科技，2006，（4）

[25] 许景伟，马履一，李传荣等．试论沿海防护林体系建设理念和发展趋向．山东林业科技，2007，（4）

[26] 国家林业局发布．中华人民共和国林业行业标准：LY/T1763－2008 沿海防护林体系工程建设技术规程

第二章

[1] 黄枢，沈国舫主编．中国造林技术．北京：中国林业出版社，1993

[2] 王礼先等．林业生态工程学．北京：中国林业出版社，1998

[3] 高志义，王斌瑞．水土保持林学．北京：中国林业出版社，1996

[4] 王礼先，朱金兆主编．水土保持学（第 2 版）．北京：中国林业出版社，2006

[5] 叶镜中，孙多．森林经营学．北京：中国林业出版社，1995

[6] 许景伟，李传荣等．沙质海岸防护林体系构建技术研究．北京：中国林业出版社，2009

[7] 张敦论等．沿海沙质海岸防护林体系综合配套技术研究及示范．"九五"国家重点科技攻关林业项目重大成果汇编．北京：中国林业出版社，2000

[8] 烟台市林业科学研究所．胶东沿海综合防护林体系与效益研究技术报告．烟台：林业科学技术专题报告，1994

[9] 许景伟，李琪，王卫东等．沙岸黑松海防林防护成熟期及更新年龄的研究．济南：山东省林业科学研究所林业科学技术专题报告，2001

[10] 高智慧，张金池，陈顺伟．岩质海岸防护林—理论与实践．北京：中国林业出版社，2001

[11] 李滋林主编．山东树木奇观．济南：山东科学技术出版社，1998

[12] 乔勇进，赵萍舒，李成．山东省沿海沙质海岸防护林体系建设．防护林科技，1999，（4）

[13] 张敦论，乔勇进，郗金标等．胶南市沙质海岸灌草带植物群落分布及特性的研究．山东林业科技，2000，（3）

[14] 张敦论，乔勇进，郗金标等．高分子吸水剂对沙质海岸土壤物理性能及造林成活率的影

响. 山东林业科技, 2000, (3)

[15] 张敦论, 乔勇进, 郗金标等. 水分胁迫下 8 个树种几项生理指标的分析. 山东林业科技, 2000, (3)

[16] 乔勇进, 张敦论, 郗金标等. 沙质海岸防护林地土壤改良的研究. 山东林业科技, 2001, (3)

[17] 许景伟, 王卫东, 辛斌等. 沙质海岸黑松防护林更新改造技术的研究. 山东林业科技, 2001, (5)

[18] 姜庆娟, 葛文华. 鲁南海滨国家森林公园沿海防护林更新模式. 山东林业科技, 2003, (6)

[19] 王德安, 郭仕涛, 孙大庆等. 青岛市大陆基岩海岸宜林地立地类型的划分. 山东林业科技, 1996, (4)

[20] 窦永琴, 王德安, 宁修明等. 基岩海岸防护林不同树种造林试验简报. 山东林业科技, 2000, (5)

[21] 宫锐, 展广溪, 唐洪臣. 浅谈莱阳市水土流失状况及控制措施. 山东林业科技, 1993, (4)

[22] 王知符. 水土保持林生态效益的研究. 山东林业科技, 1993 山区绿化水土保持专辑

[23] 周长瑞. 森林的防洪减灾机理. 山东林业科技, 1998, (6)

[24] 张光灿, 杨吉华, 李志红等. 花岗片麻岩山地不同树种幼林涵养水源功能的研究. 林业科技通讯, 1998, (4)

[25] 杨吉华, 张光灿, 张立文等. 不同树种灌木林蓄水保土效益的研究. 山东林业科技, 1996, (6)

[26] 房敏乔, 栾向东, 孙松龄. 封山育林技术推广应用综合效果分析. 山东林业科技, 2000, (1)

[27] 贾福功, 张佩云, 王清斌等. 封山育林理论与实践调查研究报告. 山东林业科技, 2001, (3)

[28] 徐德成. 昆嵛山旅游区景观绿化的探讨. 山东林业科技, 1994, (1)

[29] 杨式瑁. 谈山东森林公园建设. 山东林业科技, 1994, (3)

[30] 杨式瑁. 论山东森林公园主体景观建设. 山东林业科技, 2001, (6)

[31] 王翠香, 房义福, 吴晓星等. 浅谈高速公路绿化. 山东林业科技, 2006, (3)

[32] 王平, 李晓泉. 同三高速公路青岛段绿化模式及技术研究. 山东林业科技, 2005, (4)

[33] 刘晓明, 彭荣. 生态的廊道文化的空间 – 山东省胶南市泰薛路道路绿化景观设计. 山东林业科技, 2005, (4)

第三章

[1] 邢尚军, 张建锋. 黄河三角洲土地退化机制与植被恢复技术. 北京: 中国林业出版社,

2006

［2］刘淑瑶，谢逸民主编．近代黄河三角洲农业资源及开发利用．济南：山东地图出版社，1995

［3］田家怡，田学军，闫永利等．黄河三角洲生态环境灾害与减灾对策．北京：化学工业出版社，2008

［4］赵延茂．黄河三角洲林业发展与自然保护．北京：中国林业出版社，1997

［5］龚洪柱，魏庆莒，金子明等．盐碱地造林学．北京：中国林业出版社，1986

［6］东营市林业局等．黄河三角洲盐碱地林业开发利用研究报告．东营：东营市林业局林业科学技术专题报告，1991

［7］垦利县林业局．垦利县沿海防护林体系建设规划方案．垦利：林业规划资料，2006

［8］彭成山，杨玉珍，郑存虎．黄河三角洲暗管改碱工程技术实验与研究．郑州：黄河水利出版社，2006

［9］龙庄如等．黄淮海平原农区林种树种结构和配置的最佳模式．见：造林论文集．北京：中国林业出版社，1994

［10］赵延茂，宋朝枢．黄河三角洲自然保护区科学考察集．北京：中国林业出版社，1995

［11］阎传海．植物地理学．北京：科学出版社，2001

［12］李必华．滨海拓荒植物—利用野生经济植物开发滨海荒废地研究．济南：山东科学技术出版社，1994

［13］田家怡，王秀凤，蔡学军等．黄河三角洲湿地保护与恢复技术．青岛：中国海洋大学出版社，2005

［14］房用，连建国，刘德玺等．滨海盐碱地大果沙棘适应性及耐盐碱试验．山东林业科技，2004，（3）

［15］张思树，陈际锦．林业在黄河三角洲开发利用中的地位．山东林业科技，1988，（2）

［16］王玉祥，张思树．浅谈东营市林业建设．山东林业科技，1997，增刊

［17］李成．东营市城市防护绿化体系规划．山东林业科技，2004，（6）

［18］龙庄如，王知符，赵萍舒等．鲁西北平原农田林网调查研究报告．山东林业科技，1982，（3）

［19］黄淮海平原中低产地区综合防护林体系研究山东省平原试区课题攻关组．黄淮海平原中低产地区综合．

［20］防护林体系配套技术及生态经济效益研究．平原试验示范区课题研究报告．济南：山东省林业科学研究所林业科学技术专题报告，1990

［21］许景伟，王卫东，王文风等．农田林网更新改造技术的研究．山东林业科技，2000，（1）

［22］林全业．鲁北枣农间作模式调查研究．山东林业科技，1994，（1）

［23］尹建道，杨勇，阮建岭等．滨海盐碱地区公路绿化技术试验研究．山东农业大学学报

（自然科学版），2000，31（3）

[24] 王建华，张继霞，高冬梅等．东营市水系绿化规划建设模式．山东林业科技，2005，（3）

[25] 钟兰桂，曹洪升，张世伟等．山东黄河堤防绿化与防护综述．山东林业科技，2007，（3）

[26] 赵宗山．山东滨海盐碱地林业利用研究报告．山东林业科技，1987，（2）

[27] 邢尚军，郗金标，宋玉民等．黄河三角洲不同造林模式下土壤盐分和养分的变化特征．林业科学，2007，43（1）

[28] 李必华，孙丕燀．山东海岸带野生资源植物及其利用．山东林业科技，1987，（4）

[29] 张建锋，邢尚军，孙启祥等．黄河三角洲植被资源及其特征分析．水土保持研究，2006，13（1）

[30] 王海洋，黄涛，宋莎莎．黄河三角洲滨海盐碱地绿化植物资源普查及选择研究．山东林业科技，2007，（1）

[31] 邢尚军，张建峰，宋玉民等．黄河三角洲湿地的生态功能及生态修复．山东林业科技，2005，（2）

[32] 阎理钦，阎秀香，王金秀等．山东省湿地生态功能区划和保护策略．山东林业科技，2006，（3）

[33] 阎理钦，王森林，郭英姿等．山东渤海湾滨海湿地植被组成优势种分析．山东林业科技，2006

[34] 李文娟，赵祥，于明华．滨州市湿地现状与保护措施．山东林业科技，2006，（4）

[35] 阎理钦，赵长征，刘月良等．黄河三角洲湿地生态恢复试验．山东林业科技，2006，（3）

[40] 孟昭和，张思树，杨玉武等．柽柳开沟造林．山东林业科技，1994，专辑

第四章

[1] 中国树木志编委会主编．中国主要树种造林技术．北京：农业出版社，1978

[2] 山东森林编辑委员会．山东森林．北京：中国林业出版社，1986

[3] 中国森林编辑委员会．中国森林，第2－4卷．北京：中国林业出版社，1999，（第2卷），2000（第3－4卷）

[4] 沈国舫主编．森林培育学．北京：中国林业出版社，2001

[5] 梁玉堂主编．种苗学．北京：中国林业出版社，1995

[6] 梁玉堂，龙庄如等．树木营养繁殖原理和技术．北京：中国林业出版社，1993

[7] 王华田等．经济林培育学．北京：中国林业出版社，1997

[8] 门秀元等．经济林栽培技术．北京：中国林业出版社，1997

[9] 曹汉玉，吴德军，荀守华．日本落叶松速生丰产栽培技术．济南：山东省林业科学研究

所科学技术专题报告，1990

[10] 山东省林木种苗站．山东林木良种．济南：山东省林木良种审定资料，2009

[11] 山东省林业研究所，山东农学院园林系．刺槐．北京：农业出版社，1975

[12] 梁玉堂，龙庄如等．刺槐速生丰产技术的研究论文专辑．山东农业大学学报，1993

[13] 王彦等．杨树．济南：山东科学技术出版社，2004

[14] 潘庆凯，康平生，郭明．楸树．北京：中国林业出版社，1991

[15] 郭裕新．枣．北京：中国林业出版社，1982

[16] 宓秀民主编．花椒栽培技术．济南：济南出版社，1995

[17] 田庆斌，李继华．条林栽培．济南：山东科学技术出版社，1980

[18] 庄文发主编．苜蓿栽培与利用．北京：中国农业出版社，2003

[19] 山东林木昆虫志编委会．山东林木昆虫志．北京：中国林业出版社，1993

[20] 李桂林主编．山东林木病害志．济南：山东科学技术出版社，2000

[21] 孙绪艮主编．林果病虫害防治学．北京：中国科学技术出版社，2001

[22] 赵方桂．松干蚧的研究与防治．济南：山东科学技术出版社，1988

[23] 烟台松材线虫病防治技术研究组．长岛松材线虫病防治技术研究．见：中国松材线虫病的流行与治理．北京：中国林业出版社，1995

[24] 吴玉柱，季延平，李晓等．刺槐溃疡病研究．见：山东植物病理研究(2)．北京：中国农业科技出版社，2001

[25] 山东省林业科学研究所，烟台专区昆嵛山林场．赤松林人工整枝的初步研究．林业科学，1966，11(3)

[26] 钟鼎谋，曲玉国．黑松人工林抚育间伐效果分析．山东林业科技，1996，(2)

[27] 于中奎，解荷锋．火炬松在山东的发展前景．山东林业科技，1994，(4)

[28] 李国华，李宜文，魏树勇等．鲁东南沿海地区火炬松适应性研究．林业科技通讯，2000，(5)

[29] 张淑珍，吕继波．火炬松容器苗裸根苗造林对比试验．山东林业科技，1990，(1)

[30] 邵先焯．日本落叶松生态调查研究．山东林业科技，1985，(1)

[31] 孟昭和，刘德玺．绒毛梣引种研究现状．林业科技通讯，2001，(1)

[32] 许景伟，王德安．山地刺槐人工林更新试验报告．山东林业科技，1997，(3)

[33] 许慕农，李德生，唐增银等．条编柳品种和丰产技术研究．山东林业科技，1991，(3)

[34] 杨吉华，王洪刚．金银花丰产栽培技术的研究．山东林业科技，1996，(2)

[35] 邢尚军，薄其祥，吕雷昌等．滨海重盐碱地白刺耐盐性及其栽培技术研究．山东林业科技，2000，(2)

[36] 夏阳，刘德玺，李自峰等．Nypa草生物学性状观测和耐盐生产性能研究．山东林业科技，2006，(1)

[37] 夏阳，刘德玺，李自峰等．饲料草坪兼用型 Nypa 草抗逆性试验．山东林业科技，2006，

（1）

[38] 孙渔稼. 山东赤松毛虫成灾原因与防治对策. 山东林业科技, 1986,（3）

[39] 李广武, 霍玉林. 昆嵛山林场连续 11 年松林无虫灾原因. 林业科学研究, 1988,（5）

[40] 张天印. 以鸟治虫的生态效益和经济效益. 山东林业科技, 1988,（1）

[41] 张仲信, 谷昭威, 肖玉成等. 桑天牛的轮换寄主及生态防治研究. 山东林业科技, 1992,（4）

[42] 范迪, 王西南, 李宪臣等. 两种杨树天牛综合防治和监测技术研究及其应用. 山东林业科技, 1998,（1）

[43] 洪瑞芬, 吴玉柱, 季延平等. 楸树根结线虫病化学防治研究. 林业科技通讯, 1994,（4）

[44] 吴玉柱, 仝德全, 季延平等. 山东杨树溃疡病的研究. 山东林业科技, 1998,（5）